Die Bonus-Seite

Ihr Vorteil als Käufer dieses Buches

Auf der Bonus-Webseite zu diesem Buch finden Sie zusätzliche Informationen und Services. Dazu gehört auch ein kostenloser **Testzugang** zur Online-Fassung Ihres Buches. Und der besondere Vorteil: Wenn Sie Ihr **Online-Buch** auch weiterhin nutzen wollen, erhalten Sie den vollen Zugang zum **Vorzugspreis**.

So nutzen Sie Ihren Vorteil

Halten Sie den unten abgedruckten Zugangscode bereit und gehen Sie auf **www.sap-press.de**. Dort finden Sie den Kasten **Die Bonus-Seite für Buchkäufer**. Klicken Sie auf **Zur Bonus-Seite/ Buch registrieren**, und geben Sie Ihren **Zugangscode** ein. Schon stehen Ihnen die Bonus-Angebote zur Verfügung.

Ihr persönlicher **Zugangscode** 2tj7-35fd-zsu8-a6xg

Praxishandbuch SAP® Query-Reporting

SAP PRESS

SAP PRESS ist eine gemeinschaftliche Initiative von SAP und Galileo Press. Ziel ist es, Anwendern qualifiziertes SAP-Wissen zur Verfügung zu stellen. SAP PRESS vereint das fachliche Know-how der SAP und die verlegerische Kompetenz von Galileo Press. Die Bücher bieten Expertenwissen zu technischen wie auch zu betriebswirtschaftlichen SAP-Themen.

Karl-Heinz Kühnhauser
Discover ABAP
590 S., 2., aktualisierte und erweiterte Auflage 2008, Klappbroschur
ISBN 978-3-8362-1218-2

Jochen Scheibler, Tanja Maurer
Praxishandbuch Vertrieb mit SAP
656 S., 2010, geb.
ISBN 978-3-8362-1472-8

Hans-Jürgen Figaj, Richard Haßmann, Anja Junold
HR-Reporting mit SAP
431 S., 2007, geb.
ISBN 978-3-89842-878-1

Andrea Hölzlwimmer
Integrierte Werteflüsse mit SAP ERP
Finanzrelevante Logistikprozesse im Unternehmen integrieren und optimieren
487 S., 2009, geb.
ISBN 978-3-8362-1358-5

Aktuelle Angaben zum gesamten SAP PRESS-Programm finden Sie unter *www.sap-press.de*.

Stephan Kaleske

Praxishandbuch SAP® Query-Reporting

Galileo Press

Bonn • Boston

Liebe Leserin, lieber Leser,

vielen Dank, dass Sie sich für ein Buch von SAP PRESS entschieden haben.

Die Reportingtools von SAP NetWeaver BW und SAP BusinessObjects sind in aller Munde. Darüber sollte aber nicht in Vergessenheit geraten, dass auch SAP ERP flexible Werkzeuge zur Berichterstellung bereithält, mit denen Sie Daten schnell und direkt abfragen können. Eines der wichtigsten davon ist SAP Query. SAP Query lässt sich in allen Unternehmensbereichen bzw. SAP-Modulen (FI, CO, MM, PP, SD etc.) einsetzen, und Sie können die gewünschten Informationen gezielt mit SAP ERP-Bordmitteln abfragen.

Unser Autor Stephan Kaleske kennt die Reportinganforderungen verschiedenster Unternehmen wie seine Westentasche. Er zeigt Ihnen in diesem Praxishandbuch, wie Sie selbst Auswertungen definieren und erstellen können und geht dabei nicht nur auf die Grundlagen, sondern auch auf fortgeschrittene Fragestellungen ein. Selbst erfahrene SAP-Anwender werden hier wertvolle Tricks und Kniffe finden können.

Wir freuen uns stets über Lob, aber auch über kritische Anmerkungen, die uns helfen, unsere Bücher zu verbessern. Am Ende dieses Buches finden Sie daher eine Postkarte, mit der Sie uns Ihre Meinung mitteilen können. Als Dankeschön verlosen wir unter den Einsendern regelmäßig Gutscheine für SAP PRESS-Bücher.

Ihre Eva Tripp
Lektorat SAP PRESS

Galileo Press
Rheinwerkallee 4
53227 Bonn

eva.tripp@galileo-press.de
www.sap-press.de

Auf einen Blick

Der Name Galileo Press geht auf den italienischen Mathematiker und Philosophen Galileo Galilei (1564–1642) zurück. Er gilt als Gründungsfigur der neuzeitlichen Wissenschaft und wurde berühmt als Verfechter des modernen, heliozentrischen Weltbilds. Legendär ist sein Ausspruch *Eppur si muove* (Und sie bewegt sich doch). Das Emblem von Galileo Press ist der Jupiter, umkreist von den vier Galileischen Monden. Galilei entdeckte die nach ihm benannten Monde 1610.

Lektorat Eva Tripp
Korrektorat Monika Klarl, Köln
Einbandgestaltung Daniel Kratzke
Titelbild Fotolia
Typografie und Layout Vera Brauner
Herstellung Lissy Hamann
Satz SatzPro, Krefeld
Druck und Bindung Beltz Druckpartner GmbH & Co. KG, Hemsbach

Gerne stehen wir Ihnen mit Rat und Tat zur Seite:
eva.tripp@galileo-press.de bei Fragen und Anmerkungen zum Inhalt des Buches
service@galileo-press.de für versandkostenfreie Bestellungen und Reklamationen
thomas.losch@galileo-press.de für Rezensionsexemplare

Bibliografische Information der Deutschen Nationalbibliothek
Die Deutsche Nationalbibliothek verzeichnet diese Publikation in der Deutschen Nationalbibliografie; detaillierte bibliografische Daten sind im Internet über *http://dnb.d-nb.de* abrufbar.

ISBN 978-3-8362-1433-9

1. Auflage 2010, 2., korrigierter Nachdruck 2013

Inhalt

Teil II: Funktionen von SAP Query

Teil IV: Queries administrieren

Teil V: Praxisbeispiele

Vorwort

Häufig schaue ich am Ende eines Kundentermins in begeisterte Gesichter. Die meisten meiner Kunden stammen aus dem Mittelstand und möchten in der Regel in kurzer Zeit konkrete Daten zu einer konkreten Fragestellung aus dem System erhalten,

- um Prozesse zu optimieren,
- die Unternehmenssteuerung zu unterstützen und
- die Stammdatenqualität zu verbessern.

Die Fragestellungen überschreiten dabei oft SAP-Modulgrenzen, sodass es nicht immer eine geeignete Standardauswertung gibt. Meine Ansprechpartner (Key-User, Abteilungsleiter, Geschäftsführer, Vorstände) verfügen nicht über die notwendigen ABAP-Kenntnisse, um die gewünschten Informationen mit einem individuellen Report abfragen zu können. Woher kommen also trotzdem die begeisterten Gesichter? Die Antwort lautet: SAP Query. SAP Query bietet die Möglichkeit, Reports modulübergreifend nach eigenen Wünschen zu generieren. In diesem Buch werde ich Sie mit SAP Query umfassend vertraut machen. Ich bin mir sicher, dass auch Sie von den Möglichkeiten begeistert sein werden!

Unbestrittene Stärken von SAP-Systemen sind der hohe Funktionsumfang, die Integrationsmöglichkeiten sowie die »gnadenlose« Prüfung der erfassten Daten auf Plausibilität. Die im System abgelegten Daten sind für jedes Unternehmen sehr wertvoll; umso wichtiger ist es, diese hochwertige Datenbasis allen notwendigen Personenkreisen bedarfsgerecht zur Verfügung zu stellen.

In meinen Projekten hat der Durchschnittskunde etwa 100 Queries aktiv im Einsatz. Diese hohe Anzahl zeigt die Wichtigkeit der Funktionalität von SAP Query für den Anwender und den Entwickler.

In einem Projekt gebe ich mein Wissen aktiv weiter, damit der Kunde am Ende des Tages einen realen Mehrwert hat, und für dieses Buch gilt das gleiche Ziel: Sie sollen durch die Lektüre dieses Buches einen schnell spürbaren Mehrwert gewinnen. Ich werde Ihnen gemäß meiner Devise »durch Wissen wachsen« ein Werkzeug an die Hand geben, mit dem Sie schnell zu den gewünschten Ergebnissen gelangen. Ich sehe meinen Beratungsauftrag nicht darin, eine Detailfunktion zu erläutern und zu jedem Thema sofort eine Antwort zu geben, sondern darin, einen Gesamtprozess zu gestalten beziehungsweise zu moderieren. Es ist durchaus erlaubt und sinnvoll, eine Lösung gemeinsam zu erarbeiten, denn Sie werden mir als SAP-Nutzer in vielen Themengebieten sogar überlegen sein, da Sie auf ein oder mehrere Themengebiete spezialisiert sind.

Wichtig ist es mir in meiner Beratungstätigkeit stets, nicht nur als Modulberater aktiv zu sein. Für mich gibt es diese Modulgrenze nicht; vielmehr ist zu prüfen, wie eine Lösung aussehen könnte, und häufig ist SAP Query die schnellste und sogar die beste Lösung. SAP Query kennt keine (Modul)grenzen, und Sie können sehr einfach Tabellen aus unterschiedlichen Bereichen miteinander verknüpfen und auswerten.

Dieses Buch habe ich aus der SAP-Anwendungssicht und nicht als Entwickler geschrieben. Es ist mein Ziel, Ihnen Lösungsmöglichkeiten aus der Praxis aufzuzeigen, die Ihnen Ihre tägliche Arbeit erleichtern. Sie werden in diesem Buch viele gute Anregungen finden, sodass es für Sie zu einer wichtigen Fundgrube werden kann.

Ich lade Sie darüber hinaus aktiv zum Dialog ein – lassen Sie uns Ideen austauschen. Zudem treffe ich mich aktuell halbjährlich im Rahmen eines Workshops mit Freizeitcharakter mit meinen Kunden, um die neusten Praxiserfahrungen auszutauschen. Zu diesem aktiven Erfahrungsaustausch lade ich Sie ebenfalls herzlich ein. Aktuelle Informationen finden Sie auf meiner Website unter *www.ZLex.de*.

An dieser Stelle bedanke ich mich für Ihr Interesse an dem Werkzeug SAP Query. Zusätzlich gilt mein Dank in besonderer Weise allen, die mit ihren Fragen und Ideen zu diesem Buch beigetragen haben. Es ist immer wieder eine Freude, zusammen mit Ihnen Lösungen umzusetzen.

Um dieses Buch schreiben zu können, habe ich viele Kundentermine verschoben oder abgesagt. An dieser Stelle möchte ich mich daher bei all meinen Kunden für das entgegengebrachte Vertrauen beziehungsweise Verständnis bedanken. Insbesondere möchte ich mich an dieser Stelle bedanken bei:

- Herrn Georg Alef
- Frau Eva Ackermann
- Herrn Marcus Bethge
- Herrn Dr. Achim Degner
- Herrn Dirk Engel
- Herrn Giuseppe Evangelista
- Herrn Franz Feinäugle
- Herrn Bernd Feyerabend
- Herrn Christoph Flicker
- Herrn Sven Gerum
- Frau Antje Gössel
- Herrn Andreas Grigoleit
- Herrn Andreas Gruber
- Herrn Willy Hartung
- Herrn Michael Hinge
- Herrn Stefan Holtkamp
- Herrn Dietmar Jung
- Herrn Erwin Kaiser
- Herrn Jürgen Kegel
- Herrn Hans-Jörg Kern
- Herrn Andreas Köstler
- Frau Karin Krewerth
- Herrn Stephan Kury
- Frau Elisabeth Lämmle
- Herrn Lars Landwehrkamp
- Herrn Klaus Lehmann
- Herrn Rudi Leisinger
- Herrn Ralf Linha
- Frau Karin Meierhoff
- Herrn Oliver Meyer
- Frau Doris Mies
- Herrn Christoph Militzer

- Herrn Michael Müller
- Frau Dorothea Nußbaumer
- Herrn Herbert Nusser
- Herrn Stephan Püschl
- Herrn Michael Reinken
- Herrn Dieter Reiser
- Herrn Wolfgang Riexinger
- Herrn Jürgen Roller
- Herrn Klaus Rucziczka
- Frau Sylvia Schäfer
- Frau Annett Scheibner
- Herrn Sven Scherer
- Herrn Hendrik Schmidt
- Frau Antje Schneider
- Frau Ute Schusser
- Herrn Alfred Simon
- Herrn Frank Sommerhalter
- Herrn Dr. Peter Spieker
- Herrn Dirk Ullwer
- Frau Aleksandra Voigt
- Herrn Harald Wagner

Auch bedanke ich mich bei allen namentlich nicht genannten Personen, mit denen ich diskutiert und zusammen optimale Lösungen erarbeitet habe. Nun bleibt es mir, Ihnen viel Spaß beim Lesen sowie viele »Aha-Effekte« zu wünschen!

Stephan Kaleske

Die Einleitung beschreibt die Zielsetzung sowie die Zielgruppen dieses Buches und gibt Ihnen einen Überblick über die Inhalte der einzelnen Kapitel. Sie erfahren außerdem, wie Sie optimal mit diesem Buch arbeiten und Ihre Kenntnisse weiter vertiefen können.

Einleitung

Sie möchten Informationen gezielt und unmittelbar aus dem SAP-System abfragen – ohne Programmierung und mit geringem Zeitaufwand? Beim Einsatz von SAP Query sind keine weiteren Programme oder Server erforderlich, und so können Sie die aktuellen Daten direkt aus dem SAP-System abrufen.

Lernen Sie anhand von konkreten Kundenbeispielen und Musterlösungen, Daten mithilfe von SAP Query bereitzustellen, um die tägliche Arbeit im Unternehmen optimal zu unterstützen. Innerhalb kurzer Zeit sind Sie in der Lage, Informationen aufzubereiten, die in SAP-Standardberichten nicht zur Verfügung stehen.

Zielgruppen des Buches

Modul- und branchenunabhängige Darstellung

Dieses Buch liefert konkrete Informationen über SAP Query für alle Fachbereiche. So lassen sich Anforderungen aus der Logistik (SD, MM, PP usw.), dem Finanzwesen (FI, CO usw.), der Personalabteilung (HCM) und aus dem Basisbereich abbilden. Das Buch ist zudem branchen- und länderübergreifend einsetzbar.

SAP-User aller Wissensstufen können dieses Buch nutzen, um Berichtsanforderungen besser abdecken zu können. Auch Leser ohne weitreichende Vorkenntnisse werden von diesem Buch profitieren. Wünschenswert sind Anwenderkenntnisse in einem SAP-Modul. Die Lektüre dieses Buches ist insbesondere für folgende Personenkreise geeignet:

- Key-User
- Administratoren
- Projektleiter
- Mitarbeiter des Projektteams
- Endanwender
- Entwickler
- Organisatoren

Aufbau des Buches

Das Buch ist in fünf Teile gegliedert.

Im **ersten Teil** erhalten Sie eine grundsätzliche Einführung in das Query-Reporting:

Query-Reporting im Kontext

In **Kapitel 1**, »Einführung in SAP ERP-Reporting«, werden Ihnen die Query-Reportingtools im Kontext vorgestellt. SAP Query wird von den weiteren SAP-Reportgeneratoren abgegrenzt, und es wird gezeigt, wann die Berichtswerkzeuge Report Painter und Recherche verwendet werden. Außerdem werden Sie mit den SAP-Standardberichten bekannt gemacht.

Tabellen lokalisieren

In **Kapitel 2**, »Überblick über SAP-Tabellen und Tabellenverknüpfungen«, lernen Sie, welche Möglichkeiten Sie haben, um die wichtigsten SAP-Tabellen zu ermitteln. Der Umgang mit dem Data Browser, der [F1]-Hilfe, logischen Datenbanken, Archivierungstabellen und dem Verwendungsnachweis wird dargestellt.

QuickViewer

In **Kapitel 3**, »QuickViewer«, lernen Sie, wie Sie mit dem einfachsten Query-Tool, dem QuickViewer, Berichte erstellen können. Auch zeigen wir Ihnen, wie Sie die Datengrundlage in einen Query-Report einfügen können. Besonderes Augenmerk wird auf die Selektions- und Layoutmöglichkeiten gelegt, insbesondere auf den grafischen Layoutmodus.

Zusammenhäge der Query-Objekte

In **Kapitel 4**, »SAP Query im Überblick«, werden die wichtigsten Query-Begriffe anhand eines Beispiels erläutert. Hierbei lernen Sie die Zusammenhänge zwischen Arbeitsbereich, Benutzergruppen, InfoSet und SAP Query selbst kennen.

In **Kapitel 5**, »Query-Hilfsmittel«, erfahren Sie, wie Sie sich im System einen Überblick über vorhandene Query-Objekte verschaffen können. Hierzu lernen Sie die wichtigsten Verzeichnisse der Query-Objekte kennen, und Sie erfahren, wie Sie eine Beschreibung zu einem Objekt aufrufen können. Abschließend stellen wir Ihnen den Papierkorb sowie das Query-Kopierprogramm vor.

Query-Hilfsmittel

Im **zweiten Teil** des Buches werden die wichtigsten Funktionen von SAP Query weiter vertieft:

Kapitel 6, »InfoSet im Detail«, beschreibt das InfoSet: Insbesondere wird gezeigt, auf welcher Datengrundlage ein Report erstellt werden kann. Zunächst erfahren Sie, wie Sie mit einem Tabellen-Join mehrere Tabellen miteinander verknüpfen können, und anschließend lernen Sie die Strukturierung der einzelnen Datenfelder in Form von Feldgruppen kennen.

InfoSet im Detail

In **Kapitel 7**, »SAP Query im Detail«, lernen Sie SAP Query in allen Facettten kennen: Es wird gezeigt, wie Sie einen eigenen Report mit SAP Query erstellen können, welche Ausgabeformate Ihnen angeboten werden, wie Sie Selektions- und Layoutfelder auswählen können und welche weiteren Möglichkeiten es bei der Gestaltung einer Grundliste gibt.

SAP Query im Detail

Kapitel 8, »Selektions- und Layoutvarianten«, zeigt die Möglichkeiten zur Gestaltung der Selektionsmaske auf. Sie lernen, wie Sie durch eine gezielte Datenselektion die gewünschte Information auswerten und wie Sie für wiederkehrende Berichtsanforderungen eigene Layout- und Selektionsvarianten anlegen können. Darüber hinaus sehen Sie, welche weiteren Möglichkeiten Ihnen die Layout- und Selektionsvarianten bieten (z. B. insbesondere die Mehrfachselektion).

Selektions- und Layoutvarianten

In **Kapitel 9**, »Ampelsymbole, Drill-down, Grafiken und ABC-Analysen«, werden der Berichts-Drill-down sowie die Verwendung von Icons dargestellt, und Sie erfahren, wie Sie in Ihre Auswertung Berichtsabsprünge auf Transaktionen, ABAP-Reports oder andere Reports einbauen können. Schließlich lernen Sie, wie Sie die wichtigsten Daten durch eigene Symbole oder Icons (z. B. Ampeln) hervorheben können.

Berichts-Drill-down und Ampelicons

Der **dritte Teil** des Buches zeigt Ihnen, wie Sie Berichte anwendergerecht gestalten können:

Ranglisten und Statistiken

In **Kapitel 10**, »Verdichtete Datenausgabe mit Statistiken und Ranglisten«, lernen Sie Ranglisten und Statistiken kennen. Mit Ranglisten können Sie die Topeinträge einer Selektion darstellen. Mithilfe von Statistiken haben Sie schließlich die Möglichkeit, die Daten in Ihrem Bericht nach unterschiedlichen Merkmalen zu gruppieren und zu verdichten.

ABAP-Grundlagen/ Data Dictionary

Kapitel 11, »ABAP-Grundlagen im InfoSet«, behandelt das Data Dictionary. Sie erfahren, wie Datenfelder im SAP-System definiert sind, und werden eigene Datenfelder im InfoSet definieren. In den zusätzlichen Datenfeldern werden Sie darüber hinaus über grundlegende ABAP-Befehle Dateninhalte selektieren und diese weiterbearbeiten. In Ihrem InfoSet können Sie sowohl Zusatzfelder als auch Zusatztabellen einfügen.

Integration mit MS Excel

In **Kapitel 12**, »Microsoft Excel-Integration«, lernen Sie, sich Daten mithilfe des Tools Excel-Inplace innerhalb des SAP-Systems auf einer Excel-Oberfläche anzeigen zu lassen.

Im **vierten Teil** des Buches werden die wichtigsten Funktionen zur Administration von Querys beschrieben:

Transportwesen/ Transaktionsanlage

In **Kapitel 13**, »Transportwesen«, lernen Sie, Query-Objekte zu transportieren. Hierbei wird auf die unterschiedlichen Transportmöglichkeiten in Abhängigkeit vom lokalen oder Standardarbeitsbereich eingegangen. Haben Sie Ihre Query-Objekte lokal, das heißt mandantenabhängig angelegt, so lernen Sie, wie Sie die Daten aus einem Mandanten exportieren und anschließend in einen anderen Mandanten importieren können. Zudem zeigen wir Ihnen, wie Sie in der Transaktion zur Verwaltung von Benutzerrollen eigene Transaktionen zu Ihren Query-Abfragen anlegen können.

Tabellenindex, Tabellen-View und Funktionsbausteine

Kapitel 14, »Datenbeschaffung und Funktionsbausteine«, baut auf den Kenntnissen auf, die Sie in Kapitel 11 erworben haben (Data Dictionary). Sie erlernen die Möglichkeit, mit einem weiteren Tabellenindex die Performance Ihrer Abfrage zu verbessern. Für immer wiederkehrende Tabellenbeziehungen werden Tabellen-Views im Data Dictionary angelegt. Schließlich werden weitere Möglichkeiten gezeigt, um im InfoSet zusätzliches ABAP-Coding einzufügen. Hierbei gehen wir besonders auf die Datenbeschaffung durch die Nutzung von Funktionsbausteinen ein.

Den Abschluss dieses Themenblocks bildet **Kapitel 15**, »Berechtigungen und Transaktionsanlage«, mit Erläuterungen zur Vergabe von Berechtigungen. In diesem Rahmen werden die wichtigsten Berechtigungsobjekte aufgeführt, und Sie erfahren, welche Berechtigungsobjekte zur Erstellung von Query-Objekten relevant sind. Insbesondere wird auf das Berechtigungsobjekt SAP_QUERY eingegangen.

Berechtigungen

Den Abschluss dieses Buches bilden im **fünften Teil** drei in der Praxis häufig verwendete Auswertungen, die in **Kapitel 16**, »Praxisbeispiele«, vorgestellt werden. So sehen Sie im ersten Beispiel, wie verschiedene Kunden bei der Erstellung einer Umsatzauswertung vorgehen, und es wird erläutert, welche Knackpunkte zu berücksichtigen sind, damit die Datenausgabe korrekt erfolgen kann. Im zweiten Praxisbeispiel wird auf eine Auswertung von offenen Posten aus der Finanzbuchhaltung eingegangen, und im dritten Beispiel stellen wir eine Auswertung aus dem Fertigungsbereich vor. Hierbei werden die Rückmeldungen zu den Arbeitsvorgängen ausgewertet. Durch Ampel-Icons werden die Abweichungen zwischen den tatsächlichen Istzeiten und den Sollzeiten aufgezeigt.

Beispiele aus Vertrieb, Finanzbuchhaltung und Fertigung

Im **Anhang** finden Sie eine Aufstellung der wichtigsten SAP-Tabellen.

Arbeiten mit dem Buch

Um Ihnen die Arbeit mit diesem Buch zu erleichtern, haben wir bestimmte Stellen mit folgenden Symbolen versehen:

Mit den durch dieses Symbol gekennzeichneten Tipps geben wir Ihnen Empfehlungen aus der Praxis an die Hand, die Ihnen die Arbeit erleichtern werden. [+]

Hinweise, die durch dieses Symbol kenntlich gemacht sind, geben Ihnen Informationen zu wichtigen Voraussetzungen oder Auswirkungen, die Sie auf jeden Fall beachten sollten. [«]

Dieses Symbol steht für Beispiele, die das besprochene Thema näher erläutern und die Ihnen zeigen sollen, wie die einzelnen Funktionen im Unternehmen eingesetzt werden können. [zB]

Zusatzangebot auf der Verlagswebsite

www.sap-press.de/2152

Auf der Verlagswebsite können Sie sich als Käufer dieses Buches unter *http://www.sap-press.de/2152* registrieren, um Zugang zu exklusivem Bonusmaterial zu diesem Buch zu erhalten. Melden Sie sich einfach mit Ihrem ganz vorne im Buch abgedruckten persönlichen Zugangscode an.

Insbesondere werden auf der Verlagswebsite über 100 sofort einsetzbare Queries aus allen Unternehmensbereichen beschrieben beziehungsweise zur Verfügung gestellt. Auf Basis der Praxisbeispiele (Toolkit) können Sie gezielt Informationen aus den SAP-Modulen SD (Auftragseingang, Umsatz, Kreditlimit, Debitoren), MM (Bestände, Kreditoren), PP (Aufträge, Arbeitsplätze), FI (offene Posten, Zahlungs- und Mahndaten) und aus vielen weiteren Anwendungsgebieten abfragen.

Kontakt zum Autor

Weitere Informationen zum Thema Query-Reporting können Sie auf der Website *http://www.zlex.de/query/* aufrufen. Für weitere Anregungen und für Ihr Feedback an den Autor verwenden Sie die E-Mail-Adresse *Info@Zlex.de*.

TEIL I
Einführung in SAP Query

SAP Query wird eingesetzt, um Auswertungen in Echtzeit ohne großen Aufwand zu erstellen. Diese Auswertungen dienen dazu, Prozesse und Stammdaten zu optimieren sowie die Unternehmenssteuerung zu unterstützen. Die Funktionalitäten von SAP Query können Sie ohne zusätzliche Installation und Lizenzkosten in Ihrem SAP ERP-System nutzen.

1 Einführung in SAP ERP-Reporting

Für Unternehmen ist es überlebenswichtig, schnell und präzise auf Geschäftsinformationen zugreifen zu können. SAP bietet ein umfangreiches Portfolio von Werkzeugen, um Berichte zu erstellen. Die wichtigsten sind:

- Query-Reportingtools
- Report Painter/Report Writer
- Recherche
- SAP NetWeaver Business Warehouse (BW)/SAP BusinessObjects

Der Begriff *Query-Reportingtools* umfasst die folgenden Werkzeuge:

- SAP Query
- QuickViewer
- InfoSet Query

Dieses Kapitel stellt Ihnen SAP Query, Report Painter sowie Recherche vor und grenzt sie gegen SAP NetWeaver BW ab. Außerdem lernen Sie häufig genutzte SAP-Standardreports kennen. Nach einem Überblick über grundsätzliche Anforderungen bei der Berichtserstellung in Abschnitt 1.1, »ABAP-Reportgeneratoren«, werden in Abschnitt 1.2, »Query-Reportingtools«, die drei Query-Werkzeuge gegenübergestellt. Sie erfahren, wann es ratsam ist, mit den Query-Reportingtools Informationen direkt im ERP-System abzufragen. In Abschnitt 1.3 zeigen wir Ihnen, welche Vorteile SAP Query im Vergleich zu BW hat.

Werden Berichte mit verdichteten Zahlen (Summenwerte) benötigt – dies ist insbesondere im Finanzwesen der Fall – so ist es sinnvoll, die Tools Report Painter/Report Writer und Recherche zu nutzen. Summierte Auswertungen mit mehrstufigen Hierarchien werden in Abschnitt 1.4 vorgestellt. SAP ERP wird in unterschiedlichen Unternehmen mit unterschiedlichen Geschäftsanforderungen eingesetzt. Für die wichtigsten Berichtsanforderungen, die bei vielen Kunden gleich sind, gibt es häufig einen Standardreport in SAP ERP. Bevor Sie einen neuen Bericht erstellen, sollten Sie prüfen, ob ein vorhandener Report bereits Ihre Anforderungen abdeckt (siehe Abschnitt 1.5, »Nutzung von Standardberichten«).

1.1 ABAP-Reportgeneratoren

Analyse der Anforderungen

Am Anfang jedes Berichts steht eine konkrete Anforderungsspezifikation. Nachdem die Datenbasis geklärt ist, wird die Datenaufbereitung mit dem Anwender abgestimmt, und folgende Fragen werden beantwortet:

- Wie sieht die Selektionsmaske aus?
- Welche Feldinhalte sollen ausgegeben werden?
- Welche Berichtsabsprünge (Drill-down) sind sinnvoll?
- Wie sollen die Daten formatiert werden?
  - Ausgabelänge, Nachkommastellen, Einheit
  - Farbliche Darstellung
- Wie sollen die Daten verdichtet beziehungsweise aufbereitet werden?
  - Summierungsstufen
  - Excel-Anzeige

Betriebswirtschaftliches und technisches Know-how

Die Datenaufbereitung kann z. B. durch einen Entwickler auf Basis eines ABAP-Reports erfolgen. Ein guter ABAP-Entwickler benötigt jedoch Zeit, um die Daten strukturiert auszugeben. Er braucht nicht nur technisches Know-how, sondern vor allem auch betriebswirtschaftliche Kenntnisse.

Die betriebswirtschaftlichen Anforderungen eines Unternehmens sind meistens anspruchsvoll, und es sind sowohl detaillierte Fachkenntnisse als auch Branchenkenntnisse erforderlich. Ein guter Berater, Key-User, Anwender oder Entwickler muss neben technischen Kenntnissen auch über betriebswirtschaftliches Wissen verfügen, um optimale Auswertungen zu erstellen.

Vereinfachte Berichtserstellung mittels Reportgenerator

Liegen gute technische Kenntnisse vor, so gilt es, sich betriebswirtschaftliches Know-how anzueignen. Da der Auswertungsbedarf auf jahrelanger Praxis und Erfahrung beruht, stellt sich die Frage nach vereinfachten technischen Auswertungsmöglichkeiten. Muss zudem ein Auswertungsprogramm grundlegend immer von Null an erstellt werden? Gibt es Möglichkeiten, um ABAP-Coding vereinfacht zu erzeugen? Ziel ist es, einen guten Report zu generieren und hierbei zwecks Umsetzungsgeschwindigkeit oder aufgrund fehlender Programmierkenntnisse auf einen einfachen Reportgenerator zurückzugreifen. Tabelle 1.1 enthält eine Übersicht über die wichtigsten Reportgeneratoren.

Reportgenerator	Transaktion	Schwerpunkt in der Praxis
SAP Query	SQ01	alle SAP-Komponenten
SAP NetWeaver BW		alle SAP-Komponenten
Report Painter	FGRP	▸ FI: Hauptbuch, Spezielle Ledger ▸ CO: Gemeinkosten, Produktkosten, Profit-Center-Rechnung
Recherche		▸ FI: Hauptbuch, Debitoren, Kreditoren, Spezielle Ledger ▸ CO: Produktkosten, Ergebnisrechnung, Profit-Center-Rechnung, ▸ TR: Cash-Management, Treasury, ▸ IM: Investitionsmanagement ▸ PS: Projektsystem
LIS		▸ SD: Vertrieb, Versand, Fakturierung ▸ MM: Einkauf, Bestandsführung, Rechnungsprüfung ▸ QM: Qualitätsmanagement ▸ PM: Instandhaltung ▸ PP: Produktionsplanung und -steuerung

Tabelle 1.1 Übersicht über die wichtigsten Reportgeneratoren

Der Begriff »Query-Reportingtools«

SAP stellt unterschiedliche Hilfsmittel bereit, um ABAP-Coding für eine Auswertung zu erzeugen. Die wichtigsten Reportingtools – Report Painter/Report Writer, Recherche und SAP NetWeaver BW – haben wir in der Einleitung bereits erwähnt. Daneben gibt es noch das Logistikinformationssystem (LIS). Der Begriff *Query-Reportingtools* wird sowohl in der Literatur als auch in der Praxis oftmals in verschiedenen Zusammenhängen verwendet. So werden häufig mit dem Begriff SAP Query-Reporting auch die Reportingtools von SAP NetWeaver BW bezeichnet. In diesem Buch geht es um die Query-Reportingtools innerhalb des SAP ERP-Systems.

Welche Query-Reportingtools Ihnen zur Verfügung stehen, wird im nachfolgenden Abschnitt erläutert.

1.2 Query-Reportingtools

In diesem Abschnitt möchten wir Ihnen einen ersten Eindruck vom Funktionsumfang der Query-Reportingtools verschaffen. Die verschiedenen Möglichkeiten und Einsatzbereiche von SAP Query, InfoSet Query und QuickViewer werden einander gegenübergestellt und erläutert.

Wenn wir von den Query-Reportingtools sprechen, sind folgende drei Werkzeuge gemeint:

1. SAP Query
2. InfoSet Query
3. QuickViewer

Funktionen der Query-Reportingtools

Die Reihenfolge der Aufzählung spiegelt den abnehmenden Funktionsumfang wieder. Der QuickViewer ist am einfachsten anzuwenden, bietet jedoch die geringste Funktionalität von allen drei Query-Tools. Eine Übersicht über die wichtigsten Funktionen bietet Tabelle 1.2.

Kriterium	SAP Query	InfoSet Query	QuickViewer
Transaktionen	SQ01, SQ02, SQ03	SQ10	SQVI
Funktionalität	berechnete Zusatzfelder, Drill-down	berechnete Zusatzfelder, Drill-down	–

Tabelle 1.2 Unterschiede zwischen den Query-Reportingtools

Kriterium	SAP Query	InfoSet Query	QuickViewer
Ausgabe	Grundliste, Rangliste, Statistiken	Grundliste, Rangliste, Statistiken	Grundliste
Tabellenprotokollierung	nein	aktivierbar	nein

Tabelle 1.2 Unterschiede zwischen den Query-Reportingtools (Forts.)

Entwicklung der Query-Reportingtools

Das Werkzeug SAP Query wurde mit Release 4.6 von SAP umbenannt; vor Release 4.6C wurde es *ABAP Query Tool* genannt. Im SAP-Lösungsportfolio ist das Werkzeug noch immer unter den ABAP-Entwicklungswerkzeugen verortet, da es ursprünglich an Entwickler gerichtet war, um vereinfacht ABAP-Code zu generieren.

SAP-Releaseänderungen

Um auch Endanwendern die Erstellung von individuellen Berichten zu ermöglichen, wurden mit Release 4.6C die InfoSet Query (zunächst für den Bereich Personalwesen) und der QuickViewer (als besonders einfach bedienbares Werkzeug für Gelegenheitsanwender) entwickelt. Zeitgleich wurden die Query-Tools im Hinblick auf die Performance und die ABAP-Code-Erstellung komplett überarbeitet und die Benutzeroberfläche vereinfacht.

Begriffsänderungen

Im Zuge dieser Weiterentwicklung hat SAP viele Begriffe geändert. Tabelle 1.3 gibt Ihnen eine Übersicht über diese Begriffsänderungen.

Bereich	Begriff vor Release 4.6	Begriff ab Release 4.6
Werkzeugname	ABAP Query	SAP Query
Datenpool	Funktionsbereiche	InfoSet
Strukturierung von Daten	Sachgruppen	Feldgruppen
Ausgabeformat	ABAP List Viewer (ALV)	SAP List Viewer (ALV)

Tabelle 1.3 Begriffe der ABAP/SAP Query nach Releasestand

Alle drei Query-Reportingtools haben jedoch den gleichen Zweck: auf einfachem Wege ABAP-Coding zu erzeugen und somit eine individuelle Auswertung zu generieren.

Datenquellen

Als Datenbasis für diese Auswertungen können folgende Datenquellen genutzt werden (siehe Abbildung 1.1):

- einzelne Datenbanktabelle
- Tabellen-Join
- logische Datenbank
- InfoSet

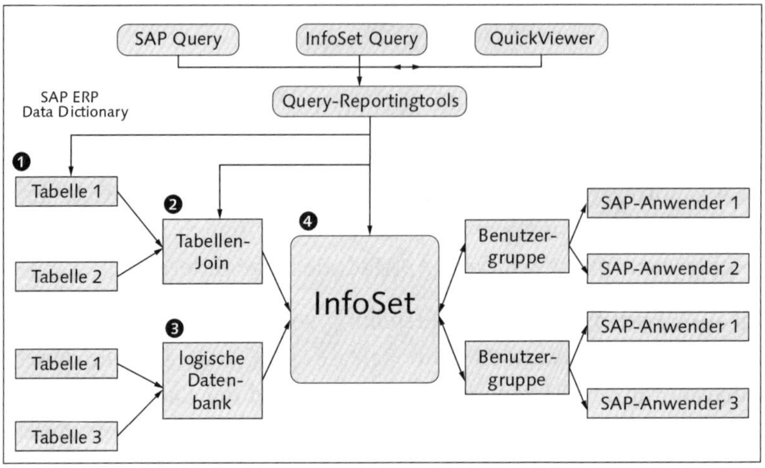

Abbildung 1.1 Zusammenhänge der SAP Query-Funktionen

Datenquelle eine Datenbanktabelle

In einigen Fällen reicht die Abfrage einer einzelnen Datenbanktabelle aus ❶. Verfügen Sie über eine Berechtigung dazu, so können Sie die Abfrage auch mit dem Data Browser direkt auf der Datenbank durchführen. Um jedoch den Zugriff auf einfachem Wege zu beschränken und die Abfrage anwenderfreundlich zu gestalten, kann es sinnvoll sein, eine Query-Abfrage zu erstellen. Ebenfalls kann es zielführend sein, nur eine Datenbanktabelle abzufragen, wenn die meisten Informationen bereits in dieser Tabelle enthalten sind und weitere Informationen individuell in eigenen Zusatzfeldern hinzugelesen werden.

Datenquelle Tabellen-Join

Der QuickViewer hat sich aufgrund seiner Einfachheit und hohen Umsetzungsgeschwindigkeit bei einmaligen Ad-hoc-Auswertungen sehr bewährt. Im Vergleich zu einer direkten Abfrage der Tabelle auf der Datenbank können mit dem QuickViewer auch mehrere, über Felder verknüpfte Tabellen abgefragt werden. Sind zwei oder mehrere Tabellen miteinander verknüpft, so spricht man von einem Tabellen-Join ❷.

Logische Datenbank

Logische Datenbanken ❸ enthalten für den Berichtsersteller bereits zusammengestellte Informationen. Auf Basis der logischen Datenbanken sind seitens SAP Tabellen miteinander verknüpft. Eine

Abfrage ist zwar sehr einfach möglich, jedoch birgt die vordefinierte Datenbasis die Gefahr, dass unnötige Dateninhalte abgefragt werden. Der vereinfachten Abfrage steht somit die geringere Performance gegenüber.

InfoSet

Ein InfoSet ❹ ist meistens mit einem Tabellen-Join vergleichbar. Beim QuickViewer erfolgt die Definition des Tabellen-Joins (Datenbasis) und die Auswahl der Selektions- und Layoufelder in einer Transaktion. Bei SAP Query und InfoSet Query wird die Datenbasis mit einer eigenen Transaktion in Form eines InfoSets angelegt. Ein InfoSet kann eine Tabelle, einen Tabellen-Join oder eine logische Datenbank als Datenbasis haben.

Einsatz des QuickViewers

In der Praxis wird der QuickViewer häufig eingesetzt. Mit nur einer Transaktion (SQVI) und Kenntnis der Datenbanktabelle(n) kann ein Report innerhalb weniger Minuten erzeugt werden. Der erzeugte QuickViewer-Report steht lokal nur dem Berichtsersteller zur Verfügung. Benötigt ein weiterer Anwender diesen Report, so ist eine Weitergabe nicht ohne Weiteres möglich. Mit SAP Query ist es jedoch möglich, den erzeugten QuickViewer-Report als Grundlage zu verwenden und in eine SAP Query zu konvertieren. Detaillierte Informationen zum QuickViewer finden Sie in Kapitel 3, »QuickViewer«.

Einsatz von SAP Query

Eine SAP Query zu erstellen ist nicht viel schwieriger als einen QuickViewer-Report zu generieren: Die Berichtserstellung erfolgt zwar mit drei Transaktionen, wenn Sie aber mit deren Logik vertraut sind, so ist die Berichtserstellung auch hier einfach. Der Einsatz von SAP Query ist dem QuickViewer oder der InfoSet Query zumeist vorzuziehen: Das Tool bietet zum einen wesentlich mehr Möglichkeiten, und zum anderen zwingt es zu einer strukturierteren Arbeitsweise.

Stammdatenberichte

Mit SAP Query gelingt es, Daten zu einzelnen Auskunftsobjekten gezielt aufzubereiten. In der Praxis werden häufig Stammdaten mit SAP Query abgefragt. So existieren insbesondere viele Auswertungen zu folgenden Stammdatenobjekten:

- Kunden
- Lieferanten
- Materialien
- Konditionen
- Kreditlimit

- Arbeitsplätze
- Sachkonten
- Anlagen

Datenanzeige im ALV-Layout oder in Excel

Diese Auswertungen ermöglichen es dem Anwender, seine eigenen Daten individuell auszuwerten. Besonders die Darstellung der eigenen Daten im ALV-Layout oder in Microsoft Excel wird in der Praxis sehr positiv bewertet. Aufgrund von individuellen Reports können Sie Dubletten oder fehlerhafte Feldinhalte einfach erkennen; mittels Doppelklick können Sie die Dateninhalte direkt korrigieren oder anpassen.

Bewegungsdatenberichte

Mit SAP Query können Sie des Weiteren Bewegungsdaten nach konkreten Kriterien selektieren. So werden zu Aufträgen der Status oder der Belegfluss abgefragt. Auf dieser Basis kann der betriebliche Prozess gezielt optimiert werden. Beispielsweise wird zu einem Kundenauftrag der dazugehörige Liefer- oder Fakturastatus ausgewertet. Weicht der Iststatus vom Sollstatus ab, so können die betroffenen Abteilungen, Kunden oder Lieferanten rechtzeitig darüber informiert werden, und es können konkrete Maßnahmen ergriffen werden. Insbesondere werden kritische Zustände durch Icons (z. B eine rote Ampel) hervorgehoben. In der Praxis werden vor allem folgende Datenobjekte ausgewertet:

- Kundenaufträge
- Lieferungen
- Fakturen
- Bestellungen
- Fertigungsaufträge
- offene Posten

Unternehmenssteuerung

SAP Query wird in vielen Unternehmen auch zur Steuerung eingesetzt. Bei vielen Kunden gibt es beispielsweise Auswertungen zu Auftragseingang oder Umsatz. Daneben erstellen viele Unternehmen Auswertungen zu Beständen oder zu Produktionssollmengen, um die Unternehmensergebnisse auf Basis von Fakten darzustellen.

Abgrenzung von SAP Query und BW

Bei großen Datenmengen und komplexen modulübergreifenden Auswertungen gelangen Sie an die Grenzen von SAP Query. In diesen Fällen ist unbestritten der Einsatz von SAP NetWeaver BW sinnvoll. Nicht alle (mittelständischen) Unternehmen haben jedoch ein BW-

System im Einsatz, oder es wird nur zum Teil genutzt. Welche Kriterien für und gegen SAP Query im Vergleich zu SAP NetWeaver BW sprechen, werden wir im nächsten Abschnitt betrachten.

1.3 Vergleich von SAP Query und SAP NetWeaver BW

Benötigte Ressourcen

Verfügt Ihr Unternehmen über genügend Ressourcen (Zeit, finanzielle Mittel und technisches Know-how), so bietet sich neben SAP Query der Einsatz von SAP NetWeaver BW oder SAP BusinessObjects an. Beispiele für BusinessObjects-Produkte sind Crystal Reports (formatiertes Reporting), Xcelsius (Dashboarding) und Web Intelligence (Ad-hoc-Analyse).

Tabelle 1.4 stellt die wichtigsten Unterscheidungsmerkmale der beiden Auswertungsinstrumente SAP Query und SAP NetWeaver BW vor allem im Hinblick auf den Ressourceneinsatz gegenüber.

Kriterium	SAP Query	SAP NetWeaver BW
Kosten für Lizenzierung, Schnittstellen, Wartung und Hardware	Bestandteil der SAP ERP-Lizenz	häufig zusätzliche Lizenzkosten (vor allem, wenn auch SAP BusinessObjects eingesetzt werden soll)
Installation	sofort nutzbar	häufig weitere Installation und Hardware erforderlich
Systemkonfiguration	Query-Transaktionen stehen sofort zur Verfügung	muss eigenständig konfiguriert werden
individuelle Realtime-Auswertung	Zugriff auf Live-Daten mit Drill-down in Echtzeit	Daten werden in der Regel in einem Nachtjob aktualisiert

Tabelle 1.4 Vergleich der Auswertungstools SAP Query und SAP NetWeaver BW

Vorteile der Query-Reportingtools

Gerade im Hinblick auf den Ressourceneinsatz hat die Nutzung der SAP Query-Reportingtools viele Vorteile:

- Die Nutzung von SAP Query ist im Vergleich zu SAP NetWeaver BW/BusinessObjects grundsätzlich ohne zusätzlichen Erwerb von weiteren Lizenzen möglich.
- Da die Berichtserstellung mit SAP Query direkt im SAP ERP-System erfolgt, ist keine zusätzliche Wartung erforderlich.

- Eine eigene Systeminstallation beziehungsweise Konfiguration entfällt aufgrund der direkten Nutzung der Query-Tools im SAP ERP-System.
- Sie müssen keine Schnittstellen konfigurieren beziehungsweise diese nach Systemkopien wieder herstellen.
- Sie können Berichte bereits mit geringen Systemkenntnissen erstellen; Sie benötigen keine oder nur geringe ABAP-Kenntnisse. Bereits nach kurzer Zeit können Sie selbst eigene Abfragen erstellen oder vorhandene Auswertungen analysieren.
- Der Zeitaufwand für die Berichtserstellung ist vergleichsweise gering, da die Berichtserstellung aus einer Hand (betriebswirtschaftliche Kenntnisse können direkt umgesetzt werden) durchgeführt werden kann.
- Es lassen sich zeitnah individuelle Informationen abfragen. Die in der Datenbank gerade gespeicherten Daten stehen sofort (realtime) zur Verfügung, und mit einem Drill-down können Sie in Transaktionen direkt zur Anzeige oder zur Änderung von Daten abspringen.
- Mit den Query-Reportingtools können SAP-User ohne langwierige Einarbeitungszeiten sowohl gezielt Stammdatenobjekte als auch Prozessinformationen analysieren. Der Berichtsempfänger/Key-User kann selbst auf Basis der Datenanalyse den Report von Grund auf neu erstellen und nur die Informationen in Ihr Berichtsumfeld aufnehmen, die wirklich erforderlich sind. Sie entscheiden selbst, welche Felder Sie in einer Liste ausgeben möchten, welche Selektionskriterien Sie bereitstellen oder wie die Daten formatiert werden sollen.

Die Nutzung von SAP NetWeaver BW bietet sich bei der Abfrage von individuellen Massendaten an. Sind umfangreiche Datenbestände auf stark aggregierter Ebene abzufragen, so ist aufgrund der Laufzeit der Einsatz von SAP NetWeaver BW zielführender. Für Auswertungen im Finanzbereich können aggregierte Auswertungen mit dem Report Painter erstellt werden.

1.4 Summierte Auswertungen mit mehrstufigen Hierarchien

Auswertung von Hierarchieknoten

Ziel von Berichten zur Unternehmenssteuerung ist es, Daten auf verdichteter Ebene auszuwerten. Um sich einen Überblick über die Unternehmenskennzahlen zu verschaffen, ist eine Top-down-Auswertung zielführend. So wird z. B. in der Kostenstellenrechnung zunächst ein Top-Hierarchieknoten angezeigt. Der Hierarchieknoten wird entsprechend den Hierarchiestufen nach und nach aufgeklappt. Bei Abweichungen werden die Werte erst pro Konto und anschließend der jeweilige Einzelposten aufgerufen. Dies bedeutet, dass der Berichtsanwender die Dateninformationen zunächst auf stark verdichteter Ebene erhält und sich bei Bedarf die Daten detaillierter anzeigen lassen kann. Im System können zu vielen Objekten Hierarchien gepflegt werden. Durch eine gute Hierarchiestruktur (Verdichtung von Merkmalen) können insbesondere im Finanzwesen viele Berichtsanforderungen abgedeckt werden.

1.4.1 Verdichtungshierarchien

Kriterien für die Verdichtung

Die Pflege der Verdichtungsstufen erfolgt im SAP-System durch eigene Transaktionen. Die Informationsmerkmale (z. B. Kostenstellen) müssen je nach Berichtszweck nach unterschiedlichen Kriterien verdichtet werden. So verdichtet ein Unternehmen seine Kostenstelleninformationen auf der einen Seite nach Verantwortlichkeiten und auf der anderen Seite nach funktionalen Gesichtspunkten. Zusätzlich sind unterschiedliche Gruppierungen nach zeitlicher Betrachtung erforderlich. Eine Abfrage von Istwerten ist für das aktuelle Geschäftsjahr nach der Gruppierung 1 durchzuführen, wohin gegen eine Abfrage von Planwerten für das Folgejahr nach der Gruppierung 2 durchgeführt wird.

Stammdatenhierarchien

Um den Auswertungswünschen gerecht zu werden, bietet Ihnen die SAP-Software die Möglichkeit, Stammdatenobjekte mehrstufig nach unterschiedlichen Kriterien zu gruppieren. Eine Gruppierung von Stammdaten erfolgt im SAP-System durch eine Hierarchie, technisch auch Set genannt. Tabelle 1.5 listet die wichtigsten Transaktionen zum Verdichten von Stammdaten auf.

Stammsatz	Anlage	Änderung	Anzeige
Bilanz/GuV-Struktur	OB58	FSE2	FSE3
Kostenarten	KA01	KA02	KA03
Standardkostenstellen	–	OKEON	OKENN
Alternativkostenstellen	KS02	KS02	KS03
statistische Kennzahlen	KK01	KK02	KK03
Leistungsarten	KL01	KL02	KL03
Innenaufträge	KO01	KO02	KO03
Standard-Profit-Center	KCH1	KCH5N	KCH6N
alternative Profit-Center	KCH1	KCH2	KCH5
CO-PA-Merkmale	KES1	KES2	KES3
Sets, allgemein	GS01	GS02	GS03

Tabelle 1.5 Transaktionen für Stammdatenhierarchien

Abfrage von Hierarchieknoten in der Query

Auch im Rahmen von Queries können die Informationen aus Stammdatenhierarchien abgefragt werden. So ist es beispielsweise möglich, sich bei einer Arbeitsplatzauswertung die zugeordnete Kostenstelle anzeigen zu lassen. Danach kann in der Query auf Basis der Kostenstelle der dazugehörige Kostenstellenknoten ermittelt werden. Die Abfrage einer Verdichtungsstufe ist in SAP Query durchführbar. Sollen die Informationsmerkmale mehrstufig angezeigt werden, so sind die folgenden Berichtswerkzeuge, Report Painter und Recherche, im Regelfall zielführender.

1.4.2 Report Painter

Datenbanktabellen

Der Report Painter greift wie SAP Query auf Datenbanktabellen zu. Da in der Praxis zumeist der Report Painter genutzt wird, vernachlässigen wir im Folgenden den Report Writer. Der Report Writer – von Anwendern als zu technisch beurteilt – kann als Vorläufer des Report Painters angesehen werden. Fast alle Funktionalitäten des Report Writers wurden im Report Painter übernommen. Da es noch geringe Funktionsunterschiede zwischen den beiden Tools gibt und einige von SAP ausgelieferte Report Writer-Berichte noch existieren, gibt es weiterhin eine Koexistenz der beiden Tools.

Reportingtabellen

Die wichtigsten zusammenhängenden Datenbanktabellen sind zu Reportingtabellen zusammengefasst. Die Reportingtabellen sind fest vorgegeben und umfassen eine bestimmte Anzahl von Merkmalen und Kennzahlen. Die Zusammenhänge zwischen den Datenbanktabellen, den Reportingtabellen sowie den Merkmalen und Kennzahlen sehen Sie in Abbildung 1.2.

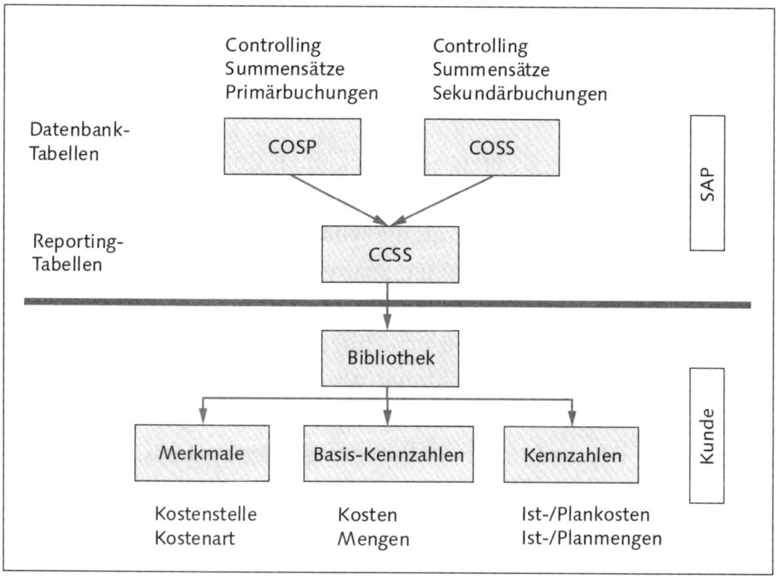

Abbildung 1.2 Zusammenhang zwischen Datenbanktabellen, Reportingtabellen und Report Painter-Bibliotheken

Bibliotheken

Die Definition der Datenbank- und Reportingtabellen wird von SAP vorgenommen; es gibt rund 60 Reportingtabellen, die im ERP-Standard ausgeliefert werden. Die Inhalte der Reportingtabellen können Sie in Bibliotheken strukturieren. Eine Bibliothek stellt eine Auswahl von Merkmalen und Kennzahlen einer Reportingtabelle dar. Prüfen Sie daher, ob Ihre gewünschten Auswertungsmerkmale und Kennzahlen in den von SAP ausgelieferten Reportingtabellen enthalten sind.

Einsatzgebiete für den Report Painter

Der Report Painter ist für folgende Einsatzgebiete besonders geeignet:

- Kostenstellenrechnung
- Innenaufträge
- Auswertungen nach dem Umsatzkostenverfahren
- Profit-Center-Rechnung
- Abstimm-Ledger (sofern nicht das neue Hauptbuch eingesetzt wird)

- spezielle Ledger
- Hauptbuch
- Projektsystem
- Produktkalkulation

Für diese Bereiche sollten Sie den Einsatz von Report Painter prüfen. Die folgenden beiden Anwendungsbeispiele zeigen die Vorteile des Report Painters in diesem Zusammenhang.

Beispiel 1: Controllingbericht

Abbildung 1.3 zeigt als erstes Beispiel einen Controllingbericht. Der Controllingbericht wertet in den einzelnen Zeilen Kontengruppen aus. In einer Stammdatenhierarchie wurden einzelne Konten zu einer Gruppe zusammengefasst. In den Spalten werden Kosten im Plan, im Ist und als Abweichung dargestellt. Zusätzlich werden im unteren Teil des Berichts Kennzahlen errechnet. Wie in Excel werden konkrete Spalten- und Zeilenpositionen als Grundlage verwendet. Insbesondere im Gemeinkostencontrolling und der Profit-Center-Rechnung ist der Report Painter ein hervorragendes Berichtsinstrument.

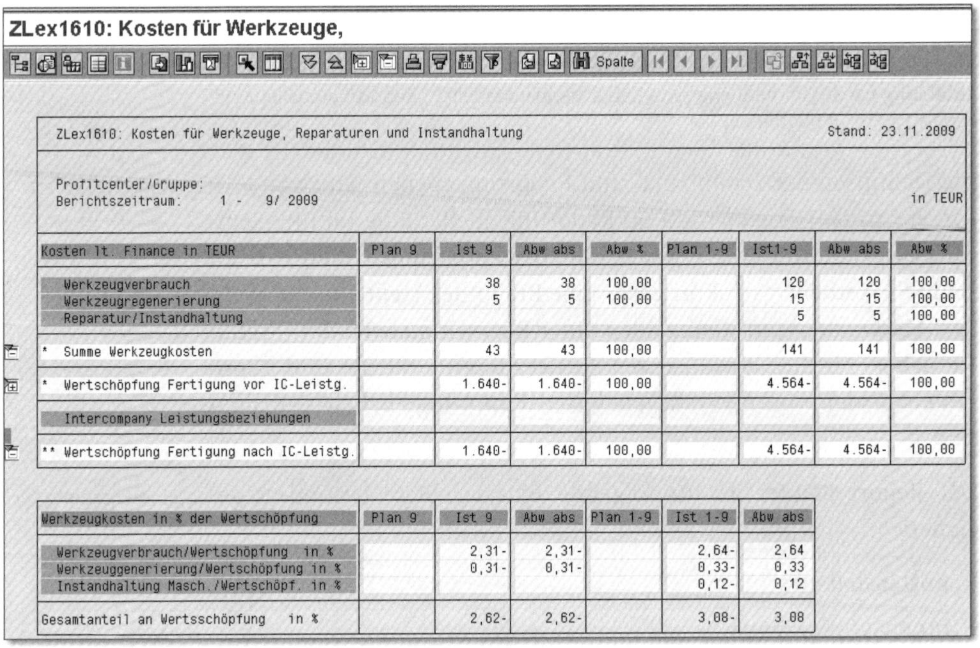

Kosten lt. Finance in TEUR	Plan 9	Ist 9	Abw abs	Abw %	Plan 1-9	Ist1-9	Abw abs	Abw %
Werkzeugverbrauch		38	38	100,00		120	120	100,00
Werkzeugregenerierung		5	5	100,00		15	15	100,00
Reparatur/Instandhaltung						5	5	100,00
* Summe Werkzeugkosten		43	43	100,00		141	141	100,00
* Wertschöpfung Fertigung vor IC-Leistg.		1.640-	1.640-	100,00		4.564-	4.564-	100,00
Intercompany Leistungsbeziehungen								
** Wertschöpfung Fertigung nach IC-Leistg.		1.640-	1.640-	100,00		4.564-	4.564-	100,00

Werkzeugkosten in % der Wertschöpfung	Plan 9	Ist 9	Abw abs	Plan 1-9	Ist 1-9	Abw abs
Werkzeugverbrauch/Wertschöpfung in %		2,31-	2,31-		2,64-	2,64
Werkzeuggenerierung/Wertschöpfung in %		0,31-	0,31-		0,33-	0,33
Instandhaltung Masch./Wertschöpf. in %					0,12-	0,12
Gesamtanteil an Wertsschöpfung in %		2,62-	2,62-		3,08-	3,08

Abbildung 1.3 Beispiel für einen Controllingbericht im Report Painter

Auch in der Finanzbuchhaltung können sehr gute Auswertungen erstellt werden. So wird in der Praxis sehr häufig mit dem Report Painter ein Rückstellungsspiegel erzeugt. Abbildung 1.4 zeigt Ihnen die Erstellungsmaske für einen Report Painter-Bericht.

Beispiel 2: Rückstellungsbericht

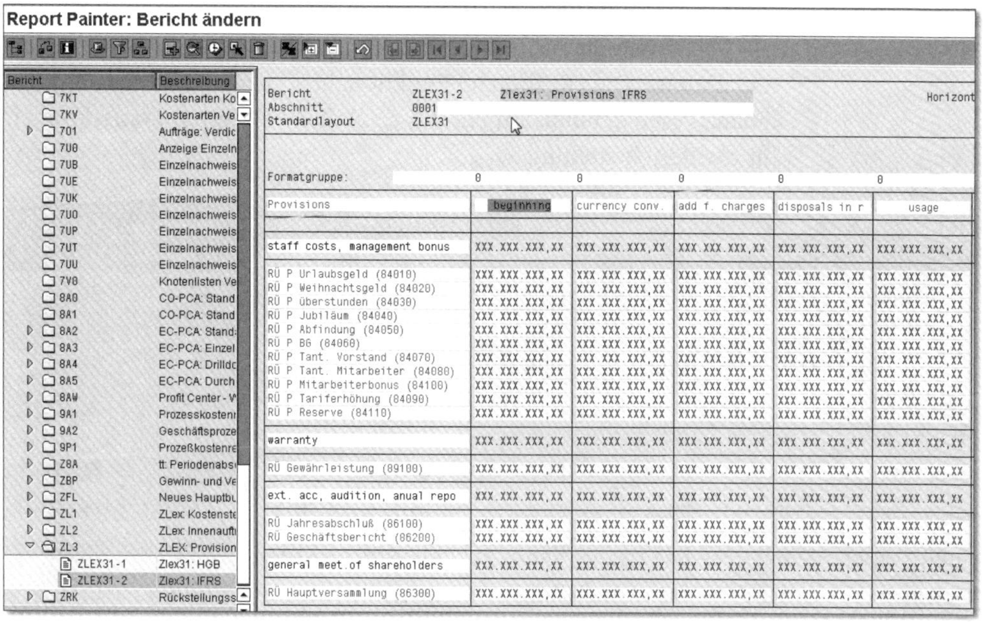

Abbildung 1.4 Beispiel für einen Rückstellungsbericht im Report Painter

Auf der linken Seite sind die unterschiedlichen Anwendungen in Form von Bibliotheken dargestellt. Nun erhalten Sie einen Berichtsgenerator als Excel-Darstellung. Sie können selbst per Doppelklick in den Zeilen und Spalten die von Ihnen gewünschten Inhalte einsetzen. Die Darstellung der beiden Achsen wird in der Originalberichtsanzeige entsprechend dargestellt. Diese Anzeige wird auch WYSIWYG genannt (WYSIWYG = What You See Is What You Get).

Merkmale und Kennzahlen

Die Oberfläche des Report Painters ist mit einem Excel-Tabellenblatt vergleichbar. In den Spalten werden also häufig Plan- oder Istwerte je Periode oder Geschäftsjahr angezeigt. In den Zeilen werden die Daten nach einer aufklappbaren Verdichtungsgruppe (z. B. Kostenart) angezeigt, das heißt, dass der Berichtsaufbau hinsichtlich der Spalten- und Zeilendarstellung fixiert ist. Möchten Sie nun in den Zeilen oder Spalten andere Merkmale oder Kennzahlen auswerten, so ist der Bericht entsprechend anzupassen.

Abgrenzung von Report Painter und Recherche

Eine flexible Änderung von Merkmalen in der Berichtsanzeige ist mit dem Recherche-Tool möglich, das viele interaktive Funktionalitäten bietet – es ist Thema des nächsten Abschnitts.

1.4.3 Recherche

Die Recherche bietet Ihnen eine interaktive Analyse Ihrer summierten Daten. Die Recherche-Funktionalität wird insbesondere im Finanzwesen genutzt. Tabelle 1.6 zeigt die wichtigsten Transaktionen für die Berichtstellung.

Stammsatz	Berichts-übersicht	Formular Anlage	Formular Ändern	Formular Anzeige	Bericht Anlage	Bericht Ändern	Bericht Anzeige
Sachkonten NewGL	FGI0	FGI4	FGI5	FGI6	FGI1	FGI2	FGI3
Sachkonten klassisches GL	FSI0	FSI4	FSI5	FSI6	FSI1	FSI2	FSI3
Debitoren	FDI0	FDI4	FDI5	FDI6	FDI1	FDI2	FDI3
Kreditoren	FKI0	FKI4	FKI5	FKI6	FKI1	FKI2	FKI3
Profit-Center	KE80	KE81	KE82	KE83	KE84	KE85	KE86
Projekte	CJE0	CJE1	CJE2	CJE3	CJE4	CJE5	CJE6
CO-PA-Summen-sätze	KE30	KE34	KE35	KE36	KE31	KE32	KE33
CO-PA-Einzelposten	KE30	KE94	KE95	KE96	KE91	KE32	KE33

Tabelle 1.6 Transaktionen zum Erstellen von Recherche-Berichten

Beispiel: Kennzahlenberichte

Mit dem Recherche-Tool können Sie vor allem Kennzahlenberichte erstellen. So lassen sich insbesondere in der Ergebnis- und Marktsegmentrechnung von SAP (CO-PA) sowie in der Finanzbuchhaltung (FI) wertvolle Kennzahlenberichte anfertigen. Ein Beispiel für einen Kennzahlenbericht finden Sie in Abbildung 1.5.

Formular im Recherche-Bericht

Für einen Recherche-Bericht wird zunächst ein Formular definiert. In diesem Formular kann auf Feldebene mit den Feldinhalten gerechnet werden. So kann wie in Excel das Feld von Zeile 3, Spalte 4 angesprochen werden. In der Praxis werden so z. B. Kennzahlen wie EBIT usw. ermittelt.

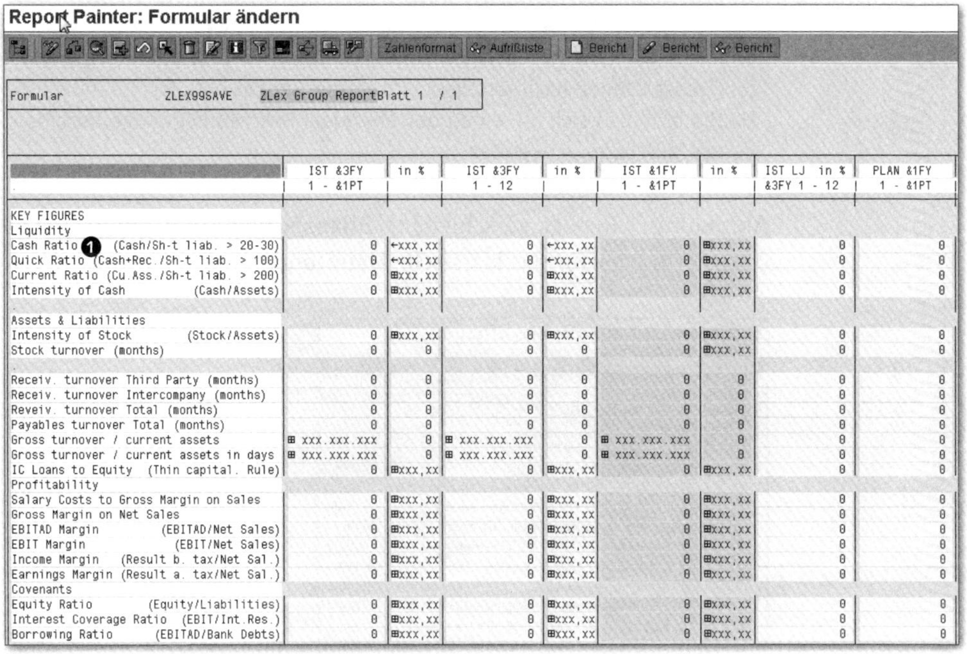

	IST &3FY 1 - &1PT	in %	IST &3FY 1 - 12	in %	IST &1FY 1 - &1PT	in %	IST LJ in % &3FY 1 - 12	PLAN &1FY 1 - &1PT
KEY FIGURES								
Liquidity								
Cash Ratio (Cash/Sh-t liab. > 20-30)	0	←xxx,xx	0	←xxx,xx	0	⊞xxx,xx	0	0
Quick Ratio (Cash+Rec./Sh-t liab. > 100)	0	←xxx,xx	0	←xxx,xx	0	⊞xxx,xx	0	0
Current Ratio (Cu.Ass./Sh-t liab. > 200)	0	⊞xxx,xx	0	⊞xxx,xx	0	⊞xxx,xx	0	0
Intensity of Cash (Cash/Assets)	0	⊞xxx,xx	0	⊞xxx,xx	0	⊞xxx,xx	0	0
Assets & Liabilities								
Intensity of Stock (Stock/Assets)	0	⊞xxx,xx	0	⊞xxx,xx	0	⊞xxx,xx	0	0
Stock turnover (months)	0	0	0	0	0	⊞xxx,xx	0	0
Receiv. turnover Third Party (months)	0	0	0	0	0	0	0	0
Receiv. turnover Intercompany (months)	0	0	0	0	0	0	0	0
Reveiv. turnover Total (months)	0	0	0	0	0	0	0	0
Payables turnover Total (months)	0	0	0	0	0	0	0	0
Gross turnover / current assets	⊞ xxx.xxx.xxx	0	⊞ xxx.xxx.xxx	0	⊞ xxx.xxx.xxx	0	0	0
Gross turnover / current assets in days	⊞ xxx.xxx.xxx	0	⊞ xxx.xxx.xxx	0	⊞ xxx.xxx.xxx	0	0	0
IC Loans to Equity (Thin capital. Rule)	0	⊞xxx,xx	0	⊞xxx,xx	0	⊞xxx,xx	0	0
Profitability								
Salary Costs to Gross Margin on Sales	0	⊞xxx,xx	0	⊞xxx,xx	0	⊞xxx,xx	0	0
Gross Margin on Net Sales	0	⊞xxx,xx	0	⊞xxx,xx	0	⊞xxx,xx	0	0
EBITAD Margin (EBITAD/Net Sales)	0	⊞xxx,xx	0	⊞xxx,xx	0	⊞xxx,xx	0	0
EBIT Margin (EBIT/Net Sales)	0	⊞xxx,xx	0	⊞xxx,xx	0	⊞xxx,xx	0	0
Income Margin (Result b. tax/Net Sal.)	0	⊞xxx,xx	0	⊞xxx,xx	0	⊞xxx,xx	0	0
Earnings Margin (Result a. tax/Net Sal.)	0	⊞xxx,xx	0	⊞xxx,xx	0	⊞xxx,xx	0	0
Covenants								
Equity Ratio (Equity/Liabilities)	0	⊞xxx,xx	0	⊞xxx,xx	0	⊞xxx,xx	0	0
Interest Coverage Ratio (EBIT/Int.Res.)	0	⊞xxx,xx	0	⊞xxx,xx	0	⊞xxx,xx	0	0
Borrowing Ratio (EBITAD/Bank Debts)	0	⊞xxx,xx	0	⊞xxx,xx	0	⊞xxx,xx	0	0

Abbildung 1.5 Recherche – Kennzahlenbericht

Der wichtigste Bestandteil eines Recherche-Berichts ist die Erstellung des Berichtsformulars. Für die Erstellung des Formulars wird ebenfalls die Report Painter-Technik verwendet. Sie benötigen somit kaum zusätzliche Kenntnisse, um einen individuellen Recherche-Bericht erstellen zu können.

Recherche-Berichte im Standard

SAP liefert zahlreiche Berichte im Standard aus. Für jeden Anwendungsbereich gibt es eine zentrale Transaktion, mit der Sie die Recherche-Berichte ausführen können:

- FGI0 – neues Hauptbuch (NewGL)
- FSI0 – klassisches Hauptbuch
- FDI0 – Debitorenbuchhaltung
- FKI0 – Kreditorenbuchhaltung
- KE80 – Profit-Center
- KE30 – CO-PA (Summen- und Einzelpostenberichte)
- CJE0 – Projektberichte

[+]

Nutzung von Berichtsvorlagen

Bevor Sie einen neuen Bericht erstellen schauen Sie in den gerade genannten Transaktionen nach, ob Ihr gewünschter Bericht bereits vorhanden ist. Häufig bietet es sich an, einen bestehenden Bericht als Vorlage für einen neuen Bericht zu verwenden.

Abbildung 1.6 zeigt verschiedene Bilanzberichte mit unterschiedlichem Zeitraster für das klassische Hauptbuch.

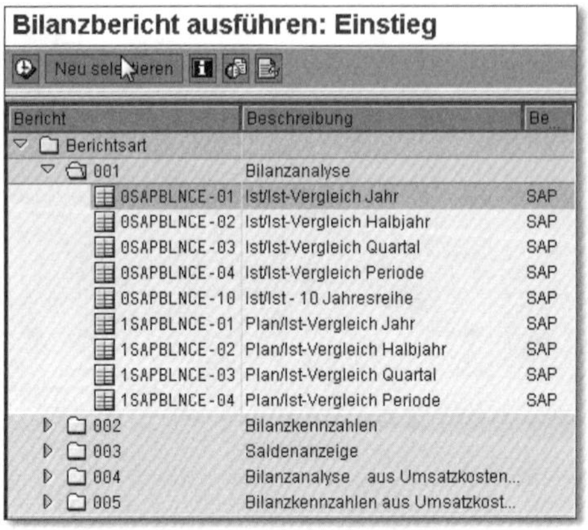

Abbildung 1.6 Auszug eines SAP-Standardreports im klassischen Hauptbuch

Cashflow-Berichte

Neben den unterschiedlichen Berichten zur Bilanzanalyse werden vordefinierte Kennzahlenberichte ausgeliefert. So werden z. B. vier Beispielberichte zur Darstellung des Cashflows zur Verfügung gestellt. Ein Vorteil des Recherche-Tools ist die flexible Auswahl von Auswertungsmerkmalen. In Abbildung 1.7 wurde eine Analyse der offenen Debitorenposten (Debitoren-OP) durchgeführt.

Sie sehen die vier Bereiche des Recherche-Tools:

Navigationsleiste

In der Navigationsleiste ❶ stehen Ihnen diverse Merkmale für eine gezielte Datenselektion zur Verfügung. In unserem Beispiel wurden die offenen Posten für das Land Österreich selektiert. Anschließend wurde das Merkmal PERIODE/JAHR ausgewählt.

Kennzahlen

Im Bildbereich links unten ❷ können Sie vordefinierte Kennzahlen definieren. In unserem Beispiel wird der Soll-/Habenbetrag dargestellt.

Aufriss

Außerdem werden die selektierten Daten im Aufriss angezeigt ❸. Im Beispiel wird dargestellt, seit wann die offenen Posten für Österreich fällig sind. Nun könnten Sie diese Werte durch Drag & Drop weiteranalysieren, z. B. nach dem Kriterium Debitor.

Grafik

Bereich ❹ stellt die Daten, die Sie selektiert haben, grafisch dar.

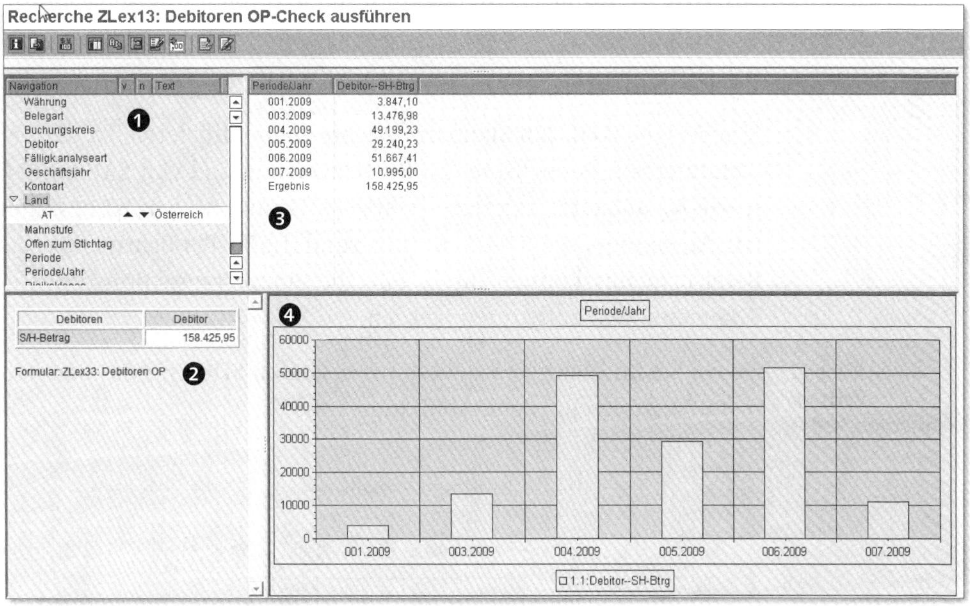

Abbildung 1.7 Beispiel für einen Recherche-Bericht zur Auswertung von Debitoren-OPs

Zusammengefasst lässt sich sagen, dass gerade im Financials-Bereich die Werkzeuge Report Painter und Recherche sehr gute Tools für die Berichtserstellung sind. Zudem sind diese Tools insbesondere bei der Anzeige summierter Daten und bei der Verwendung mehrstufiger Hierarchien wesentlich schneller als eine verdichtete Anzeige von Einzelsätzen mit SAP Query oder den SAP-Standardtransaktionen.

Neben den in diesem Abschnitt dargestellten Summenberichten gibt es in SAP ERP viele sehr gute Standardberichte. Eine Auswahl derer stellen wir Ihnen im nächsten Abschnitt vor.

1.5 Nutzung von Standardberichten

Nicht jede Auswertung ist kundenspezifisch, und nicht immer muss ein neuer (Query-)Report erzeugt werden. Es gibt im Standard viele gute vordefinierte Auswertungen, die die notwendigen Informationen zur Verfügung stellen. Dieser Abschnitt stellt Ihnen die Möglichkeiten zur Suche von Standardauswertungen vor. Bevor Sie einen neuen Bericht erstellen, sollten Sie prüfen, ob der gewünschte Bericht bereits im Standard vorhanden ist. Außerdem werden die wichtigsten Berichte aus der Praxis aufgeführt.

1.5.1 SAP-Bereichsmenüs

Eine Möglichkeit, um Standardberichte zu identifizieren, ist die Verwendung von Bereichsmenüs. Bereichsmenüs sind von SAP vordefinierte Menübäume mit den wichtigsten Transaktionen zu bestimmten Anwendungsgebieten. Es gibt rund 1.500 Bereichsmenüs. Die Bereichsmenüs können durch Eingabe eines Transaktionscodes im Kommandofeld aufgerufen werden.

Bereichsmenü Vertrieb (Transaktion SD01)

Geben Sie im Kommandofeld die Transaktion SD01 für das Bereichsmenü Vertrieb ein (siehe Abbildung 1.8).

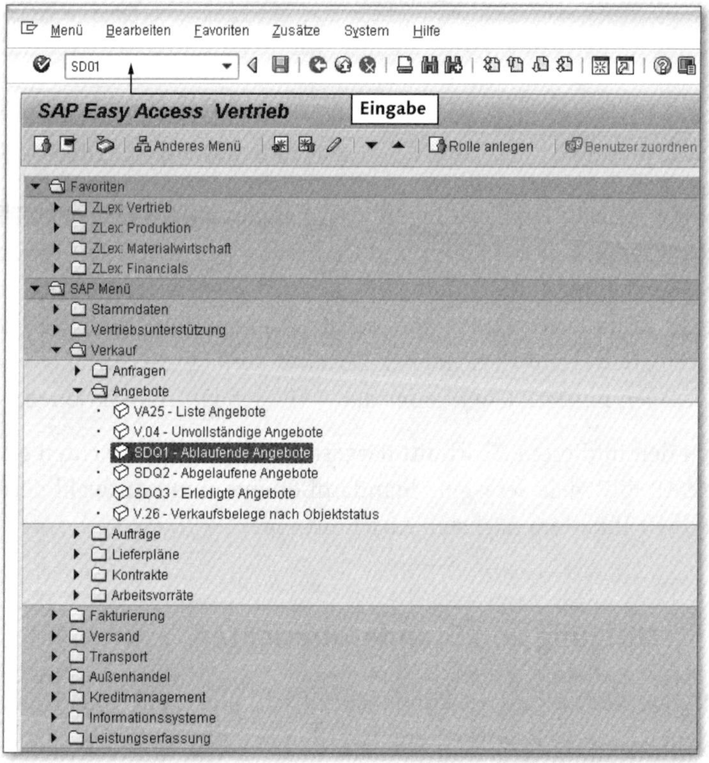

Abbildung 1.8 Aufruf des Bereichsmenüs Vertrieb

In Ihrem Einstiegsbild erscheint statt des kompletten SAP-Menüs das Vertriebsmenü mit den wichtigsten Transaktionen. Unter dem Menüpfad VERKAUF • ANGEBOTE finden Sie sechs verschiedene Transaktionen zur Auswertung von Angeboten.

Bereichsmenüpflege (Transaktion SE43)

Sie können die SAP-Bereichsmenüs mit der Transaktion SE43 (Bereichsmenü) finden. Geben Sie im Kommandofeld die Transaktion SE43 ein, und es öffnet sich das Fenster BEREICHSMENÜPFLEGE.

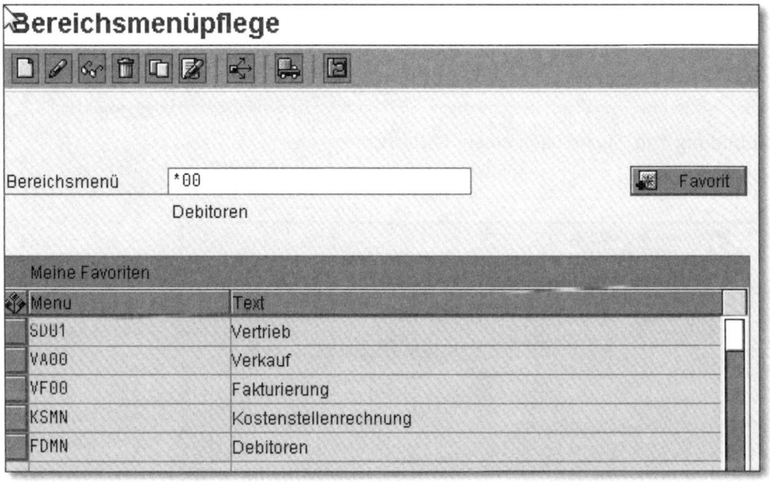

Abbildung 1.9 Anzeige von Bereichsmenüs in der Transaktion SE43

Matchcode (Transaktion SE41)

Sie können hier das für Sie relevante Menü mithilfe des Matchcodes [F4] selektieren. Entweder Sie schauen komplett die rund 1.500 Bereichsmenüs durch, oder Sie nehmen eine Eingrenzung anhand des erläuternden Textes vor. So könnten Sie z. B. ein Bereichsmenü mit dem Text »Verkauf« suchen. Viele wichtige Bereichsmenüs tragen die Endung MN oder 00. So könnten Sie z. B. im Bereichsmenü nach *MN oder *00 suchen. Durch die Eingabe eines Sterns vor den beiden Nullziffern erhalten Sie alle Bereichsmenüs, die mit MN oder 00 enden. Rufen Sie in der Transaktion SE41 den Matchcode [F4] auf, und nehmen Sie Ihre Eingrenzung vor (siehe Abbildung 1.10).

Als Ergebnis Ihrer Suche erhalten Sie circa 125 unterschiedliche Bereichsmenüs. Auf der linken Seite Ihres Suchergebnisses sind die konkreten Transaktionen aufgeführt. Sie erhalten als Suchergebnis z. B. den Transaktionscode VA00 für das Bereichsmenü VERKAUF (siehe Abbildung 1.11).

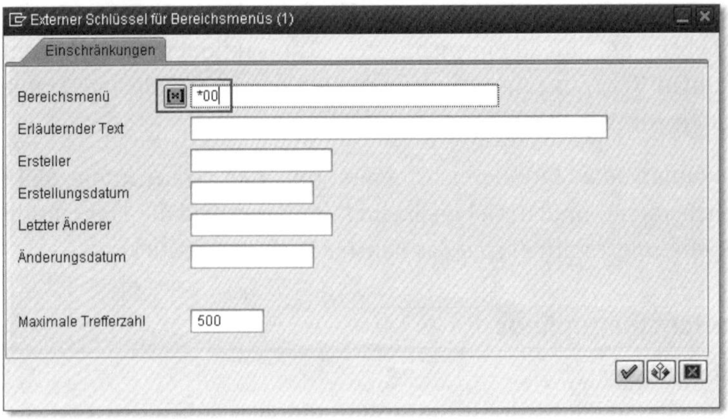

Abbildung 1.10 Suche nach einem Bereichsmenü

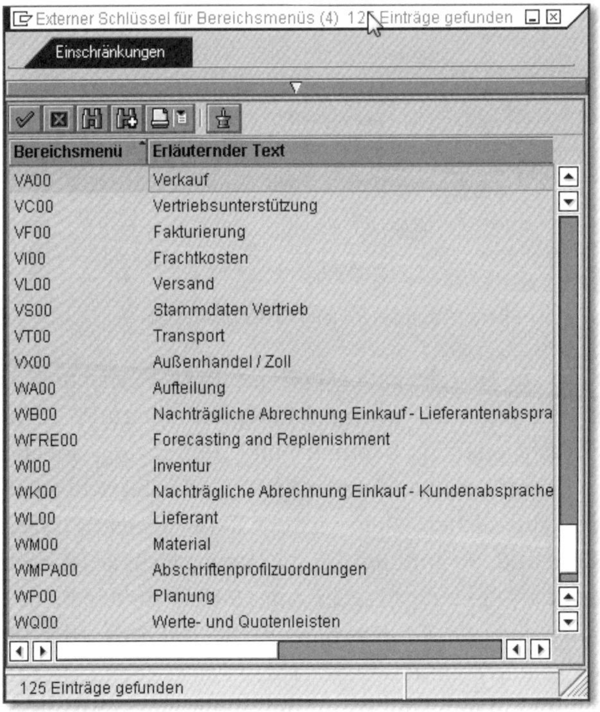

Abbildung 1.11 Anzeige von Bereichsmenüs mit der Endung 00

Bereichsmenü Verkauf (Transaktion VA00)

Wenn Sie nun die Transaktion VA00 im Kommandofeld eingeben, erscheint auf dem Bildschirm ein Menüzweig mit den relevanten Transaktionen aus dem Bereich Verkauf. Klappen Sie nun im Menüzweig den Pfad Infosystem • Angebote auf, so erscheinen wieder sechs Transaktionen zum Auswerten von Angeboten.

1.5.2 Bericht im SAP-Menü suchen

Transaktion SEARCH_SAP_MENU

Sie können Standardberichte auch finden, indem Sie das komplette SAP-Menü nach einem Begriff durchsuchen. Hierzu geben Sie, wie in Abbildung 1.12 dargestellt, den Transaktionscode SEARCH_SAP_MENU im Kommandofeld ein.

Abbildung 1.12 Eingabe von »search_sap_menu« im Kommandofeld

Transaktionen suchen

Nach der Eingabe des Befehls »search_sap_menu« oder der Tastenkombination [Strg]+[F] öffnet sich das Dialogfenster EINGABE TRANSAKTIONSCODE ODER MENÜTEXT. Hier können Sie nach Ihrem Begriff frei suchen. Bei der Suche können Sie ein * als Joker verwenden. Suchen Sie beispielsweise nach »Kundenstamm*«, so wird zum Beispiel die Transaktion zum Aufruf des Kundenstammblattes angezeigt. Alternativ geben Sie im Feld EINGABE SUCHTEXT den Begriff »Angebot« ein (siehe Abbildung 1.13).

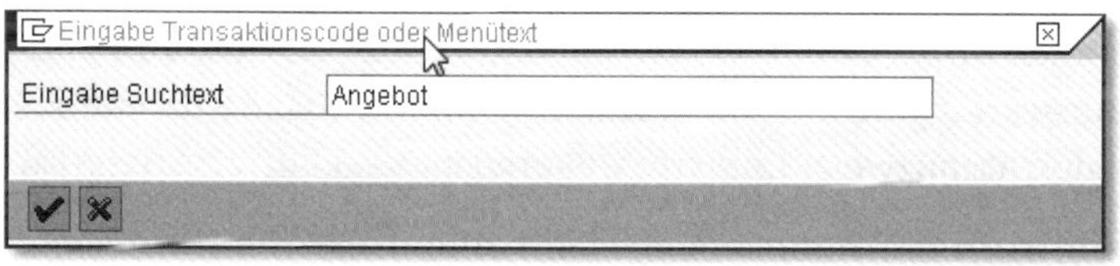

Abbildung 1.13 Eingabe des Suchbegriffs »Angebot« in der Transaktion »search_sap_menu«

Nachdem Sie den Suchbegriff »Angebot« mit dem grünen Haken bestätigt haben, werden im nun folgenden Bildschirm die relevanten Menüpfade angezeigt. Sie erhalten eine genaue Übersicht darüber, in welchem Menüpunkt sich die Transaktionen für die Auswertung von Angeboten befinden (siehe Abbildung 1.14).

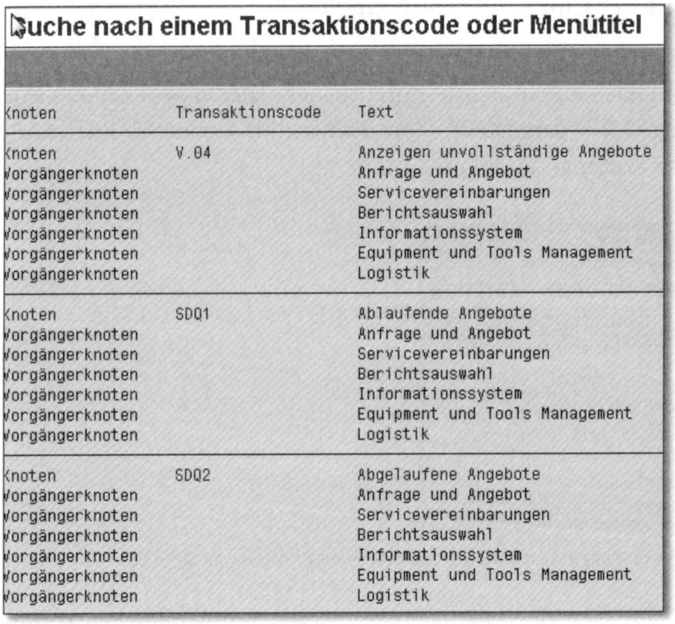

Suche nach einem Transaktionscode oder Menütitel

Knoten	Transaktionscode	Text
Knoten	V.04	Anzeigen unvollständige Angebote
Vorgängerknoten		Anfrage und Angebot
Vorgängerknoten		Servicevereinbarungen
Vorgängerknoten		Berichtsauswahl
Vorgängerknoten		Informationssystem
Vorgängerknoten		Equipment und Tools Management
Vorgängerknoten		Logistik
Knoten	SDQ1	Ablaufende Angebote
Vorgängerknoten		Anfrage und Angebot
Vorgängerknoten		Servicevereinbarungen
Vorgängerknoten		Berichtsauswahl
Vorgängerknoten		Informationssystem
Vorgängerknoten		Equipment und Tools Management
Vorgängerknoten		Logistik
Knoten	SDQ2	Abgelaufene Angebote
Vorgängerknoten		Anfrage und Angebot
Vorgängerknoten		Servicevereinbarungen
Vorgängerknoten		Berichtsauswahl
Vorgängerknoten		Informationssystem
Vorgängerknoten		Equipment und Tools Management
Vorgängerknoten		Logistik

Abbildung 1.14 Ergebnis für den Suchbegriff »Angebot« im SAP-Menü

Sie finden auf diesem Wege die gleichen Transaktionen wie bei der Suche im Bereichsmenü. Bei der Suche im SAP-Menü werden Menüzweige angezeigt; daher bietet es sich in der Regel an, direkt im SAP-Menü zu suchen.

1.5.3 Suche von Standardberichten im Menü

Suche im SAP-Modul

Sie können direkt in der konkreten Anwendung suchen, zu der Sie eine Auswertung benötigen. Wählen Sie im SAP-Standardmenü z. B. folgenden Menüzweig: Logistik • Vertrieb • Verkauf • Infosystem • Angebote. Nachdem Sie den Menüpunkt Angebote aufgeklappt haben, finden Sie sechs Transaktionen zum Auswerten von Angeboten (siehe Abbildung 1.15).

Menüpunkt »Infosysteme«

Neben der Suche im Infosystem der jeweiligen Anwendung bietet sich die Suche im Menüpunkt Infosysteme an. Neben den Anwendungskomponenten aus den Bereichen Logistik, Rechnungswesen und Personal steht ein anwendungsübergreifender Menüzweig mit Auswertungen zur Verfügung (siehe Abbildung 1.16).

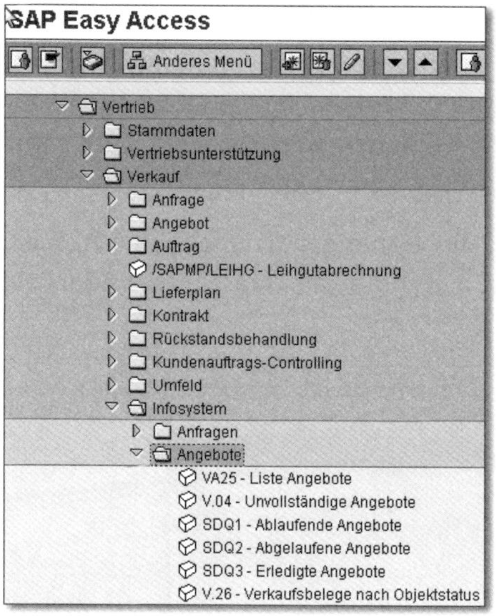

Abbildung 1.15 Suche nach Auswertungen zu Angeboten im SAP-Menü

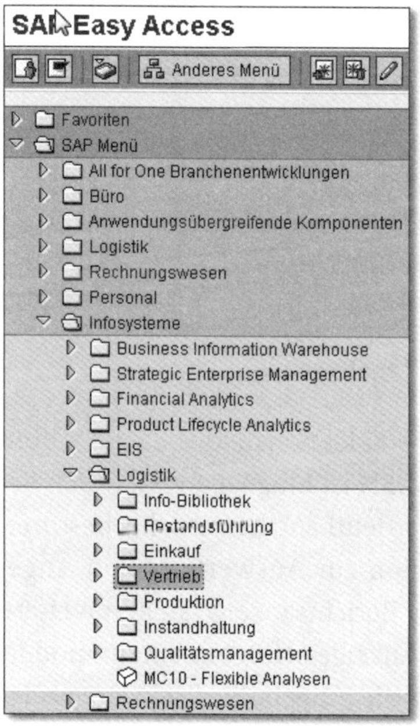

Abbildung 1.16 SAP-Standardmenü »Infosysteme«

Über die unter INFOSYSTEME verfügbaren Berichte hinaus hat SAP weitere Transaktionen erstellt, die noch nicht im Standardmenü zur Verfügung stehen. Diese werden im nächsten Abschnitt vorgestellt.

1.5.4 Wichtige Standardtransaktionen

Viele Transaktionen wurden von SAP aufgrund von Kundenfeedback überarbeitet und mit besseren Funktionalitäten zur Verfügung gestellt. Die bestehenden Transaktionen wurden dabei nicht geändert, sondern in der Überarbeitung durch ein N ergänzt.

Liste Angebote (Transaktion VA25 und VA25N)

Beispielsweise wurde neben der bisherigen Transaktion VA25 zur Abfrage von Angeboten (Liste Angebote) die Transaktion VA25N zur Verfügung gestellt.

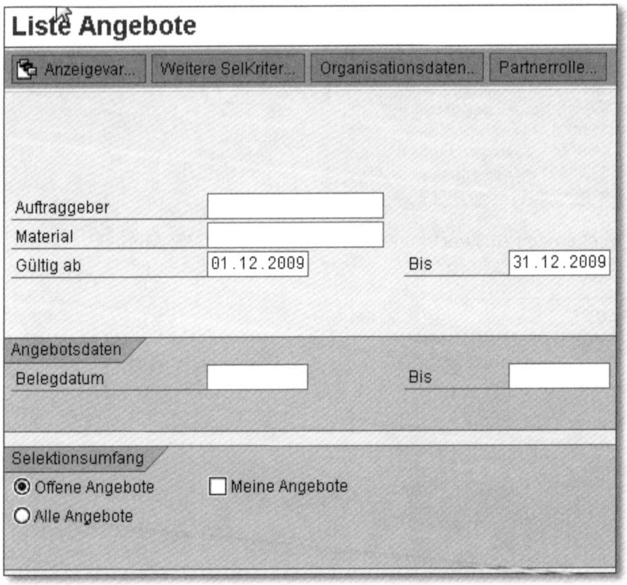

Abbildung 1.17 Transaktion VA25 – »Liste Angebote«

Transaktion VA25 verfügt über sechs Selektionsfelder (siehe Abbildung 1.17). Die neue Transkation VA25N ist hingegen wesentlich flexibler: Die neue Selektionsmaske verdeutlicht bereits die besseren Funktionalitäten der neuen Transaktion zur Auswertung von Angeboten (siehe Abbildung 1.18). Für die Berichtsanzeige stehen weitere Funktionalitäten zur Verfügung; die Anzeige erfolgt in einem modernisierten Layout. Weiterhin können die Angebote direkt angezeigt und geändert werden.

Tabelle 1.7 zeigt eine Auswahl von Transaktionen, die nicht im SAP-Menü vorhanden sind.

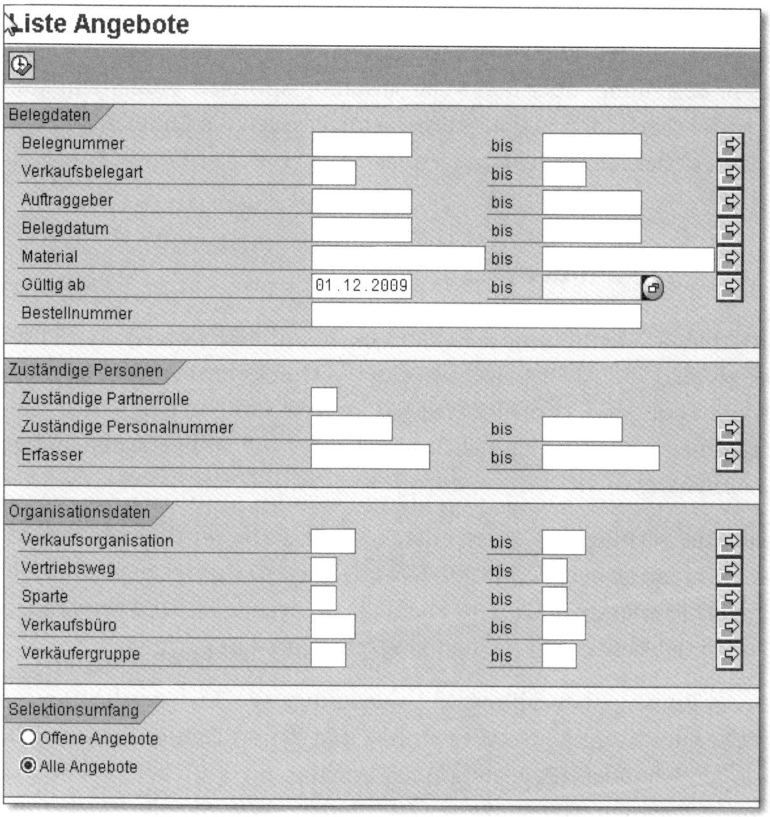

Abbildung 1.18 Transaktion VA25N – »Liste Angebote«

Anwendung	Transaktion	Bezeichnung
Vertrieb	VA05N	Liste Aufträge
Vertrieb	VA15N	Liste Anfragen
Vertrieb	VA25N	Liste Angebote
Vertrieb	VA35N	Liste Lieferpläne
Vertrieb	VA45N	Liste Kontrakte
Vertrieb	VF05N	Liste Fakturen
Einkauf	ME80AN	allgemeine Auswertungen Anfrage
Einkauf	ME80FN	allgemeine Auswertungen Bestellung
Einkauf	ME80RN	allgemeine Auswertungen Kontrakt, Lieferplan
Einkauf	ME81N	Bestellwertanalyse

Tabelle 1.7 Transaktionen mit umfangreichen Möglichkeiten

Die neuen Transaktionen bieten sehr flexible Möglichkeiten: So können Sie bei den Einkaufstransaktionen direkt in die Einkaufsbelege (z. B. Bestellung) oder den Materialstamm springen. Außerdem können Sie sich in den Einkaufsauswertungen auch die Einteilungen und die Bestellentwicklung anzeigen lassen.

1.6 Zusammenfassung

SAP bietet Ihnen für die Datenabfrage in SAP ERP drei Query-Reportingtools (SAP Query, InfoSet Query, QuickViewer) zur Auswahl. Diese Tools sind sofort im SAP ERP-System ohne umfangreiche Einarbeitung und ohne zusätzliche Kosten für die Online-Datenabfrage einsetzbar.

Zur Auswertung von Massendaten sowie stark verdichteter Finanzkennzahlen ist der Einsatz von BW oder Report Painter zu prüfen. Die Report Painter-Technik wird ebenfalls im Recherche-Tool verwendet. Zudem gibt es bereits im Standard sehr viele Auswertungen.

In der Praxis gibt es zahlreiche Anwendungsfälle, in denen SAP Query im Vergleich zu SAP NetWeaver BW und Report Painter Vorteile hat. Im Bereich Query-Reporting ist es wichtig, die korrekte Tabelle mit den relevanten Dateninhalten zu finden. Wie Sie die relevanten Tabellen finden, wird daher im nächsten Kapitel, »Überblick über SAP-Tabellen und Tabellenverknüpfungen«, erläutert.

In diesem Kapitel erfahren Sie, wie Sie sich den Inhalt von Tabellen mithilfe des Data Browsers anzeigen lassen können. Anschließend zeigen wir Ihnen, wie Sie die relevanten Tabellen selbst finden können. Des Weiteren stellen wir Ihnen die wichtigsten SAP-Datenbanktabellen vor, und wir erläutern abschließend die möglichen Verbindungen zwischen SAP-Tabellen.

2 Überblick über SAP-Tabellen und Tabellenverknüpfungen

Um einen Bericht erstellen zu können, müssen Sie seine Datenbasis kennen. Sehen Sie sich daher die Transaktionen an, mit denen die Datensätze für den zu erstellenden Report erzeugt werden. Erzeugen Sie selbst mehrere Beispieldatensätze zum gewünschten Report, oder lassen Sie sich alternativ Beispieldaten erstellen, und sehen Sie sich schließlich die erstellten Datensätze in der Datenbank an. Nur wenn Sie die konkreten Transaktionen aus der Anwendung kennen, können Sie die Dateninhalte in der Datenbank lokalisieren.

Jede im System erfasste Information wird in einer Datenbanktabelle abgelegt. In diesem Kapitel zeigen wir Ihnen, wie Sie sich diese Daten anzeigen lassen können. Anschließend erfahren Sie, wie Sie die relevanten Datenbanktabellen selbst finden.

Viele Auswertungen basieren auf wenigen Tabellen; daher stellen wir in Abschnitt 2.3, »Tabellenverknüpfungen«, die Zusammenhänge zwischen den wichtigsten SAP-Tabellen vor. Zunächst sehen wir uns jedoch den Data Browser im System an. Mithilfe des Data Browsers können Sie SAP ERP-Datenbanktabellen einsehen und sich einen Überblick über deren Inhalt und Struktur verschaffen.

2.1 Data Browser

Dieser Abschnitt zeigt, wie Sie sich die Daten im SAP-System direkt mithilfe des Data Browsers in der Datenbank anzeigen lassen können.

Befinden sich die von Ihnen gewünschten Daten in nur einer einzigen Tabelle, so kann diese Form der Datenanzeige Ihre Berichtsanforderung möglicherweise bereits erfüllen. Zumindest hilft Ihnen die Datenanzeige dabei, sich die Inhalte der Daten zu verdeutlichen, um so die richtigen Daten für Ihren Bericht zu finden oder diese zu prüfen. Für eine einmalige Analyse kann es bereits genügen, mehrere Tabellen nach Microsoft Excel zu exportieren.

Im SAP-System wird zwischen folgenden Tabellenarten unterschieden:

- TRANSP – transparente Tabelle
- INTTAB – Struktur
- CLUSTER – Cluster-Tabelle
- POOL – Pool-Tabelle
- VIEW – Tabellen-View (generierte View-Struktur)

Für Sie sind die transparenten Tabellen sowie der Tabellen-View wichtig. Nur zu diesen beiden im Data Dictionary definierten Tabellenarten können Sie die Inhalte direkt mithilfe des Data Browsers abfragen.

Transparente Tabelle

Die transparente Tabelle hat eine Eins-zu-eins-Beziehung zu einer Tabelle in der Datenbank. In einer transparenten Tabelle sind die Stamm- oder Bewegungsdaten der Anwendung direkt aufrufbar. Daten in einer transparenten Tabelle können Sie also direkt abfragen.

Struktur

Eine Struktur stellt eine Zusammenstellung von Feldern dar. In einer Struktur selbst werden keine Daten abgelegt. Zweck einer Struktur ist es, Daten temporär aufzunehmen, um sie anschließend weiterzuverarbeiten oder mit ihnen Berechnungen durchzuführen. Schließlich werden die in einer Struktur temporär eingelesenen Daten ausgegeben. Eine Struktur umfasst somit Daten zur Laufzeit eines Programms.

Cluster- und Pool-Tabellen

Cluster- und Pool-Tabellen umfassen mehrere Tabellen. Eine einfache Anzeige der Daten ist hier nicht möglich. Diese Tabellenarten werden häufig im Bereich Personalwesen verwendet, um zusammengefasste Datenobjekte ablegen zu können.

Tabellen-View

Schließlich kennt das SAP-System noch den Tabellen-View. In einem View selbst sind ebenfalls keine Daten abgelegt. Der View stellt eine Sicht auf transparente Tabellen dar. Sie können sich mithilfe eines Views ausgewählte Daten aus einer oder mehrerer Tabellen anzeigen lassen. Im SAP-System gibt es viele wertvolle Views, die Daten aus mehreren Tabellen anzeigen können. Für Ihren Query-Report können Sie einen vorhandenen View verwenden oder selbst einen eigenen View anlegen. Verwenden Sie bereits einen View, so wird die Query-Erstellung noch einfacher.

Im Folgenden zeigen wir Ihnen, wie Sie die Datenbanktabellen mithilfe des Data Browsers anschauen können. Hierzu gehen Sie folgendermaßen vor:

Melden Sie sich an Ihrem SAP-System an; es öffnet sich nun der Einstiegsbildschirm SAP Easy Access.

Klicken Sie mit der Maus in das SAP-Kommandofeld, und rufen Sie mit der Transaktion SE16 oder SE16N den Data Browser auf. Alternativ geben Sie lediglich den Buchstaben N im Kommandofeld ein (siehe Abbildung 2.1). Nach der Eingabe drücken Sie die [↵]-Taste.

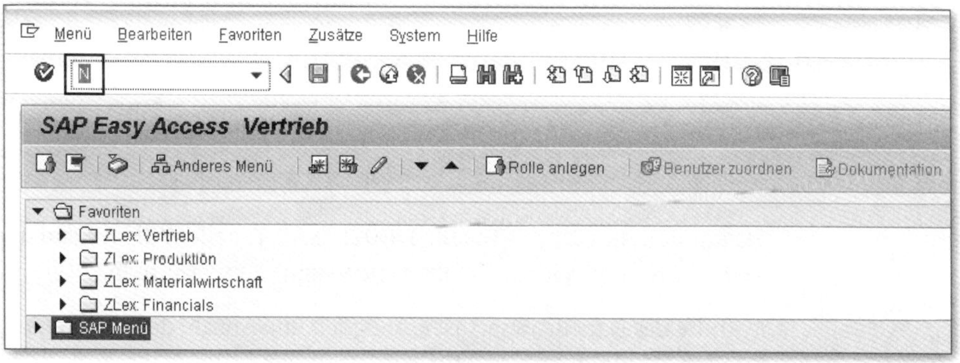

Abbildung 2.1 Data Browser mit der Transaktion N aufrufen

Daraufhin erscheint die Allgemeine Tabellenanzeige. Sie befinden sich nun im Data Browser und können sich Tabelleninhalte sowie die vorhandenen Tabellen anzeigen lassen.

Geben Sie im Feld Tabelle den Tabellennamen DD02L ein (siehe Abbildung 2.2).

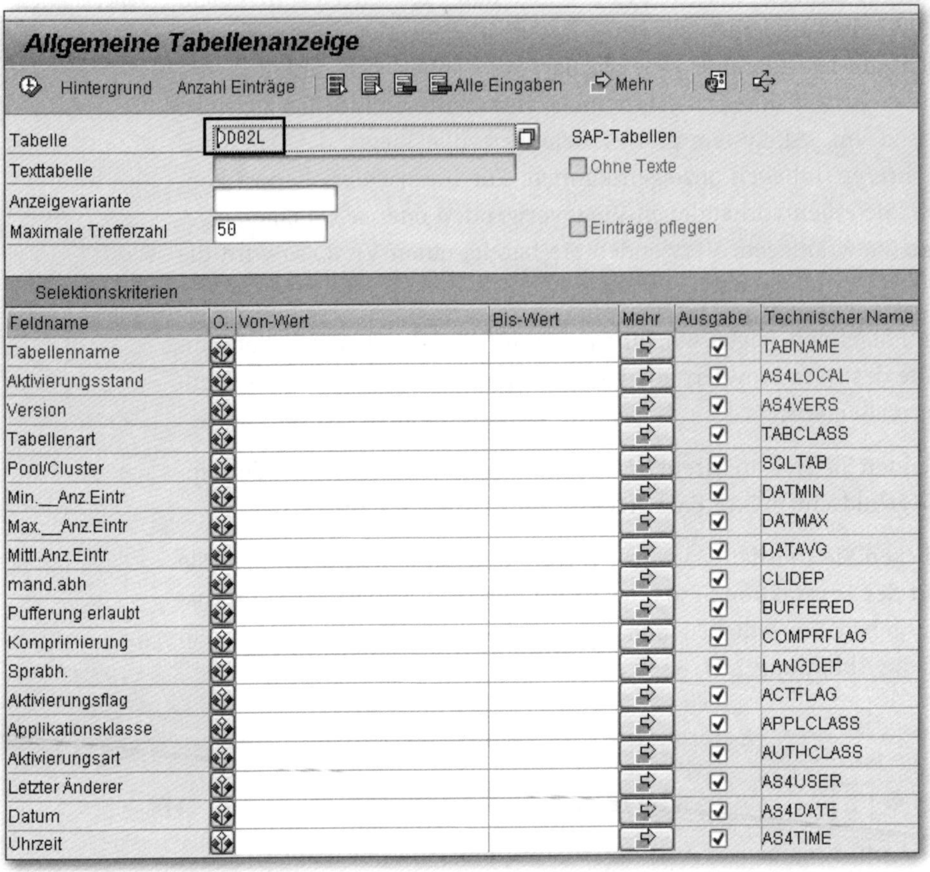

Abbildung 2.2 Vorhandene SAP-Tabellen im Data Browser anzeigen lassen

Sie können nun für die Tabelle DD02L (SAP-Tabellen) die Anzahl der Treffer für unterschiedliche Selektionskriterien ermitteln.

Mithilfe des Data Browsers ist es möglich, die Anzahl der Materialien, Kunden, Lieferanten usw. für ein Werk, einen Buchungskreis, eine Verkaufs-/Einkaufsorganisation oder eine Belegart zu ermitteln.

Anzahl der Einträge im Data Browser

Im SAP ERP-System gibt es rund 310.000 Datenbanktabellen. Die Anzahl der Tabellen in Ihrem System können Sie sich anzeigen lassen, indem Sie auf den Button Anzahl Einträge klicken. Dieser befindet sich direkt über dem Eingabefeld, in das Sie den Tabellennamen DD02L eingegeben haben. Durch die Selektionseingrenzung können Sie gezielt den Datenumfang sowie die für Sie relevanten Daten herausfinden.

Anschließend erscheint ein Dialogfenster mit der Anzahl der gefundenen Einträge (siehe Abbildung 2.3). In dem für dieses Buch verwendeten System SAP ERP 6.0 gibt es 310.042 Tabellen. In transparenten Tabellen können die Daten direkt ausgewertet werden.

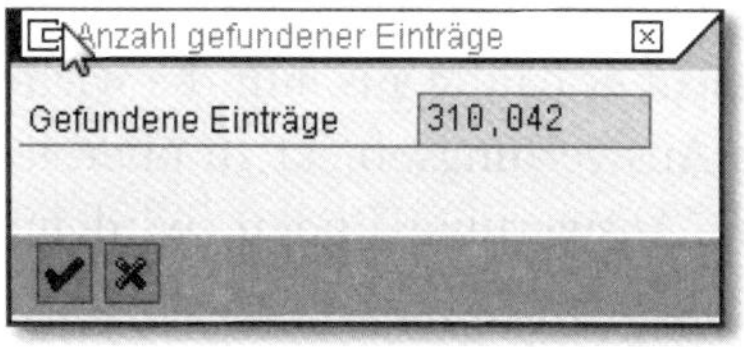

Abbildung 2.3 Anzahl der SAP-Tabellen (Release SAP ERP 6.0)

Um die transparenten Tabellen zu suchen, gehen Sie folgendermaßen vor:

Geben Sie im Feld TABELLENART den Wert TRANSP ein (siehe Abbildung 2.4), oder selektieren Sie den Merkmalswert TRANSP mithilfe des Matchcodes [F4].

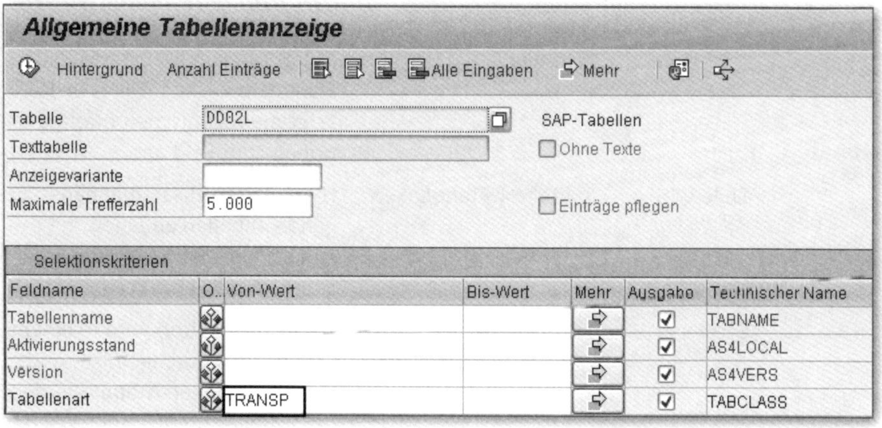

Abbildung 2.4 Selektion der transparenten Tabellen im Data Browser

Sie haben nun die Tabelle DD02L (SAP-Tabellen) ohne Selektionseinschränkung abgefragt. Geben Sie im Feld TABELLENART TRANSP ein, und drücken Sie erneut den Button ANZAHL EINTRÄGE.

Anschließend erhalten Sie eine wesentlich geringere Treffermenge von rund 70.000 Einträgen (siehe Abbildung 2.5).

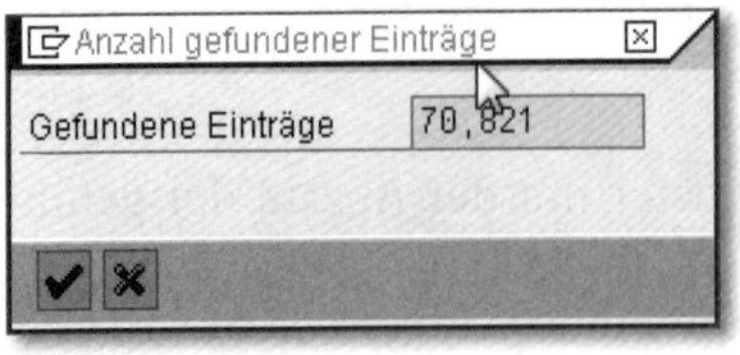

Abbildung 2.5 Tabellenabfrage DD02L mit dem Merkmal TRANSP

Es ist nicht erforderlich, die rund 70.000 transparenten Tabellen komplett zu kennen. In der Praxis reicht es häufig aus, nur die wichtigsten Tabellen für das gewünschte Auswertungsobjekt zu überblicken. Wie Sie die Tabellen für Ihre Auswertung finden, wird im nächsten Abschnitt dargestellt.

2.2 Möglichkeiten der Tabellenermittlung

Die Suche nach einer Tabelle kann sehr einfach, aber in einigen Fällen auch recht anspruchsvoll sein. Um eine konkrete Tabelle zu ermitteln, gibt es verschiedene Möglichkeiten. Die wichtigsten sind in Tabelle 2.1 dargestellt.

Transaktion	Anwendung	Erläuterung
F1-Hilfe	Feldhilfe	Mit der linken Maustaste in das Datenfeld klicken. Die F1-Hilfe zeigt die technischen Informationen zum Feld an.
SE36	logische Datenbanken	Hierarchisch zusammenhängende Tabellen zu einem Objekt, die von SAP fertig ausgeliefert werden.
ST05	Tabellen-Trace	Diese Transaktion wird in einem SAP-Modus durchgeführt, und in einem zweiten Modus werden die Tabellenzugriffe aufgezeichnet.
SARA	Archivierung	Zu einem Archivierungsobjekt werden alle abhängigen Tabellen angezeigt.

Tabelle 2.1 Möglichkeiten zur Tabellensuche

Transaktion	Anwendung	Erläuterung
SE80	Verwendungsnachweis	Im ABAP Dictionary können aufgrund der technischen Eigenschaften eines Feldes die dazugehörigen Tabellen gefunden werden.

Tabelle 2.1 Möglichkeiten zur Tabellensuche (Forts.)

[«]

Tabellensuche mit der F1-Hilfe

Die Tabellensuche mit der [F1]-Hilfe ist einfach, und Sie benötigen hierzu keine speziellen Berechtigungen, wie für den Tabellen-Trace oder die Anzeige der Archivierungsobjekte.

Im folgenden Abschnitt stellen wir die am häufigsten angewendete Methode für die Tabellensuche, die [F1]-Hilfe genauer vor. Ziel der Tabellensuche in unserem Beispiel ist es, die im System erfassten Verkaufsbelege auszuwerten.

2.2.1 [F1]-Hilfe

Eine Datenbanktabelle können Sie mithilfe der [F1]-Hilfe herausfinden. Hierzu gehen Sie folgendermaßen vor:

Rufen Sie die Transaktion VA03 (Anzeige Kundenauftrag) auf. Nun klicken Sie mit der linken Maustaste in das Feld AUFTRAG (siehe Abbildung 2.6).

Abbildung 2.6 Anzeige eines Kundenauftrags

Drücken Sie nun die [F1]-Hilfe. Daraufhin erscheint ein Fenster mit einer Erläuterung zum Feld AUFTRAG (siehe Abbildung 2.7).

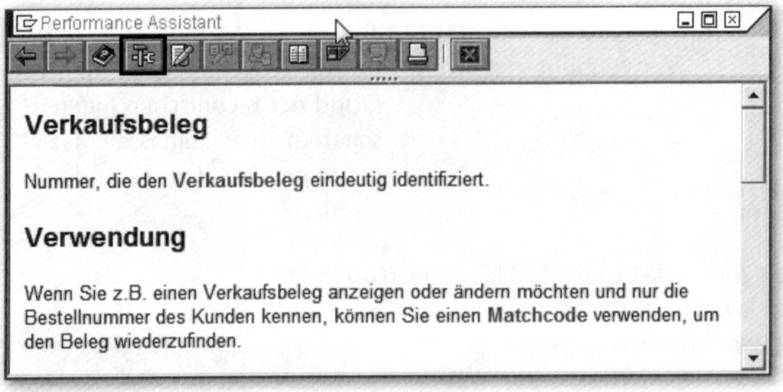

Abbildung 2.7 Felderläuterung – Verkaufsbeleg

Technische Information

Klicken Sie in der Symbolleiste auf den Button Technische Information . Sie erhalten daraufhin eine Reihe technischer Informationen zum aktuellen Programm. Dort sehen Sie auch, in welcher Tabelle die Informationen zum Verkaufsbeleg abgelegt sind, nämlich in einer transparenten Tabelle (siehe Abbildung 2.8).

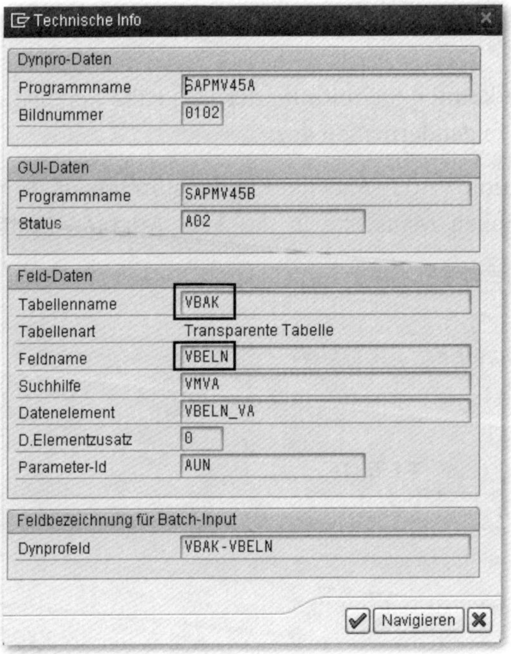

Abbildung 2.8 Technische Info zum Feld »Verkaufsbeleg«

Die Verkaufsbelegnummer befindet sich in der Tabelle VBAK und im Feld VBELN. Nun können Sie sich, wie im vorhergehenden Abschnitt beschrieben, alle Verkaufsbelege mithilfe des Data Browsers in Ihrem System anzeigen lassen.

Nicht immer ist die Tabellenangabe so eindeutig wie in diesem Beispiel. Wenn Sie die [F1]-Hilfe verwenden, werden bei anderen Feldern, wie Adressdaten, z. B. Strukturen angezeigt. Daher werden in der Praxis die weiteren, hier folgenden Methoden ebenfalls angewendet.

Kopf- und Positionsdaten

Grundsätzlich gibt es zu den meisten Objekten Kopf- und Positionsdaten. So sind z. B. im Verkaufsbeleg Kopfdateninformationen (z. B. Belegnummer oder Verkaufsorganisation) abgelegt, die für den ganzen Beleg gelten. In den Positionsdaten werden unterschiedliche Informationen, wie beispielsweise Materialnummer oder Warenempfänger, gespeichert. Wird nun eine Position ergänzt, so brauchen nicht alle Kopfdaten geändert zu werden. Genauso verhält es sich bei Änderungen: Wird beispielsweise die Materialnummer in einem Verkaufsbeleg geändert, so ändern sich nur die relevanten Kopfdaten.

Wenn sich die Informationen zu einem Auswertungsobjekt in mehreren Tabellen befinden, wäre es sinnvoll, diese im SAP-System zusammenhängend darzustellen. Diesem Gedankengang ist SAP gefolgt und hat zu den wichtigsten Datenobjekten sogenannte *logische Datenbanken* definiert.

[«]

Logische Datenbanken

Logische Datenbanken enthalten bereits eine hierarchische Tabellenstruktur zu den wichtigsten Datenobjekten. Die logischen Datenbanken nehmen Ihnen daher zum einen die Tabellensuche ab, und zum anderen sind die Verknüpfungen zwischen den Tabellen schon vordefiniert. SAP ERP enthält etwa 250 vordefinierte logische Datenbanken.

Logische Datenbanken können auch Grundlage für einen Query-Report sein. Sind Ihre Abfragen im Hinblick auf Datenvolumen und Komplexität überschaubar, so bietet sich eine Abfrage auf Basis einer logischen Datenbank an.

Mit einer logischen Datenbank können Sie folgendermaßen im SAP-System arbeiten:

Logische Datenbank anzeigen

Geben Sie die Transaktion SE36 im Kommandofeld ein, oder wählen Sie alternativ den Menüpfad Werkzeuge • ABAP Workbench • Ent-

WICKLUNG • PROGRAMMIERUMFELD • LOGISCHE DATENBANKEN. Anschließend erscheint das in Abbildung 2.9 gezeigte Menüfenster.

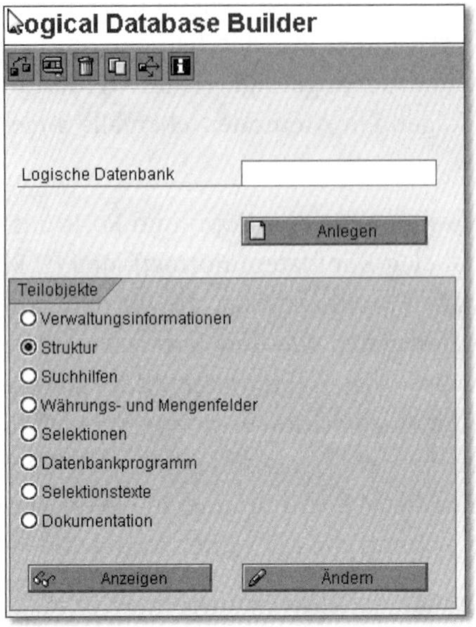

Abbildung 2.9 Aufruf des Logical Database Builder

Logische Datenbank suchen

Klicken Sie mit der linken Maustaste in das Feld LOGISCHE DATENBANK, und wählen Sie den Matchcode F4 aus. Sie erhalten nun das in Abbildung 2.10 gezeigte Suchfenster zum Selektieren der logischen Datenbanken.

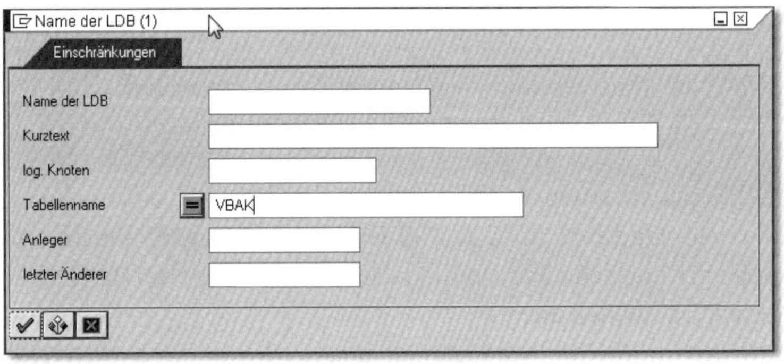

Abbildung 2.10 Logische Datenbank mit Tabelle VBAK

Logische Datenbank aufgrund einer Tabelle ermitteln

Kennen Sie bereits eine relevante Tabelle, so ist es relativ einfach, zusammenhängende Tabellen zu finden. In diesem Fall wissen wir, dass sich die Verkaufsbelege in der Tabelle VBAK befinden. Suchen

Sie deshalb zur Auswertung von Verkaufsbelegen alle logischen Datenbanken nach der Tabelle VBAK aus (siehe Abbildung 2.11).

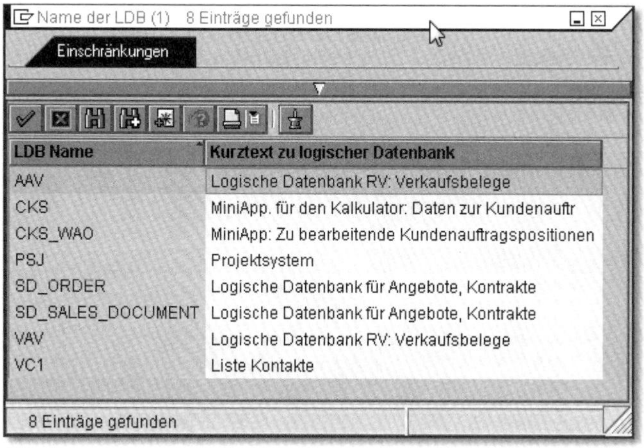

Abbildung 2.11 Logische Datenbanken mit Tabelle VBAK

Logische Datenbank anzeigen

Es wurden acht logische Datenbanken gefunden. Schauen Sie sich nun die erste logische Datenbank AAV – LOGISCHE DATENBANK RV: VERKAUFSBELEGE an. Klicken Sie hierzu mit der linken Maustaste auf den Eintrag AAV, und Sie gelangen zurück zur Einstiegsmaske für logische Datenbanken (siehe Abbildung 2.12).

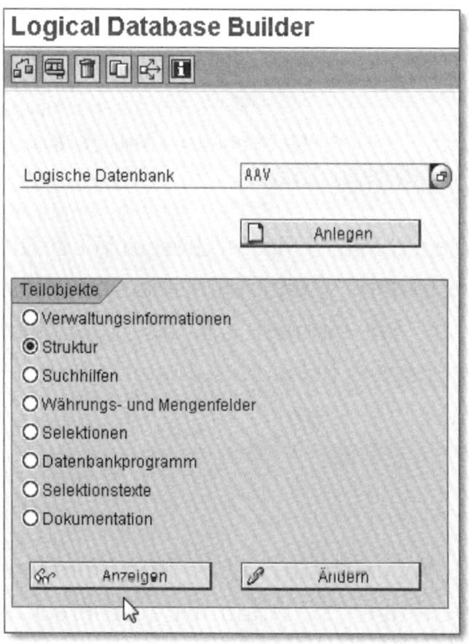

Abbildung 2.12 Struktur der logischen Datenbank AAV anzeigen lassen

Die technischen Möglichkeiten der logischen Datenbank interessieren uns an dieser Stelle nicht, denn dies würde den Rahmen dieses Buches sprengen. Wählen Sie die Option Struktur, und betätigen Sie anschließend den Button Anzeigen. Als Ergebnis wird Ihnen die hierarchische Struktur der logischen Datenbank AAV angezeigt (siehe Abbildung 2.13).

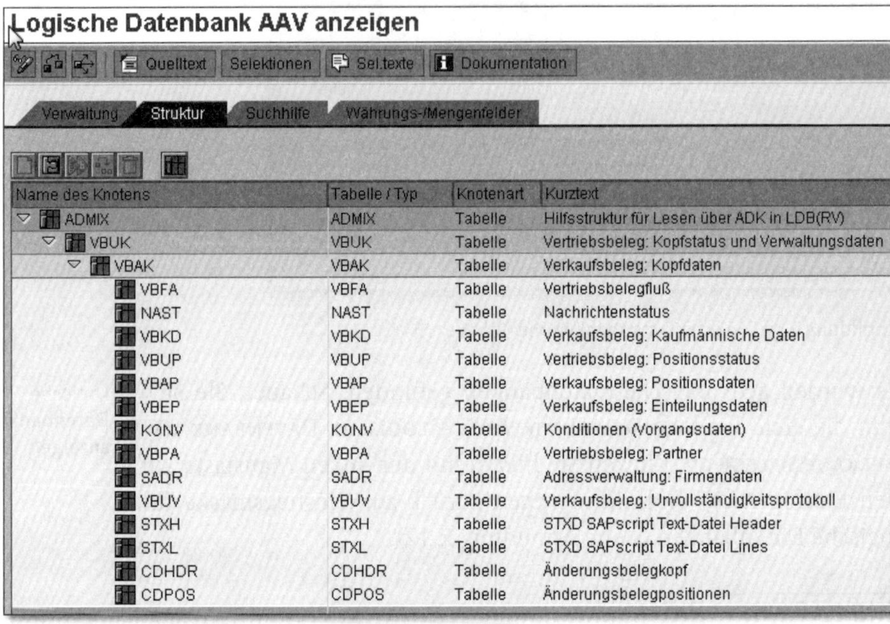

Name des Knotens	Tabelle / Typ	Knotenart	Kurztext
ADMIX	ADMIX	Tabelle	Hilfsstruktur für Lesen über ADK in LDB(RV)
VBUK	VBUK	Tabelle	Vertriebsbeleg: Kopfstatus und Verwaltungsdaten
VBAK	VBAK	Tabelle	Verkaufsbeleg: Kopfdaten
VBFA	VBFA	Tabelle	Vertriebsbelegfluß
NAST	NAST	Tabelle	Nachrichtenstatus
VBKD	VBKD	Tabelle	Verkaufsbeleg: Kaufmännische Daten
VBUP	VBUP	Tabelle	Vertriebsbeleg: Positionsstatus
VBAP	VBAP	Tabelle	Verkaufsbeleg: Positionsdaten
VBEP	VBEP	Tabelle	Verkaufsbeleg: Einteilungsdaten
KONV	KONV	Tabelle	Konditionen (Vorgangsdaten)
VBPA	VBPA	Tabelle	Vertriebsbeleg: Partner
SADR	SADR	Tabelle	Adressverwaltung: Firmendaten
VBUV	VBUV	Tabelle	Verkaufsbeleg: Unvollständigkeitsprotokoll
STXH	STXH	Tabelle	STXD SAPscript Text-Datei Header
STXL	STXL	Tabelle	STXD SAPscript Text-Datei Lines
CDHDR	CDHDR	Tabelle	Änderungsbelegkopf
CDPOS	CDPOS	Tabelle	Änderungsbelegpositionen

Abbildung 2.13 Tabellenstruktur der logischen Datenbank AAV

Es werden Ihnen neben der Tabelle VBAK (Verkaufsbeleg: Kopfdaten) 15 weitere Datenbanktabellen angezeigt.

Zur Auswertung von Verkaufsbelegen haben Sie auf diesem Wege die wichtigsten Datenbanktabellen erhalten. Schauen Sie sich nun selbst weitere logische Datenbanken an. Sie können z. B. alle logischen Datenbanken suchen, die mit der bereits bekannten Materialstammtabelle MARA zusammenhängen.

2.2.2 Tabellen-Trace

Eine weitere Möglichkeit der Tabellenermittlung ist der Tabellen-Trace. Für den Tabellen-Trace benötigen Sie Administratorberechtigungen. Sie arbeiten hier in zwei Bildschirmmasken: In einem Bildschirm rufen Sie die Transaktion auf, zu der Sie die Daten auswerten möchten, und in einem zweiten Modus protokollieren Sie die kompletten Tabellenzugriffe, während Sie die Transaktion ausführen.

Rufen Sie nun die Transaktion VA03 (Anzeige Kundenauftrag) auf. Geben Sie in Ihrem System im Feld AUFTRAG eine vorhandene Verkaufsbelegnummer ein (siehe Abbildung 2.14).

Abbildung 2.14 Kundenauftrag anzeigen

Rufen Sie einen zweiten Bildschirmmodus auf, und starten Sie in diesem die Transaktion ST05. Markieren Sie die Selektion SQL-TRACE, wie in Abbildung 2.15 gezeigt.

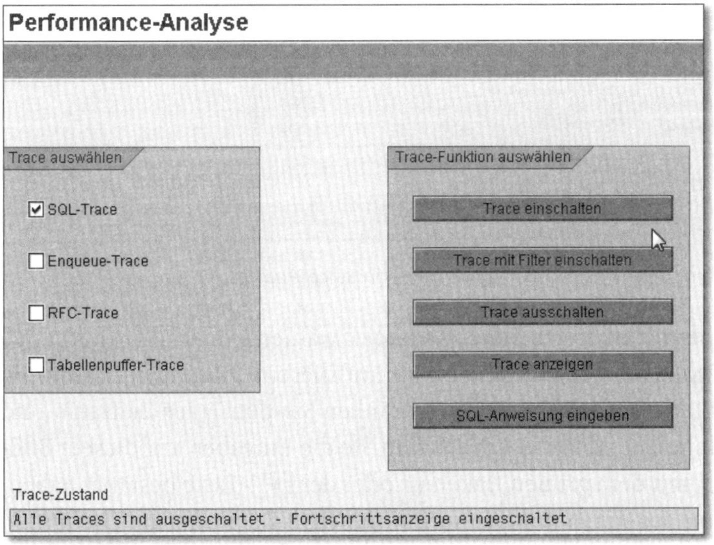

Abbildung 2.15 Performance-Analyse einschalten

Drücken Sie nun den Button TRACE EINSCHALTEN auf der rechten Seite der Transaktion ST05 (Performance-Analyse).

Anschließend wechseln Sie wieder in Ihren ersten Modus der Transaktion VA03 und betätigen anschließend die [↵]-Taste. In diesem Moment werden alle Datenbankzugriffe vom System dokumentiert.

Nachdem Sie die Transaktion VA03 (Kundenauftrag anzeigen) ausgeführt haben, wechseln Sie wieder zurück in die Transaktion ST05 (Performance-Analyse).

Drücken Sie den Button Trace ausschalten. Auf der rechten Seite finden Sie einen Button mit der Bezeichnung Trace anzeigen. Nachdem Sie mit der linken Maustaste auf den Button gedrückt haben, erhalten Sie das in Abbildung 2.16 gezeigte Fenster.

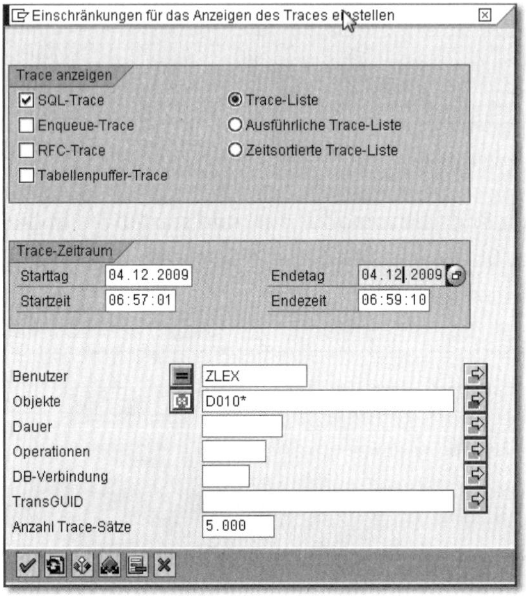

Abbildung 2.16 Einschränkungen zur Performance-Analyse

Tabellen-Trace durchführen

Im Bildschirmbereich Trace anzeigen wählen Sie nur die Alternative SQL-Trace. Die restlichen Daten auf diesem Bildschirm lassen Sie unverändert. Gegebenenfalls schränken Sie den Trace-Zeitraum und den Benutzer weiter ein. Nachdem Sie die Eingaben auf diesem Bildschirm mit dem grünen Haken ✔ oder der ↵-Taste bestätigt haben, erhalten Sie die in Abbildung 2.17 gezeigte Darstellung.

Trace-Ergebnis anzeigen

In der Trace-Liste werden nun in der Spalte mit der Bezeichnung Objektname die relevanten Datenbanktabellen aufgelistet; es werden die Tabelle VBAK (Verkaufsbeleg: Kopfdaten) sowie alle weiteren Datenbanktabellen im Zusammenhang mit der Anzeige eines Kundenauftrags dargestellt. Zusätzlich werden auf der rechten Seite bereits die relevanten Felder angezeigt, und es werden sogar neben den Feldern auch noch unsere Beispieldaten angezeigt.

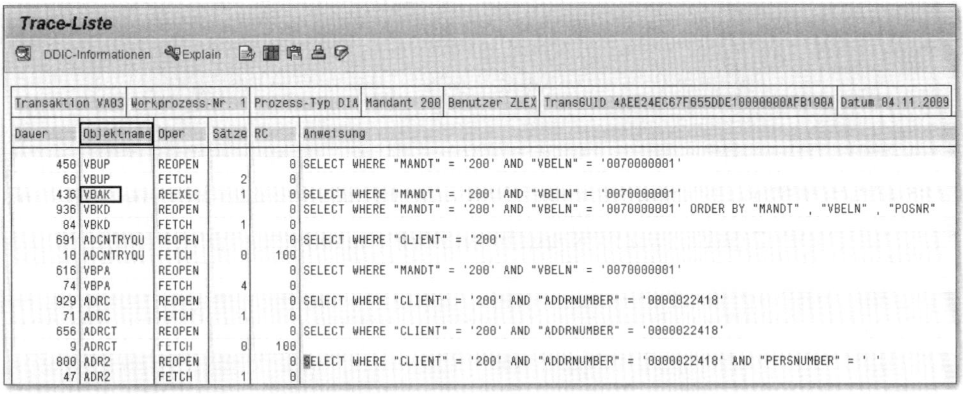

Abbildung 2.17 Trace-Liste anzeigen

2.2.3 Archivierungsobjekt

Die nächste Möglichkeit zur Tabellensuche, die Nutzung eines Archivierungsobjekts, erfordert ebenfalls Administratorberechtigungen. SAP bietet Ihnen die Möglichkeit, Daten zu einem Objekt zu archivieren. Grundlage der Archivierung sind sogenannte Archivierungsobjekte. Bezüglich des Archivierungsobjekts VERKAUFSBELEG werden z. B. die Tabellen VBAK (Verkaufsbeleg: Kopfdaten), VBAP (Verkaufsbeleg: Positionsdaten) usw. gebündelt. Das Archivierungsobjekt VERKAUFSBELEG enthält alle mit der Bearbeitung von Verkaufsbelegen im Zusammenhang stehenden Tabellen.

Gehen Sie nun folgendermaßen vor:

Rufen Sie die Transaktion SARA (Archivadministration: Einstieg) auf, und Sie erhalten die in Abbildung 2.18 gezeigte Darstellung.

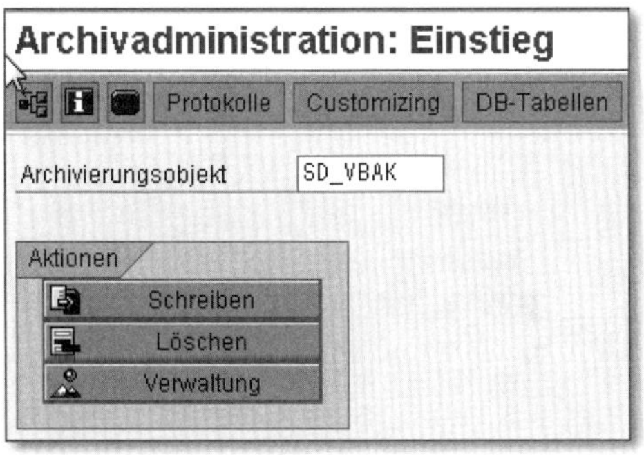

Abbildung 2.18 Archivadministration – Einstiegsbild

Nun können Sie mithilfe des Matchcodes [F4] das für Sie relevante Archivierungsobjekt heraussuchen. Wählen Sie unter den 525 vorhandenen Archivierungsobjekten das Archivierungsobjekt SD_VBAK aus.

Klicken Sie anschließend mit der linken Maustaste auf den Button mit der Bezeichnung DB-TABELLEN. Sie erhalten nun eine Übersicht aller Tabellen zum ausgewählten Archivierungsobjekt.

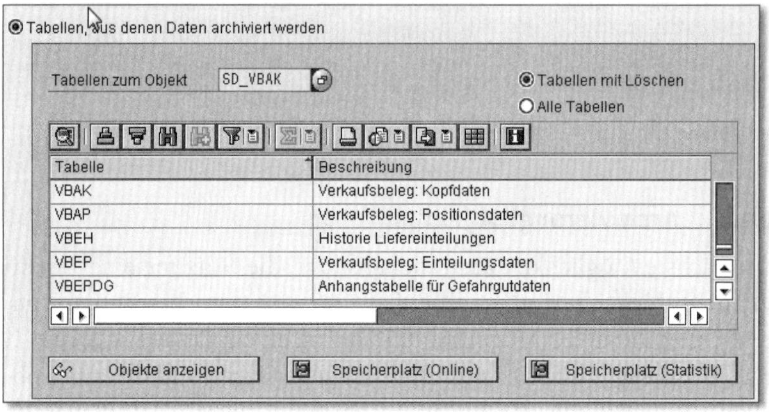

Abbildung 2.19 Tabellen zum Archivierungsobjekt SD_VBAK

Im gleichen Bildschirm erhalten Sie eine weitere Hilfe, um das relevante Archivierungsobjekt zu identifizieren. Wie aus Abbildung 2.20 ersichtlich, können Sie das Archivierungsobjekt auch mithilfe der Tabelle VBAK (Verkaufsbeleg: Kopfdaten) ermitteln.

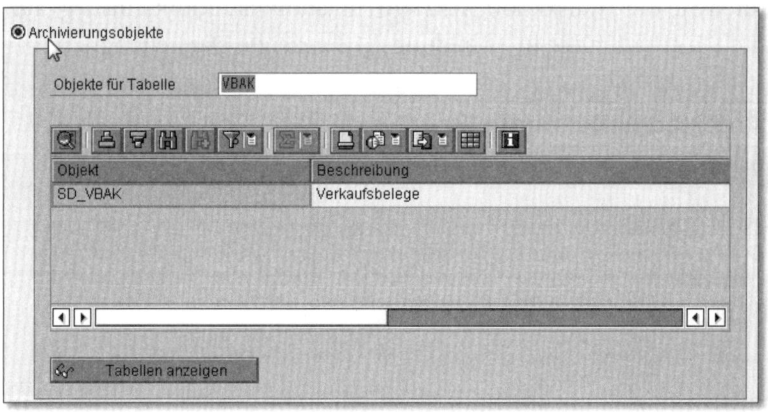

Abbildung 2.20 Suche Archivierungsobjekte zur Tabelle VBAK

Geben Sie im Feld Objekte für Tabelle die uns bekannte Tabelle VBAK ein.

Sie erhalten nun das Archivierungsobjekt SD_VBAK und können sich die dazugehörigen Datenbanktabellen zu diesem Archivierungsobjekt anzeigen lassen.

2.2.4 Verwendungsnachweis

Konnten Sie Ihre Tabelle mit den bisherigen Möglichkeiten noch nicht finden, so hilft Ihnen der Verwendungsnachweis eventuell weiter. Der Verwendungsnachweis unterstützt Sie dabei, Tabellen aufgrund von Tabellenfeldern oder technischen Eigenschaften von Feldern zu finden. So können Sie sich anzeigen lassen, in welchen Tabellen ein bestimmtes Feld vorhanden ist.

Rufen Sie nun die Transaktion VD03 zur Anzeige eines Kundenstamms auf, und lassen Sie sich einen in Ihrem System vorhandenen Kunden anzeigen. In Ihrem System erscheint nun der Bildschirm Debitor anzeigen: Allgemeine Daten (siehe Abbildung 2.21).

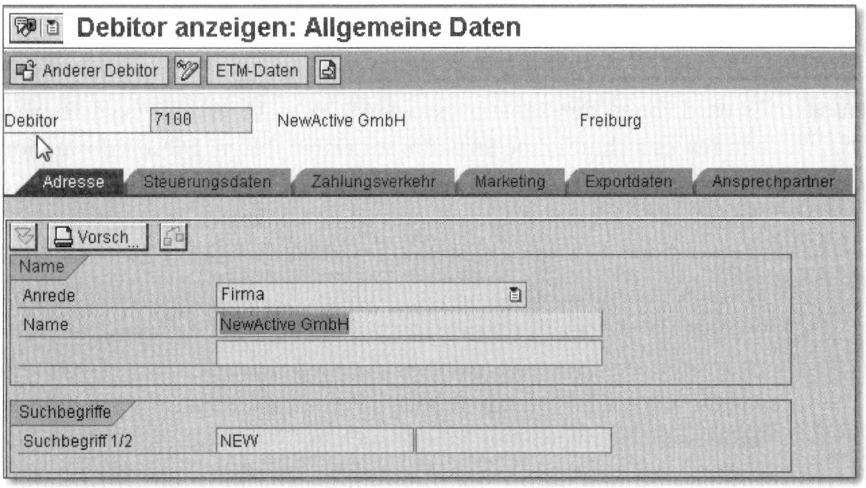

Abbildung 2.21 Debitor anzeigen

Positionieren Sie nun mit der linken Maustaste Ihren Cursor auf dem Feld Name. Nun drücken die F1-Taste und lassen sich die technischen Informationen zum Feld Name anzeigen, wie es in Abbildung 2.22 gezeigt wird.

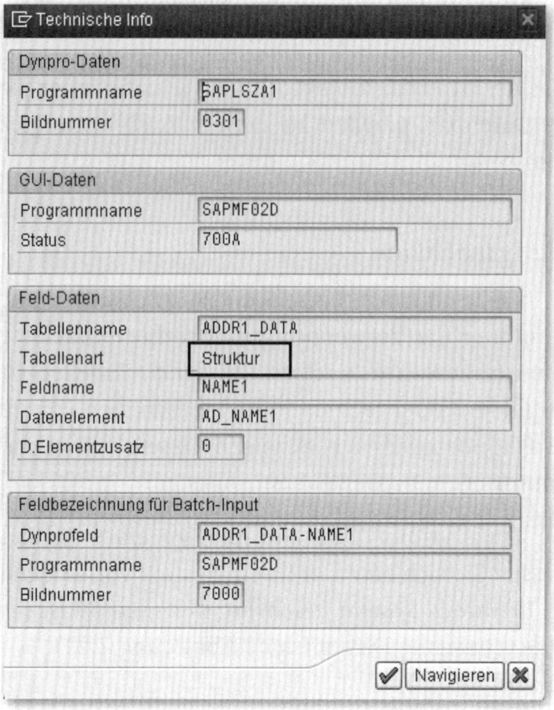

Abbildung 2.22 Technische Info zum Feld »Name«

Struktur als technische Info

Es wird Ihnen der TABELLENNAME ADDR1_DATA angezeigt. Hierbei handelt es sich um eine Struktur zur Datenablage. Diese Information ist somit für einen Query-Report nicht direkt verwendbar. Es wird Ihnen als FELDNAME NAME1 angezeigt. Die Struktur speichert temporär die Daten aus einer transparenten Tabelle. Damit die Daten aus der transparenten Tabelle in die Struktur übertragen werden können, müssen die Felder der transparenten Tabelle und der Struktur identisch sein. Da also das Strukturfeld den gleichen Aufbau (Datentyp) wie die zugrunde liegende Tabelle haben muss, können wir auf dieser Basis nach der relevanten Tabelle suchen.

Rufen Sie nun die Transaktion SE85 (Object Navigator) auf. Sie gelangen nun in eine Übersicht über alle relevanten Entwicklungsobjekte (siehe Abbildung 2.23). Im Object Navigator öffnen Sie den dritten Menüpfad mit der Bezeichnung ABAP DICTIONARY.

Als Nächstes öffnen Sie den Ordner mit der Bezeichnung FELDER und klicken anschließend mit der linken Maustaste doppelt auf den Eintrag TABELLENFELDER.

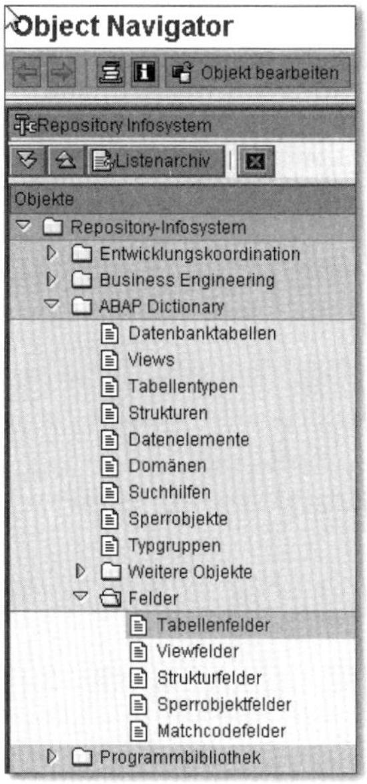

Abbildung 2.23 Object Navigator – Anzeige

Nach einem Doppelklick auf den Menüpunkt TABELLENFELDER öffnet sich auf der rechten Bildschirmseite ein Selektionsbildschirm zur Suche von Tabellennamen. Geben Sie nun, wie in Abbildung 2.24 dargestellt, im Feld FELDNAME »Name1« ein.

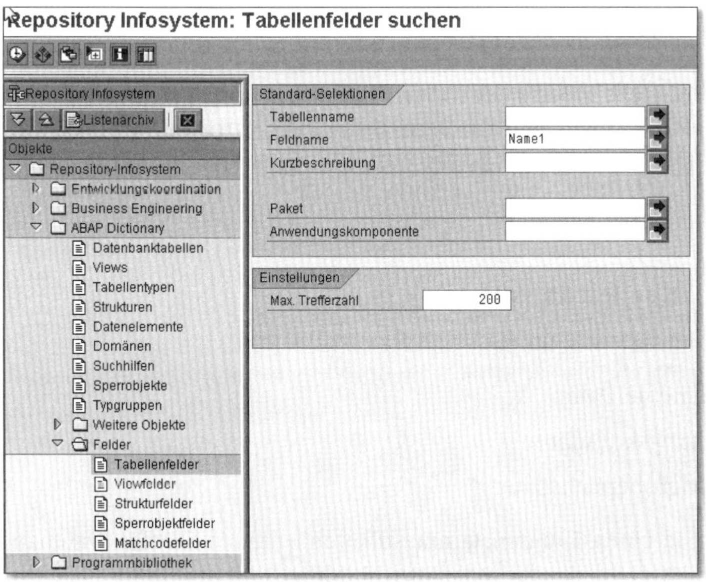

Abbildung 2.24 Repository Infosystem – Tabellensuche

Sie können sich nun alle Tabellen auflisten lassen, in denen das Feld mit der Bezeichnung »Name1« enthalten ist. Um die Übersicht der relevanten Tabellen zu erhalten, drücken Sie den Button (ausführen) oder die F8-Taste; es werden also nun alle im System vorhandenen Tabellen durchsucht, die das Feld mit der Bezeichnung »Name1« beinhalten.

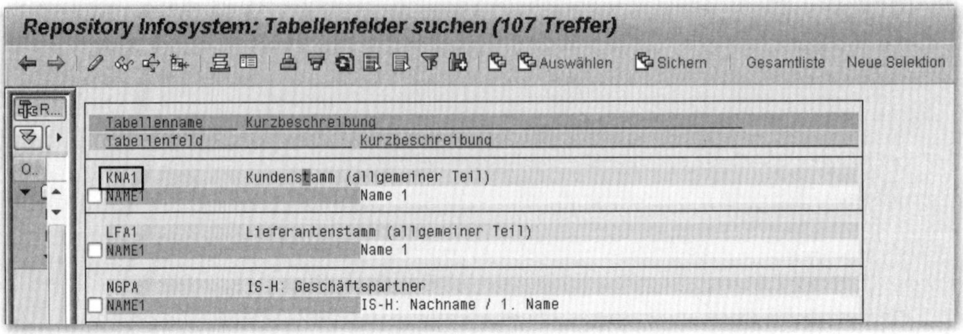

Abbildung 2.25 Transparente Tabellen mit dem Feld »Name1«

Sie finden unter den 101 gefundenen Tabellen auch eine Tabelle mit dem Namen KNA1 – Kundenstamm (allgemeiner Teil). In dieser Tabelle sind die Daten von der Kundenanzeige abgelegt.

2.3 Tabellenverknüpfungen

An dieser Stelle möchte ich Ihnen die Zusammenhänge zwischen den Tabellen anhand zweier Auswertungsobjekte erläutern. Als Datenobjekte habe ich den Kundenstamm sowie den Verkaufsbeleg ausgewählt.

2.3.1 Kundenstamm

Der Kundenstamm umfasst drei Datenbereiche:

- allgemeine Daten
- Buchungskreisdaten
- Vertriebsbereichsdaten

Wenn Sie einen Kundenstamm aufrufen, müssen Sie die Datenanzeige weiter eingrenzen. Wie aus Abbildung 2.26 ersichtlich, können

Sie Daten zu einem bestimmten Buchungskreis oder zu einem konkreten Vertriebsbereich selektieren.

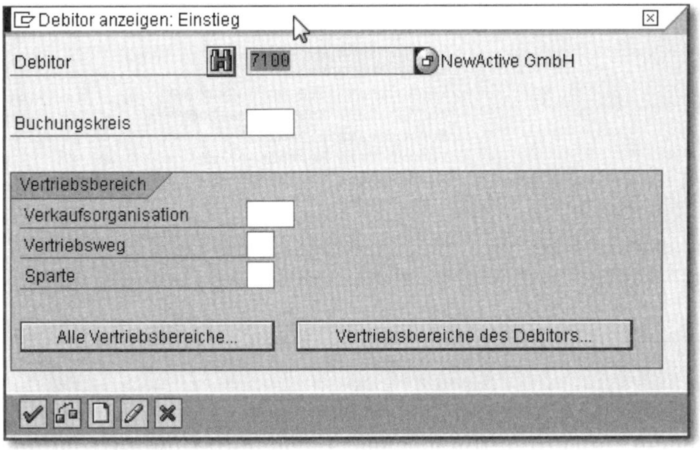

Abbildung 2.26 Anzeige – Debitor

Wenn Sie die drei Datenbereiche in der Datenbank suchen, finden Sie sprechende Tabellenbezeichnungen:

- KNA1 – **Kun**denstamm (**a**llgemeiner Teil)
- KNB1 – **Kun**denstamm (**B**uchungskreis)
- KNVV – **Kun**denstamm **V**ertriebsdaten

Bezeichnungslogik von Kundenstammtabellen

Die Tabellen zum Kundenstamm beginnen grundsätzlich mit dem Präfix KN. Die meisten Datenbanktabellennamen sind vierstellig. An der dritten Stelle der Datenbanktabelle erkennen Sie das Anwendungsgebiet (Modul). Für den Kundenstamm wurde ein A für allgemein gewählt. Das heißt, dass diese Daten weder der Buchhaltung noch dem Vertrieb zugehörig sind. Der Buchstabe B kennzeichnet die Buchhaltungsdaten. Das V an der dritten Stelle steht für Kundenstamminformationen aus dem Vertrieb.

Wenn Sie im Data Browser alle Tabellen, die mit KNV (KNV*) anfangen, suchen, erhalten Sie insgesamt 10 Datenbanktabellen mit Information zu Kundenvertriebsdaten (siehe Abbildung 2.27).

Die Tabellen sind im SAP-System recht sprechend bezeichnet, so fangen beispielsweise alle Tabellen zum Kunden mit KN an. Diese Logik gilt auch für viele weitere SAP-Objekte, unter anderem auch für Verkaufsbelege.

Tabellenname	Kurzbeschreibung
KNVA	Kundenstamm Abladestellen
KNVD	Kundenstamm Dokumentenanforderung Vertrieb
KNVH	Kundenhierarchien
KNVI	Kundenstamm Steuerindikatoren
KNVK	Kundenstamm Ansprechpartner
KNVL	Kundenstamm Lizenzen
KNVP	Kundenstamm Partnerrollen
KNVS	Kundenstamm Versanddaten
KNVT	Kundenstamm Texte fuer den Verkauf
KNVV	Kundenstamm Vertriebsdaten

Abbildung 2.27 Datenbanktabellen zu Kunden aus dem Bereich Vertrieb

2.3.2 Verkaufsbeleg

Kopf- und Positionsdaten

Im vorhergehenden Abschnitt zum Kundenstamm haben wir festgestellt, dass es allgemeine Kundendaten und spezielle Kundendaten für die Bereiche Buchhaltung und Vertrieb gibt. Die Beziehung zwischen allgemeinen und speziellen Daten gibt es auch bei den Bewegungsdaten. Hinsichtlich der Bewegungsdaten sprechen wir von Kopf- und Positionsdaten. Ein Verkaufsbeleg hat somit Kopfdaten und Positionsdaten.

Betrachten Sie in den Verkaufsbelegen die Tabellen zu den Aufträgen, so erkennen Sie den logischen Aufbau der Namen:

- VBAK – **V**erkaufs**b**eleg: (**A**uftrags-)**K**opfdaten
- VBAP – **V**erkaufs**b**eleg: (**A**uftrags-)**P**ositionsdaten

Bezeichnungslogik von Verkaufstabellen

Sie sehen, dass die Tabellen für Verkaufsbelege mit VB anfangen. An der dritten Stelle wird die Art des Verkaufsbelegs gekennzeichnet; die Tabellen für Kundenaufträge enthalten hier ein A. Da Sie wissen, dass die Vertriebsrechnungsbelege an der dritten Stelle ein R enthalten, können Sie mit dem Data Browser wieder nach relevanten Tabellen suchen (siehe Abbildung 2.28).

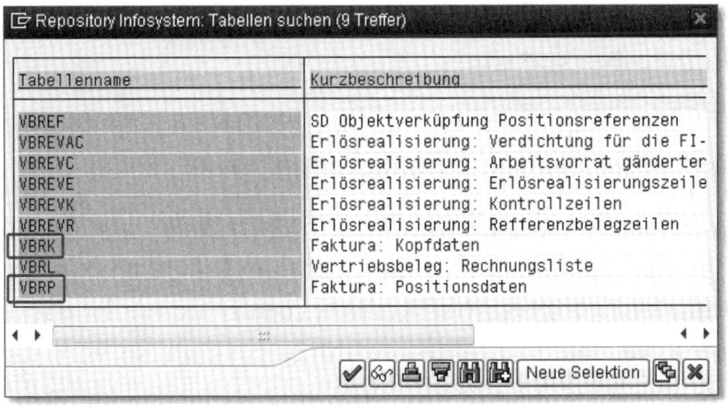

Abbildung 2.28 Vertriebsbelege – Rechnungstabellen

Die Verkaufsbelege RECHNUNGEN folgen der gleichen Logik wie die Verkaufsbelege AUFTRÄGE. Der Data Browser liefert uns als Ergebnis neun Tabellen, unter anderem:

- VBRK – **V**erkaufs**b**eleg **R**echnung **K**opfdaten (Faktura: Kopfdaten)
- VBRP – **V**erkaufs**b**eleg **R**echnung **P**ositionsdaten (Faktura: Positionsdaten)

Tabellen der Verkaufsbelegkopfdaten

Diese Logik kann beim Suchen nach Tabellen hilfreich sein. Die folgenden Tabellen sind häufig im Zusammenhang mit der Auswertung von Verkaufsbelegkopfdaten relevant:

- VBAK –**V**erkaufs**b**eleg **K**opfdaten
- VBFA – **V**ertriebs**b**eleg**f**luss
- VBKD – **V**erkaufs**b**eleg: **K**aufmännische **D**aten
- VBPA – **V**ertriebs**b**eleg: **Pa**rtner
- VBUK – **V**ertriebs**b**eleg: **K**opfstatus und Verwaltungsdaten
- VBUV – **V**erkaufs**b**eleg: **U**n**v**ollständigkeitsprotokoll

Tabellen der Verkaufsbelegpositionsdaten

Die Verkaufsbelegpositionsdaten sind häufig hinsichtlich Ihrer Tabellenbezeichnung an die Kopfdaten angelehnt. So ist häufig der letzte Buchstabe statt K für Kopfdaten P für Positionsdaten. Auch hier zur Verdeutlichung die wichtigsten Datenbanktabellen für die Auswertung von Verkaufsbelegauftragspositionen:

- VBAP – **V**erkaufs**b**eleg: **P**ositionsdaten
- VBEP – **V**erkaufs**b**eleg: **E**inteilungsdaten
- VBFA – **V**ertriebs**b**elegfluss

- VBKD – **V**erkaufs**b**eleg: **K**aufmännische **D**aten
- VBPA – **V**ertriebs**b**eleg: **Pa**rtner
- VBUP – **V**ertriebs**b**eleg: **P**ositionsstatus
- VBUV – **V**erkaufs**b**eleg: **U**n**v**ollständigkeitsprotokoll

Nachdem Sie diese Tabellen kennen, ist es sehr einfach, die Daten weiterzuanalysieren und aufzubereiten. Einige Tabellen erhalten sowohl Informationen zum Auftragskopf als auch zu den Auftragspositionen. Gelten die Daten für eine bestimmte Position, so wird die Position in der jeweiligen Tabelle mit aufgeführt; ansonsten bleibt die Position leer (siehe Abbildung 2.29).

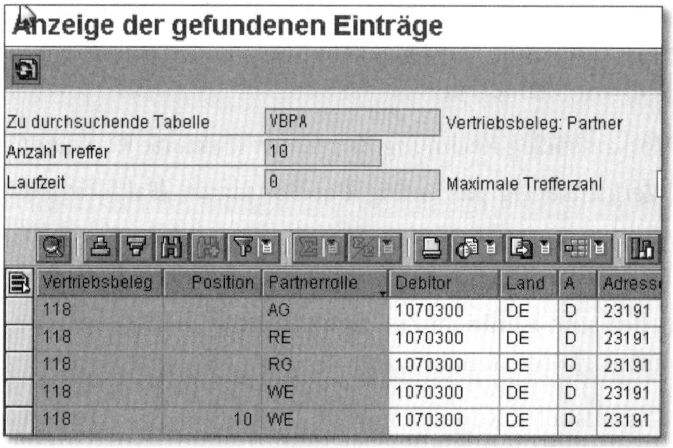

Abbildung 2.29 Tabelle »Vertriebsbeleg Partner«

Wenn wir uns die wichtigsten Tabellen zum Verkaufsbeleg Auftrag (Kundenauftrag) anschauen, fällt auf, dass die meisten Tabellen mit VB beginnen. Somit bietet sich auch hier eine generische Suche nach Tabellen an. Die wichtigsten Tabellen sowie deren Beziehungen sind im Anhang dieses Buches dargestellt.

2.4 Zusammenfassung

Nun sind Sie für zukünftige Auswertungen besser gewappnet: Sie haben gelernt, die Tabellen im Data Browser zu analysieren und die für Sie relevanten Tabellen zu finden. Im nächsten Kapitel lernen Sie nun den QuickViewer genauer kennen. Sie werden in nur kurzer Zeit einen Report erstellen, der Transaktionstexte auswertet.

In diesem Kapitel lernen Sie, einen einfachen Bericht selbst zu erstellen. Mithilfe des QuickViewers sind Sie in der Lage, eine Auswertung in kurzer Zeit zu erstellen. Sie werden in diesem Kapitel eine eigene Selektionsmaske erstellen sowie die Anzeigefelder Ihres Reports selbst festlegen.

3 QuickViewer

Der QuickViewer bietet von den drei Query-Reportingtools (QuickViewer, InfoSet Query und SAP Query) die einfachste Möglichkeit, um einen Report zu erstellen. Daher wird in diesem Buch die Query-Reportingfunktionalität QuickViewer aus didaktischen Gründen zuerst behandelt.

Der QuickViewer ist vor allem für Ad-hoc-Abfragen geeignet. Insbesondere eignet sich der QuickViewer für User, die gelegentlich oder nur einmalig Auswertungen erstellen. Der mit dem QuickViewer erzeugte Bericht steht nur dem Ersteller selbst zur Verfügung. Sie können einen solchen Bericht jedoch in einen SAP Query-Bericht konvertieren. Die Umwandlung eines QuickViewer-Berichts in einen SAP Query-Bericht wird in Abschnitt 7.2.2, »QuickView in eine Query konvertieren«, dargestellt.

In diesem Kapitel werden Ihnen die drei Schritte zum Anlegen eines QuickViewer-Berichts zunächst im Überblick vorgestellt. Die Datengrundlage Ihres Berichts ist die Tabelle TSTCT, in der die SAP-Transaktionstexte gespeichert sind. Sie werden die QuickViewer-Startmaske kennenlernen und anschließend Schritt für Schritt einen QuickViewer-Bericht anlegen. Schließlich erläutern wir Ihnen die Verwendung des Basismodus und des Layoutmodus, die Ihnen alternativ zur Anlage Ihres Berichts zur Verfügung stehen.

3.1 QuickViewer im Überblick

Selektionsfelder

Die Funktionalitäten der beiden anderen Query-Reportingwerkzeuge InfoSet Query und SAP Query sind umfassender. Deshalb bietet es sich an, anhand des QuickViewers die grundsätzliche Vorgehensweise für das Query-Reporting zu zeigen. Alle drei Query-Reportingwerkzeuge greifen auf einheitliche Datenquellen zu. Die Auswahl der Selektionsfelder und somit die Gestaltung der Selektionsmaske ist ebenfalls bei allen drei Reportingwerkzeugen identisch. Sie werden bei unserem Beispielreport drei Selektionsfelder festlegen.

Listenfelder

Auch die Auswahl der anzuzeigenden Felder erfolgt bei allen drei Query-Berichtstools nach der gleichen Methodik: Sie werden im Beispielreport drei Anzeigefelder bestimmen. Um die verschiedenen Möglichkeiten des QuickViewers kennenzulernen, werden Sie Schritt für Schritt eine erste Auswertung erstellen. Im Einzelnen sind nur drei Schritte notwendig, um einen QuickViewer-Report zu erstellen:

1. **Anlage und Bezeichnung**
   Geben Sie einen Reportnamen ein, und drücken Sie den Button ANLEGEN. Anschließend geben Sie eine Bezeichnung für Ihren QuickViewer ein. Ihre gewählte Bezeichnung erscheint als Überschrift über dem Report. Zusätzlich ist es möglich, einen Kommentar zum Bericht zu erfassen.
2. **Datenquelle**
   Wählen Sie als mögliche Datenquelle eine Tabelle, eine logische Datenbank, ein InfoSet oder einen Tabellen-Join aus.
3. **Selektions- und Layoutfelder festlegen**
   Legen Sie für Ihre Selektionsmaske die konkreten Selektionsfelder fest. Nach diesen Feldern kann eine Eingrenzung der selektierten Daten stattfinden. Legen Sie ferner für Ihre Berichtsausgabe die Layoutfelder fest. Diese Felder können bei der Berichtsausgabe angezeigt werden.

Tabelle TSTCT

Zur Darstellung der QuickViewer-Funktionalität werden Sie die SAP-Transaktionstexte auswerten. Damit Sie die Datenbasis sowie die Anzeige der Tabellenfelder kennen, werden Sie sich zuvor die Datenbanktabelle für die Transaktionstexte TSTCT mit dem Data Browser anschauen.

3.2 Datenbeispiel für Tabelle TSTCT

Sprachabhängige Tabelleneinträge

In unserem Beispiel werden wir die Datenbanktabelle TSTCT abfragen. Diese Tabelle enthält alle SAP-Transaktionen sowie die dazugehörigen Transaktionsbezeichnungen. Die Bezeichnung einer Transaktion wird sprachabhängig in allen im System installierten Sprachen aufgelistet. Deshalb gibt es zu einer Transaktion mehrere Transaktionstexte. Sie werden daher eine Selektionseingrenzung nach englischsprachigen Texten vornehmen. Unsere Auswertung wird alle Transaktionen, die mit VA0 beginnen, mit den englischsprachigen Texten anzeigen.

Data Browser

Schauen Sie sich das gewünschte Ergebnis mit dem Data Browser an. Innerhalb des Data Browsers sind die in Abbildung 3.1 nummerierten Eingaben vorzunehmen.

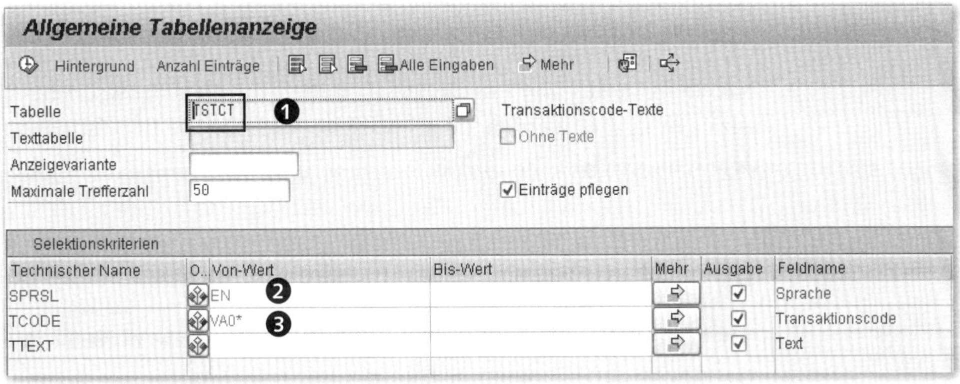

Abbildung 3.1 Abfrage der Tabelle TSTC im Data Browser

Geben Sie nach Aufruf des Data Browsers mit der Transaktion SE16N oder N folgende Informationen ein:

- **Im Feld Tabelle ❶**
  Geben Sie hier TSTCT ein; dies ist die Datenbanktabelle mit den SAP-Transaktionstexten.
- **Im Feld Sprache ❷**
  Geben Sie EN als SAP-Abkürzung für die englische Sprache ein.
- **Im Feld Transaktionscode ❸**
  Geben Sie VA0* ein. Das Symbol * (Stern) stellt einen Platzhalter für beliebig viele Zeichen dar. Durch die Eingabe des Sterns werden alle Einträge selektiert, die mit VA0 anfangen.

Als Ergebnis sollten Sie eine wie in Abbildung 3.2 dargestellte Liste mit acht Treffern erhalten.

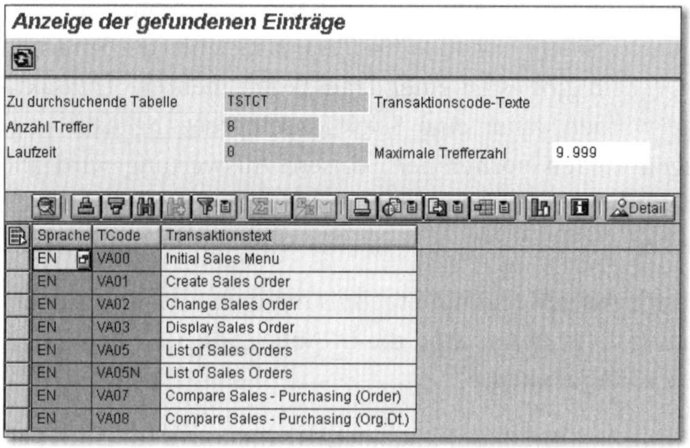

Abbildung 3.2 Selektionsergebnis Tabellenabfrage TSTCT

Nachdem Sie sich die Tabelle TSTCT mittels des Data Browsers haben anzeigen lassen, werden Sie als Nächstes die Abfrage der Tabelle mit dem QuickViewer durchführen.

3.3 QuickViewer-Startmaske

Mit Transaktion SQVI (QuickViewer) können Sie sehr einfache Auswertungen ohne Programmierkenntnisse erstellen.

Gehen Sie hierzu folgendermaßen vor:

Melden Sie sich an Ihr SAP-System an, und geben Sie, wie in Abbildung 3.3 dargestellt, die Transaktion SQVI ein.

Abbildung 3.3 Aufruf des QuickViewers

Nachdem Sie die [↵]-Taste gedrückt haben, gelangen Sie zum Einstiegsbild des QuickViewers (siehe Abbildung 3.4).

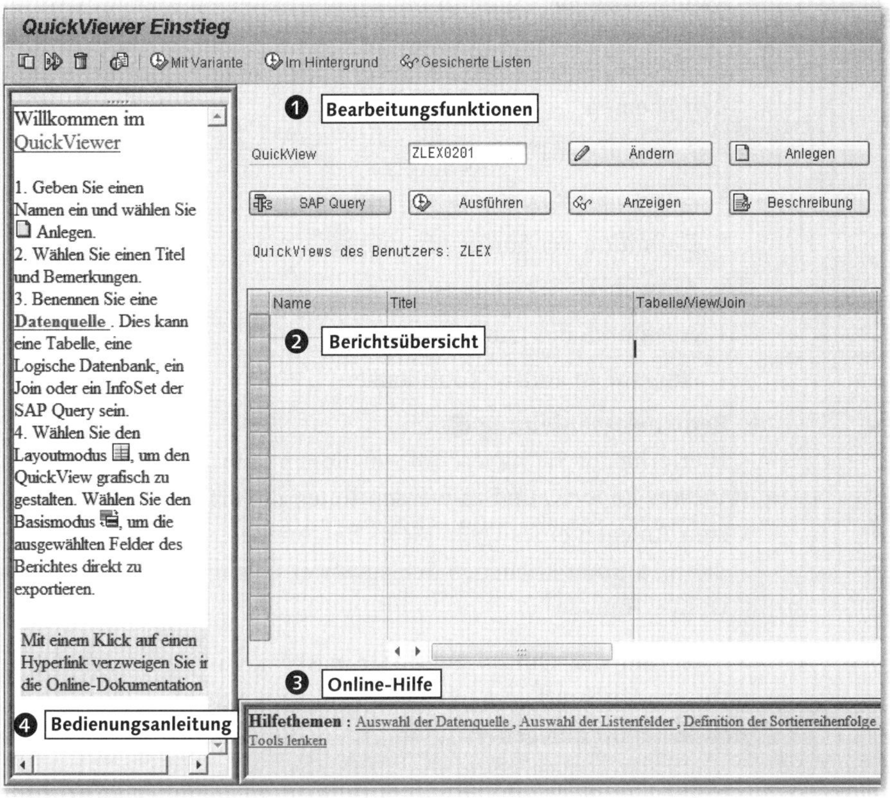

Abbildung 3.4 QuickViewer-Startmaske

Die Einstiegsmaske der QuickViewer-Transaktion bietet Ihnen sehr viele Funktionen und Informationen. Als Erleichterung geben wir Ihnen einen kurzen Überblick über die unterschiedlichen Bildelemente der SQVI-Transaktion:

- **Bearbeitungsfunktionen ❶**
  In diesem Bildschirmbereich können Sie die zentralen Funktionen für Ihre QuickViewer-Bearbeitung durchführen. So können Sie hier einen neuen QuickView anlegen, diesen ändern oder anzeigen lassen. Weiterhin haben Sie hier die Möglichkeit, Ihren QuickView auszuführen, und es steht Ihnen ein Absprung zur SAP Query-Transaktion SQ01 (siehe Kapitel 7, »Query im Detail«) zur Verfügung.
- **Berichtsübersicht ❷**
  In diesem Bildschirmbereich werden Ihnen alle aktuell im System mit Ihrem User angelegten QuickViewer-Berichte angezeigt.

- **Online-Hilfe ❸**
  Zu den wichtigsten Funktionalitäten können Sie in diesem Bereich die ONLINE-HILFE aufrufen. Sie erhalten weitere Informationen zu den Themen:
  - Auswahl der Datenquelle
  - Auswahl der Listenfelder
  - Definition der Sortierreihenfolge
  - Auswahl der Selektionsfelder
  - Ausführen des QuickViews
  - Ausgabe in andere Tools lenken
- **Bedienungsanleitung ❹**
  Hier erhalten Sie nähere Informationen zum Anlegen von QuickViewer-Reports, und es werden Ihnen die erforderlichen Schritte zum Anlegen eines QuickViews beschrieben. Per Doppelklick auf die blau unterstrichenen Schlagwörter gelangen Sie direkt in die Online-Hilfe.

Da Sie nun die QuickViewer-Startmaske kennen, werden Sie im nächsten Abschnitt lernen, wie Sie in drei Schritten Ihren QuickViewer-Report anlegen.

3.4 Schritte zum Anlegen eines QuickViewer-Reports

Zum Anlegen eines QuickViewer-Reports müssen Sie drei Schritte durchführen:

1. QuickView-Name und Bezeichnung festlegen
2. Datenquelle auswählen
3. Selektions- und Layoutfelder festlegen

Diese Schritte werden im Folgenden beschrieben.

3.4.1 QuickView-Name und Bezeichnung festlegen

Die QuickViewer-Berichtserstellung erfolgt im Bereich Bearbeitungsoptionen der QuickViewer-Startmaske ❶. Bei der Erstellung eines neuen QuickViewer-Berichts gehen Sie folgendermaßen vor:

Geben Sie einen Namen für Ihren Report ein. Nach der Vergabe des Reportnamens drücken Sie den Button ANLEGEN (siehe Abbildung 3.5).

Reportname

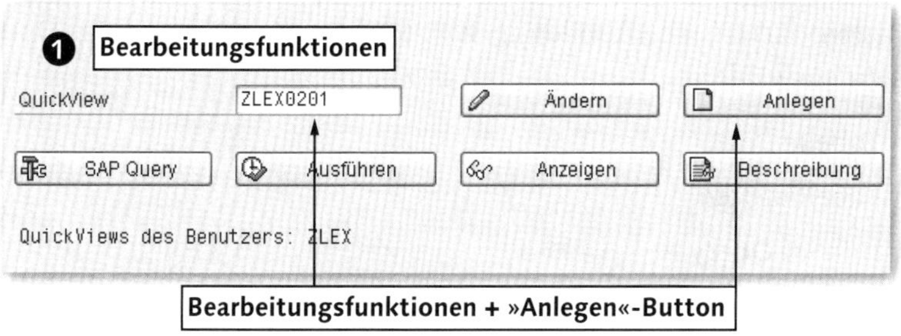

Abbildung 3.5 Einen QuickViewer-Bericht anlegen

Es öffnet sich ein Fenster mit der Bezeichnung QUICKVIEW ZLEX0202 ANLEGEN: DATENQUELLE AUSWÄHLEN (siehe Abbildung 3.6).

Datenquelle

Abbildung 3.6 QuickView-Titel eingeben

In diesem Fenster geben Sie Ihrer Auswertung einen Titel. Tragen Sie hierzu im Feld TITEL z. B. Transaktionen mit deren Bezeichnungen ein. Im Feld BEMERKUNGEN können Sie einen Erläuterungstext hinzufügen ❷.

Titel und Bemerkung

Als nächsten Schritt bei Ihrer Berichtserstellung benötigen wir eine Datenbasis. Die Vorgehensweise hierzu wird im nächsten Abschnitt beschrieben.

3.4.2 Datenquelle auswählen

Im zweiten Schritt wählen Sie nun die Datenquelle für die Erstellung Ihres Reports aus. Nutzen Sie hierzu das Dropdown-Menü im Bereich DATENQUELLE (siehe Abbildung 3.7). Sie können zwischen vier Optionen auswählen:

- Tabelle
- Tabellen-Join
- InfoSet Query
- logische Datenbank

Die einfachste Möglichkeit, um einen Bericht zu erstellen ist, eine einzelne Tabelle als Datenquelle ❸ zu verwenden. In unserem Beispiel handelt es sich um die Tabelle TSTCT.

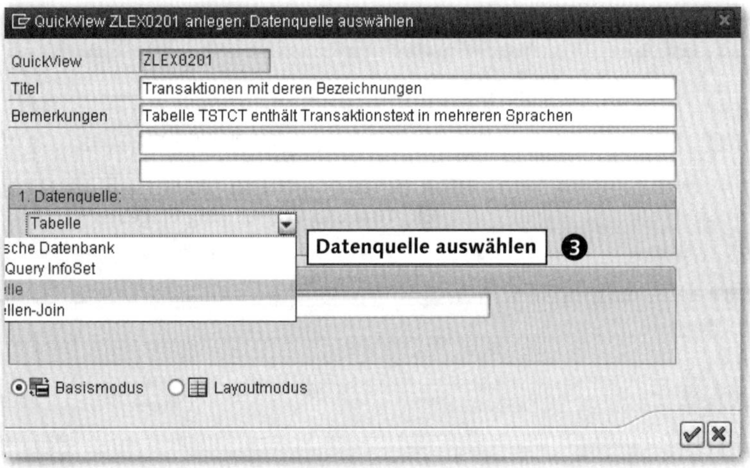

Abbildung 3.7 Datenquelle auswählen

Tabellen-Join

Eine zweite Möglichkeit ist die Verwendung eines Tabellen-Joins zur Berichtserstellung. Mittels eines Tabellen-Joins haben Sie die Möglichkeit, zwei oder mehrere Tabellen als Datenquelle für Ihren Bericht festzulegen. In unserem Beispiel können Sie anstelle von Tabelle TSTCT z. B. die Tabelle TSTC als Datengrundlage verwenden. Sodann würden für Ihre Auswertung die Tabellen TSTC und TSTCT miteinander verbunden. Hierdurch hätten Sie dann die Möglichkeit, sich in einem Bericht die Transaktion, den dazugehörigen Transaktionstext sowie das dazugehörige ABAP-Programm anzeigen zu lassen.

InfoSet

Als dritte Datenquelle können wir ein InfoSet verwenden. Das InfoSet ist eine Sicht auf eine Datenquelle. Auf die Verwendung und Erstellung von InfoSets gehen wir in Kapitel 6, »InfoSet im Detail«, ein.

Logische Datenbank

Schließlich können Sie als Datenquelle für Ihren Report noch eine logische Datenbank auswählen. Logische Datenbanken sind spezielle SAP-Programme, die bereits fertige Tabellenverknüpfungen umfassen. Die logische Datenbank nimmt die Selektion der Daten automatisch im Hintergrund vor. Die im SAP-Standard vorhandenen logischen Datenbanken sind im Anhang dieses Buches mit den dazugehörigen Tabellen aufgelistet.

Als Datenquelle verwenden Sie die Datenbanktabelle TSTCT. Geben Sie, wie in Abbildung 3.8 gezeigt, die Tabelle TSTCT ein ❹.

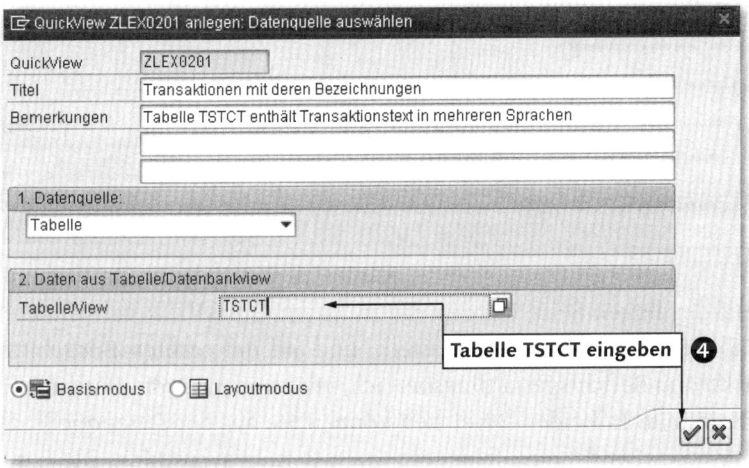

Abbildung 3.8 Tabelle TSTCT als Datenquelle auswählen

Nach der Eingabe der Tabelle TSTCT bestätigen Sie Ihre Eingabe mit dem Button [✔]. Anschließend gelangen Sie in den Basismodus zur Gestaltung Ihres Berichts (siehe Abbildung 3.9).

Für die Berichtsgestaltung stehen Ihnen nun alle Felder der Tabelle TSTCT zur Verfügung. Sie können entscheiden, welche Felder Sie in die Selektionsmaske übernehmen möchten und welche Felder in der Listanzeige dargestellt werden sollen. Wählen Sie daher die Selektions- und die Layoutfelder aus.

3.4.3 Selektions- und Layoutfelder auswählen

Ihr Bericht ist schon fast fertig. In einem dritten und letzten Schritt können Sie die Selektions- und Layoutfelder auswählen. Der Bildschirm zeigt Ihnen eine zweigeteilte Maske (siehe Abbildung 3.9).

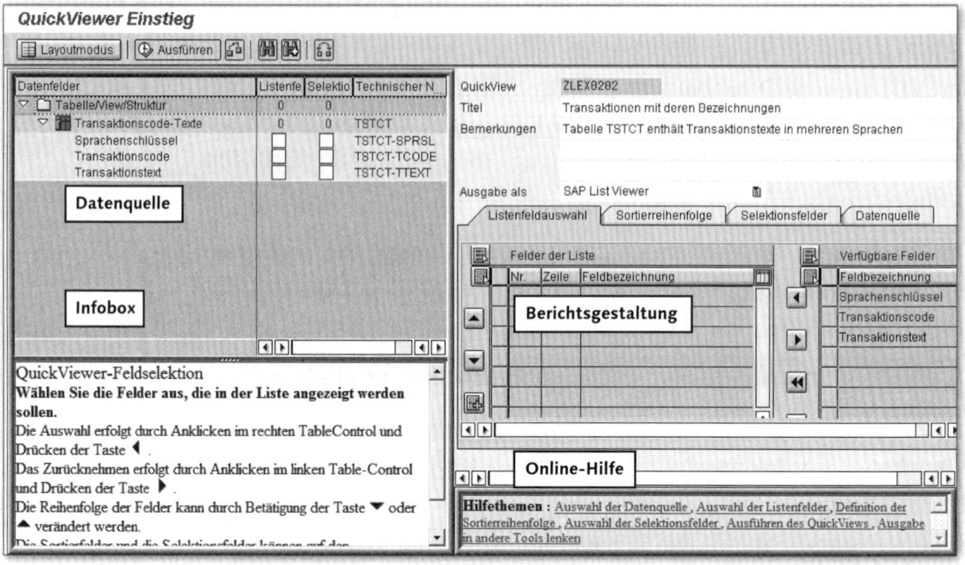

Abbildung 3.9 QuickViewer-Maske

Selektions- und Layoutfelder auswählen

Auf der linken Seite werden die in Ihrem QuickView verwendeten Tabellen (Datenquelle) dargestellt, und auf der rechten Bildschirmhälfte, im Berichtsgestaltungsbereich, wird nochmals die Datenquelle dargestellt. In beiden Bereichen können Sie aus der Datenquelle die Selektions- und Layoutfelder für Ihren Bericht auswählen. Die Funktionalität ist hier redundant vorhanden, um den unterschiedlichen Benutzerwünschen gerecht zu werden.

Online-Hilfe und Bedienungsanleitung

Wie schon in der QuickViewer-Startmaske haben Sie auch hier die Möglichkeit, auf die SAP-Online-Hilfe abzuspringen. Zusätzlich wird Ihnen in der Infobox eine Bedienungsanleitung zur Verfügung gestellt. In der Bedienungsanleitung wird erläutert, wie Sie für Ihren Bericht die Selektions- und Layoutfelder auswählen. Markieren Sie einfach die gewünschten Listen- und Selektionsfelder, indem Sie die jeweiligen Boxen ☑ im Datenquellenbereich markieren. Wie Sie die Listenfelder auswählen, ist in Abbildung 3.10 dargestellt.

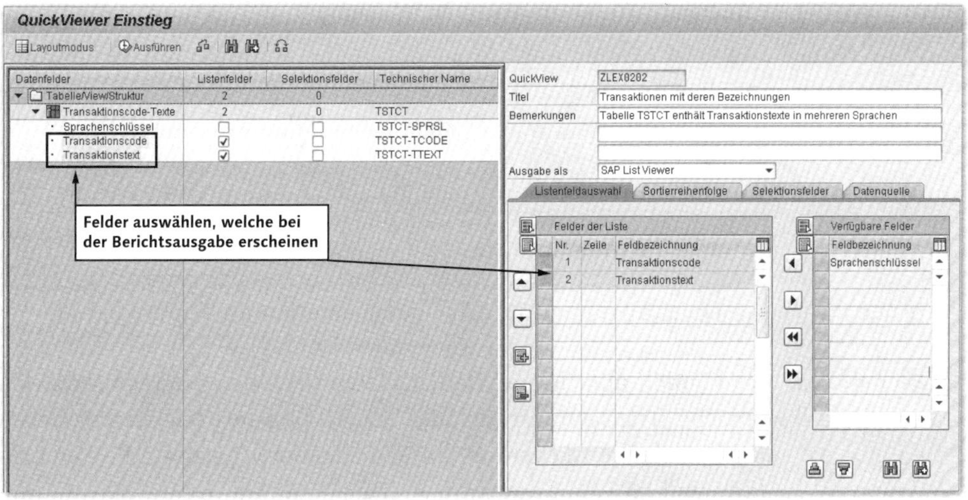

Abbildung 3.10 Listenfelder auswählen

Wählen Sie alle möglichen Listenfelder aus. Wählen Sie neben den Listenfeldern auch alle möglichen Selektionsfelder aus (siehe Abbildung 3.11).

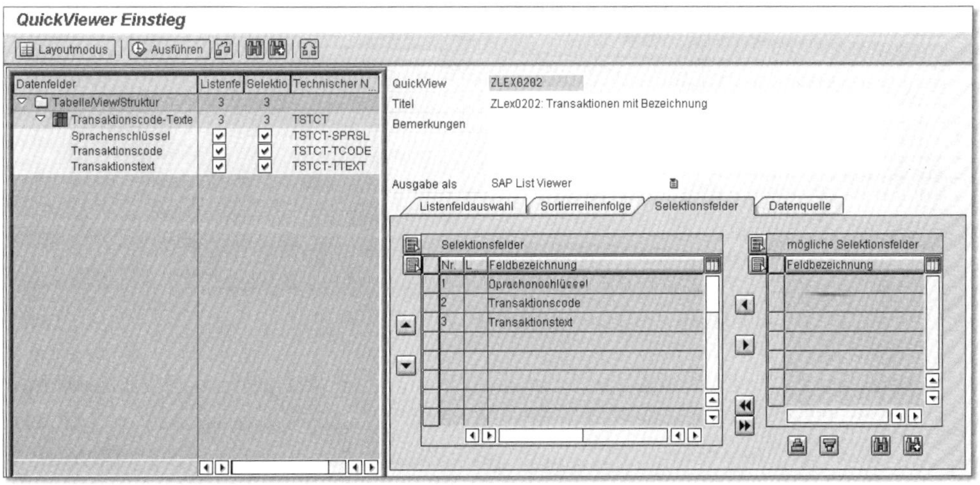

Abbildung 3.11 Listen-und Selektionsfelder auswählen.

Ihr Bericht ist nun vollständig erstellt. Sie können den Bericht aufrufen, indem Sie auf den Button [Ausführen] klicken. Anschließend erhalten Sie eine Selektionsmaske (siehe Abbildung 3.12).

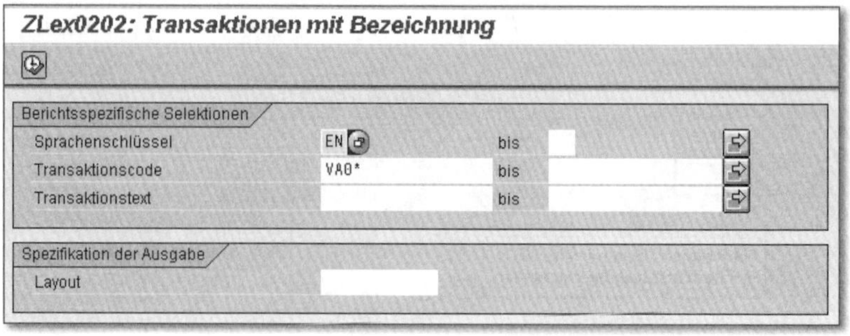

Abbildung 3.12 Selektionsmaske

Berichtsdaten suchen

Sie können nun flexibel Berichtsdaten nach den Selektionskriterien Sprache, Transaktionscode oder Transaktionstext selektieren. Geben Sie als Selektionskriterium im Feld SPRACHENSCHLÜSSEL EN für Englisch und im Feld TRANSAKTIONSCODE VA0* ein. Lassen Sie sich nun die englischsprachigen Transaktionen, die mit VA0 beginnen, anzeigen, indem Sie auf den Button klicken. Als Ergebnis Ihrer Selektion erhalten Sie eine Liste (siehe Abbildung 3.13).

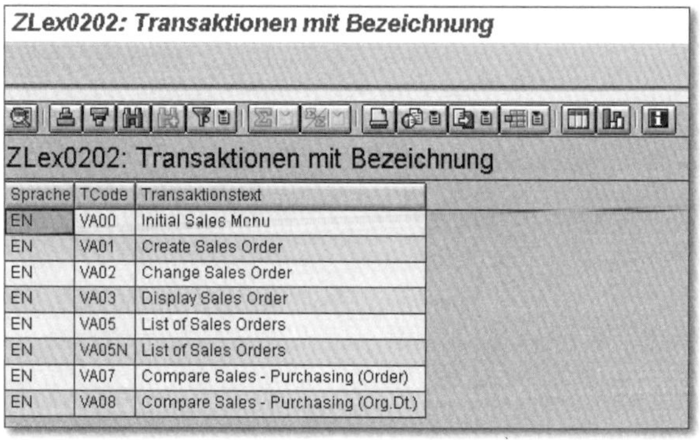
ZLex0202: Transaktionen mit Bezeichnung

Sprache	TCode	Transaktionstext
EN	VA00	Initial Sales Menu
EN	VA01	Create Sales Order
EN	VA02	Change Sales Order
EN	VA03	Display Sales Order
EN	VA05	List of Sales Orders
EN	VA05N	List of Sales Orders
EN	VA07	Compare Sales - Purchasing (Order)
EN	VA08	Compare Sales - Purchasing (Org.Dt.)

Abbildung 3.13 Berichtsausgabe

Listausgabe formatieren

Ihre Listausgabe zeigt drei Spalten. Sie können im QuickView nun alle bekannten Funktionalitäten des ALV-Layouts (ALV = SAP List Viewer) nutzen. Einen QuickViewer-Bericht können Sie zudem auch selbst formatieren. Sie haben außerdem die Möglichkeit, den QuickViewer-Bericht neben dem Basismodus auch im Layoutmodus zu bearbeiten. Verlassen Sie nun den Bericht, indem Sie auf den Button doppelklicken, und Sie gelangen zurück in den QuickViewer-Basismodus. Hier können Sie nun vom Basismodus in den Layoutmodus wechseln. Der Layoutmodus ist das Thema des nächsten Abschnitts.

3.5 Layoutmodus

Der Layoutmodus im Quick-Viewer bietet Ihnen weitere Möglichkeiten, um das Design Ihres Berichts zu optimieren. So können Sie beispielsweise die Spalten verschiedenfarbig gestalten oder die Ausgabeformate der Felder verändern. Wechseln Sie vom Basismodus in den Layoutmodus, indem Sie oben links auf den Button Layoutmodus klicken (siehe Abbildung 3.14).

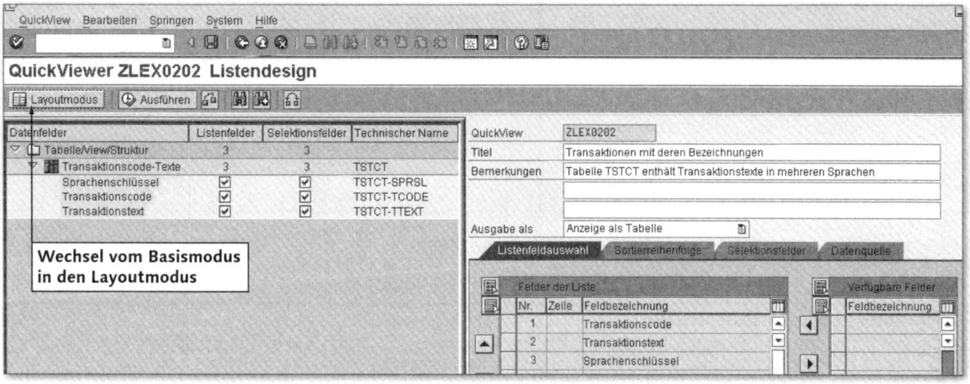

Abbildung 3.14 Vom Basismodus in den Layoutmodus wechseln

Summen- oder Sortierfelder, Kopf- und Fußzeilen

Der rechte Bildschirmbereich der QuickViewer-Designmaske verändert sich nun. Es werden Ihnen unterschiedliche Möglichkeiten für die Bearbeitung Ihres Reports angeboten. Sie können z. B. Felder löschen, Felder als Summations- oder Sortierfelder festlegen, Kopf- und Fußzeilen einfügen oder farbliche Formatierungen durchführen (siehe Abbildung 3.15).

Formatierungsmöglichkeiten eines Feldes

Damit die Designfunktionen für ein Feld aktiv werden, klicken Sie auf der rechten Seite Ihres Bildschirms auf das Datenfeld CAC XT1 unterhalb der Überschrift TRANSAKTIONSCODE. Anschließend wird dieses Feld mit einem blauen Rahmen versehen. Nun verändert sich die Ansicht auf der linken unteren Seite Ihres Bildschirms; Sie erhalten im Fenster mit der Bezeichnung LISTENFELD Detaildaten zum Feld TRANSAKTIONSCODE. Neben einem technischen Namen werden Ihnen Formatierungsmöglichkeiten angeboten (siehe Abbildung 3.16).

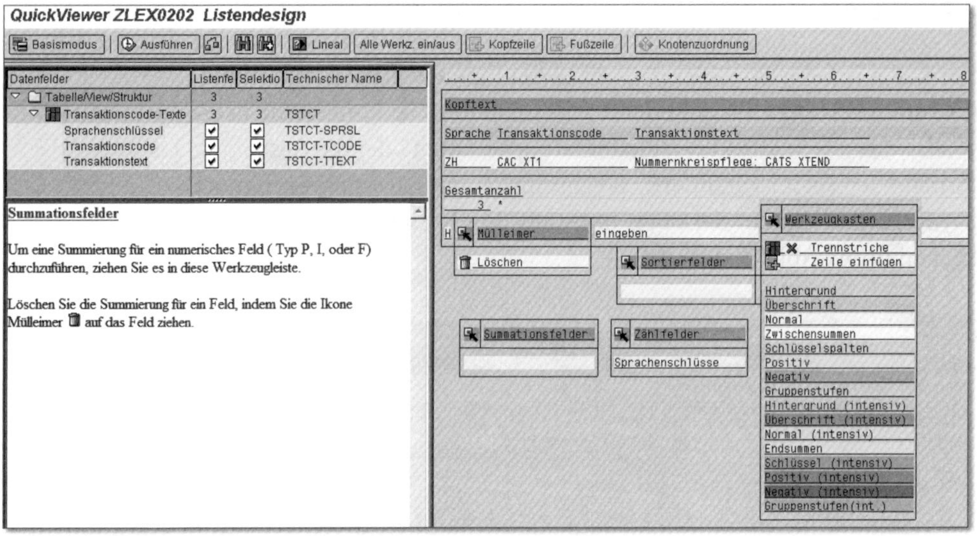

Abbildung 3.15 Layoutmodusanzeige

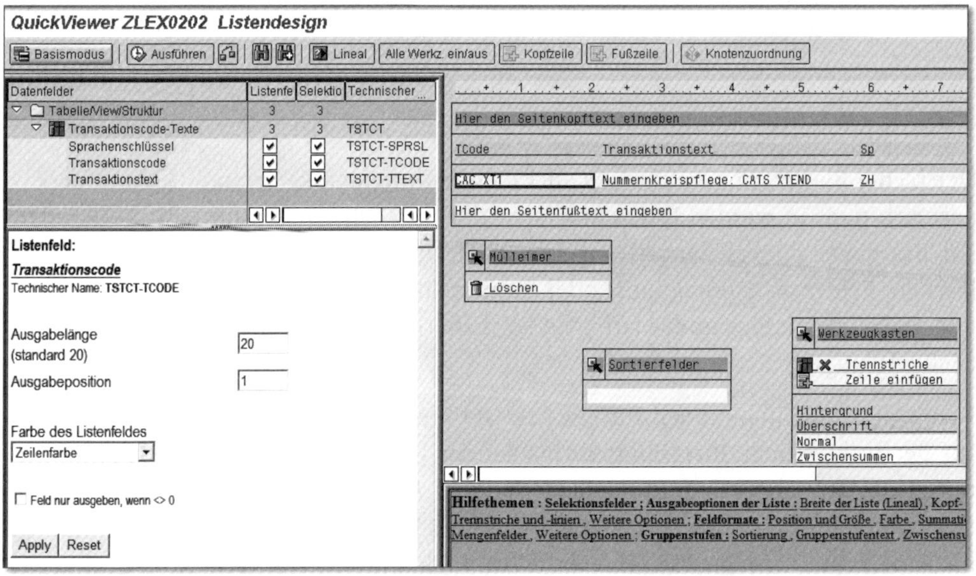

Abbildung 3.16 Feldformatierung

Probieren Sie nun die neuen Formatierungsmöglichkeiten aus, indem Sie folgende Änderungen durchführen:

- **Ausgabelänge des Feldes**
  Ändern Sie die Länge (Ausgabelänge) des Feldes Transaktionscode von 20 Zeichen auf 10 Zeichen ab.

- **Ausgabeposition**
  Ändern Sie die Ausgabeposition des Feldes Transaktionscode von 1 auf 50 ab.
- **Listenfeld farblich markieren**
  Wählen Sie in der Box Farbe des Listenfeldes die Option Schlüssel (intensiv) aus.
- **Nullwerte nicht ausgeben**
  Dieses Feld können Sie zwar markieren, Ihre Änderung wird für den Bericht jedoch ohne Auswirkung sein, da diese Bearbeitungsmöglichkeit nur für numerische Datenfelder relevant ist.

Feldformatierungen übernehmen

Nachdem Sie die Änderungen durchgeführt haben, drücken Sie ganz unten links im Bildschirm auf den Button mit der Bezeichnung Apply, damit Ihre Einstellungen wirksam werden. Nun verschiebt sich das Feld Transaktionscode in Ihrer Liste und wird farblich anders hervorgehoben. Schauen Sie sich die Auswirkungen Ihrer Formatänderungen an, indem Sie erneut den Bericht mit Klick auf den gleichnamigen Button 

ausführen.

3.6 Zusammenfassung

Der QuickViewer ist ein sehr einfaches Query-Reportingwerkzeug, um in kürzester Zeit einen Bericht zu erstellen. Insbesondere wird der QuickViewer in der Praxis aufgrund seiner einfachen Handhabung zur gelegentlichen Anwendung eingesetzt. Der QuickViewer ist also für einfache Berichtsanforderungen mit einmaligem Charakter ein geeignetes Tool. Soll ein Bericht jedoch nicht nur vom Berichtsersteller selbst ausgeführt werden, so ist der QuickView in eine SAP Query zu konvertieren. Die Query bietet Ihnen nicht nur die Möglichkeit, Berichte der Allgemeinheit zur Verfügung zu stellen, sondern auch sehr flexible Möglichkeiten zur Berichtserstellung. Die Vorgehensweise zur Erstellung einer Query wird in Kapitel 4, »SAP Query im Überblick«, behandelt.

In diesem Kapitel lernen Sie SAP Query als Query-Berichtstool kennen. Insbesondere werden die Zusammenhänge der für die Berichtserstellung relevanten Transaktionen erläutert, und Sie werden sehen, wie Sie eine SAP Query erstellen.

4 SAP Query im Überblick

SAP Query bietet Ihnen von allen drei Query-Reportingtools die meisten Möglichkeiten. Aufgrund der Flexibilität ist SAP Query auf mehrere Transaktionen verteilt. Diese Transaktionen sind logisch miteinander verbunden und helfen Ihnen sowohl dabei, die Berechtigungen zu vergeben als auch Ihre Berichtsanforderungen logisch zu strukturieren.

Alle Query-Objekte werden mit Bezug zu einem Arbeitsbereich angelegt. Es wird zwischen einer Ablage im globalen Arbeitsbereich (mandantenunabhängig) und einer Ablage im Standardarbeitsbereich (mandantenabhängig) unterschieden. Hinsichtlich des Arbeitsbereiches werden Benutzergruppen im System geführt. Eine Benutzergruppe umfasst zum einen die einzelnen Benutzer, und zum anderen sind der Benutzergruppe InfoSets zugeordnet.

Das InfoSet stellt die Datenbasis für die Query dar. Im InfoSet werden die konkreten Tabellenfelder festgelegt, die in der Query zur Verfügung stehen. In der Query selbst können Sie dann entscheiden, welche Felder Sie dem Anwender aus dem InfoSet als Selektions- und Layoutfelder zur Verfügung stellen.

In diesem Kapitel werden Sie die Funktionen der folgenden drei Transaktionen im Zusammenhang kennenlernen:

- SQ03 – Benutzergruppe
- SQ02 – InfoSet
- SQ01 – SAP Query

4.1 Grundlagen

Um SAP Query in Ihrem Sinne nutzen zu können, sollten Sie die Zusammenhänge zwischen den folgenden vier Query-Objekten kennen:

- Arbeitsbereiche
- Benutzergruppen
- InfoSets
- SAP Query

Arbeitsbereich Jeder Datenzugriff auf Ihre Query-Objekte wird in Abhängigkeit vom *Arbeitsbereich* ❶ geregelt. So werden Ihre Benutzergruppen, InfoSets, Queries und auch alle anderen Query-Objekte in der Datenbank unterschiedlich abgelegt. Die Unterschiede zwischen den beiden im SAP-System vorhandenen Arbeitsbereichen (Standardbereich/globaler Bereich) werden im nächsten Abschnitt beschrieben.

Benutzergruppe In der SAP Query-Anwendung werden Ihre Query-Objekte mithilfe von *Benutzergruppen* ❷ weiterstrukturiert (siehe Abschnitt 4.3, »Benutzergruppe«). So wird unter anderem Ihr Benutzerstamm einer Benutzergruppe zugeordnet, um so auch die Berechtigung weiter auszusteuern. Auch das InfoSet kann einer oder mehreren Benutzergruppen zugeordnet werden, und ebenso rufen Sie SAP Query in Abhängigkeit der Benutzergruppe auf.

InfoSet Das *InfoSet* ❸ hilft Ihnen dabei, die Dateninhalte weiterzustrukturieren. So können Sie die für Ihre SAP Query notwendigen Daten gezielt einschränken. Das InfoSet kann als Datenbasis unterschiedliche Datenquellen verwenden. Wie beim QuickViewer kann als Datenbasis ein Tabellen-Join, eine Tabelle oder eine logische Datenbank verwendet werden. Zusätzlich bietet das InfoSet die Möglichkeit, als Datenquelle ein Datenbeschaffungsprogramm zu verwenden.

Query Schließlich können Sie auf Basis des InfoSets Ihre *SAP Query* ❹ definieren. In der SAP Query stehen bewusst nur die Datenfelder zur Verfügung, die Sie zuvor im InfoSet ausgewählt haben. Die Query-Anlage erfolgt in Abhängigkeit einer Benutzergruppe. Bei der Query-Anlage sind Sie gezwungen, eine Benutzergruppe auszuwählen. Um ein bestimmtes InfoSet als Datenbasis für die Query zu verwenden, ist somit die Zuordnung zum Arbeitsbereich erforderlich.

Um Ihnen die Zusammenhänge zu verdeutlichen, sind in Abbildung 4.1 die Query-Objekte grafisch dargestellt.

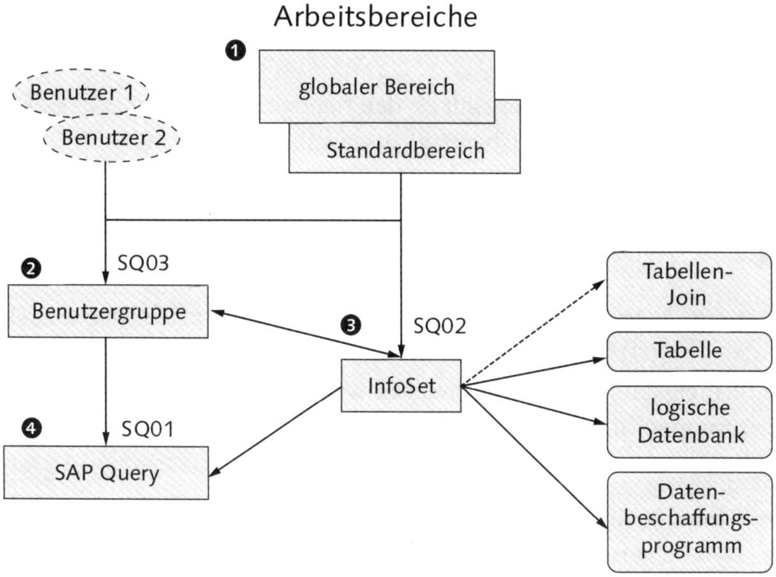

Abbildung 4.1 SAP Query – Zusammenhänge

In den nachfolgenden Abschnitten dieses Kapitel werden Sie sich die vier Query-Objekte Arbeitsbereich, Benutzergruppe, InfoSet und SAP Query konkret anhand eines Beispiels anschauen. Für die drei Query-Objekte Benutzergruppe, InfoSet und SAP Query ist es wichtig, den richtigen Arbeitsbereich (globaler oder Standardarbeitsbereich) auszuwählen.

Die Benutzergruppen sind einmalig festzulegen; sie regeln die Zugriffsmöglichkeiten Ihrer Benutzer und unterstützen Sie bei der Strukturierung Ihrer SAP Queries nach Zielgruppen. Im laufenden Betrieb werden Sie sich am häufigsten mit dem SAP InfoSet und mit der SAP Query beschäftigen.

Die einzelnen Schritte für die Erstellung einer SAP Query führen Sie in den folgenden Abschnitten anhand eines konkreten Beispiels durch. Sie werden eine neue Benutzergruppe, ein neues InfoSet sowie eine neue Query anlegen.

In Kapitel 3, »QuickViewer«, haben Sie den Zugriff auf die Datenbanktabelle TSTCT (Transaktionstexte) kennengelernt. Sie verwenden nun als Datenquelle einen Tabellen-Join. Der Tabellen-Join verbindet die beiden folgenden Tabellen:

- D010TAB – Datenbanktabellen
- TSTC – Transaktionen

Als Einstieg in SAP Query gilt es, den richtigen Arbeitsbereich (globaler oder Standardarbeitsbereich) auszuwählen.

4.2 Arbeitsbereiche

Bei der Query-Erstellung sollten Sie im Transaktionseinstieg (SQ03, SQ02, SQ01) immer den korrekten Arbeitsbereich auswählen. In Abhängigkeit des Arbeitsbereiches werden unterschiedliche Benutzergruppen, InfoSets und Queries angezeigt. SAP unterscheidet zwischen zwei Arbeitsbereichen:

- **Globaler Arbeitsbereich**
  Neue Query-Einstellungen werden grundsätzlich im Customizing-Mandanten durchgeführt. Bei neuen oder geänderten Benutzergruppen, InfoSets usw. ist ein Transportauftrag erforderlich.
- **Standardarbeitsbereich**
  Die Einstellungen erfolgen ohne Aufzeichnung, meistens im Produktivmandanten, und können per Ex- und anschließendem Import in andere Mandanten/Systeme übernommen werden.

Diese beiden Arbeitsbereiche steuern somit die Datenablage in Abhängigkeit des Mandanten:

- mandantenabhängige Ablage → Standardbereich
- mandantenunabhängige Ablage → globaler Arbeitsbereich

Diese Einstellung wirkt sich insbesondere darauf aus, ob Ihre SAP Query in das SAP Transportwesen einbezogen wird. Sie haben die Möglichkeit, die SAP Query direkt im Produktivmandanten zu erstellen, oder Sie behandeln Ihre SAP Query wie ein weiteres Entwicklungsobjekt und nehmen die Reporterstellung im Customizing-Mandanten vor.

Vor- und Nachteile des Standardarbeitsbereichs

Beide Vorgehensweisen haben sowohl Vor- als auch Nachteile. Erstellen Sie eine SAP Query im Standardbereich, so steht Ihre Auswertung direkt in dem Mandanten, in dem Sie die Query erstellen, zur Verfügung. Fehlt die Auswertung zu Testzwecken in einem weiteren Mandanten, so sind die Query-Objekte zu ex- und anschließend zu importieren. Für einfache und überschaubare Auswertungen bietet Ihnen die Erstellung im Standardbereich allerdings eine große Flexibilität. Sie können Ihre Änderungen direkt durchführen, sie testen und freigeben.

Vor- und Nachteile des globalen Arbeitsbereichs

Erstellen Sie Ihre SAP Query hingegen im globalen Bereich, so ist das Transportwesen zu beachten; das heißt, dass die Erstellung Ihrer Query-Objekte im Customizing-Mandanten erfolgt. Entwicklungstechnisch ist die Query-Erstellung im globalen Bereich wesentlich sinnvoller als im Standardbereich. Allerdings können Sie im globalen Bereich Ihre Report-Ergebnisse nicht sofort überprüfen, da Ihnen unter Umständen geeignete Testdaten fehlen.

Wie Sie die Query-Objekte unabhängig vom Arbeitsbereich in andere Mandanten/Systeme transportieren, wird in Kapitel 13, »Transportwesen«, dargestellt.

Die Verwendung des Arbeitsbereichs ist eine unternehmenspolitische Entscheidung. Bei vielen mittelständisch geprägten Kunden wurde die Query-Erstellung im Standardbereich durchgeführt, um dem Anwender und dem Management schnell geeignete Berichte zur Verfügung zu stellen.

Den Arbeitsbereich wählen Sie im SAP-System wie folgt aus; für die Query-Erstellung arbeiten Sie mit drei Transaktionen:

- SQ03 – Benutzergruppe
- SQ02 – InfoSet
- SQ01 – SAP Query

Bei allen drei Transaktionen (SQ03, SQ02 und SQ01) können Sie über den Menüpfad UMFELD • ARBEITSBEREICHE (siehe Abbildung 4.2) zwischen Standardbereich und globalem Bereich auswählen.

Sie erhalten bei allen drei Transkationen den Bildschirm aus Abbildung 4.3.

Wählen Sie für dieses Beispiel den STANDARDBEREICH (MANDANTENABHÄNGIG); Ihre Auswertung können Sie direkt in einem Testmandanten erstellen.

Abbildung 4.2 Auswahl des Arbeitsbereichs

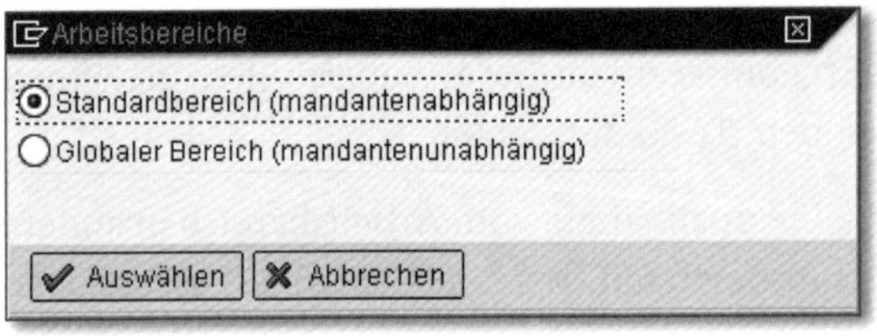

Abbildung 4.3 Auswahl des Arbeitsbereichs

Haben Sie sich gemeinsam mit Ihrer SAP-Administration beziehungsweise Projektleitung für einen Arbeitsbereich entschieden, so können Sie für Ihre weiteren Aktivitäten den entsprechenden Arbeitsbereich vorbelegen. Auch für die Query-Funktionalitäten haben Sie die Möglichkeit, in Ihrem Benutzerstamm in der Registerkarte PARAMETER Vorschlagswerte zu hinterlegen.

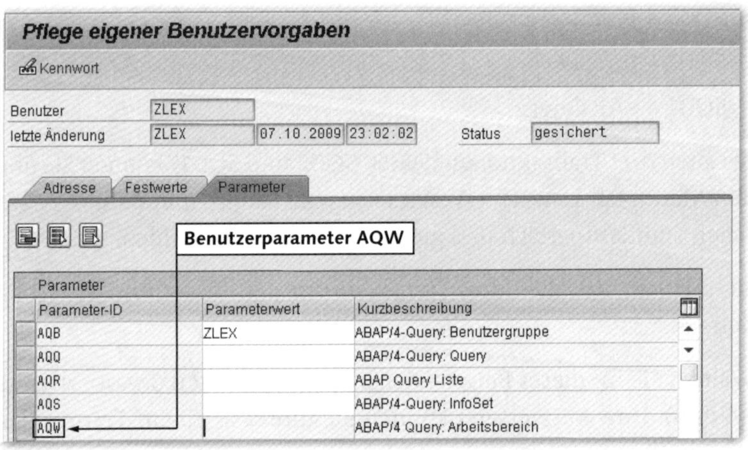

Abbildung 4.4 Vorbelegung des Arbeitsbereichs im Benutzerstamm

Benutzerparameter für Arbeitsbereich vorbelegen

Tragen Sie als PARAMETER-ID den Wert AQW ein. In der Spalte KURZBESCHREIBUNG erscheint dann der Text ABAP/4 QUERY: ARBEITSBEREICH. Die Parameter-ID AQW ist somit die Abkürzung für ABAP Query Work Area.

Ist nun der Parameterwert wie in Abbildung 4.4 nicht gefüllt, so wird der Standardbereich für Ihren Benutzer gefunden. Arbeiten Sie hingegen im globalen Bereich, so tragen Sie im Feld PARAMETERWERT ein G ein.

[+]

Auswahl des Arbeitsbereichs überprüfen

Die Auswahl des Arbeitsbereichs stellt in der Praxis eine der häufigsten Fehlerquellen dar. So werden häufig Query-Objekte gesucht, die im System jedoch vorhanden sind. Schauen Sie, ob Sie sich im richtigen Arbeitsbereich befinden.

Im nächsten Abschnitt lernen Sie, wie Sie eine Benutzergruppe anlegen.

4.3 Benutzergruppe

Benutzergruppe bezeichnen

Die Benutzergruppen sind frei wählbar und können 12-stellig im System angelegt werden. Ihnen werden dann die im System vorhandenen Benutzer zugeordnet. Einer Benutzergruppe können also n Benutzer zugeordnet werden. So kann Benutzer 1 und der Benutzer 2 der ersten Benutzergruppe zugeordnet werden. Der Benutzer 1 kann ebenfalls einer Benutzergruppe 2 zugeordnet werden. Weiterhin können Sie je Benutzergruppe beliebig viele InfoSets zuordnen. Auch hier kann das InfoSet 1 sowohl Benutzergruppe 1 als auch Benutzergruppe 2 zugeordnet werden.

Rufen Sie zum Anlegen der Benutzergruppen Transaktion SQ03 auf. Sie erhalten daraufhin das Einstiegsbild aus Abbildung 4.5.

Der Bildschirm bietet Ihnen nun die Möglichkeit, eine vorhandene Benutzergruppe zu kopieren, sie umzubenennen oder zu löschen. In diesem Beispiel legen Sie eine Benutzergruppe ZLEX an. Hierzu tragen Sie im Feld BENUTZERGRUPPE ZLEX ein und drücken auf den Button ANLEGEN. Daraufhin erhalten Sie ein Dialogfenster, um Ihre Benutzergruppe mit einem sprechenden Langtext zu bezeichnen (siehe Abbildung 4.6).

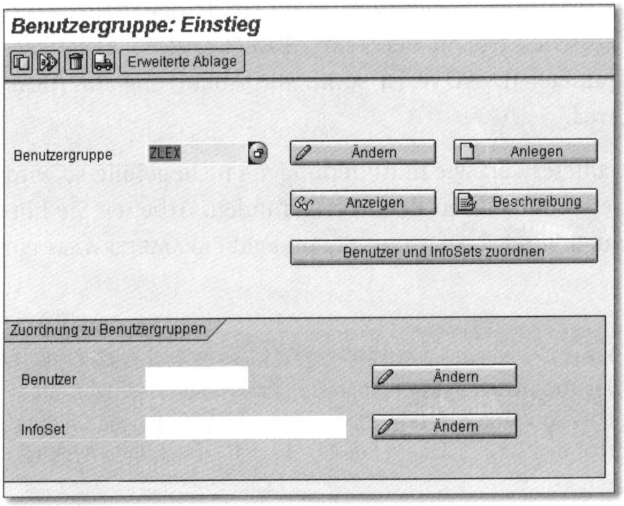

Abbildung 4.5 Einstiegsbild der Benutzergruppe

Abbildung 4.6 Benutzergruppe bezeichnen

In diesem Dialogfenster geben Sie Ihrer Benutzergruppe eine sprechende Bezeichnung.

Benutzergruppe bezeichnen

Da im SAP-System etwa 130 Benutzergruppen bereitgestellt werden, empfehlen wir Ihnen bei der Bezeichnung der Benutzergruppe im Kundennamensraum (z. B. Z als Anfangsbuchstabe) zu bleiben.

Klicken Sie auf den Button SICHERN, und Sie erhalten die Erfolgsmeldung »Die Benutzergruppe ZLEX ist gesichert«.

[»]

Standardarbeitsbereich auswählen

Erscheint nun ein Dialogfenster mit der Bezeichnung »Fehler in der Objektbearbeitung« oder Sie erhalten einen Transportauftrag, so brechen Sie die Transaktion mit dem roten X ab. Sie befinden sich nun im globalen Arbeitsbereich; wählen Sie den Standardbereich aus (siehe Abschnitt 4.2., »Arbeitsbereiche«).

Ordnen Sie die neue Benutzergruppe ZLEX mehreren Benutzern zu. Hierzu klicken Sie auf den Button Benutzer und InfoSets zuordnen (siehe Abbildung 4.7).

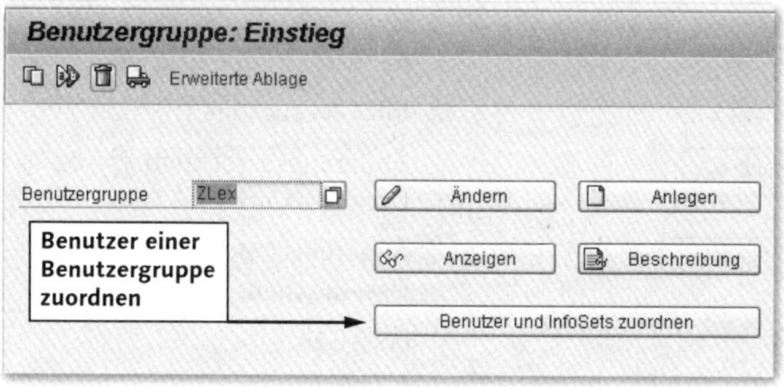

Abbildung 4.7 Benutzer einer Benutzergruppe zuordnen

Als Nächstes erscheint die in Abbildung 4.8 gezeigte Maske zur Zuordnung von Benutzern.

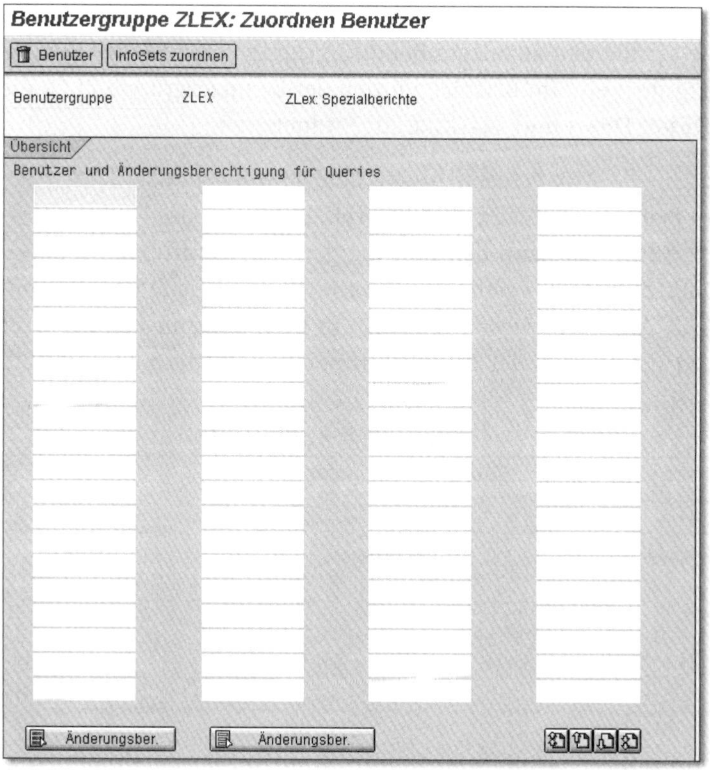

Abbildung 4.8 Benutzer und InfoSets einer Benutzergruppe zuordnen

Sie können sich nun einer Benutzergruppe zugeordnete User anzeigen lassen oder selbst neue User eintragen. Die Bildschirmmaske bietet Ihnen die in Tabelle 4.1 gezeigten Möglichkeiten.

Icon	Shortcut	Funktion
Benutzer	⇧+F2	Benutzergruppe löschen
InfoSets zuordnen	F5	InfoSets zuordnen
Änderungsber.	–	Änderungsberechtigung ALLE USER markieren
Änderungsber.	–	Änderungsberechtigung ALLE USER löschen
	–	erste Seite
	–	nächste Seite
	–	vorherige Seite
	–	letzte Seite

Tabelle 4.1 Icons im Bereich »Benutzergruppen«

Benutzer der Benutzergruppe zuordnen

Um sich die Funktionen des Bildschirms genauer anzuschauen, tragen Sie für die neu angelegte Benutzergruppe vorhandene User aus Ihrem System ein. Im Beispiel wurden der Benutzergruppe ZLEX die User DE161, DE241 und SKALESKE zugeordnet.

Query-Änderungsberechtigung

Sie haben die Möglichkeit, hinter dem jeweiligen Usernamen ein Feld zu markieren oder zu demarkieren. Nur wenn das Feld mit Häkchen versehen ist, kann der User die der Benutzergruppe zugehörigen Queries ändern, sofern nicht bereits umfangreiche Berechtigungen (SAP_ALL) zugewiesen wurden. Im Beispiel kann nur der User SKALESKE die Queries der Benutzergruppe ZLEX ändern (siehe Abbildung 4.9).

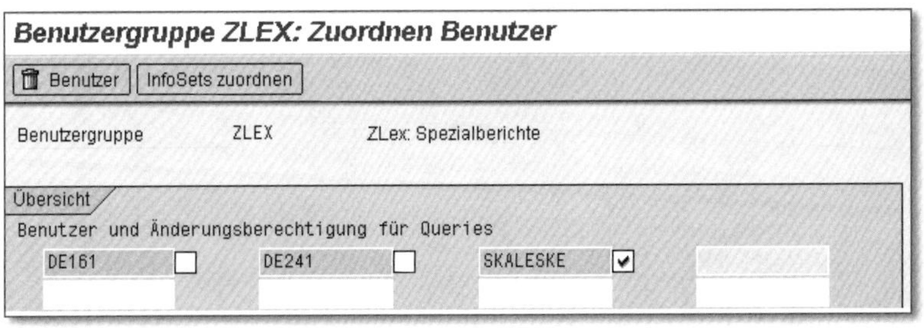

Abbildung 4.9 Benutzergruppe drei User zuordnen

Benutzer aus der Benutzergruppe löschen

Haben Sie der Benutzergruppe einen überzähligen User zugeordnet, oder scheidet ein Benutzer aus Ihrem Unternehmen aus, so können Sie diesen einfach wieder löschen. Markieren Sie hierzu mit der linken Maustaste den gewünschten Benutzer, und drücken Sie anschließend auf den Button Benutzer (Benutzer löschen). Als Nächstes haben Sie die Möglichkeit, sich die der Benutzergruppe zugeordneten InfoSets anzeigen zu lassen. Klicken Sie hierzu auf den Button INFOSETS ZUORDNEN (siehe Abschnitt 4.4, »InfoSet«).

Sie können die Änderungsberechtigung für alle User einer konkreten Benutzergruppe zuordnen, oder sie können Sie löschen. Möchten Sie die Berechtigung allen Usern zuordnen, so klicken Sie auf den Button Änderungsber. (Änderungsberechtigung markieren). Möchten Sie hingegen allen Usern die Berechtigung zum Ändern der SAP Query entziehen, so drücken Sie auf den Button Änderungsber. (Änderungsberechtigung demarkieren). Sind der Benutzergruppe mehr als 85 Benutzer zugeordnet, so können Sie mit den Buttons zwischen den einzelnen Usern blättern.

Ordnen Sie nun Ihrer Benutzergruppe die entsprechenden User zu, und speichern Sie diese Zuordnung. Danach verlassen Sie die Transaktion für die Verwaltung der Benutzergruppen. Da Sie sich nun sich wieder im SAP Easy Access-Startbildschirm befinden, werden Sie nun die Funktionsweise des InfoSets kennenlernen.

4.4 InfoSet

In diesem Abschnitt lernen Sie, wie Sie die konkrete Datengrundlage für Ihre SAP Query festlegen.

Um in die InfoSet-Einstiegsmaske zu gelangen, rufen Sie die Transaktion SQ02 auf. Es erscheint die in Abbildung 4.10 gezeigte Einstiegsmaske.

Im InfoSet stehen zahlreiche Funktionalitäten zur Verfügung. Wir werden die einzelnen Funktionen detailliert in Kapitel 6, »InfoSet im Detail«, behandeln. Vorerst geben Sie im Feld INFOSET die InfoSet-Bezeichnung ZLEX0203 ein.

Anschließend drücken Sie, wie in Abbildung 4.11 dargestellt, den Button Anlegen.

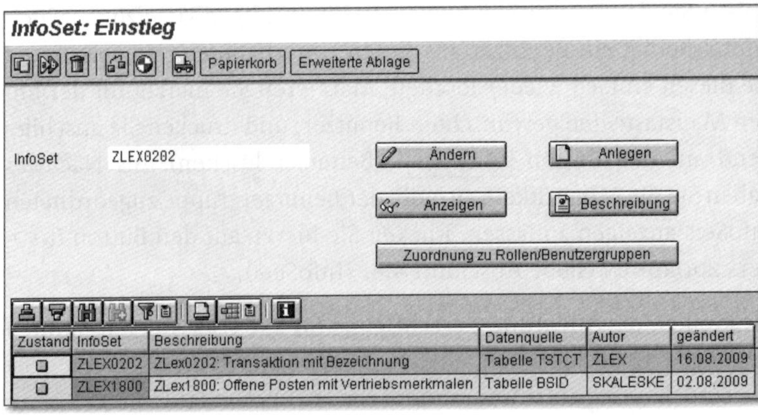

Abbildung 4.10 Einstiegsmaske für das InfoSet

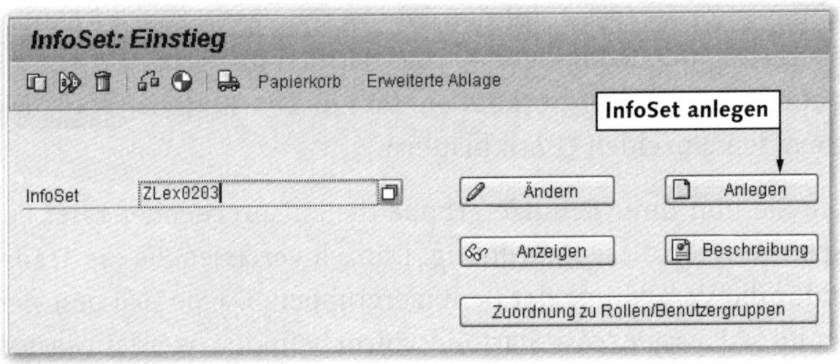

Abbildung 4.11 InfoSet anlegen

Sie erhalten die in Abbildung 4.12 dargestellte Maske. Legen Sie hier die Bezeichnung Ihres InfoSets sowie die dazugehörige Datenquelle fest.

InfoSet bezeichnen

Fügen Sie im Feld BEZEICHNUNG eine sprechende Bezeichnung zu Ihrem InfoSet ein. Als Datenquelle wählen Sie TABELLEN-JOIN ÜBER TABELLE und tragen anschließend die Tabelle D010TAB ein. Als Datengrundlage sind bei einen Tabellen-Join mindestens zwei oder mehr Tabellen anzugeben. Drücken Sie nun die [↵]-Taste oder [✔]. Sie gelangen nun in die grafische Übersicht der Tabellenbeziehungen (siehe Abbildung 4.13).

Tabellen-Join erstellen

In diesem Fenster verbinden Sie die relevanten Datenbanktabellen miteinander: Sie werden nun die Tabelle TSTC (Transaktionscode) mit der bestehenden Tabelle D010TAB (Tabelle für Report) verbinden. Drücken Sie hierzu auf den Button (Tabelle einfügen). Es öffnet sich das in Abbildung 4.14 gezeigte Fenster.

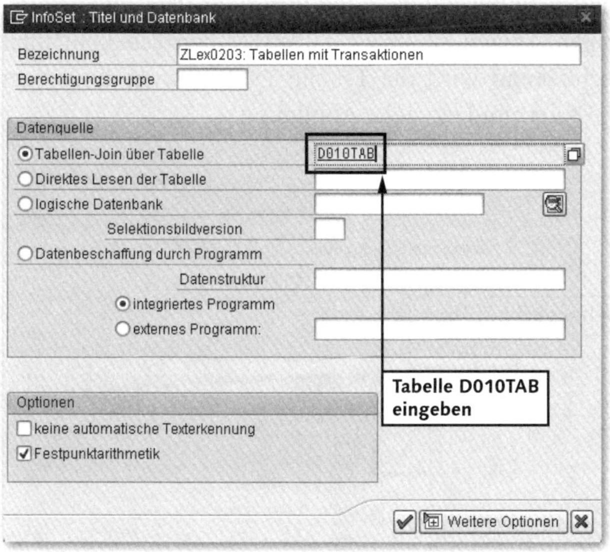

Abbildung 4.12 InfoSet – Bezeichnung und Datenquelle festlegen

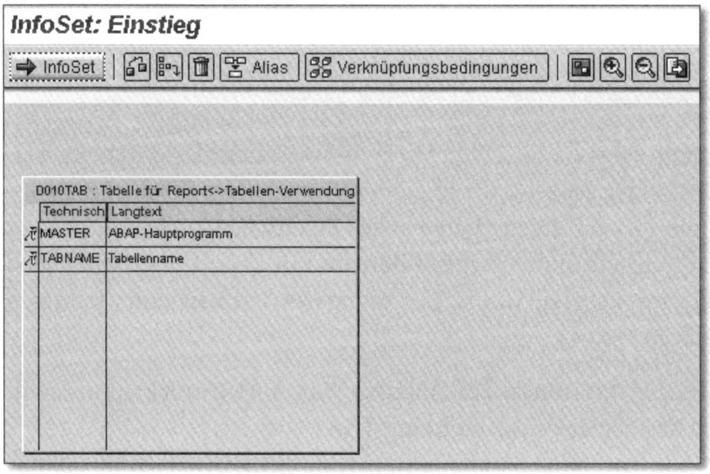

Abbildung 4.13 InfoSet – Tabellenverknüpfungen

Abbildung 4.14 InfoSet – weitere Tabelle einfügen

In diesem Fenster können Sie nun für Ihren Tabellen-Join weitere Tabellen eintragen. Tragen Sie im Feld TABELLE den Tabellennamen TSTC ein. Anschließend wird die Tabelle TSTC mit der bisherigen Tabelle D010TAB verbunden (siehe Abbildung 4.15).

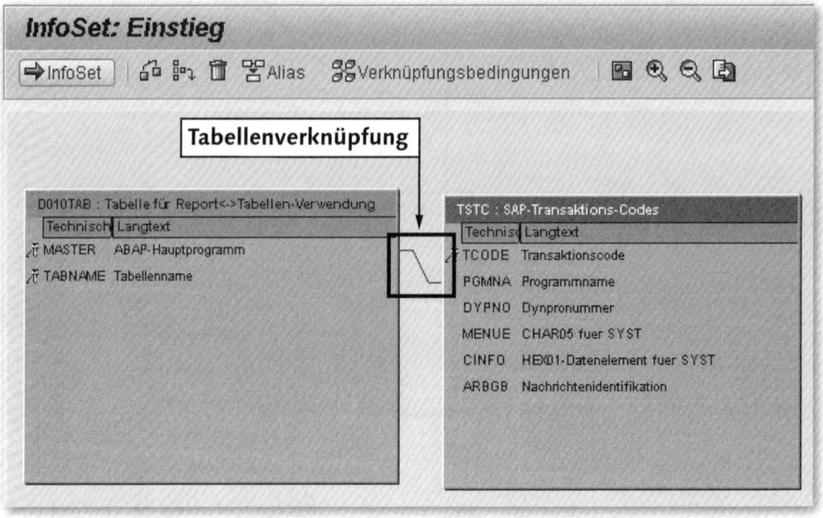

Abbildung 4.15 InfoSet – Verknüpfung zweier Tabellen

Verknüpfungsvorschlag im Tabellen-Join

Das System führt für Sie einen Verknüpfungsvorschlag durch. Es werden hier Felder gesucht, die in beiden Tabellen die gleiche Feldlänge sowie die gleiche Eigenschaft haben. Eigenschaft bedeutet, dass es sich z. B. um ein numerisches oder um ein alphanumerisches Feld handelt. Im Regelfall führt der Standardvorschlag zum richtigen Ergebnis.

Verlassen Sie die Transaktion mit dem Button (zurück), und es öffnet sich das Fenster aus Abbildung 4.16.

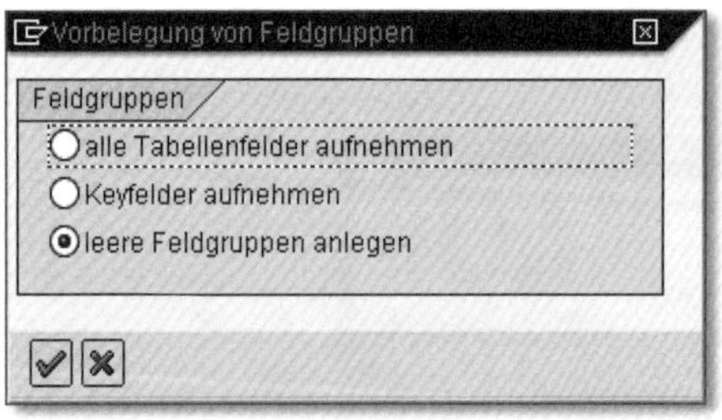

Abbildung 4.16 Vorbelegung von Feldgruppen

Feldgruppen anlegen

Es stehen Ihnen nun drei Optionen zur Auswahl:

- Sie können alle Tabellenfelder in das InfoSet übernehmen.
- Sie übernehmen nur die Keyfelder in das InfoSet. Keyfelder sind alle Schlüsselfelder einer Datenbanktabelle.
- Sie legen eine leere Feldgruppe an.

Wir empfehlen Ihnen, die dritte Option, Leere Feldgruppen anlegen, auszuwählen. Es wird nun für jede Tabelle automatisch eine Feldgruppe angelegt. Die neu angelegten Feldgruppen beinhalten vorerst keine Datenfelder (siehe Abbildung 4.17).

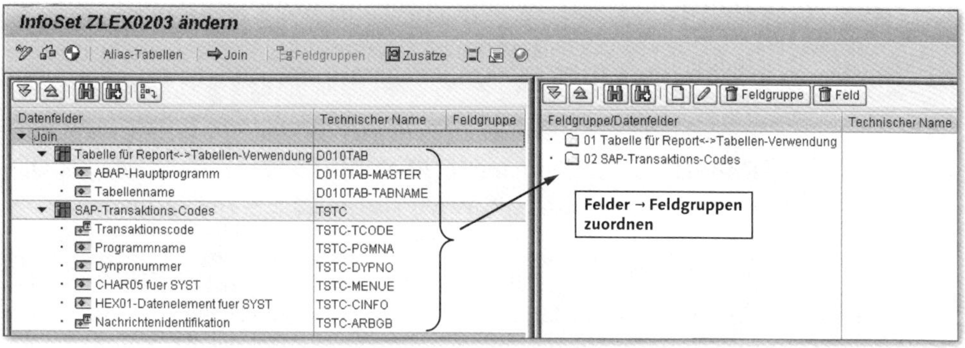

Abbildung 4.17 InfoSet – Datenfelder und Feldgruppen

[+]

InfoSet als Datenbasis für die Query

Das InfoSet ist die Datenbasis für die zu erstellende SAP Query. Je weniger Felder Sie in Ihr InfoSet aufnehmen, desto einfacher wird die Query-Erstellung; denn nur die Felder, die Sie in die Feldgruppen übertragen, stehen in der Query als Auswahlfeld zur Verfügung.

Tabellenfelder in die Feldgruppe übernehmen

Übernehmen Sie aus Tabelle D010TAB die beiden Datenfelder ABAP-Hauptprogramm (MASTER) und Tabellenname (TABNAME) in die Feldgruppe 01 Tabelle für Report ⇔ Tabellen-Verwendung. Hierzu klicken Sie mit der linken Maustaste auf die Datenfelder und ziehen diese per Drag & Drop in die Feldgruppe 01 Tabelle für Report ⇔ Tabellen-Verwendung.

Markieren Sie ebenfalls die ersten beiden Felder der Tabelle TSTC (Transaktionscode/Programmname), und ziehen Sie auch diese per Drag & Drop in die Feldgruppe 02 SAP-Transaktions-Codes. Nachdem Sie die Felder den Feldgruppen zugeordnet haben, erscheinen die Datenfelder in blauer Farbe. Zusätzlich wird hinter jedem Datenfeld die zugeordnetet Feldgruppe angezeigt (siehe Abbildung 4.18).

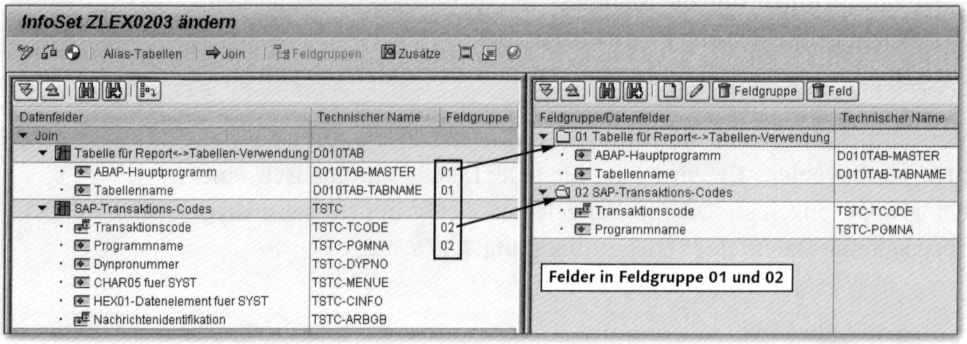

Abbildung 4.18 Datenfelder den Feldgruppen zugeordnet

In der Query stehen Ihnen nun vier Felder ABAP-Hauptprogramm (MASTER), Tabellenname (TABNAME), Transaktionscode (TCODE) und Programmname (PGMNA) als Datenbasis zur Verfügung.

[»] **InfoSet einer Benutzergruppe zuordnen**

Damit Sie das InfoSet für eine Query verwenden können, ist dessen Zuordnung zu einer Benutzergruppe erforderlich. Die Benutzergruppe steuert zum einen die Berechtigung, und zum anderen hilft Ihnen die Benutzergruppe bei der Strukturierung Ihrer Query-Objekte. Eine Query wird immer in Bezug auf eine Benutzergruppe angelegt.

Verlassen Sie nun den InfoSet-Bearbeitungsmodus, indem Sie auf den Button (zurück) klicken. Sie gelangen in die InfoSet-Einstiegsmaske (siehe Abbildung 4.19).

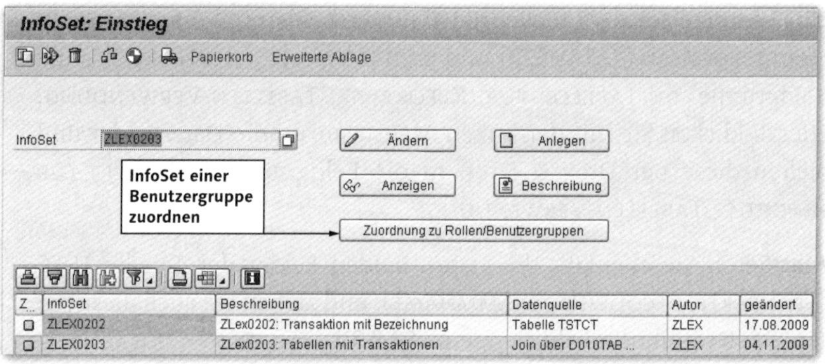

Abbildung 4.19 InfoSet-Einstiegsmaske

Hier können Sie eine direkte Zuordnung des InfoSets zu einer Benutzergruppe vornehmen. Hierzu klicken Sie auf den Button ZUORDNUNG ZU ROLLEN/BENUTZERGRUPPEN. Sie gelangen nun in die Transaktion zur Verwaltung von Benutzergruppen. In dieser Maske werden Ihnen alle im System vorhandenen Benutzergruppen angezeigt (siehe Abbildung 4.20).

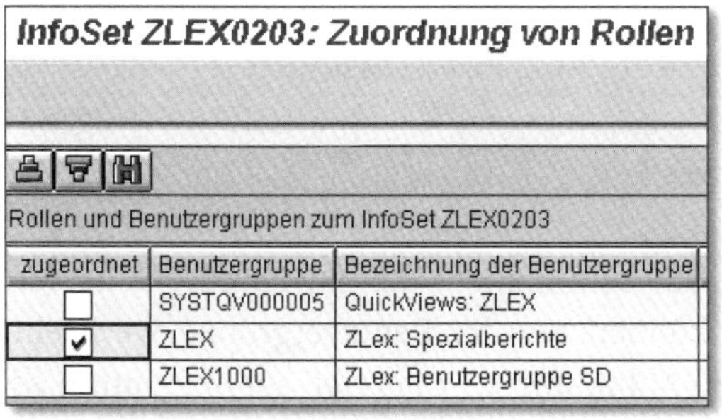

Abbildung 4.20 InfoSet einer Benutzergruppe zuordnen

Nehmen Sie nun die Zuordnung des InfoSets zur Benutzergruppe ZLEX vor.

Sollten Sie in Ihrem System eine andere Benutzergruppe verwenden, so ordnen Sie das InfoSet dementsprechend einer von Ihnen gewählten Benutzergruppe zu. Nun steht das InfoSet als Datenbasis für Ihren Query-Report zur Verfügung.

Im nächsten Abschnitt zeigen wir Ihnen, wie Sie Ihren ersten Query-Report erstellen.

4.5 SAP Query

Zum Erstellen Ihres SAP Query-Reports gehen Sie folgendermaßen vor:

Benutzergruppe auswählen

Rufen Sie die Transaktion SQ01 auf, und Sie erhalten die Einstiegsmaske für die Query-Bearbeitung. Eine SAP Query wird immer zu einer Benutzergruppe angelegt. Die aktuell ausgewählte Benutzergruppe erscheint als Überschrift in der Query-Einstiegsmaske. Prüfen Sie, ob hier Ihre selbst gewählte Benutzergruppe oder die Benutzergruppe ZLEX erscheint (siehe Abbildung 4.21).

Abbildung 4.21 SAP Query – Einstiegsmaske

Benutzergruppe wechseln

Sollte bei Ihnen in der Überschrift nicht die gewünschte Benutzergruppe erscheinen, so können Sie die Benutzergruppe wechseln. Klicken Sie hierzu, wie in Abbildung 4.21 gezeigt, auf den Button zum Wechseln der Benutzergruppe. Anschließend erhalten Sie eine Übersicht über die vorhandenen Benutzergruppen (siehe Abbildung 4.22).

Abbildung 4.22 Benutzergruppenübersicht

Wählen Sie Ihre Benutzergruppe aus. Anschließend erscheint in der Query-Einstiegsmaske Ihre Benutzergruppe in der Bildüberschrift.

Geben Sie Ihrem Query-Report die Bezeichnung ZLEX0203, und drücken Sie auf den Button Anlegen (siehe Abbildung 4.23). Anschließend öffnet sich ein Fenster, in dem alle InfoSets Ihrer gewählten Benutzergruppe aufgelistet werden.

Abbildung 4.23 SAP Query anlegen

Wählen Sie hier das InfoSet ZLEX0203 aus (siehe Abbildung 4.24).

Abbildung 4.24 InfoSet für SAP Query-Anlage auswählen

In der Praxis hat es sich bewährt, das InfoSet und die Query identisch zu bezeichnen. Hierdurch ist Durchgängigkeit gegeben, und im Falle von Änderungsanforderungen kennen Sie sofort das der Query zugeordnete InfoSet. Werden unterschiedliche Queries zu einem InfoSet benötigt, so wird häufig die Grundbezeichnung der Query beibehalten, und die Query-Bezeichnung wird mit einem Suffix ergänzt. So wird z. B. eine zweite Query zum InfoSet ZLEX0203 mit ZLEX0203-01 benannt.

Im nächsten Schritt gelangen Sie nun in ein Fenster zum Bezeichnen Ihrer Query (siehe Abbildung 4.25).

Query bezeichnen

Alle Möglichkeiten, um Queries anzulegen oder zu ändern, werden in Kapitel 7, »Query im Detail«, erläutert. Daher geben Sie vorerst nur im Feld Titel eine Query-Bezeichnung ein.

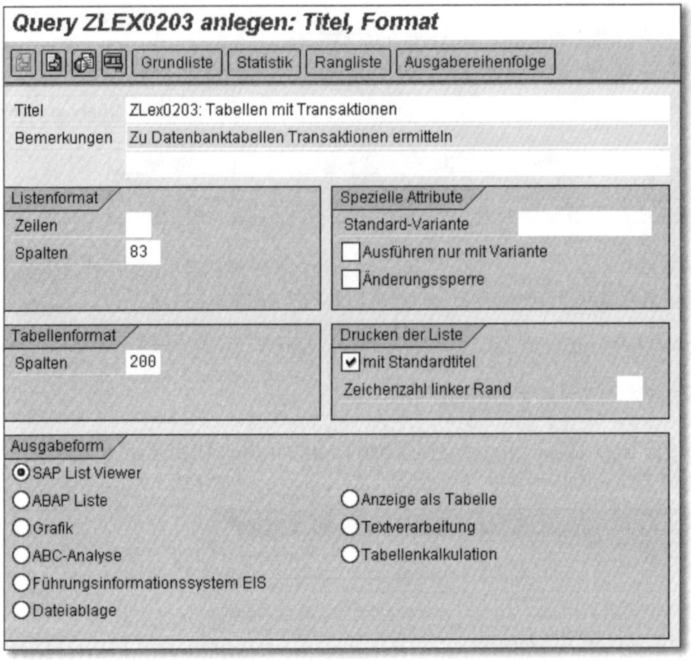

Abbildung 4.25 Query-Bildschirm zur Festlegung des Titel und des Formats

Es hat sich bewährt, im Titel die Bezeichnung des InfoSets aufzunehmen. Geben Sie daher als Titel »ZLEX0203: Tabellen mit Transaktionen ein«. Dieser Titel erscheint dann als Überschrift in Ihrer Selektionsmaske.

Um mit der Query-Erstellung fortzufahren, drücken Sie unterhalb der Bildschirmüberschrift auf den Button GRUNDLISTE. Anschließend erhalten Sie einen Bildschirm mit der Überschrift QUERY ZLEX0203 LAYOUTDESIGN (siehe Abbildung 4.26).

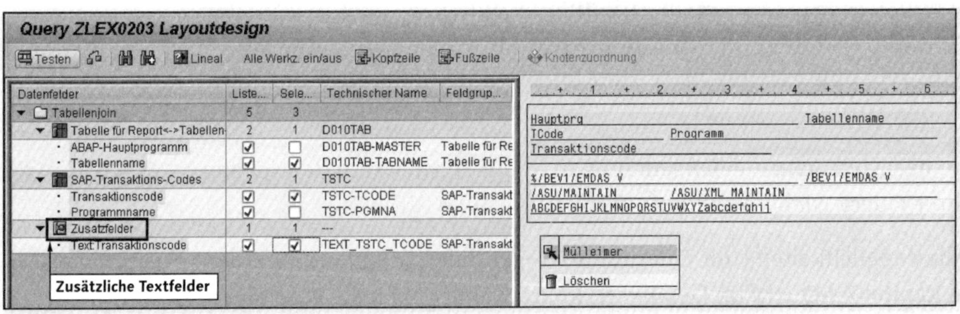

Abbildung 4.26 SAP Query: Layoutdesign

Hier können Sie nun die Felder (Listenfelder) auswählen, die in Ihrem Report erscheinen.

Weiterhin können Sie nun die Felder für Ihre Selektionsmaske bestimmen; es werden Ihnen genau die von Ihnen im InfoSet ausgewählten Feldgruppen und Felder angezeigt. Wählen Sie alle Felder als Listenfelder aus.

Wählen Sie als Selektionstext die Felder TABELLENNAME und TRANSAKTIONSCODE aus. Damit Ihr Feld ausgewählt wird, markieren Sie einfach die zu den Feldern dazugehörigen Boxen ☑ in den Spalten mit den Überschriften LISTENFELDER und SELEKTIONSFELDER.

Weiterhin erscheint in Ihrer Query-Bearbeitungsmaske eine zusätzliche Gruppe von Feldern im Bereich Zusatzfelder. Hier zeigt sich die hohe Funktionalität von SAP Query: Zu den wichtigsten Tabellenfeldern werden automatisch die zugehörigen Textfelder für die Gestaltung Ihrer Query mit angeboten. Markieren Sie auch hier zum Feld TEXT: TRANSAKTIONSCODE die Boxen mit den Überschriften LISTENFELDER und SELEKTIONSFELDER.

Ihre Query ist nun fertig erstellt. Sie können sich das Ergebnis Ihres neuen Berichts sofort anschauen, indem Sie auf den Button Testen klicken. Anschließend wird ein Fenster mit der Bezeichnung QUERY TESTEN geöffnet (siehe Abbildung 4.27).

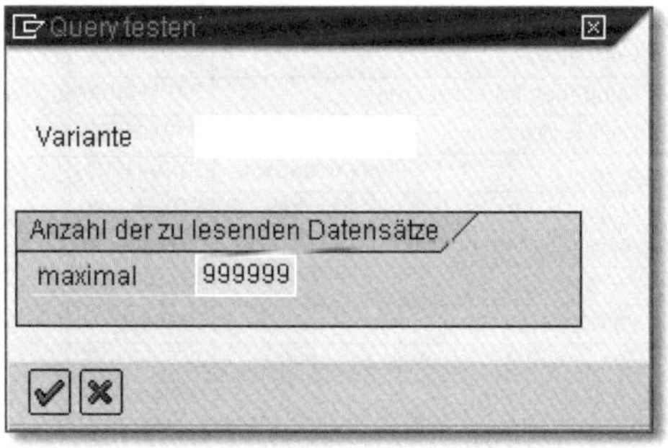

Abbildung 4.27 SAP Query ausführen

Sie können die Anzahl der zu selektierenden Datensätze einschränken. Geben Sie im Feld MAXIMAL den Wert 999999 ein, und bestätigen Sie Ihre Eingabe durch Klick auf den Button ☑. Sie gelangen nun auf die Selektionsmaske zu Ihrer Auswertung (siehe Abbildung 4.28).

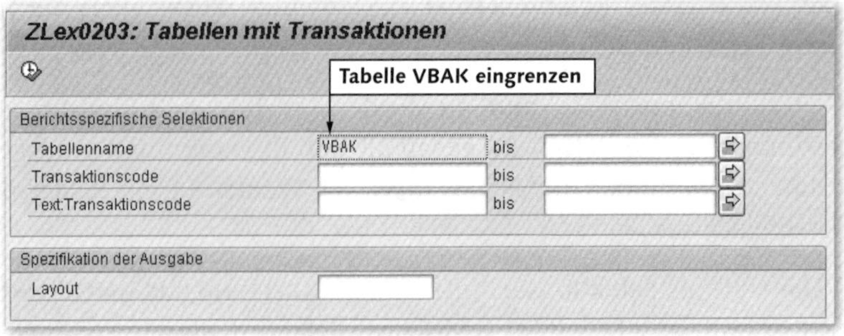

Abbildung 4.28 SAP Query: Selektionsmaske

Geben Sie im Feld TABELLENNAME die Tabelle VBAK ein. Die weiteren Möglichkeiten innerhalb der Selektionsmaske sind in Kapitel 8, »Selektions- und Layoutvarianten«, dargestellt.

Führen Sie Ihren Bericht aus, indem Sie auf den Button (ausführen) klicken. Nun wird Ihnen die Ergebnisliste für Ihren Bericht angezeigt (siehe Abbildung 4.29).

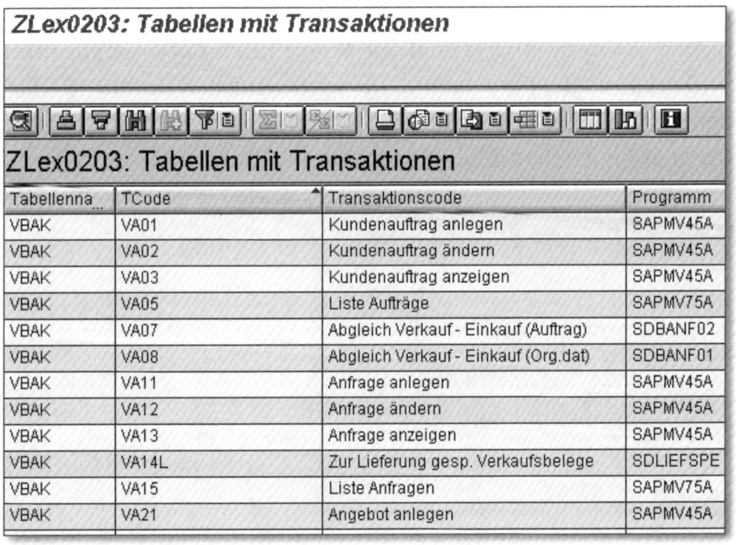

Tabellenna...	TCode	Transaktionscode	Programm
VBAK	VA01	Kundenauftrag anlegen	SAPMV45A
VBAK	VA02	Kundenauftrag ändern	SAPMV45A
VBAK	VA03	Kundenauftrag anzeigen	SAPMV45A
VBAK	VA05	Liste Aufträge	SAPMV75A
VBAK	VA07	Abgleich Verkauf - Einkauf (Auftrag)	SDBANF02
VBAK	VA08	Abgleich Verkauf - Einkauf (Org.dat)	SDBANF01
VBAK	VA11	Anfrage anlegen	SAPMV45A
VBAK	VA12	Anfrage ändern	SAPMV45A
VBAK	VA13	Anfrage anzeigen	SAPMV45A
VBAK	VA14L	Zur Lieferung gesp. Verkaufsbelege	SDLIEFSPE
VBAK	VA15	Liste Anfragen	SAPMV75A
VBAK	VA21	Angebot anlegen	SAPMV45A

Abbildung 4.29 SAP Query: Ergebnisliste

Zur Tabelle VBAK (Verkaufsbeleg Kopfdaten) werden Ihnen weitere Spalten mit Informationen zum Transaktionscode (TCODE), zur Transaktionscode-Bezeichnung sowie zum ABAP-Programmnamen angezeigt. Ihr Report zeigt Ihnen alle im SAP-System vorhandenen Transaktionen an, die als Datenbasis die Tabelle VBAK verwenden.

Aufgrund Ihrer Selektion können Sie nun gezielt schauen, ob es zu Ihren Anforderungswünschen bereits eine konkrete Transaktion im SAP-Standard gibt.

4.6 Zusammenfassung

Sie haben nun Ihren ersten kompletten Bericht selbst erstellt. Somit kennen Sie nun die wichtigsten Transaktionen und deren Zusammenhänge. Abschließend finden Sie zusammenfassend eine Auflistung der Transaktionen, um die nächste Auswertung zu erstellen:

- SQ03 – Benutzergruppe
- SQ02 – InfoSet
- SQ01 – SAP Query

Wie Sie schnell einen Überblick über die existierenden Benutzergruppen, InfoSets und SAP Queries erhalten, wird in Kapitel 5, »Query-Hilfsmittel«, dargestellt.

Sie erfahren in diesem Kapitel, wie Sie sich einen Überblick über die im System vorhandenen Query-Objekte verschaffen können. Ferner lernen Sie nützliche Beschreibungen der vorhandenen Query-Objekte kennen. Zum Schluss des Kapitels werden Ihnen die Kopierfunktionen sowie die Administration des Papierkorbs vorgestellt.

5 Query-Hilfsmittel

In diesem Kapitel werden Ihnen Transaktionen und Reports gezeigt, mit denen Sie sich einen Überblick über die aktuell im System vorhandenen Query-Objekte (Benutzergruppen, InfoSets, Queries usw.) verschaffen können. Zusätzlich werden Hilfsmittel zum Transport und zum Kopieren von Queries vorgestellt. Nach Lektüre dieses Kapitels können Sie folgende Fragen beantworten:

- Welche Query-Objekte gibt es im Standardbereich oder im globalen Bereich?
- Wie sind die einzelnen Query-Objekte aktuell benannt? Wie wurden beispielsweise folgende Query-Objekte benannt?
  - Benutzergruppen
  - InfoSets
  - SAP Query
- Welche Benutzergruppen wurden verwendet, und welche InfoSets und Queries sind den Benutzergruppen zugeordnet?
- Wer hat wann welche InfoSets angelegt, und wer verfügt über welche Berechtigungen?
- In welchem Umfang wurden SAP Queries verwendet, und wer hat diese angelegt oder geändert?
- In welcher Form gibt es Beschreibungen zu den Query-Objekten im System?
- Wie können Query-Objekte kopiert, gelöscht oder transportiert werden?

5.1 Query-Hilfsmittel im Überblick

Beteiligte Personen

Als Grundlage für die Berichtserstellung sind neben der technischen Themenstellung auch organisatorische Fragen zu beantworten. Um ein optimales Projektergebnis erzielen zu können, sollten in die Berichtserstellung die Projektleitung, die Systemadministration sowie die Fachabteilung einbezogen werden. In der Praxis hat es sich bewährt, einen Großteil der Berichte von Mitarbeitern mit konkretem Modul- beziehungsweise Prozesswissen erstellen zu lassen. Die Anwendung von SAP Query ist so einfach, dass die Umsetzung in der Regel nur eine inhaltliche und keine technische Herausforderung ist. Da mit den Query-Reports grundsätzlich Daten gelesen und nicht verändert werden, kann ein Mitarbeiter aus der Fachabteilung den gewünschten Bericht erstellen.

Namenskonvention

Zudem ist jedes Unternehmen und jede Organisation unterschiedlich aufgebaut, und somit ergeben sich bezüglich des Reportings in jedem Unternehmen individuelle Schwerpunkte. Eine allgemeingültige Namenskonvention für Query-Objekte ist in der Praxis oft zu idealistisch.

Kundennamensraum

Nutzen Sie für Ihre SAP Query-Objekte auf jeden Fall den Kundennamensraum. Bezeichnen Sie also alle Query-Objekte an erster Stelle mit Z oder Y. In der Praxis folgt häufig nach dem ersten Buchstaben die Abkürzung des Fachbereichs oder der Abteilung. Hierdurch lässt sich eine Kundenauswertung von einer SAP-Auswertung abgrenzen; zudem kann eine Anwendertransaktion analog zu den Query-Objekten benannt werden.

Query-Objekte umbenennen

Sie haben jederzeit die Möglichkeit, Ihre Query-Objekte umzubenennen. Auch für das Kopieren von Query-Objekten stellt SAP geeignete Werkzeuge zur Verfügung. Um sich einen Überblick über die im System vorhandenen Query-Objekte (Benutzergruppen, InfoSets, Queries usw.) zu verschaffen, stellt Ihnen SAP viele nützliche Programme zur Verfügung. Eine Übersicht hilfreicher ABAP-Programme ist in Tabelle 5.1 aufgeführt.

Zweck	Inhalt	ABAP-Report		Programmbezeichnung
Gesamt-verzeichnis	▸ InfoSets ▸ Benutzergruppen ▸ Queries ▸ Transportdaten-bestände	RSAQ	SUMM	Inhaltsverzeichnis aller Query-Objekte
Verzeichnis	Benutzer/Benutzer-gruppen	RSAQ	USGR	Verzeichnis Benutzer und Benutzergruppen
Verzeichnis	Query	RSAQ	DELO	Query-Verzeichnis
Verzeichnis	Listen	RSAQ	QLRE	Verzeichnis gesicherter Listen
Beschreibung	Benutzergruppen	RSAQ	SHBG	Beschreibung Benutzergruppen
Beschreibung	InfoSet	RSAQ	SHSG	Beschreibung InfoSet
Beschreibung	Query	RSAQ	SHQU	Beschreibung Query
Bearbeitung	Kopierfunktion	RSAQ	COPY	spezielle Kopierfunktion
Bearbeitung	Papierkorb	RSAQ	PBAS	Verwalten des Papierkorbs
Bearbeitung	Transport	RSAQ	R3TR	SAP Query-Transporttool

Tabelle 5.1 Nützliche Query-Hilfsmittel

Reportname von ABAP-Hilfsprogrammen

Sie können diese nützlichen Hilfsmittel direkt als ABAP-Programm oder in den einzelnen Query-Transaktionen aufrufen. Die technischen Namen der ABAP-Programme sind achtstellig und beginnen stets mit RSAQ. Die letzten vier Stellen des ABAP-Programms sind teilweise sprechend bezeichnet, z. B. COPY für Kopierfunktionen und PBAS für Papierkorbadministration.

Query-Übersichten

Zur schnellen Orientierung im System erhalten Sie in Abbildung 5.1 eine grafische Übersicht über die wichtigsten, im Standard vorhandenen Hilfsprogramme. Diese Programme haben wir in vier Kategorien unterteilt: Unter ❶ finden Sie ein Programm, mit dem Sie sich einen Gesamtüberblick über die Query-Objekte im System verschaffen können. Mithilfe unterschiedlicher Hilfsprogramme ❷ können Sie sich die einzelnen Query-Objekte auflisten lassen.

Query-Beschreibungen

Der dritte Block an hilfreichen Programmen enthält nützliche Beschreibungen der Query-Objekte. ❸ So gibt es beispielsweise einen sehr guten Report, der ein InfoSet beschreibt. Ein InfoSet wurde vor Release 4.6 noch Sachgebiet genannt, daher lautet die Bezeichnung des ABAP-Reports noch RSAQSHSG. Die beiden letzten Stellen des ABAP-Programms zeigen, dass dieses Programm schon länger im System existiert.

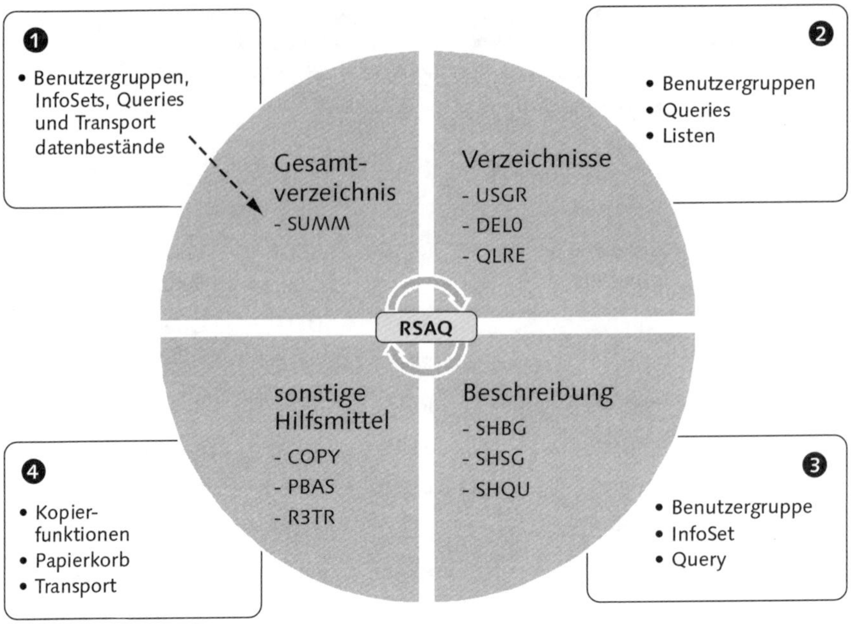

Abbildung 5.1 ABAP/4-Programme zur Query-Verwaltung

Query-Bearbeitungsfunktionen

Die vierte Kategorie der ABAP-Programme hilft Ihnen dabei, Query-Objekte zu kopieren. Außerdem werden Ihnen der Papierkorb und die Transporttransaktion vorgestellt ❹.

In den folgenden Abschnitten erläutern wir die unterschiedlichen Hilfsmittel im Einzelnen.

5.2 Übersicht über die Query-Objekte

Report RSAQSUMM

Es gibt spezielle Verzeichnisse, mittels derer Sie sich einen Überblick über die im System vorhandenen Query-Objekte verschaffen können. So bietet Ihnen beispielsweise das ABAP-Programm RSAQSUMM eine Gesamtübersicht über die Query-Objekte. Rufen Sie alternativ die Transaktion SQ02 (InfoSet) auf; mit dieser Transaktion können Sie ein Gesamtverzeichnis aufrufen (siehe Abbildung 5.2).

Sie gelangen nun in das Reportfenster RSAQSUMM. Hier haben Sie die Möglichkeit, die Query-Objekte für den globalen Bereich oder für den Standardbereich aufzurufen. Markieren Sie InfoSets und Queries (siehe Abbildung 5.3), und tragen Sie anschließend Ihre Benutzergruppe ein.

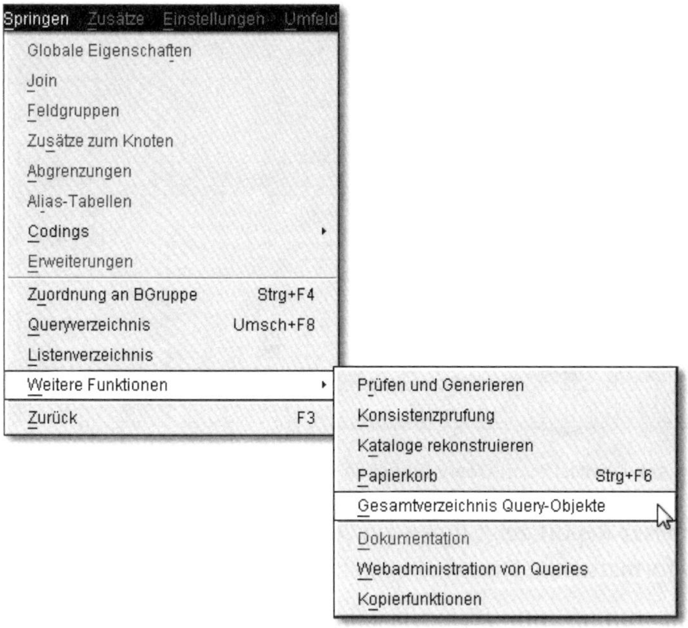

Abbildung 5.2 Aufruf des Gesamtverzeichnisses der Query-Objekte

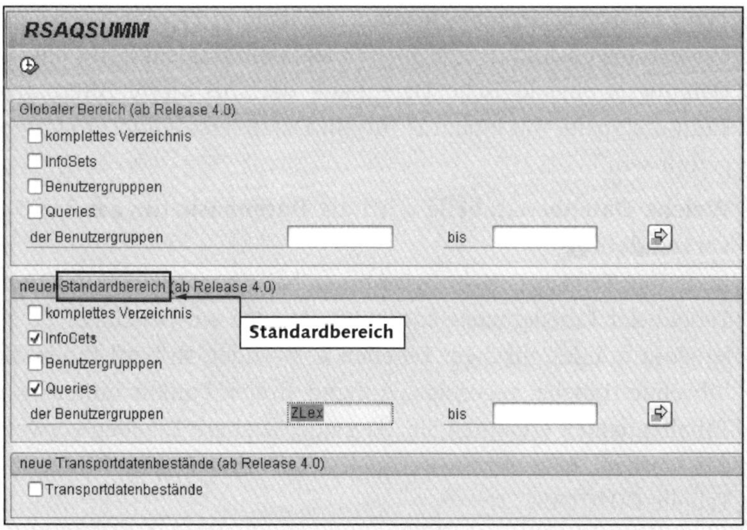

Abbildung 5.3 Selektion von InfoSets und Queries nach Benutzergruppen

Nachdem Sie nun den Report mit dem Button angefordert haben, erhalten Sie eine Liste mit den Query-Objekten einer Benutzergruppe (siehe Abbildung 5.4).

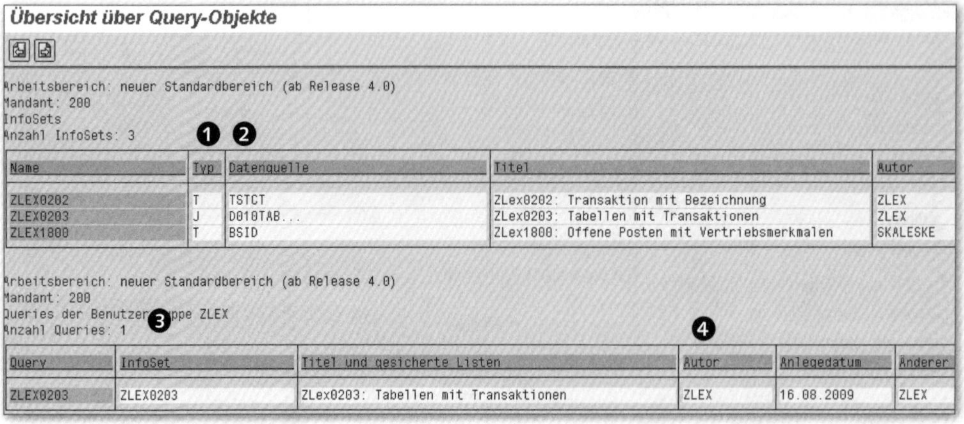

Abbildung 5.4 Übersicht von Query-Objekten einer Benutzergruppe

InfoSets und Queries nach Benutzergruppen

Bereits dieser Report zeigt Ihnen zur Benutzergruppe ZLEX grundlegende Informationen. Dies sind beispielsweise:

- **Welche Datenquelle (Typ) verwenden die InfoSets der Benutzergruppe ZLEX? ❶**
  Der Typ kennzeichnet hier die unterschiedlichen Datenquellen. Typ T kennzeichnet eine einzelne Tabelle, und Typ J kennzeichnet einen Tabellen-Join. Ist die Spalte nicht gefüllt (blank), so stellt die Datenbasis eine logische Datenbank dar. Als vierte Alternative kann die Spalte mit einem D für ein Datenversorgungsprogramm gefüllt sein.
- **Welche Datenbanktabelle wird als Datenbasis für das InfoSet verwendet? ❷**
  In diesem Teil des Berichts wird Ihnen bei einem InfoSet mit einer Tabelle der Tabellenname angezeigt. Werden wie bei einem Tabellen-Join mindestens zwei Tabellen verwendet, so wird Ihnen die führende Tabelle angezeigt. Anhand dreier Punkte hinter dem Tabellennamen erkennen Sie, dass noch weitere Tabellen verwendet werden. In unserem Beispiel stehen drei Punkte hinter der Tabelle D010TAB.
- **Welche Queries gibt es zu den einzelnen InfoSets? ❸**
  In diesem Beispiel gibt es zum InfoSet Zlex0203 Zlex0203: Tabellen mit Transkationen eine Query Zlex0203. In der Praxis hat es sich bewährt, die Query analog dem InfoSet zu bezeichnen.

- **Wer hat das InfoSet oder die Query wann angelegt beziehungsweise geändert? ❹**
  Sowohl bei den InfoSets als auch bei den Queries zum InfoSet wird der Query-Ersteller mit Datum aufgeführt. Zudem ist der letzte Änderer des InfoSets beziehungsweise der Query ebenfalls mit Datum angegeben.

Der Report liefert Ihnen eine erste Orientierung innerhalb des Systems. So erhalten Sie wichtige Informationen und können erkennen, welche Auswertungen es bereits gibt. Ferner erfahren Sie, wie die unterschiedlichen Query-Objekte benannt sind.

5.3 Query-Objekte

Das System bietet Ihnen noch weitere Übersichten. So gibt es Verzeichnisse, in denen die Benutzergruppen mit den dazugehörigen Benutzern aufgeführt sind. Weiterhin gibt es eine Übersicht über die vorhandenen Queries sowie über gesicherte Listen.

5.3.1 Übersicht über die Benutzergruppen

So können Sie sich aus der Transaktion SQ03 (Benutzergruppen) alle Benutzergruppen mit den zugeordneten Benutzern anzeigen lassen. Auch in der Transaktion SQ03 können Sie die Übersicht über den Menüzweig auswählen (siehe Abbildung 5.5).

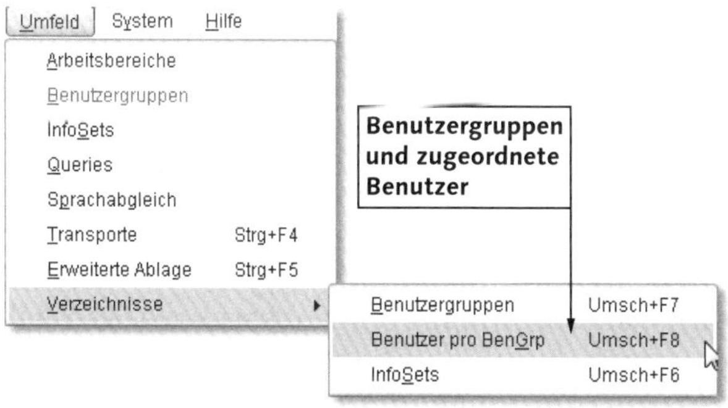

Abbildung 5.5 Verzeichnis der Benutzergruppen und zugeordnete Benutzer

Bei diesem Report erhalten Sie eine Selektionsmaske. Sie können hier nach einem BENUTZERNAMEN oder einer BENUTZERGRUPPE selektieren (siehe Abbildung 5.6).

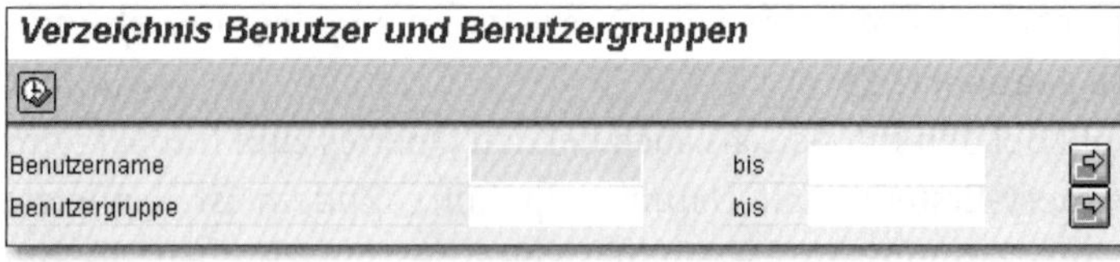

Abbildung 5.6 Selektion von Benutzern und Benutzergruppen

Übersicht von Benutzern zur Benutzergruppe

Als Ergebnis Ihrer Selektion erhalten Sie eine Übersicht über die Benutzer und Benutzergruppen. Zusätzlich wird die Änderungsberechtigung für den Benutzer mit der zugeordneten Benutzergruppe anhand eines Ampelsymbols dargestellt. Eine rote Ampel verdeutlicht, dass der Benutzer keine Berechtigung hat, um eine SAP Query zu verändern. Hingegen ermöglicht die grüne Ampel dem User, SAP Queries zu verändern (siehe Abbildung 5.7).

Abbildung 5.7 Anzeige von Benutzern zur Benutzergruppe

5.3.2 Übersicht über Queries

Weiterführende Informationen zu einer konkreten Query erhalten Sie in einem Query-Verzeichnis, das Sie über die Selektionsmaske aufrufen.. So können Sie sich gezielt ein bestimmtes InfoSet oder eine Benutzergruppe anzeigen lassen. Auch können Sie sich die zu einer bestimmten Query verwendeten Tabellen sowie die konkreten Felder hierzu auflisten lassen. Rufen Sie für Ihren Benutzer das Query-Verzeichnis auf, und markieren Sie die beiden Flags VERWENDETE TABELLEN AUSGEBEN und VERWENDETE FELDER AUSGEBEN (siehe Abbildung 5.8).

Als Ergebnis Ihres Reports wird Ihnen eine Liste im ALV-Layout angezeigt. Diesem Report können Sie nun alle selektierten Queries mit dem dazugehörigen InfoSet entnehmen. Weiterhin werden Ihnen die konkreten Datenbanktabellen sowie die Tabellenfelder angezeigt (siehe Abbildung 5.9).

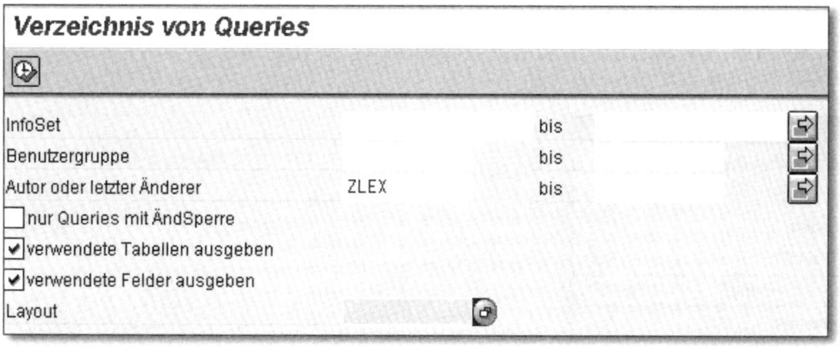

Abbildung 5.8 Selektionsmaske für das Query-Verzeichnis

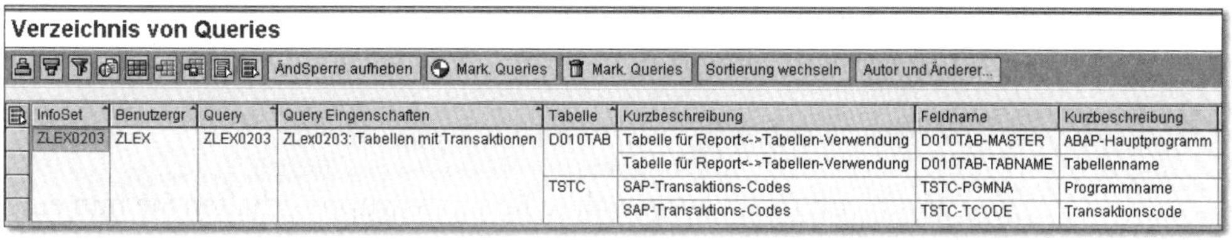

Abbildung 5.9 Query-Verzeichnis mit Informationen

5.3.3 Verzeichnislisten

Report RSAQQLRE

Als letzter interessanter Report steht Ihnen ein Verzeichnis mit gesicherten Listen zur Verfügung. Hier haben Sie die Möglichkeit, die selektierten Listen zu sichern. Mithilfe des Reports RSAQQLRE können Sie sich eine Übersicht über die im System gesicherten Listen verschaffen.

5.4 Beschreibungen von Query-Objekten aufrufen

Die unterschiedlichen Verzeichnisse der Query-Objekte bieten einen guten Überblick über die vorhandenen Strukturen. Neben den Verzeichnissen stellt Ihnen das System noch weitergehende Beschreibungen der Query-Objekte zur Verfügung.

5.4.1 Beschreibung von Benutzergruppen

Report RSAQSHBG

Als Erstes können Sie sich die Beschreibungen der Benutzergruppen anschauen. Rufen Sie hierzu den ABAP-Report RSAQSHBG direkt mit dem ABAP Editor oder einem anderen Entwicklungswerkzeug auf. Alternativ rufen Sie die Transaktion SQ03 auf. In der Transaktion

SQ03 können Sie den Report über den Menüpfad BENUTZERGRUPPE • BESCHREIBUNG aufrufen (siehe Abbildung 5.10).

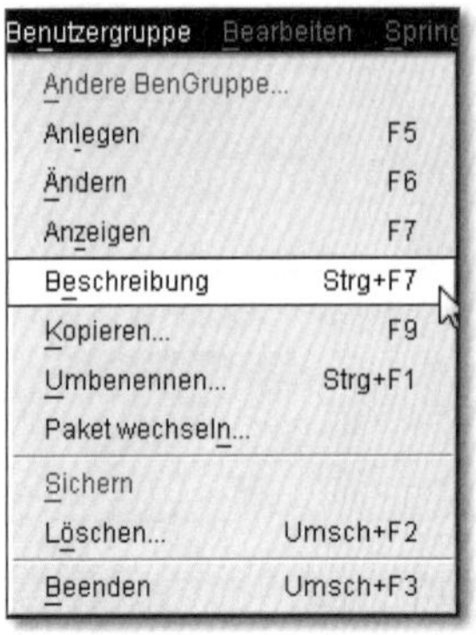

Abbildung 5.10 Beschreibung der Benutzergruppe aufrufen

Für die von Ihnen ausgewählte Benutzergruppe erhalten Sie nun eine Übersicht über die zugeordneten Benutzer. Ferner wird für die entsprechenden Benutzer angezeigt, ob sie über eine Änderungsberechtigung für die der Benutzergruppe zugeordneten Queries verfügen. Im Report können Sie auch erkennen, von wem und wann eine Benutzergruppe angelegt wurde (siehe Abbildung 5.11).

Abbildung 5.11 Beschreibung der Benutzergruppe ZLEX

Die Beschreibung der Benutzergruppe ist sehr einfach gehalten. Umfangreicher ist hingegen die Beschreibung der InfoSets, die im nächsten Abschnitt thematisiert wird.

5.4.2 Beschreibung von InfoSets

Die Beschreibung der InfoSets können Sie sich direkt aus der dazugehörigen Transaktion anzeigen lassen. Rufen Sie die Transaktion SQ02 auf, und wählen Sie über den Menüpfad den Eintrag INFOSET • BESCHREIBUNG (siehe Abbildung 5.12).

Abbildung 5.12 InfoSet-Beschreibung aufrufen

Informationen der InfoSet-Beschreibung

Als Ergebnis zu Ihrem Reportaufruf erhalten Sie eine sehr nützliche und umfangreiche Beschreibung des jeweiligen InfoSets. Es werden Ihnen hierzu folgende Informationen angezeigt:

- A = allgemein Angaben
- DP = Datenbeschaffungsprogramm
- JO = Join
- AL = Alias-Tabellen
- SG = InfoSet und Felder
- ZT = Zusatztabellen
- ZF = Zusatzfelder
- ZS = Zusatzstrukturen
- AB = Abgrenzungen
- CO = Codings

Tabellenverknüpfung

Die genauen Bestandteile eines InfoSets werden in Kapitel 06, »InfoSet im Detail«, näher erläutert. Die Beschreibung zum InfoSet ist eine gute und übersichtliche Zusammenfassung. Sie erhalten auf einen Blick alle Informationen zu einem InfoSet: Sie sehen den InfoSet-Ersteller sowie den letzten Änderer, und es werden Ihnen die Tabellenverknüpfungen angezeigt. In diesem Beispiel sind die Tabellen D010TAB und TSTC über einen Inner Join miteinander verbunden.

Die Tabellenverknüpfung wurde über die Tabellenfelder D010TAB-Master und TSTC-PGMNA durchgeführt (siehe Abbildung 5.13).

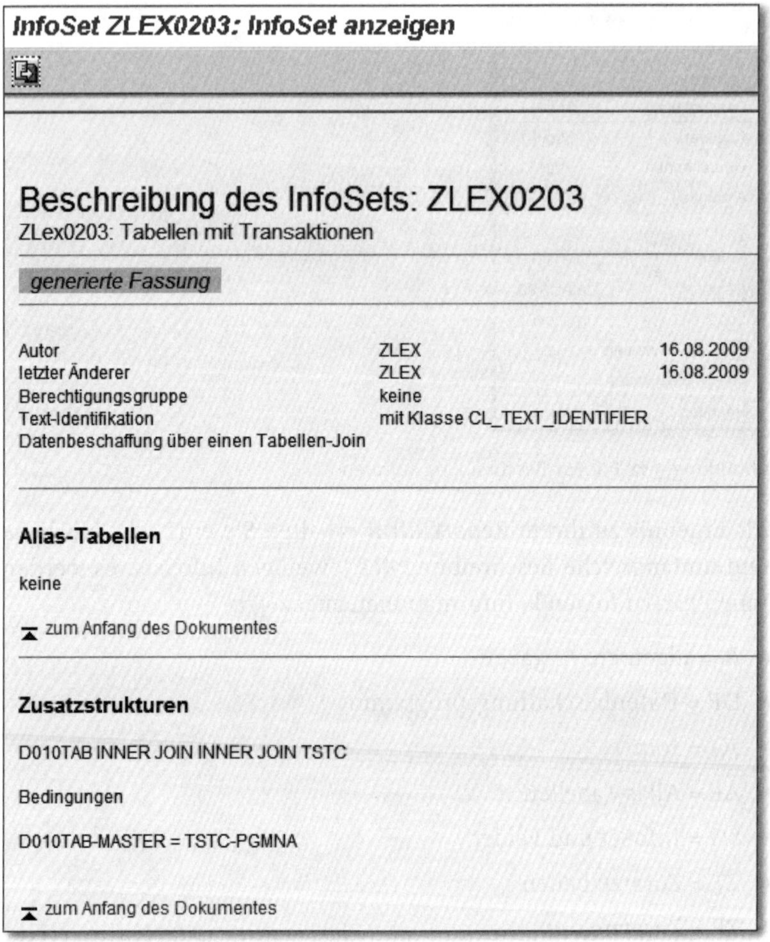

Abbildung 5.13 Autor, Zusatzstrukturen und Alias-Tabellen im InfoSet

Im InfoSet sind insbesondere alle in einem Tabellen-Join verwendeten Tabellen und Tabellenfelder übersichtlich aufgeführt. So werden Ihnen hier, nach Feldgruppen sortiert, zwei Felder der Tabelle D010TAB Tabelle für Report ⇔ Tabellen-verwendung und zwei Felder der Tabelle TSTC SAP-Transaktions-Codes aufgelistet. Weiterhin sind die im InfoSet verwendeten Zusatztabellen und Zusatzfelder aufgeführt (siehe Abbildung 5.14).

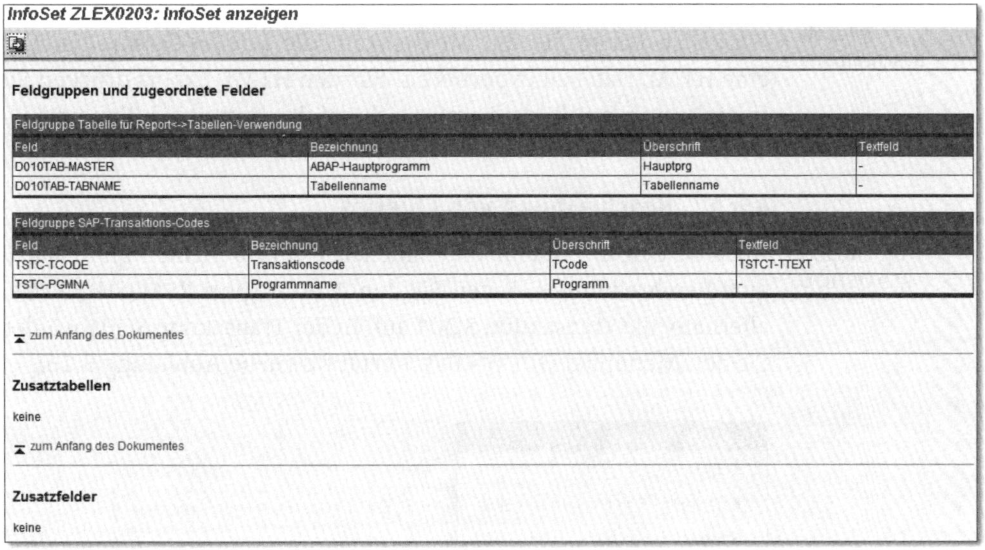

InfoSet ZLEX0203: InfoSet anzeigen

Feldgruppen und zugeordnete Felder

Feldgruppe Tabelle für Report<->Tabellen-Verwendung			
Feld	Bezeichnung	Überschrift	Textfeld
D010TAB-MASTER	ABAP-Hauptprogramm	Hauptprg	-
D010TAB-TABNAME	Tabellenname	Tabellenname	-

Feldgruppe SAP-Transaktions-Codes			
Feld	Bezeichnung	Überschrift	Textfeld
TSTC-TCODE	Transaktionscode	TCode	TSTCT-TTEXT
TSTC-PGMNA	Programmname	Programm	-

zum Anfang des Dokumentes

Zusatztabellen

keine

zum Anfang des Dokumentes

Zusatzfelder

keine

Abbildung 5.14 Feldgruppen, Zusatztabellen und Zusatzfelder im InfoSet

Feldgruppen, Zusatzfelder und Zusatztabellen im InfoSet

Das InfoSet bietet Ihnen noch weitere Möglichkeiten. So werden in der InfoSet-Beschreibung auch verwendete ZUSATZSTRUKTUREN, ABGRENZUNGEN sowie individuelles Coding (CODINGS) angezeigt (siehe Abbildung 5.15). Mit ABGRENZUNGEN können Sie die Datenselektion beeinflussen sowie die Selektionsmaske Ihres Reports selbst gestalten. Ein InfoSet ist hoch flexibel, sodass auch freies ABAP-Coding eingefügt werden kann. In der Praxis wird hier häufig das Coding aus einem Funktionsbaustein eingefügt.

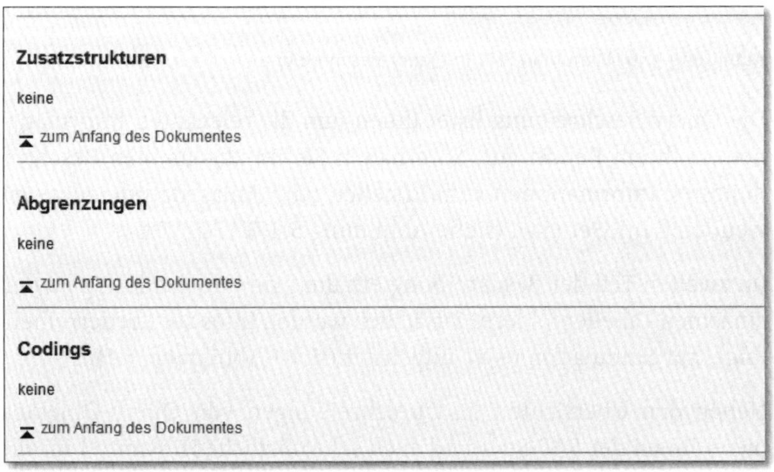

Abbildung 5.15 Zusatzstrukturen, Abgrenzungen und Codings eines InfoSets

Download der InfoSet-Beschreibung

Die InfoSet-Beschreibung ist sehr ausführlich und übersichtlich. Zusätzlich haben Sie die Möglichkeit, die InfoSet-Beschreibung in eine HTML-Datei zu exportieren. Für den HTML-Export drücken Sie im linken oberen Bildschirmbereich auf den Button (Export).

5.4.3 Beschreibung von Queries

Report RSAQSHQU

Auch zu den im System vorhandenen Query-Berichten gibt es sehr gute Beschreibungen. Rufen Sie den ABAP-Report RSAQSHQU oder alternativ die Transaktion SQ01 auf. In der Transaktion SQ01 wählen Sie den Menüpfad QUERY • BESCHREIBUNG (siehe Abbildung 5.16).

Abbildung 5.16 Menüpfad für die Query-Beschreibung

Query-Ersteller und Anlagedatum

Die Query-Beschreibung listet Ihnen nun die relevanten Informationen zu Ihrem Report auf. So erhalten Sie im allgemeinen Beschreibungsteil Informationen zum Ersteller, zum Anlagedatum, zum verwendeten InfoSet usw. (siehe Abbildung 5.17).

Tabellenfelder, Sortierreihenfolge und Summation in der Query

Im zweiten Teil der Beschreibung erhalten Sie Informationen zu den einzelnen Tabellenfeldern. Zusätzlich werden Infos zur Sortierreihenfolge, zur Summation usw. aufgelistet (siehe Abbildung 5.18).

Neben den Übersichten und Beschreibungen von Query-Objekten bietet Ihnen der SAP-Standard auch sehr nützliche Hilfsmittel für die Bearbeitung von Query-Objekten.

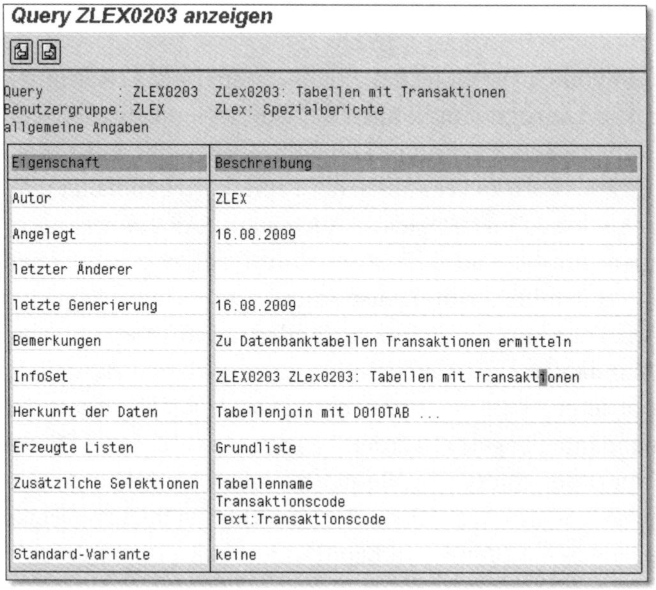

Query ZLEX0203 anzeigen

Query : ZLEX0203 ZLex0203: Tabellen mit Transaktionen
Benutzergruppe: ZLEX ZLex: Spezialberichte
allgemeine Angaben

Eigenschaft	Beschreibung
Autor	ZLEX
Angelegt	16.08.2009
letzter Änderer	
letzte Generierung	16.08.2009
Bemerkungen	Zu Datenbanktabellen Transaktionen ermitteln
InfoSet	ZLEX0203 ZLex0203: Tabellen mit Transaktionen
Herkunft der Daten	Tabellenjoin mit D010TAB ...
Erzeugte Listen	Grundliste
Zusätzliche Selektionen	Tabellenname
	Transaktionscode
	Text:Transaktionscode
Standard-Variante	keine

Abbildung 5.17 Query-Beschreibung, Teil 1

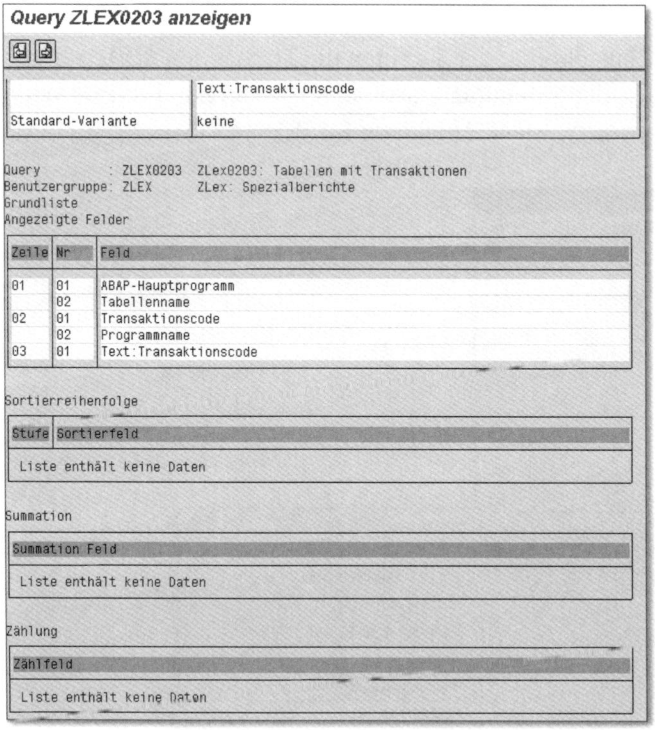

Query ZLEX0203 anzeigen

	Text:Transaktionscode
Standard-Variante	keine

Query : ZLEX0203 ZLex0203: Tabellen mit Transaktionen
Benutzergruppe: ZLEX ZLex: Spezialberichte
Grundliste
Angezeigte Felder

Zeile	Nr	Feld
01	01	ABAP-Hauptprogramm
	02	Tabellenname
02	01	Transaktionscode
	02	Programmname
03	01	Text:Transaktionscode

Sortierreihenfolge

Stufe	Sortierfeld
Liste enthält keine Daten	

Summation

Summation Feld
Liste enthält keine Daten

Zählung

Zählfeld
Liste enthält keine Daten

Abbildung 5.18 Query-Beschreibung, Teil 2

5.5 Bearbeitungsfunktionen von Query-Objekten

Zum Kopieren von Query-Objekten gibt es ein spezielles Hilfsmittel. Mit diesem Spezialprogramm können Sie Queries und InfoSets von Benutzergruppe zu Benutzergruppe kopieren. Ferner gibt es die Möglichkeit, den Papierkorb zu verwalten; der Papierkorb beinhaltet temporär alle gelöschten Query-Objekte. Auch stellt SAP ein sehr flexibles Instrument für den Query-Transport zur Verfügung. So können Sie mit dem Hilfsmittel zum Transportieren von Query-Objekten nicht nur den Transport durchführen, sondern auch Query-Objekte aus einem Mandanten exportieren und in einen anderen Mandanten wieder importieren. Dies bedeutet, dass Query-Objekte direkt im Produktivmandanten angelegt werden können. Anschließend führen Sie einen Export der Query-Objekte in eine lokale Datei durch, und in einem zweiten Schritt importieren Sie Ihre Query-Objekte. Details zum Transportwesen finden Sie in Kapitel 13, »Transportwesen«.

5.5.1 Kopierfunktion

Programm: RSAQCOPY

Das Kopierprogramm können Sie entweder über den ABAP-Report RSAQCOPY ausführen, oder Sie rufen die Transaktion SQ02 auf und wählen dort den Menüpfad Springen • Weitere Funktionen • Kopierfunktionen (siehe Abbildung 5.19).

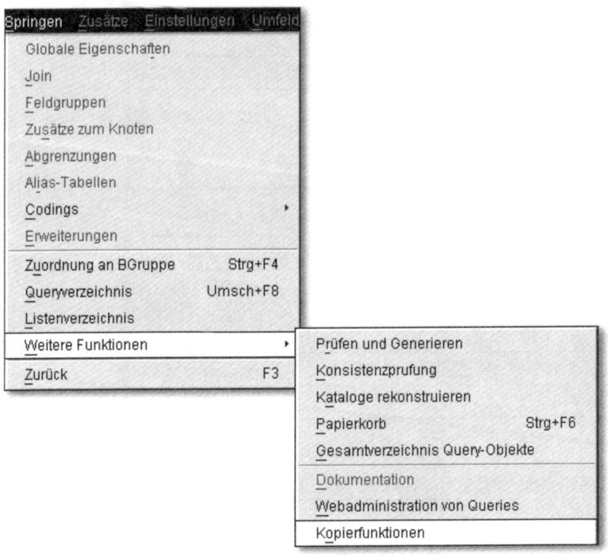

Abbildung 5.19 Menüpfad für die Kopierfunktionen

Kopierfunktion in Abhängigkeit vom Arbeitsbereich

Sie gelangen nun in eine Selektionsmaske, in der Sie mehrere Möglichkeiten zur Auswahl haben. Auch bei der Kopierfunktion ist zuerst eine Festlegung für den globalen Arbeitsbereich oder den Standardbereich zu treffen. Demarkieren Sie den Flag GLOBALER ARBEITSBEREICH, da wir bisher im Standardbereich aktiv waren. Um sich die Auswirkungen Ihres Kopiervorgangs anzeigen zu lassen, können Sie einen TESTLAUF durchführen (siehe Abbildung 5.20).

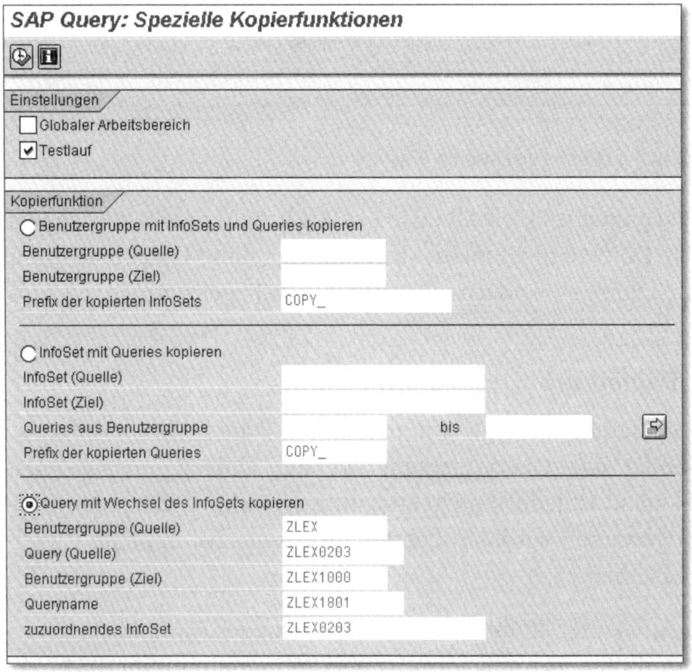

Abbildung 5.20 Eingabemaske für die Kopierfunktionen

Der Kopierreport bietet Ihnen drei Optionen zum Kopieren von Query-Objekten:

1. Als erste Option können Sie all Ihre Queries von einer Benutzergruppe in eine andere Benutzergruppe kopieren. Da die bisherigen InfoSets erhalten bleiben, benötigen die neu erzeugten InfoSets ein Präfix.
2. Die zweite Option ermöglicht es Ihnen, InfoSets und Queries zu kopieren. Hier ist es allerdings erforderlich, den neu erzeugten Queries ebenfalls ein Präfix voranzustellen.
3. Schließlich steht Ihnen noch die dritte Option zur Verfügung: Queries mit Wechsel des InfoSets zu kopieren.

Das Ergebnis Ihres Kopiervorgangs ist grundsätzlich die Erzeugung neuer Query-Objekte. Auch ist es möglich, bestehende Query-Objekte nochmals zu kopieren (siehe Abbildung 5.21).

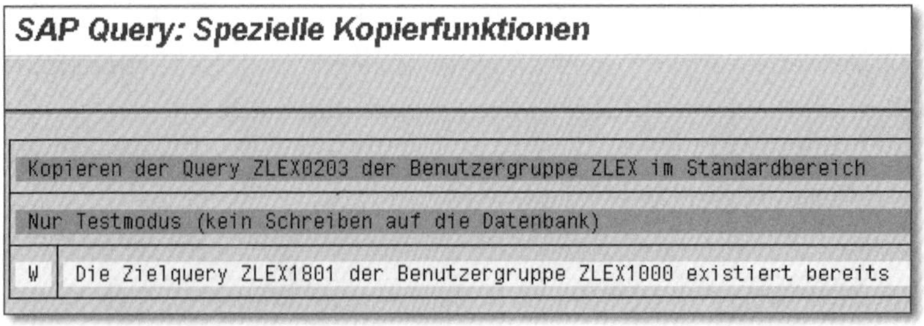

Abbildung 5.21 Ergebnis des Kopiervorgangs

Query-Objekte löschen

Sollten Sie einmal zu viele Objekte kopiert haben, oder benötigen Sie die Query-Objekte nicht mehr, so können Sie diese Objekte löschen. Gelöschte Objekte wandern temporär in den Papierkorb.

5.5.2 Papierkorb

Temporärer Löschvorgang

Führen Sie den Löschvorgang in den Query-Transaktionen durch, so verschwindet das Query-Element aus der aktiven Anzeige. Das Query-Element ist jedoch nicht endgültig gelöscht. Wie bei den Windows-Programmen wird das Query-Objekt zunächst in einen Papierkorb verschoben.

Inhalt des Papierkorbs

Auch als Anwender können Sie sich den Inhalt des Papierkorbs anzeigen lassen. Rufen Sie entweder das ABAP-Programm RSAQPBAS auf oder die Transkation SQ02. Dort gelangen Sie über den Menüpfad SPRINGEN • WEITERE FUNKTIONEN • PAPIERKORB zum Papierkorb (siehe Abbildung 5.22).

Gelöschte Objekte zurückholen

In der Papierkorbadministration haben Sie nun die Möglichkeit, die gelöschten Query-Objekte wieder in die Anwendung zurückzuholen. Für den Rückholvorgang klicken Sie mit der linken Maustaste auf das gewünschte Objekt und klicken auf den Button (zurückholen) oder drücken [F5]. Möchten Sie endgültig das Query-Element löschen, so markieren Sie das gewünschte Objekt und klicken auf den Button (löschen) oder wählen [⇧]+[F2].

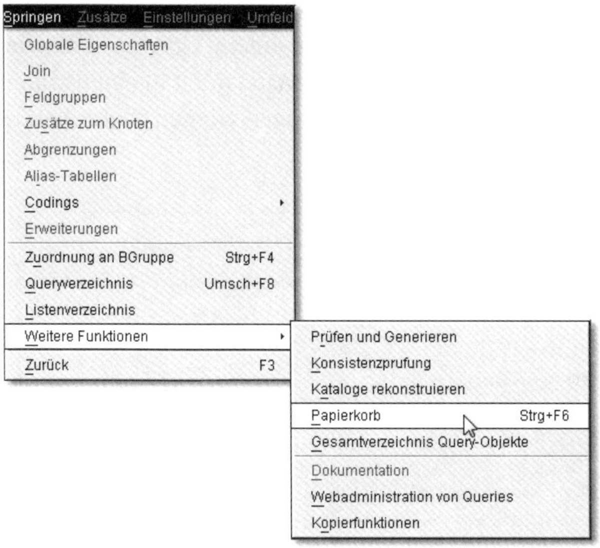

Abbildung 5.22 Aufruf des Papierkorbs

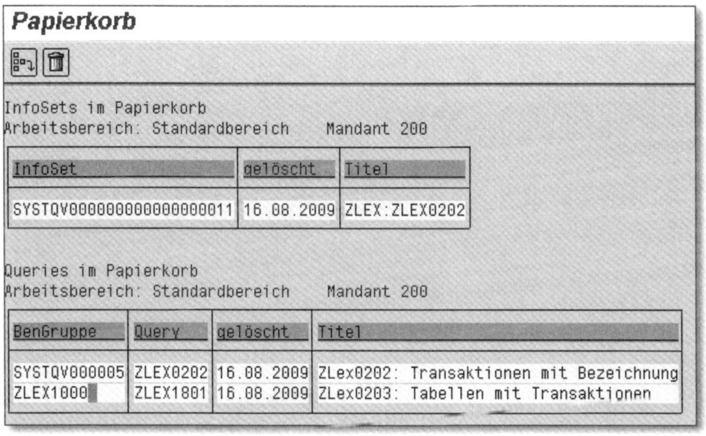

Abbildung 5.23 Verwaltung des Papierkorbs

5.5.3 Query-Transport

Programm RSAQR3TR

Das ABAP-Programm für den Query-Transport beziehungsweise den Ex- und Import von Query-Objekten wird hier der Vollständigkeit halber aufgeführt. Das ABAP-Programm RSAQR3TR wird in Kapitel 13, »Transportwesen«, noch genauer dargestellt. Mit diesem Programm können Sie im globalen Arbeitsbereich im Rahmen des Transportwesens Query-Objekte aus einem Mandanten exportieren und in einen anderen Mandanten importieren. Arbeiten Sie im Standardbereich, so können die Query-Objekte mit einem Download sowie einem anschließenden Upload von einem Mandanten in einen anderen Mandanten systemübergreifend übertragen werden (siehe Abbildung 5.24).

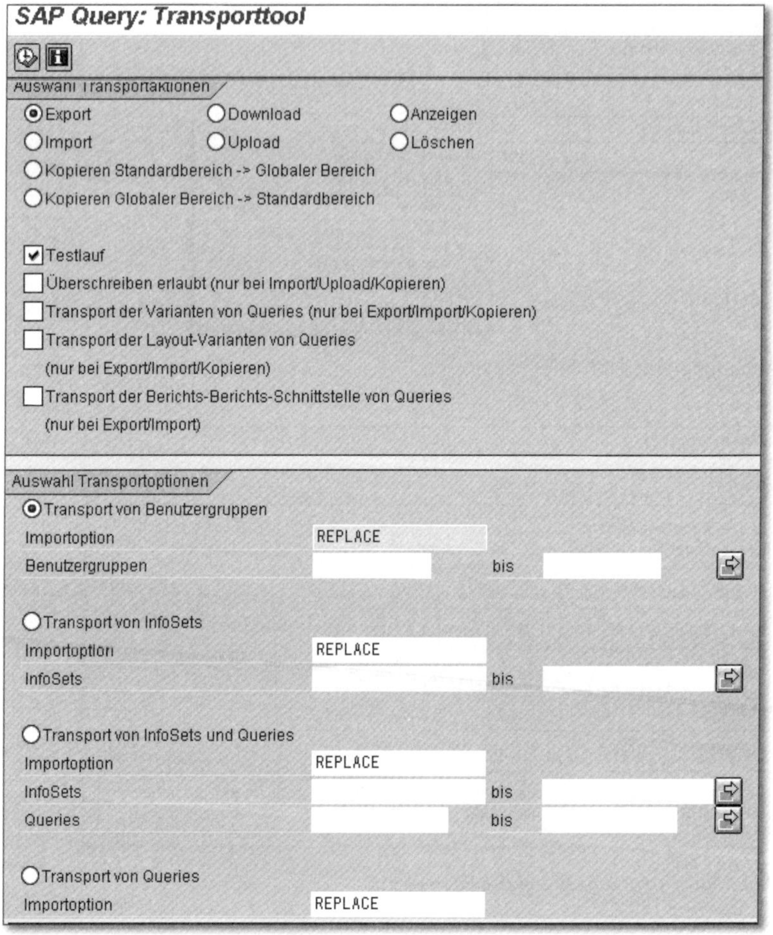

Abbildung 5.24 Bearbeitungsmaske des Transporttools

5.6 Zusammenfassung

Anhand eines Gesamtverzeichnisses können Sie sich einen schnellen Überblick über die im System vorhandenen Query-Objekte verschaffen. Zusätzlich gibt es Verzeichnisse von Benutzergruppen, Queries und gesicherten Listen. Weiterführende Details werden Ihnen in Form von Benutzergruppen-, InfoSet- oder Query-Beschreibungen zur Verfügung gestellt.

Es steht Ihnen eine sehr flexible Kopierfunktion zur Verfügung. Sie können Ihre Query-Objekte in Abhängigkeit von Benutzergruppen kopieren und verändern. Überflüssige Query-Objekte können wieder gelöscht werden und befinden sich dann im Papierkorb. Ein versehentliches Löschen von Query-Objekten kann rückgängig gemacht werden. Mit dem Query-Transporttool können Sie Query-Objekte systemübergreifend in andere Mandanten übertragen.

TEIL II
Funktionen von SAP Query

In diesem Kapitel lernen Sie die Datengrundlagen für Ihren Report kennen. Sie werden dabei mehrere Tabellen in einem Tabellen-Join verknüpfen, Ihre Daten in Feldgruppen strukturieren und individuelle zusätzliche Felder für Ihren Report anlegen.

6 InfoSet im Detail

In Kapitel 4, »SAP Query Überblick«, haben Sie das InfoSet bereits im Zusammenhang mit der Query-Berichtserstellung kennengelernt. Da das InfoSet zentraler Bestandteil eines SAP Query-Reports ist, werden Ihnen in diesem Kapitel die weiteren Funktionen des InfoSets vorgestellt. Bislang haben Sie Folgendes über das InfoSet erfahren:

- Ein InfoSet ist Voraussetzung für eine SAP Query.
- Zuerst ist das InfoSet anzulegen und dann die Query.
- Im InfoSet wird die Datenquelle für die Query festgelegt.
- Nur die im InfoSet verfügbaren Felder können in der Query verwendet werden.
- Die im InfoSet verfügbaren Felder können für eine Query weiter eingeschränkt werden.

Das InfoSet bietet Ihnen noch viele weitere Möglichkeiten. Sie werden daher in diesem Kapitel das Ihnen bekannte InfoSet zur Abfrage von Tabellen mit den dazugehörigen Transaktionen nochmals zur Wiederholung und Festigung anlegen. Bei der Anlage des InfoSets werden Sie insbesondere folgende Punkte kennenlernen beziehungsweise vertiefen:

- Datenquellen (Tabellen-Join, Tabelle, logische Datenbank, Datenversorgungsprogramm)
- automatische Texterkennung
- Gestaltung des Tabellen-Joins (Left Inner und Outer Join/Alias-Tabellen)

- Feldgruppen anlegen und Felder zuordnen
- Zusatzfelder, -tabellen, -strukturen oder Coding im InfoSet ergänzen
- Abgrenzungen (Parameter, Selektionskriterien) einfügen

Neben den bisher bekannten Datenquellen (Tabellen-Join, Tabellen und logische Datenbanken) haben Sie im InfoSet die Möglichkeit, die Datenbeschaffung noch flexibler zu gestalten. Das InfoSet erlaubt es Ihnen, die Datenbasis anhand eines Datenbeschaffungsprogramms festzulegen, wie Sie in Abschnitt 6.1, »Datenquellen«, sehen werden.

Ein InfoSet bietet gegenüber dem QuickViewer weiterhin den Vorteil der automatischen Texterkennung, dies bedeutet, dass im Hintergrund automatisch zu einem Tabellenfeld ein weiteres Textfeld zur Auswahl in der Query zur Verfügung gestellt wird. Diese Funktionalität erläutern wir anhand eines Beispiels in Abschnitt 6.2, »Automatische Texterkennung«.

Auch bei der Gestaltung des Tabellen-Joins gibt es weiterführende Möglichkeiten. So können Sie die Tabellenbeziehung sowohl als Left Inner Join als auch als Left Outer Join gestalten. Die Unterschiede werden in Abschnitt 6.3, »Tabellen-Join«, gezeigt.

Nach der Gestaltung des Tabellen-Joins lernen Sie in Abschnitt 6.4, »Feldgruppen«, das Anlegen und Ändern von Feldgruppen kennen. Die Feldgruppen können Sie nach Ihren Kriterien anlegen und bezeichnen. Auch den Inhalt der Feldgruppen können Sie selbst festlegen.

In der Praxis werden die InfoSets zudem noch um weitere Felder als Datenquelle ergänzt. So können Sie in einem InfoSet nicht nur die oben genannten Datenquellen als Grundlage verwenden, sondern Sie können die Datenbasis flexibel erweitern. Sie haben dabei die Möglichkeit, Ihrem InfoSet selbst benannte Zusatzfelder, -tabellen oder -strukturen zuzuordnen. Sie können das InfoSet sogar mit freiem Coding erweitern, wie Sie in Abschnitt 6.5, »Individuelle Zusatzfelder«, lernen werden.

Schließlich zeigen wir Ihnen in Abschnitt 6.6, »Abgrenzung«, wie Sie bereits im InfoSet Einfluss auf die zu selektierenden Daten nehmen können, denn Sie haben im InfoSet die Möglichkeit, eigene Abgrenzungen (Parameter, Selektionskriterien) zu definieren. Somit können Sie Feldinhalte in der Selektionsmaske vorbelegen oder fixierte Merkmalswerte im Hintergrund festlegen.

Legen Sie nun zu den bekannten Tabellen D010TAB (Tabelle für Report ⇔ Tabellen-Verwendung) in Verknüpfung mit der Tabelle TSTC (SAP-Transaktions-Codes) ein neues InfoSet an. Durch das neue InfoSet werden Sie zum einen Ihre bisherigen Kenntnisse festigen und zu anderen viele neue Funktionalitäten kennenlernen.

6.1 Datenquellen

Legen Sie selbst ein InfoSet an. Im ersten Schritt ist eine Datenquelle (z. B. Tabellen-Join, Tabelle, logische Datenbank) auszuwählen.

Rufen Sie die Transaktion SQ02 (InfoSet: Einstieg) auf. Geben Sie nun im Feld INFOSET den Namen ZLEX0061 ein. Anschließend klicken Sie auf den Button Anlegen (siehe Abbildung 6.1).

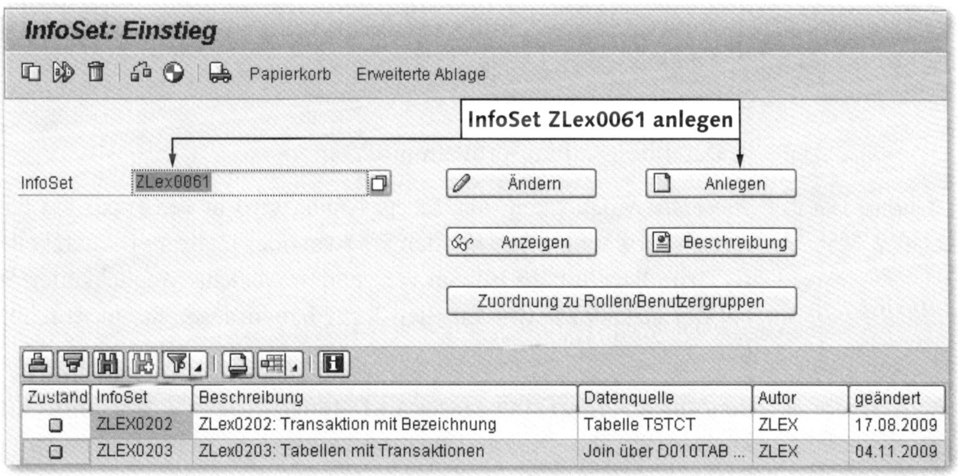

Abbildung 6.1 InfoSet anlegen

Datenquelle auswählen

Es öffnet sich das Fenster DATENQUELLE (siehe Abbildung 6.2). Im Feld BEZEICHNUNG geben Sie als Text »ZLEX0061: Tabellen mit Transaktionscode« ein. Als Datenquelle wählen Sie TABELLEN-JOIN ÜBER TABELLE und geben D010TAB ein.

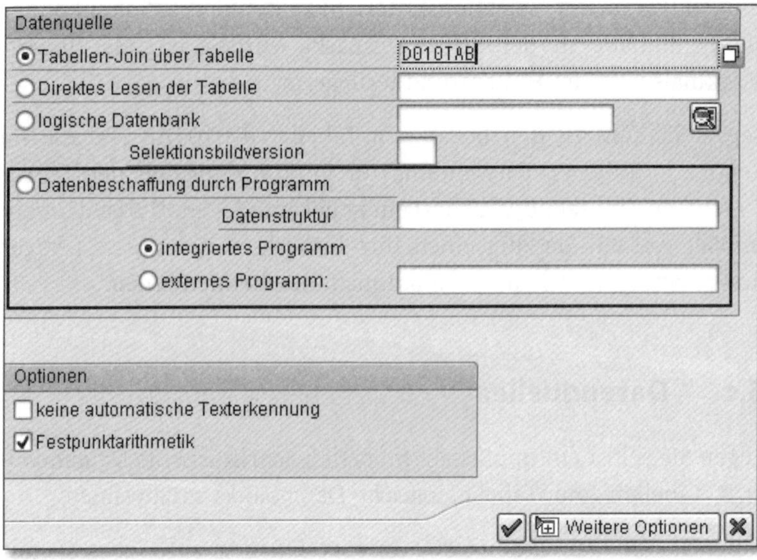

Abbildung 6.2 Datenquellen für ein InfoSet

Als mögliche Datenquellen für Ihr InfoSet stehen Ihnen zur Verfügung:

1. Tabellen-Join
2. Tabelle
3. logische Datenbank
4. Datenbeschaffungsprogramm

Tabellen-Join als Datenquelle

Die erste Möglichkeit, der *Tabellen-Join*, wird in der Praxis am häufigsten verwendet. Hier können Sie zwei oder mehrere Datentabellen als Grundlage für Ihr InfoSet verwenden. Welche Möglichkeiten Sie bei der Gestaltung des Tabellen-Joins haben, lesen Sie in Abschnitt 6.3.

Tabelle als Datenquelle

Benötigen Sie nur eine *Tabelle* als Datengrundlage für Ihr InfoSet, so können Sie die Option DIREKTES LESEN DER TABELLE verwenden. Wenn Sie als Datengrundlage für Ihr InfoSet das direkte Lesen der Tabelle verwenden, können Sie als Datengrundlage auch eine Cluster-Tabelle einsetzen. Viele wichtige Informationen befinden sich z. B. in der Cluster-Tabelle BSEG (Belegsegment Buchhaltung).

Logische Datenbank als Datenquelle

Als dritte mögliche Datenquelle können Sie eine *logische Datenbank* verwenden. Die logischen Datenbanken sind von SAP für häufige Auswertungszwecke vordefinierte hierarchische Tabellenstrukturen. Die Tabellenverknüpfungen sowie weitere Rechenoperationen hat

SAP bereits für Sie durchgeführt. Die logischen Datenbanken sind sehr mächtig und können aufgrund Ihrer umfangreichen Tabellenverknüpfungen und Programmierlogik teilweise die Performance beeinträchtigen. Sie sollten deshalb abwägen, ob Sie auf eine vordefinierte Tabellenstruktur mit vielen einzelnen Informationen zugreifen möchten, oder ob für Ihre Anforderung ein eigener Tabellen-Join beziehungsweise eine Tabelle als Datengrundlage ausreichend ist.

Datenbeschaffungsprogramm

Reichen die bisherigen drei möglichen Datenquellen als Grundlage für Ihr InfoSet nicht aus, so können Sie als vierte Möglichkeit ein individuelles *Datenbeschaffungsprogramm* verwenden. Dessen Verwendung sowie ein Beispiel zu einem Datenbeschaffungsprogramm werden in Kapitel 14, »Datenbeschaffung und Funktionsbausteine«, erläutert.

Automatisch generierte Textfelder

Bei der Anlage des InfoSets werden ebenfalls bereits automatisch im Hintergrund weitere Datenfelder bereitgestellt. So werden der Query automatisch von Ihrem InfoSet Textfelder aus weiteren Tabellen als Zusatzfelder zur Verfügung gestellt. Das InfoSet findet aufgrund einer automatischen Texterkennung zum jedem Merkmal die dazugehörige Texttabelle. Wenn Sie im InfoSet z. B. die Tabelle TSTC (SAP-Transaktions-Codes) einfügen, wird dem InfoSet automatisch zum Feld TSTC-TCODE der dazugehörige Text aus Tabelle TSTCT (Transaktionscode-Texte) hinzugefügt.

6.2 Automatische Texterkennung

Das InfoSet verfügt über eine automatische Texterkennung. Im Dialogfenster zum Anlegen des InfoSets ist die automatische Texterkennung grundsätzlich aktiv. Im Bereich OPTIONEN sehen Sie das Flag KEINE AUTOMATISCHE TEXTERKENNUNG. Im Feld KLASSE FÜR TEXTIDENTIFIZIERUNG steht der Text CL_TEXT_IDENTIFIER (siehe Abbildung 6.3). Lassen Sie diese Voreinstellung unverändert. Der SAP-Standard fügt dem InfoSet aufgrund dieser Einstellung automatisch im Hintergrund weitere Datenfelder hinzu.

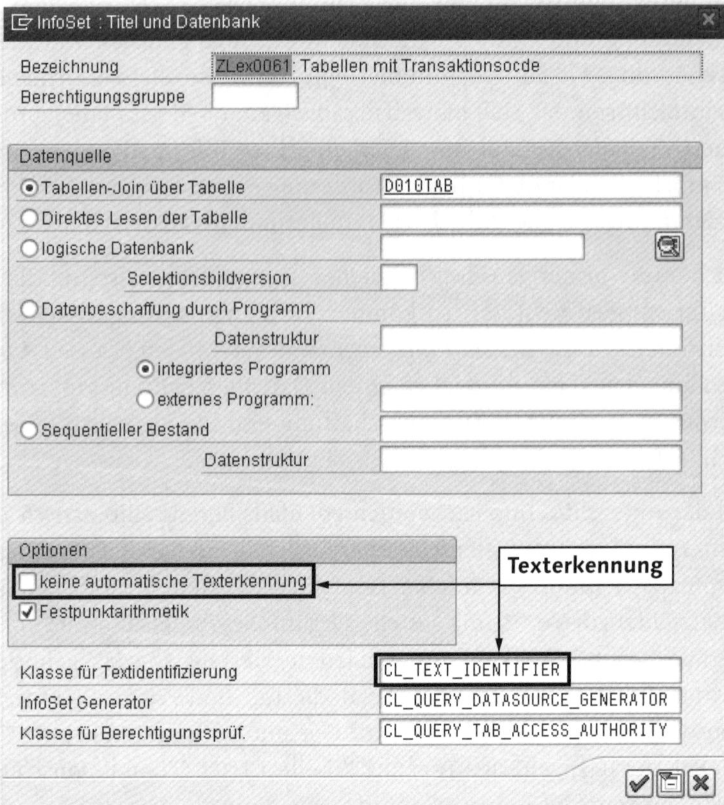

Abbildung 6.3 InfoSet anlegen

[zB]

Beispiel für die automatische Texterkennung

Angenommen Sie fügen in Ihrem InfoSet die Tabelle TSTC (SAP-Transaktions-Codes) ein. Die Tabelle TSTC enthält das Feld TSTC-TCODE (Transaktionscode). Zusätzlich zum Merkmal TSTC-TCODE (Transaktionscode) wird nun dem InfoSet als weitere Information der dazugehörige Transaktionscode-Text zur Verfügung gestellt, das heißt also, dass für Ihre Query automatisch dem Feld TSTC-TCODE das dazugehörige Bezeichnungsfeld aus Tabelle TSTCT-TTEXT (Transaktionscode-Text) als Zusatzfeld hinzugefügt wird.

Es nicht erforderlich, die Tabellen mit den Merkmalsbezeichnungen (z. B. TSTCT) in Ihr InfoSet aufzunehmen. Die Tabellenfelder in Ihrem InfoSet, zu denen auch ein Textfeld bereitgestellt wird, werden mit einem anderen Symbol dargestellt. So enthält das dem Tabellenfeld vorangestellte Symbol (Textsymbol) zusätzlich ein kleines rotes hochgestelltes T (siehe Abbildung 6.4).

Abbildung 6.4 Zum Tabellenfeld wird ein zusätzliches Textfeld angezeigt

Sie haben nun Ihr InfoSet ZLEX0061 benannt und als Datenquelle einen Tabellen-Join mit der Tabelle D010TAB eingetragen. Bestätigen Sie Ihre Eingabe mit dem Button ✓. Sie gelangen als Nächstes zur Bearbeitung Ihres Tabellen-Joins. Nachdem Sie nun Ihr InfoSet bezeichnet haben und als Datenquelle die Tabelle D010TAB ausgewählt haben, gelangen Sie in die grafische Oberfläche zur Gestaltung Ihres Tabellen-Joins.

6.3 Tabellen-Join

Keyfelder

Der Tabellen-Join im InfoSet zeigt die führende Tabelle D010TAB mit den Tabellenfeldern auf der linken Bildschirmhälfte (siehe Abbildung 6.5). Die Tabelle D010TAB enthält zwei Schlüsselfelder (Keyfelder). Rufen Sie Ihre Auswertung auf, so erfolgt die Datensuche zuerst nach den Keyfeldern. Die Keyfelder bilden also ein Verzeichnis, vergleichbar mit einem Inhaltsverzeichnis in einem Buch, sodass Sie die gewünschten Informationen schnell finden können.

[+]

Keyfelder in Tabellen-Joins verwenden

Verwenden Sie für Ihre Tabellenverknüpfungen nach Möglichkeit immer Keyfelder, denn hierdurch steigern Sie die Performance Ihrer Berichte. Das Keyfeld wird häufig auch Primärindex genannt. Basiert Ihre Datenabfrage nicht auf Keyfeldern, so können Sie die Performance durch einen Sekundärindex verbessern. Wie Sie einen Sekundärindex, vergleichbar mit einem Index in einem Buch, anlegen und somit ebenfalls die Performance verbessern, erfahren Sie in Kapitel 14, »Datenbeschaffung und Funktionsbausteine«.

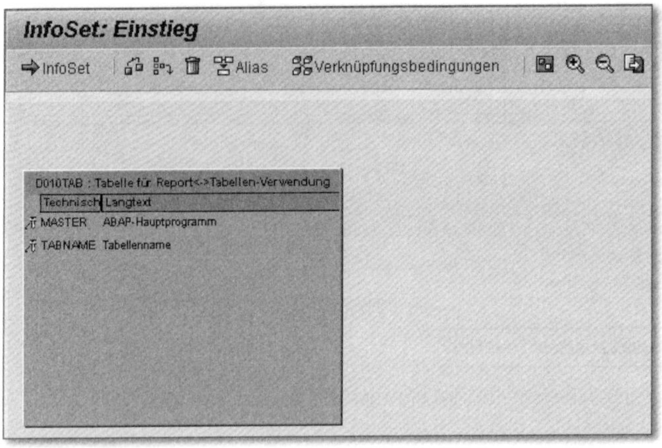

Abbildung 6.5 Tabellen-Join vor dem Einfügen weiterer Tabellen

Verknüpfen Sie nun Tabelle D010TAB mit Tabelle TSTC (Transaktions-Code). Herzu klicken Sie auf den Button zum Einfügen von Tabellen. Es öffnet sich nun ein Fenster mit der Bezeichnung Tabelle hinzufügen. Tragen Sie im Dialogfenster im Feld Tabelle den Tabellennamen TSTC ein (siehe Abbildung 6.6).

Abbildung 6.6 Tabelle TSTC in einen Tabellen-Join einfügen

Es wird nun im grafischen Join-Editor zu Ihrer vorhanden Tabelle D010TAB die neue Tabelle TSTC hinzugefügt. Die beiden Tabellen werden grafisch mit einer Linie verbunden. In diesem Fall wird das Feld MASTER (ABAP-Hauptprogramm) aus Tabelle D010TAB mit dem Feld PGMNA (Programmname) aus Tabelle TSTC verbunden (siehe Abbildung 6.7).

Der Verknüpfungsvorschlag für die beiden Tabellenfelder D010TAB-MASTER (ABAP-Hauptprogramm) und TSTC-PGMNA (Programmname) wird vom System automatisch ausgeführt. Für die Verknüpfung der beiden Tabellenfelder hat das System geprüft, ob beide Felder vom gleichen Datentyp sind und ob sie über die gleiche Zeichenzahl und gegebenenfalls die gleiche Anzahl an Dezimalstellen verfügen.

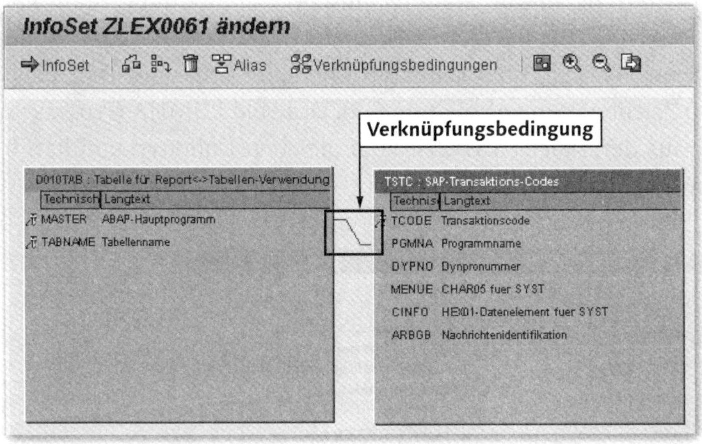

Abbildung 6.7 Feldverknüpfung zwischen zwei Tabellen

Schauen Sie sich die technischen Eigenschaften des Tabellenfeldes D010TAB-MASTER an, indem Sie dieses mit der linken Maustaste anklicken. Nachdem nun das Feld mit dem Langtext ABAP-HAUPTPGROGRAMM dunkel unterlegt ist, wählen Sie den Menüpfad EXTRAS • FELDDOKUMENTATION (siehe Abbildung 6.8).

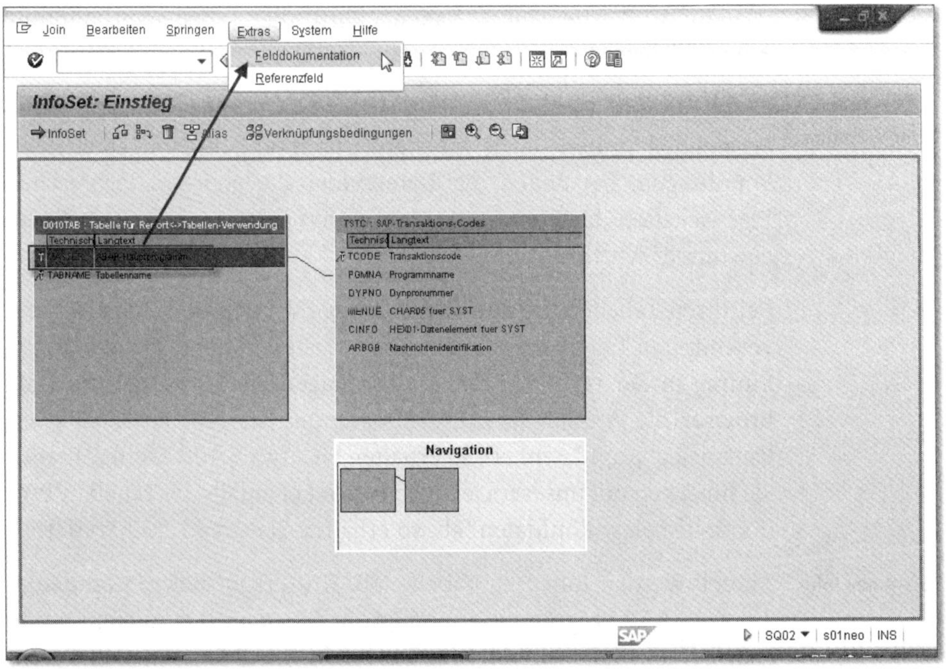

Abbildung 6.8 Anzeige der Feldinformation zu einem Tabellenfeld

Sie erhalten daraufhin eine technische Beschreibung zum Feld D010TAB-MASTER. Bei diesem Feld ABAP-Hauptprogramm handelt es sich um ein Feld vom Datentyp Charakter mit einer Datenlänge von 40 Zeichen (siehe Abbildung 6.9). Das Feld PGMNA (Programmname) aus der Tabelle TSTC ist vom gleichen Datentyp und hat die gleiche Zeichenlänge.

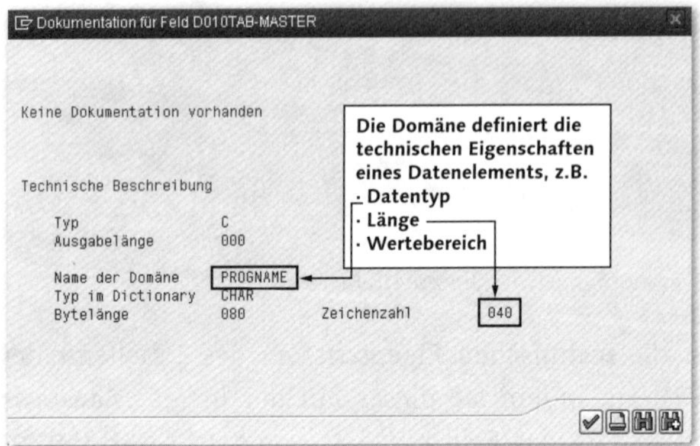

Abbildung 6.9 Feldinformationen zum Feld D010TAB-MASTER

Technische Feldeigenschaften Da die beiden Datenfelder die gleichen technischen Eigenschaften (Datentyp, Zeichenlänge) haben, wird die Tabellenverknüpfung durchgeführt.

Tabellenverknüpfung Bevor Sie den Tabellen-Join als Grundlage für Ihre Auswertungen verwenden, prüfen Sie die Tabellenverknüpfung. Es gibt Tabellenverknüpfungen, bei denen die Datenfelder die gleichen technischen Eigenschaften haben, die Verknüpfung jedoch nicht von Ihnen gewünscht wird.

Bei Ihren Tabellenverknüpfungen kann es zudem sein, dass es zum verknüpften Tabellenfeld in der linken Tabelle keinen dazugehörigen Eintrag in der rechten Tabelle gibt. Fragen Sie z. B. direkt im Data Browser die Anzahl der ABAP-Programme zu Tabelle VBAK (Verkaufsbeleg: Kopfdaten) ab, so erhalten Sie etwa 5.100 Treffer. Fragen Sie hingegen mit unserem jetzigen InfoSet ebenfalls die Tabelle VBAK (Verkaufsbeleg: Kopfdaten) ab, so erhalten Sie circa 1.500 Treffer.

Left Inner Join Aktuell werden Ihnen zu Tabelle VBAK (Verkaufsbeleg: Kopfdaten) nur die ABAP-Programme angezeigt, zu denen auch eine Transaktion angelegt ist. Nur wenn es zum Datenfeld ABAP-Programme Datensätze in beiden Tabellen gibt, erhalten Sie eine Berichtsausgabe.

Möchten Sie nur Datensätze abfragen, zu denen es einen Eintrag in Tabelle D010TAB und in Tabelle TSTC gibt, so ist die jetzige Einstellung korrekt (auch *Left Inner Join* genannt).

Left Outer Join

Sollen Ihnen auch ABAP-Programme angezeigt werden, zu denen es keine Transaktion gibt, so ist die Tabellenverknüpfung zu ändern. Sie müssen die Tabellenverknüpfung so abändern, dass Sie auch dann ein Ergebnis erhalten, wenn das ABAP-Programm nur in Tabelle D010TAB vorhanden ist. Klicken Sie hierzu mit der rechten Maustaste auf den Verknüpfungspfeil zwischen den beiden Tabellen D010TAB und TSTC (auch *Left Outer Join* genannt, siehe Abbildung 6.10).

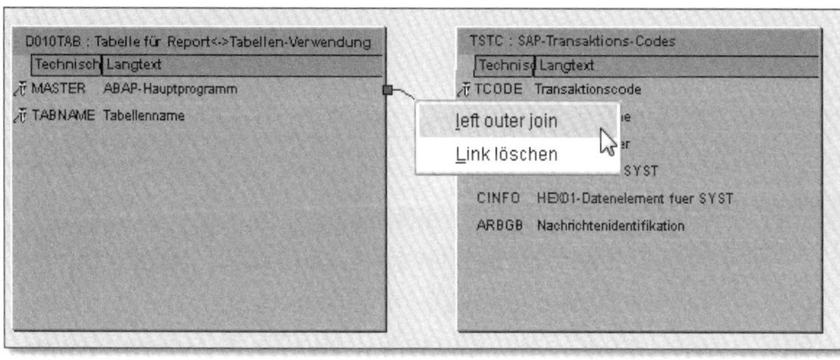

Abbildung 6.10 Tabellen mit einem Left Outer Join verbinden

Verlassen Sie nun die grafische Oberfläche für die Bearbeitung Ihres Tabellen-Joins mit dem Button (zurück). Im nächsten Abschnitt erfahren Sie, wie Sie Ihre Tabellenfelder in sogenannten Feldgruppen strukturieren können.

6.4 Feldgruppen

Mit Feldgruppen können Sie die Tabellenfelder nach Ihren Kriterien gruppieren. Ferner entscheiden Sie, welche Tabellenfelder Sie der Query als Datenbasis zur Verfügung stellen möchten.

Vorbelegung von Feldgruppen

Wenn Sie im InfoSet die Join-Definition verlassen (wie im vorherigen Abschnitt beschrieben), öffnet sich das Dialogfenster VORBELEGUNG VON FELDGRUPPEN. Das System legt nun für jede im Tabellen-Join verwendete Tabelle automatisch eine Feldgruppe mit der gleichen Bezeichnung wie von der jeweiligen Tabelle an. Sie können nun die automatisch angelegten Feldgruppen mit Feldern füllen (siehe Abbildung 6.11).

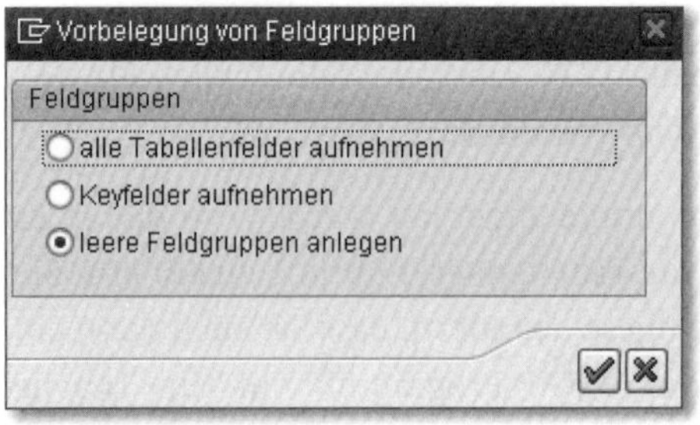

Abbildung 6.11 Feldgruppen vorbelegen

Für die Vorbelegung der Feldgruppen können Sie zwischen drei Optionen wählen:

- alle Tabellenfelder aufnehmen
- Keyfelder aufnehmen
- leere Feldgruppen anlegen

Alle Tabellenfelder in Feldgruppen aufnehmen

Bei der ersten Option werden sämtliche Tabellenfelder einer Tabelle in eine Feldgruppe eingefügt. Bei der zweiten Option werden nur die Keyfelder (siehe Ausführungen zu Beginn von Abschnitt 6.3, »Tabellen-Join«) in die Feldgruppen eingefügt; alle Nicht-Keyfelder einer Tabelle können Sie wahlweise einer Feldgruppe hinzufügen. In unserem Beispiel wählen Sie die dritte Option und lassen nur die Feldgruppen anlegen, ohne hinzugefügte Felder. Bestätigen Sie Ihre Auswahl mit dem ✓-Button. Anschließend gelangen Sie in den InfoSet-Gestaltungsmodus zurück (siehe Abbildung 6.12).

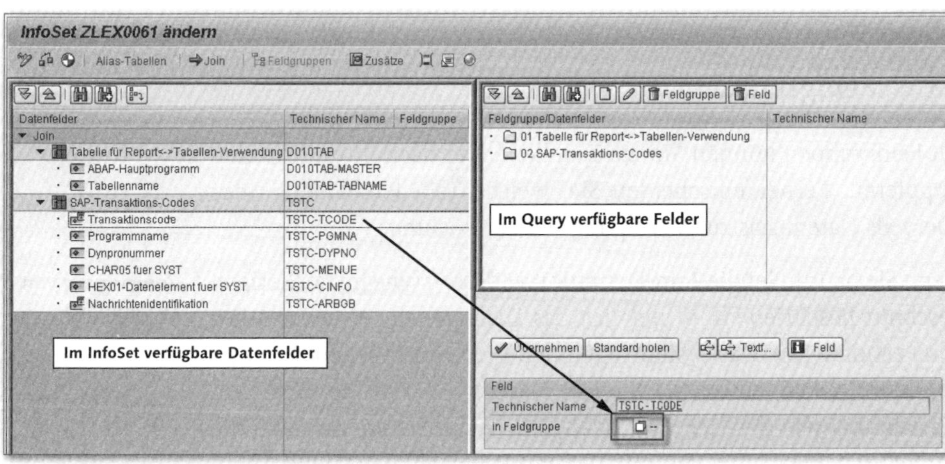

Abbildung 6.12 Verfügbare Datenfelder mit Zuordnung zu einer Feldgruppe

Datenfelder einer Tabelle auf- und zuklappen

Auf der linken Bildschirmseite sehen Sie nun die beiden im Tabellen-Join eingefügten Tabellen D010TAB und TSTC. Sie können die Tabellen mit einem Klick mit der linken Maustaste auf den Button auf- und zuklappen. Im aufgeklappten Zustand sehen Sie unterhalb der jeweiligen Tabelle alle Felder von dieser.

Feldgruppen ohne Felder

Auf der rechten Bildschirmseite wurden nun zwei Feldgruppen eingefügt. Die erste Feldgruppe mit der Nummer 01 hat die Originaltabellenbezeichnung TABELLE FÜR REPORT ⇔ TABELLEN-VERWENDUNG übernommen. Für die zweite, im Tabellen-Join verwendete Tabelle wurde ebenfalls eine Feldgruppe angelegt. Beiden Feldgruppen sind bislang noch keine Felder zugeordnet worden, und weil das InfoSet die Datenbasis für die Query darstellt, stehen noch keine Felder in der Query zur Auswahl bereit.

Detailinformationen zu einem Datenfeld

Klicken Sie nun mit der linken Maustaste doppelt auf das erste Tabellenfeld TRANSAKTIONSCODE der Tabelle TSTC (SAP-Transaktions-Codes). In der Bildschirmhälfte rechts unten werden Ihnen nun zum Feld TSTC-TCODE weitere Informationen angezeigt. So wird der technische Name des Feldes TSTC-TCODE nochmals dargestellt sowie die Zuordnung zu einer Feldgruppe. Aktuell ist das Feld noch keiner Feldgruppe zugeordnet; daher ist das Feld IN FELDGRUPPE noch nicht gefüllt. Schauen Sie sich die komplette Erläuterung zum Tabellenfeld TSTC-TCODE (Transaktionscode) an (siehe Abbildung 6.13).

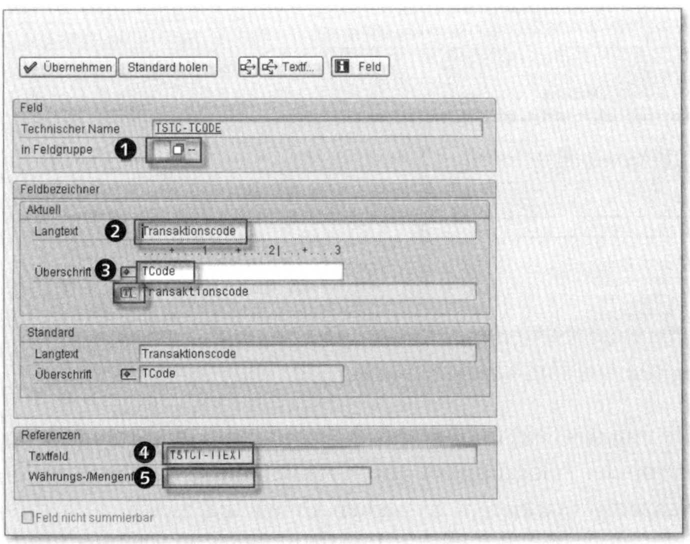

Abbildung 6.13 Erläuterungen zum Tabellenfeld TSTC-TCODE

Zum Feld TSTC-TCODE werden Ihnen folgende Informationen zur Verfügung gestellt:

- Sie erkennen die Zuordnung des Feldes zur entsprechenden Feldgruppe ❶.
- Sie können den Langtext des Feldes verändern; dieser Text erscheint dann auch in der Selektionsmaske der Query ❷.
- Sie können die Überschrift des Feldes individuell bezeichnen; dieser Text erscheint als Spaltenüberschrift in Ihrer Berichtsausgabe ❸.
- Wird zu Ihrem Feld ein weiteres Textfeld automatisch generiert, so wird Ihnen hier die Herkunftstabelle für das Textfeld angezeigt ❹.
- Bei Währungs- und Mengenfeldern wird Ihnen das dazugehörige Währungs- beziehungsweise Einheitenfeld angezeigt ❺. So können Sie neben dem Betrags- und/oder Mengenfeld auch das dazugehörige Währungs- beziehungsweise Einheitenfeld in Ihre Feldgruppe aufnehmen.

Felder einer Feldgruppe zuordnen

Fügen Sie nun das Feld TSTC-TCODE (Transaktionscode) der Feldgruppe 02 (SAP-Transaktions-Codes) hinzu. Ziehen Sie zu diesem Zweck einfach per Drag & Drop das Feld von der linken Bildschirmhälfte hinüber zur Feldgruppe 02 auf der rechten Bildschirmhälfte. Als Ergebnis ist das Feld TSTC-TCODE der Feldgruppe 02 zugeordnet (siehe Abbildung 6.14).

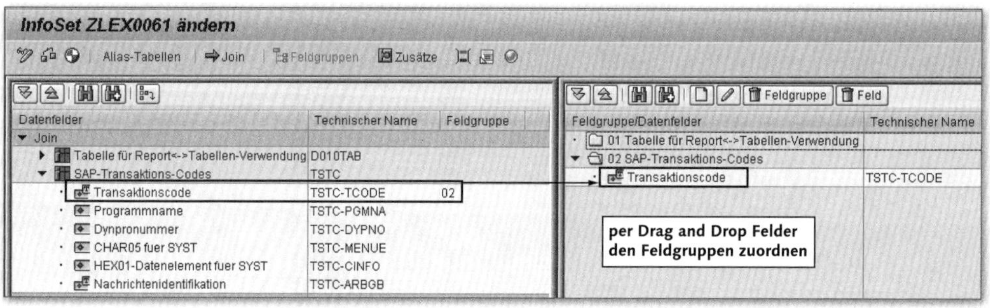

Abbildung 6.14 Feld TSTC-TCODE ist Feldgruppe 02 zugeordnet

Mehrere Felder gleichzeitig einer Feldgruppe zuordnen

Fügen Sie nun das Feld TSTC-PGMNA (Programmname) ebenfalls per Drag & Drop der Feldgruppe 02 hinzu. Auch können Sie mehrere Felder gleichzeitig markieren. Es stehen Ihnen die gleichen Markierungsfunktionalitäten wie in den Windows-Programmen zur Verfügung. Halten Sie die [Strg]-Taste gedrückt, und Sie können mehrere Einträge markieren. Alternativ können Sie mit der Pfeiltaste Ihrer Tastatur mehrere Felder markieren. Fügen Sie nun noch die beiden Tabellenfelder MASTER (ABAP-Hauptprogramm) sowie TABNAME (Tabellenname) der Feldgruppe 01 (Tabelle für Report ⇔ Tabellen-Verwendung) hinzu.

Es stehen Ihnen für die Query zwei Feldgruppen mit jeweils zwei Tabellenfeldern zur Verfügung, und zusätzlich ist in der Query eine automatisch erzeugte Feldgruppe mit dem Zusatzfeld TSTCT-TTEXT (Transaktionscode-Text) vorhanden. Weiterhin stehen die üblichen Funktionalitäten, wie z. B. Ändern von Feldgruppenbezeichnungen, Löschen von Feldgruppen oder Entfernen von Feldern aus Feldgruppen, zur Auswahl. Wie Sie eine neue Feldgruppe anlegen und in diese ein individuelles Zusatzfeld aufnehmen wird im folgenden Abschnitt erläutert.

6.5 Individuelle Zusatzfelder

Nachdem Sie nun die vorherigen Abschnitte in diesem Kapitel gelesen haben, werden Sie sicherlich sagen: »So ein InfoSet ist doch was Cooles!« Und es ist sogar noch mehr Flexibilität erreichbar, denn in der Praxis können kaum für möglich gehaltene Auswertungen durch Zusatzfelder realisiert und hierdurch dem Berichtsnutzer erheblicher Zusatzkomfort ermöglicht werden, um sich die gewünschte Information im Bericht anzeigen zu lassen.

Aus beliebigen Tabellen können dem InfoSet über Zusatzfelder weitere Feldinformationen hinzugefügt werden, oder Sie führen mit den bereits vorhandenen Datenfeldern Rechenoperationen durch und stellen das Ergebnis der Rechenoperationen in einem Zusatzfeld ab.

In unserem Beispiel wurde automatisch im Hintergrund zum Feld TRANSAKTION der dazugehörige Transaktionstext durch das InfoSet bereitgestellt. Solche Textinformationen erhalten Sie nach dem Berichtsaufruf immer in Ihrer Anmeldesprache; die Transaktionstexte werden in Tabelle TSTCT in allen installierten Sprachen geführt. Sind beispielsweise acht Sprachen installiert, so erhalten Sie im Data Browser in Tabelle TSTCT für jede Transaktion auch acht Treffer (siehe Abbildung 6.15).

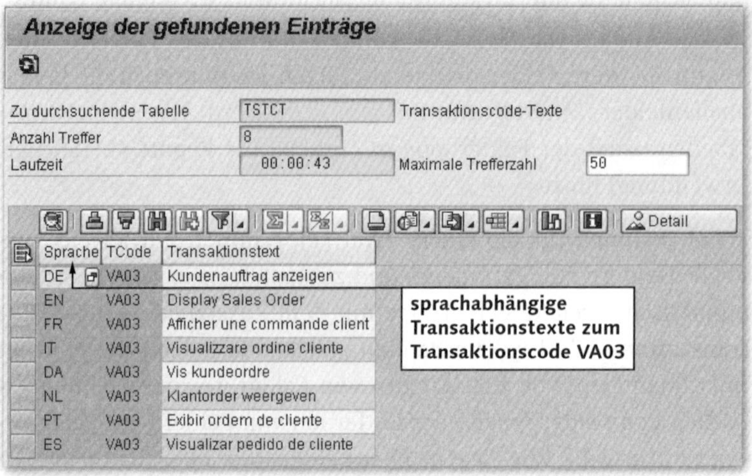

Abbildung 6.15 Sprachabhängige Transaktionscode-Texte

Sie könnten nun die Tabelle TSTCT (Transaktionscode-Texte) zusätzlich in Ihren Tabellen-Join aufnehmen; allerdings würde als Ergebnis auch jede Transaktion in Ihrer Berichtsausgabe achtmal angezeigt. Daher ist es sinnvoller, sich neben dem deutschen Text auch den englischen Text in einer zusätzlichen Spalte anzeigen zu lassen.

[»]

Multiplikation von Datensätzen

Die Multiplikation von Datensätzen findet statt bei allen sprachabhängig geführten Informationen. Immer wenn Sie in Ihrem Tabellen-Join ein bestehendes Tabellenfeld mit einer weiteren Tabelle mit mehreren Datensätzen verknüpfen, multipliziert sich die Treffermenge. In der Praxis existiert diese Konstellation häufig, z. B. wenn Sie Verkaufsbelege mit Kundeninformationen verknüpfen. Die Kundeninformationen zu den Verkaufsbelegen werden in einer eigenen Tabelle verwaltet. Pro Verkaufsbeleg beziehungsweise Verkaufsbelegposition wird der Kunde in mehreren Partnerrollen geführt. So gibt es zu den Verkaufsbelegen im Standard bereits vier Partnerrollen (Auftraggeber, Warenempfänger, Regulierer und Rechnungsempfänger). In der Praxis ist es gewünscht, den Verkaufsbeleg im Bericht einmal zu sehen, und die unterschiedlichen Partnerrollen in separaten Spalten.

Die Vermeidung von zahlreichen Datensätzen – aufgrund von sprachabhängigen Tabellen – bieten Ihnen die Zusatzfelder im InfoSet. Rufen Sie in der Menüleiste den Button Zusätze auf (siehe Abbildung 6.16).

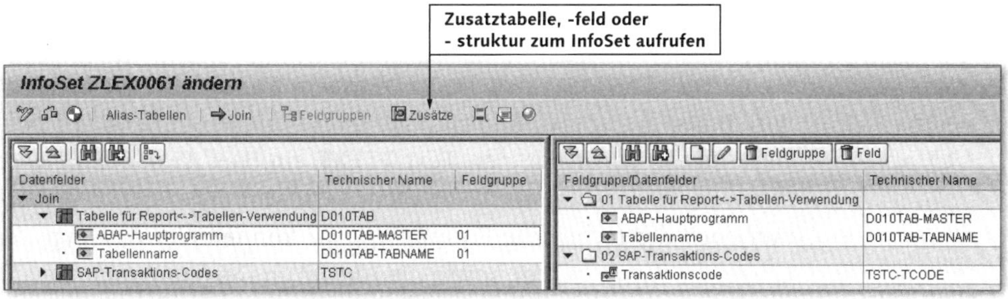

Abbildung 6.16 Aufruf des Buttons »Zusätze«

In der rechten Bildschirmhälfte befindet sich die Registerkarte ZUSÄTZE . Klicken Sie nun auf den Button [ ] (anlegen), und es erscheint die Ansicht aus Abbildung 6.17.

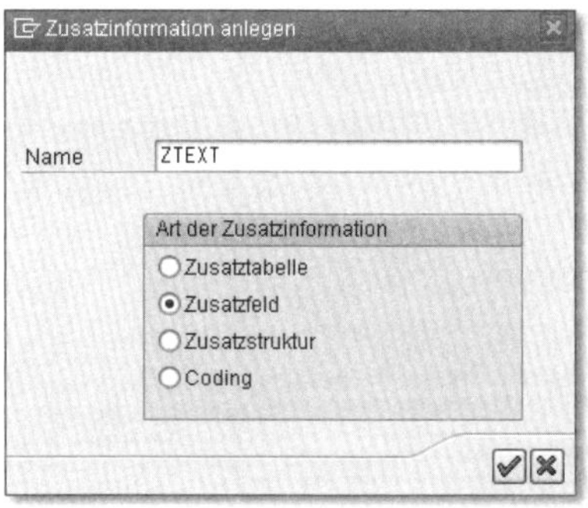

Abbildung 6.17 Button zum Anlegen von Zusatzinformationen auswählen

Das InfoSet kann nun um weitere Zusatzinformationen erweitert werden. Geben Sie im Feld NAME den Text ZTEXT ein. Wählen Sie die Option ZUSATZFELD aus (siehe Abbildung 6.18). Alle anderen Optionen werden in Kapitel 11, »ABAP-Grundlagen im InfoSet«, vertieft.

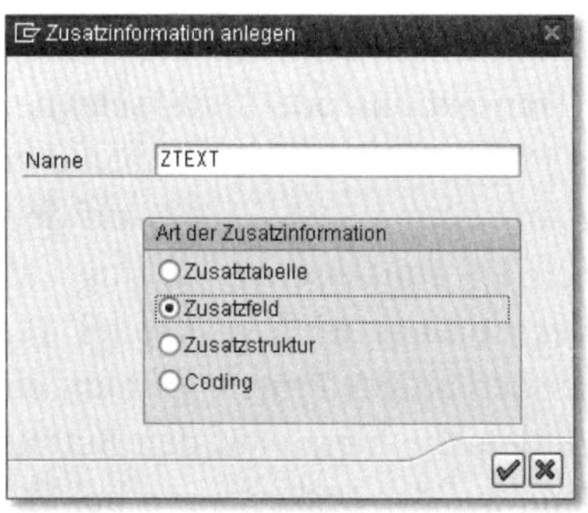

Abbildung 6.18 Zusatzfeld anlegen

Zusatzfeld definieren Sie erhalten nun ein weiteres Dialogfenster, um die Bezeichnung und die technischen Eigenschaften des Zusatzfeldes festzulegen. Geben Sie im Feld LANGTEXT den Text »Transaktionstext« ein; der Langtext wird Ihnen auf der Selektionsmaske Ihres Berichts angezeigt. Im Feld ÜBERSCHRIFT geben Sie den Text TTEXT ein. Der Text TTEXT wird Ihnen in der Listausgabe als Spaltenüberschrift angezeigt. Legen Sie nun noch das technische Format fest. Sie können hier den Typ, die Länge, die Ausgabelänge sowie die Anzahl an Dezimalstellen einzeln bestimmen. Weil es am einfachsten ist, tragen Sie im Feld LIKE-REFERENZ einfach das bestehende Feld TSTCT-TTEXT ein. Ihr neues Zusatzfeld TTEXT erhält nun die gleiche Formatierung wie das Feld TSTCT-TTEXT. Bestätigen Sie Ihre Eingaben mit ✔ (siehe Abbildung 6.19).

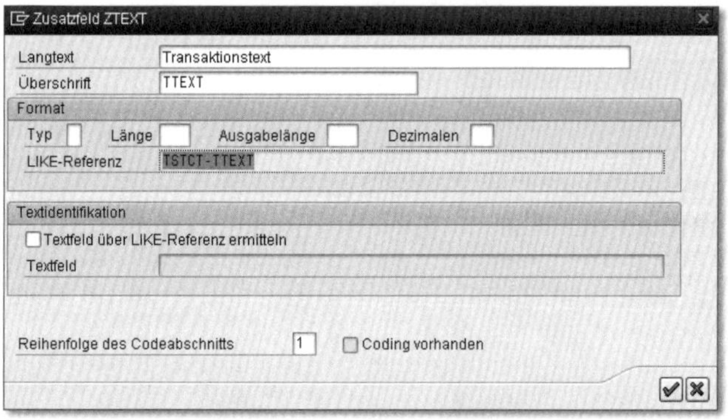

Abbildung 6.19 Zusatzfeld bezeichnen und Format festlegen

Dem Zusatzfeld ABAP-Coding hinzufügen Ihr neues Zusatzfeld ist angelegt und wird nun auf der Registerkarte ZUSÄTZE angezeigt. Damit Ihr Zusatzfeld im Bericht auch einen Inhalt ausweist, hinterlegen Sie zum neuen Feld TTEXT ABAP-Coding. Hierzu markieren Sie das Feld TTEXT und klicken auf den Button (Coding einfügen), siehe Abbildung 6.20.

Transaktionscode-Text in Zusatzfeld selektieren Sie erhalten nun eine freie Editormaske, um Ihr individuelles Coding einzufügen. Aus der Tabelle TSTCT (Transaktionscode-Texte) selektieren Sie den englischsprachigen Text in Ihr Zusatzfeld. Sie haben den Inhalt Ihres Zusatzfeldes durch die Anweisung `SPRSL = 'EN'` auf den englischen Text fixiert. Übernehmen Sie zunächst das Coding aus Abbildung 6.21 (Die Bedeutung des Codings wird in Kapitel 11, »ABAP-Grundlagen im InfoSet«, näher erläutert). Prüfen Sie nun, ob Ihr Coding syntaktisch korrekt ist, indem Sie hierzu auf den Button (prüfen) klicken und anschließend auf das Diskettensymbol zum Speichern Ihrer Programmzeilen.

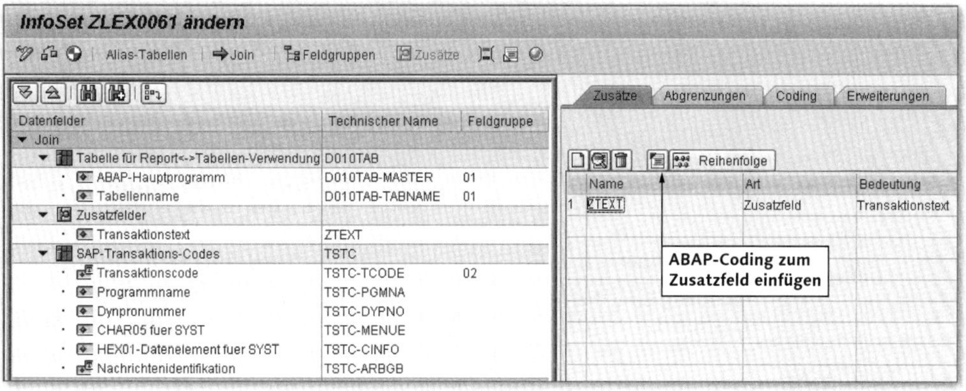

Abbildung 6.20 Von der Übersicht der Zusatzfelder zur Coding-Maske wechseln

Abbildung 6.21 Zusatzfeld ZTEXT mit ABAP-Coding

Verlassen Sie nun die Editormaske für das Zusatzfeld, indem Sie auf den Button (zurück) klicken. Infolgedessen wird Ihnen am Bildschirm eine Warnmeldung darüber ausgegeben, dass Ihr Zusatzfeld noch keiner Feldgruppe zugeordnet ist (siehe Abbildung 6.22), dies bedeutet, dass Ihr Zusatzfeld nun im InfoSet zur Verfügung steht, jedoch noch nicht in Ihrer Query.

Neue Feldgruppe anlegen

Legen Sie daher für Ihr Zusatzfeld ZTEXT eine neue Feldgruppe an. Klicken Sie hierzu auf den Button (Neue Feldgruppe anlegen), siehe Abbildung 6.23.

Neue Feldgruppe bezeichnen

Sie erhalten nun die Maske Anlegen von Feldgruppen. Fügen Sie in der linken Spalte FGr die Feldgruppennummer 91 sowie in der Spalte rechts daneben die Bedeutung ZLEX: Zusatzfelder ein (siehe Abbildung 6.24).

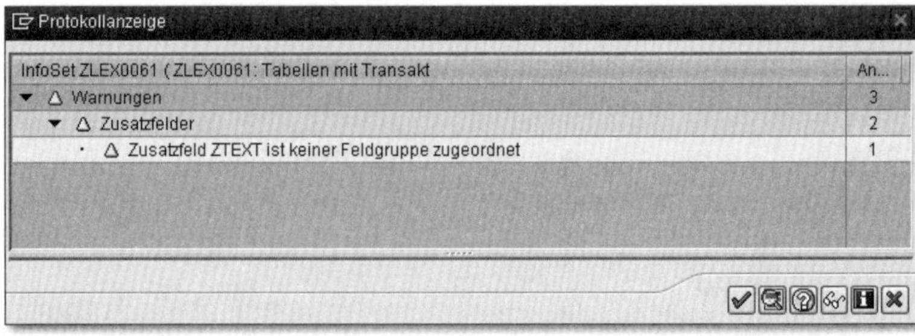

Abbildung 6.22 Warnmeldung »Zusatzfeld ZTEXT ist keiner Feldgruppe zugeordnet«

Abbildung 6.23 Neue Feldgruppe anlegen

Abbildung 6.24 Neue Feldgruppe mit Bezeichnung anlegen

Zusatzfeld in neue Feldgruppe aufnehmen

Ihre neue Feldgruppe erscheint nun auf der rechten Bildschirmhälfte. Auf der linken Seite sehen Sie eine neue Gruppierung mit der Überschrift ZUSATZFELDER und Ihrem Zusatzfeld ZTEXT. Ziehen Sie nun das Zusatzfeld ZTEXT per Drag & Drop in die neue Feldgruppe 91. Die Zuordnung des Feldes ZTEXT zur Feldgruppe 91 wird Ihnen auf der linken Seite in der Spalte FELDGRUPPE angezeigt (siehe Abbildung 6.25).

Abbildung 6.25 Zusatzfeld ZTEXT der Feldgruppe 91 »ZLEX: Zusatzfelder« zuordnen

Nun steht Ihnen für Ihre Query neben dem Transaktionscode-Text in der Anmeldesprache zusätzlich der englischsprachige Text in einer weiteren Berichtsspalte zur Verfügung. Wenn Sie sich nun den spanischen Text im Bericht anzeigen lassen möchten, können Sie ein weiteres Zusatzfeld in der gleichen Weise definieren; pro Sprache müssen Sie ein neues Zusatzfeld definieren und im Bericht die Spalten je nach Bedarf ein- und ausblenden. Sie können allerdings auch dem Anwender selbst die Möglichkeit geben, die Textsprache der zweiten Sprache auszuwählen, sodass nur ein Zusatzfeld erforderlich ist. Erweitern Sie daher die Selektionsmaske flexibel durch eine Abgrenzung.

6.6 Abgrenzung

Die Abgrenzungen sind mit Zusatzfeldern vergleichbar. Die Funktionalität Abgrenzungen steht Ihnen nach klicken auf den Button Zusätze zur Verfügung. Sie können zwei Arten von Abgrenzungen anlegen: Möchten Sie in Form eines Intervalls abgrenzen, so erfolgt dies über ein Selektionskriterium. Einen Wert, z. B. eine Sprache, grenzen Sie mittels Parameter ab. Legen Sie analog dem Zusatzfeld eine neue Abgrenzung an, indem Sie auf den Button (anlegen) klicken. Sie erhalten nun ein Dialogfenster mit der Bezeichnung ABGRENZUNG ANLEGEN (siehe Abbildung 6.26).

Abgrenzungsparameter anlegen

Tragen Sie nun im Feld NAME den Text ZSPRL für Sprachschlüssel ein. Wählen Sie die Option PARAMETER, und bestätigen Sie Ihre Eingabe. Anschließend erhalten Sie ein Dialogfenster, indem Sie für die Abgrenzung die Bezeichnung und die technischen Eigenschaften festlegen (siehe Abbildung 6.27).

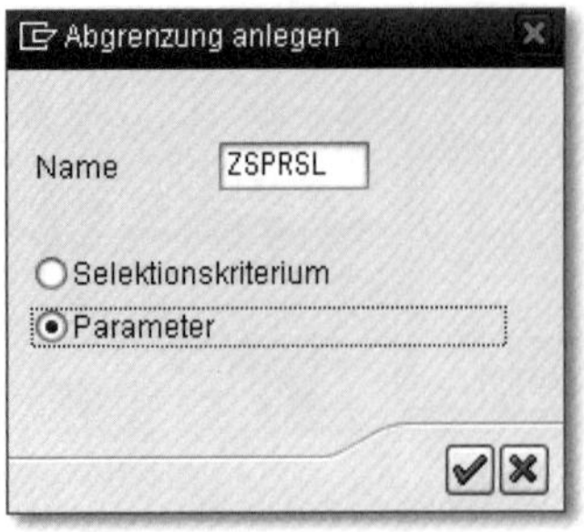

Abbildung 6.26 Abgrenzung für die Sprachauswahl anlegen

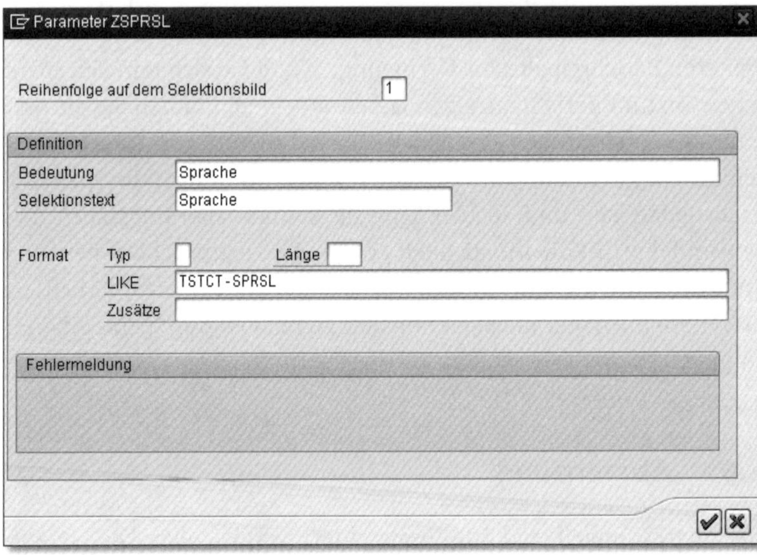

Abbildung 6.27 Abgrenzung für den Sprachschlüssel bezeichnen und Formatierung festlegen

Abgrenzungsparameter definieren

Tragen Sie nun in die Felder BEDEUTUNG und SELEKTIONSTEXT den Text »Sprache« ein. Als Format für die Abgrenzung übernehmen Sie die technischen Eigenschaften des Feldes TSTCT-SPRSL, indem Sie im Feld LIKE den Text TSTCT-SPRSL eintragen. Ändern Sie noch das Coding für das Zusatzfeld ZTEXT aus Abschnitt 6.5, »Individuelle Zusatzfelder«, ab.

Inhalt des Abgrenzungsparameters dem Zusatzfeld zuweisen

Bislang haben Sie Ihr Zusatzfeld ZTEXT durch die Programmanweisung `SPRSL = 'EN'` mit dem englischsprachigen Text versorgt. Ändern Sie nun das Coding zum Zusatzfeld ZTEXT durch den Text `SPRSL = ZSPRL` ab (siehe Abbildung 6.28).

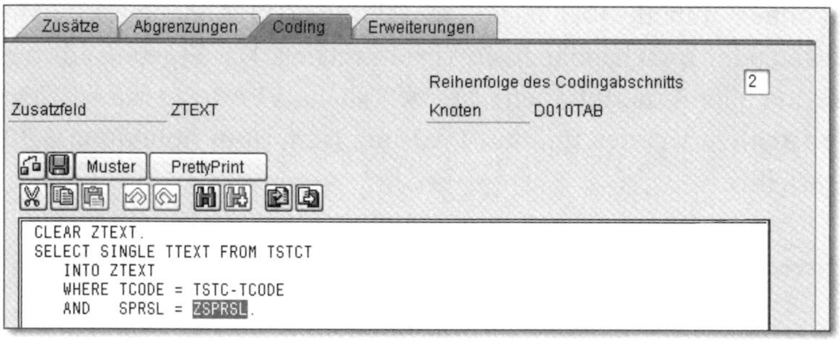

Abbildung 6.28 ABAP-Coding für das Zusatzfeld ZTEXT

Es ist nicht mehr erforderlich für jede Sprache ein weiteres Zusatzfeld anzulegen. Wenn Sie Ihren Bericht nun ausführen, können Sie selbst festlegen, in welcher Sprache Sie den Transaktionstext sehen möchten. In der Berichtsselektionsmaske erscheint das Abgrenzungsfeld für die Eingabe der Sprache, in der der Transaktionstext erscheinen soll. Sie können also in der Selektionsmaske entscheiden, in welcher Sprache der Transaktionstext in der Listausgabe angezeigt werden soll (siehe Abbildung 6.29).

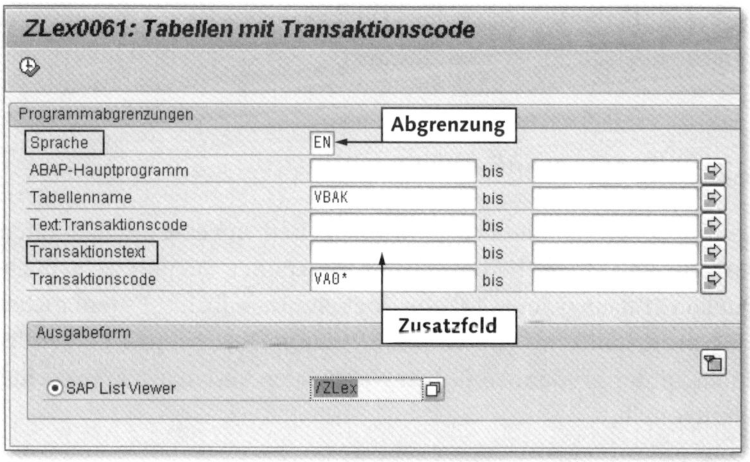

Abbildung 6.29 Selektionsmaske mit Abgrenzung und Zusatzfeld

Abgrenzung und Zusatzfeld in der Selektionsmaske

Ihre individuelle Abgrenzung wird im oberen Bereich der Selektionsmaske angezeigt. Der Transaktionstext in der Anmeldesprache wurde im InfoSet automatisch bereitgestellt und steht in der Query-Selektionsmaske ebenfalls zur Verfügung. Ihr Zusatzfeld erscheint ebenfalls in der Selektionsmaske mit der Bezeichnung TRANSAKTIONSTEXT.

Sie können nun flexibel nach Transaktionen in Abhängigkeit von Tabellen oder sprachabhängigen Texten suchen. Das Ergebnis für die Selektion aller Transaktionen, die die Tabelle VBAK (Verkaufsbeleg: Kopfdaten) verwenden und mit VA0 anfangen, ist in Abbildung 6.30 dargestellt.

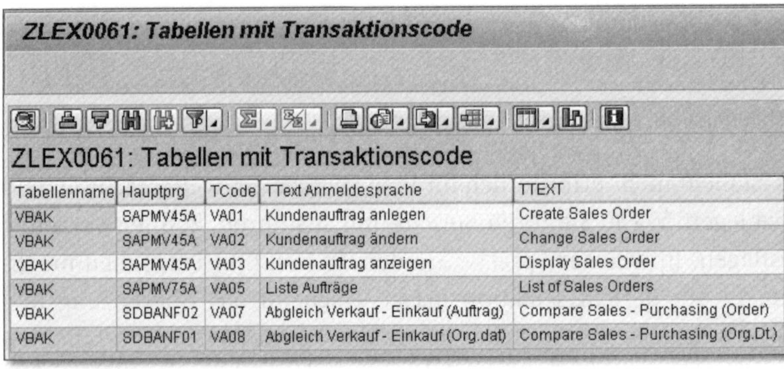
ZLEX0061: Tabellen mit Transaktionscode

ZLEX0061: Tabellen mit Transaktionscode

Tabellenname	Hauptprg	TCode	TText Anmeldesprache	TTEXT
VBAK	SAPMV45A	VA01	Kundenauftrag anlegen	Create Sales Order
VBAK	SAPMV45A	VA02	Kundenauftrag ändern	Change Sales Order
VBAK	SAPMV45A	VA03	Kundenauftrag anzeigen	Display Sales Order
VBAK	SAPMV75A	VA05	Liste Aufträge	List of Sales Orders
VBAK	SDBANF02	VA07	Abgleich Verkauf - Einkauf (Auftrag)	Compare Sales - Purchasing (Order)
VBAK	SDBANF01	VA08	Abgleich Verkauf - Einkauf (Org.dat)	Compare Sales - Purchasing (Org.Dt.)

Abbildung 6.30 Ergebnis für eine Selektion mit Zusatzfeld und Abgrenzung

In der vierten Spalte mit der Überschrift TTEXT ANMELDESPRACHE wird nun der automatisch im InfoSet generierte Transaktionstext angezeigt. In der letzten Spalte TTEXT sehen Sie den in die englische Sprache übersetzten Transaktionstext.

6.7 Zusammenfassung

Das InfoSet bietet Ihnen viele Möglichkeiten, um eine flexible Datenbasis für Ihre Query bereitzustellen. So können Sie unterschiedliche Quellen (Tabellen-Join, Tabelle, logische Datenbank, Datenbeschaffungsprogramm) als Datenquelle auswählen. Zusätzlich werden Ihnen zu der großen Anzahl an Merkmalen automatisch Textfelder bereitgestellt.

Die Tabellen werden in einer grafischen Oberfläche automatisch miteinander verknüpft. Die Tabellenbeziehung können Sie individuell anpassen. So können Sie Tabellenfelder miteinander verknüpfen oder statt einem Left Inner Join einen Left Outer Join wählen. Die in den ausgewählten Tabellen vorhandenen Felder können flexibel in eigenen Feldgruppen strukturiert werden. So können weitere Feldgruppen angelegt oder nur die relevanten Felder Ihrer Query bereitgestellt werden.

Weitere Informationen oder Berechnungen können im InfoSet in Zusatzfeldern bereitgestellt werden, und schließlich ist es auch möglich, die Selektionsmaske Ihrer Query bereits im InfoSet flexibel zu gestalten. Im nächsten Kapitel werden Sie das InfoSet für die Erstellung Ihrer Query verwenden und die weiteren Möglichkeiten der Query-Gestaltung kennenlernen.

Dieses Kapitel zeigt Ihnen, wie Sie einen QuickViewer-Report in eine Query konvertieren, Ihre Query durch eigene Feldbezeichnungen oder zusätzliche lokale Felder optimieren und die grafischen Design- und Formatierungsmöglichkeiten nutzen. Darüber hinaus lernen Sie die Funktionalitäten-Statistiken, Ranglisten sowie die Bericht-Bericht-Schnittstelle kennen.

7 SAP Query im Detail

Dieses Kapitel beschäftigt sich mit der Transaktion SQ01 (SAP Query) im Detail. Anhand eines praktischen Beispiels erläutern wir Ihnen die Durchführung der Funktionalitäten in der Transaktion SQ01. Zunächst werden Ihnen die Funktionen in der Einstiegsmaske erläutert, und anschließend werden Sie in der Anlagemaske die Query bezeichnen und das Ausgabeformat festlegen. In einem nächsten Schritt werden Sie die Feldüberschriften für die Listausgabe ändern.

In der Query haben Sie zudem die Möglichkeit, lokale Felder als zusätzliche Spalten einzufügen. In den lokalen Feldern können die Ergebnisse von Rechenoperationen unter der Verwendung von anderen Feldern abgelegt werden, oder es können grafische Icons angezeigt werden. Schließlich lernen Sie, die Selektionsmaske anzupassen sowie Selektions- und Layoutfelder auszuwählen.

7.1 Grundlagen

Eine Query können Sie mit einigen Klicks in sehr kurzer Zeit anlegen. Die Hauptarbeit der Query-Erstellung ist es, zuvor die richtigen Tabellen sowie Tabellenfelder in einem InfoSet bereitzustellen. Bevor Sie die Query-Funktionalitäten im Detail kennen lernen, erläutern wir Ihnen die Bedeutung von SAP Query im Kontext (siehe Abbildung 7.1).

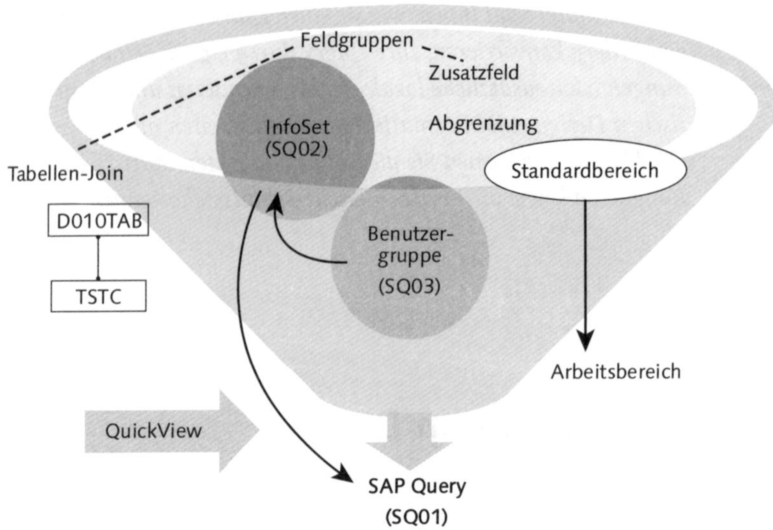

Abbildung 7.1 Einordnung von SAP Query im Kontext

Benutzergruppe Ihre Query-Objekte werden zu einem Arbeitsbereich im System abgelegt; Ihr InfoSet ZLEX0061 (Tabellen mit Transaktionen) haben Sie im Standardbereich angelegt. Im Standardbereich gibt es für die Berechtigungs- und Benutzerverwaltung eigene Benutzergruppen. Sie haben dort die Benutzergruppe ZLEX (Spezialberichte) verwendet. Die Benutzergruppe umfasst zum einen mehrere Benutzer, zum anderen werden die InfoSets der Benutzergruppe zugeordnet. Für Ihre Query-Anlage müssen Sie sich also in der richtigen Benutzergruppe im Standardbereich befinden, um Ihr InfoSet als Datenbasis für Ihre Query verwenden zu können.

InfoSet Ihr InfoSet beruht auf einem Tabellen-Join, in dem die beiden Tabellen D010TAB (SAP-Tabellen) und TSTC (Transaktionscode) über das Datenfeld PROGRAMMNAME miteinander verknüpft sind. Für jede im Tabellen-Join verwendete Tabelle wird im InfoSet defaultmäßig eine Feldgruppe angelegt.

Zusatzfeld Im InfoSet wurde ein Zusatzfeld angelegt. Dieses Zusatzfeld haben wir einer neu angelegten eigenen Feldgruppe 91 (Zlex: Spezialfelder) zugeordnet, und im InfoSet haben wir darüber hinaus eine Abgrenzung angelegt, um Ihre Daten flexibler einzugrenzen.

Im Folgenden werden Ihnen weitere Berichtsgestaltungsmöglichkeiten vorgestellt:

- Einstiegsmaske, insbesondere mit der Funktion, einen QuickView in eine Query zu konvertieren
- Anlagemaske mit deren Bearbeitungsoptionen, insbesondere Ausgabeformate
- Feldbezeichnungen ändern und lokale Felder hinzufügen
- grafische Formatierungsmöglichkeiten
- Zusatzfunktionen (Statistiken, Bericht-Bericht-Schnittstelle)

QuickView in Query konvertieren

Wechseln Sie in der Einstiegsmaske Ihre Benutzergruppe, und konvertieren Sie einen QuickView in eine Query. Der mit dem QuickViewer erstellte Report steht nur dem Berichtsersteller selbst zur Verfügung. Sie können den bisher erstellten QuickViewer-Bericht allerdings in eine Query umwandeln, damit alle Anwender diesen Bericht nutzen können.

Ausgabeformen

In der Anlagemaske zur Query-Bearbeitung können Sie für Ihre Query einen Langtext und Bearbeitungskommentare erfassen. Sie können ferner Einfluss auf das Listen- und Tabellenformat nehmen sowie den Ausdruck verändern. Auch können Sie bereits im Einstiegsbild eine Variante für die Berichtsausführung als Vorschlag hinterlegen oder fixieren. Bisher haben Sie die bekannte Ausgabeform SAP List Viewer genutzt; insgesamt stehen Ihnen neun unterschiedliche Ausgabeformen zur Verfügung. So werden beispielsweise Statistiken in einem vom SAP List Viewer abweichenden Format als ABAP-Liste ausgegeben.

Feldbezeichnungen

Sie können die Query noch anwenderfreundlicher gestalten, indem Sie die Feldbezeichnung anpassen oder die Query-Ausgabe durch zusätzliche Spalteninformationen ergänzen.

Formatierungsmöglichkeiten

Neben einigen grafischen Formatierungsmöglichkeiten stehen Ihnen die sehr komfortablen Zusatzfunktionen *Statistiken* und *Bericht-Bericht-Schnittstelle* zur Verfügung. Mit der Funktion Statistiken können Sie Ihre Datenmenge verdichtet darstellen, und die Bericht-Bericht-Schnittstelle ermöglicht Ihnen einen Absprung von Ihrer Query auf andere Berichte oder einen Drill-down direkt auf die SAP-Anwendungstransaktionen.

Query-Nutzung durch den (End)anwender

Die Nutzung der Transaktion SQ01 durch den Anwender entspricht auch dem Konzept von SAP, daher erfolgt die Query-Erstellung in mehreren Transaktionen. SAP Query ermöglicht nur den Zugriff der im InfoSet zur Verfügung gestellten Daten und ist daher nicht kritisch einzustufen. Vielmehr unterstützt SAP Query die Fachabteilung dabei, geeignete Reports selbst zu erstellen. SAP Query ist also ein Tool für alle SAP-Nutzer! Der nächste Abschnitt zeigt, wie Sie einen QuickView in eine Query konvertieren.

7.2 Einstiegsmaske

Bevor Sie einen QuickView in eine Query konvertieren, sollten Sie die richtige Benutzergruppe im Standardbereich ausgewählt haben. In der Praxis werden häufig Queries vermisst, die sich in einem anderen Arbeitsbereich oder in einer anderen Benutzergruppe befinden.

7.2.1 Benutzergruppe wechseln

Rufen Sie die Transaktion SQ01 (SAP Query) zur Query-Bearbeitung auf. Ihr Bildschirm sollte dann mit der Bezeichnung Query der Benutzergruppe ZLEX: Einstieg beschriftet sein (siehe Abbildung 7.2), das heißt, dass Ihre Bearbeitungsschritte immer dann, wenn Sie in der Transaktion SQ01 arbeiten, in Abhängigkeit der Benutzergruppe durchgeführt werden.

Abbildung 7.2 Query-Bearbeitungstransaktion in der Benutzergruppe ZLEX

Arbeitsbereich wechseln

Sollte bei Ihnen in der Bildschirmüberschrift nicht die Benutzergruppe ZLEX erscheinen, so kann dies zwei Ursachen haben:

1. Sie befinden sich nicht im Standardbereich, sondern im globalen Bereich.
2. Sie sind im Standardbereich, jedoch ist eine andere Benutzergruppe voreingestellt.

Im ersten Fall wechseln Sie über den Menüpfad UMFELD • ARBEITSBEREICHE vom globalen Arbeitsbereich in den Standardbereich ❶.

Benutzergruppe wechseln

Im zweiten Fall wechseln Sie Ihre aktuelle Benutzergruppe über den Button (Benutzergruppe wechseln) in die Benutzergruppe ZLEX ❷. Sollten Sie sich bereits in der Benutzergruppe ZLEX befinden, so ändern Sie sowohl den Arbeitsbereich als auch die Benutzergruppe, um die Auswirkungen und die unterschiedlichen Resultate zu sehen. Sie erkennen, dass je nach Arbeitsbereich und Benutzergruppe unterschiedliche Queries angezeigt werden.

Verwendung des Standardbereichs

Arbeiten Sie wie in diesem Buch immer im Standardbereich und vorwiegend in einer Benutzergruppe, so können Sie die Parameter für den Arbeitsbereich sowie für Ihre Benutzergruppe in Ihrem Benutzerstamm hinterlegen. Sie können Ihre Benutzerdaten mit der Transaktion SU3 (Pflege eigener Benutzervorgaben) aufrufen. Die Parameter-ID AQW ist für den Standardbereich leer zu lassen. Arbeiten Sie grundsätzlich im globalen Bereich, so tragen Sie als Parameter ein G ein. Ergänzen Sie in der Registerkarte PARAMETER folgende Werte (siehe Abbildung 7.3):

- AQB ZLEX (Benutzergruppe)
- AQW blank (Arbeitsbereich)

Abbildung 7.3 Benutzer mit Vorschlagsparametern

7.2.2 QuickView in eine Query konvertieren

Nun lernen Sie die Query-Konvertierung kennen. Alle Ihre bislang erstellten QuickViews werden in Abhängigkeit von Ihrem User abgelegt. Das heißt, dass nur Sie selbst alle von Ihnen erstellten QuickViewer-Berichte nutzen können. Niemand anderes als der QuickView-Ersteller kann also diesen Report nutzen oder ihn in der Anwendung sehen. Sie lernen nun, wie Sie Ihren QuickViewer-Report für alle User zugänglich machen. Im SAP-System wird die Umwandlung eines QuickViewer-Berichts in einen Query-Bericht *Konvertierung* genannt. Wählen Sie, wie in Abbildung 7.4 gezeigt, den Menüpfad Query • QuickView konvertieren...

Abbildung 7.4 Menüpfad zum Konvertieren eines QuickViews

Nach Ihrer Auswahl erscheint ein Dialogfenster mit der Bezeichnung Konvertieren eines QuickViews (siehe Abbildung 7.5).

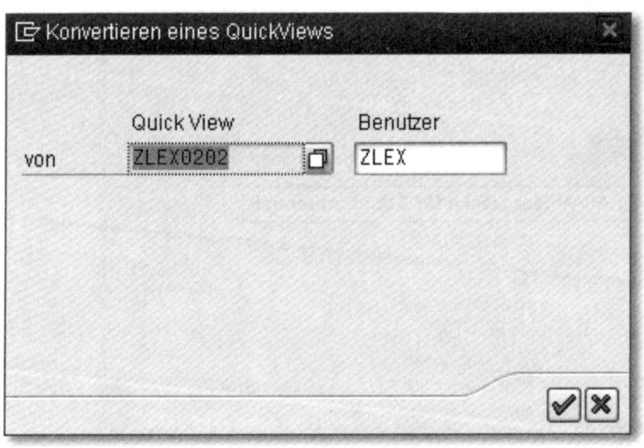

Abbildung 7.5 QuickView für Query-Konvertierung eintragen

Tragen Sie Ihren in Kapitel 3, »QuickViewer«, erstellten QuickView im Feld mit der Überschrift QUICKVIEW ein. Weiterhin tragen Sie im Feld mit der Überschrift BENUTZER Ihren Benutzernamen ein. Bestätigen Sie Ihre Eingaben mit dem Button ✔. Anschließend erweitert sich Ihr Fenster KONVERTIEREN EINES QUICKVIEWS um einen weiteren Eingabebereich (siehe Abbildung 7.6).

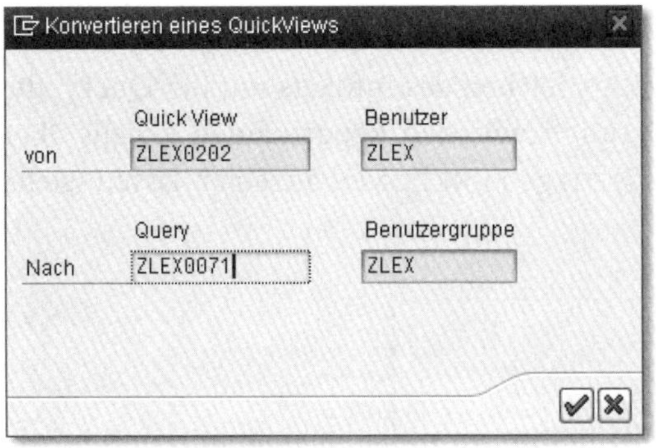

Abbildung 7.6 Die aus einem QuickView konvertierte Query betiteln

Tragen Sie nun im Feld mit der Überschrift QUERY den Namen der neu erstellten Query ein, und bestätigen Sie nochmals Ihre Eingabe mit dem Button ✔. Sie gelangen nun zur SAP Query-Einstiegsmaske zurück (siehe Abbildung 7.7).

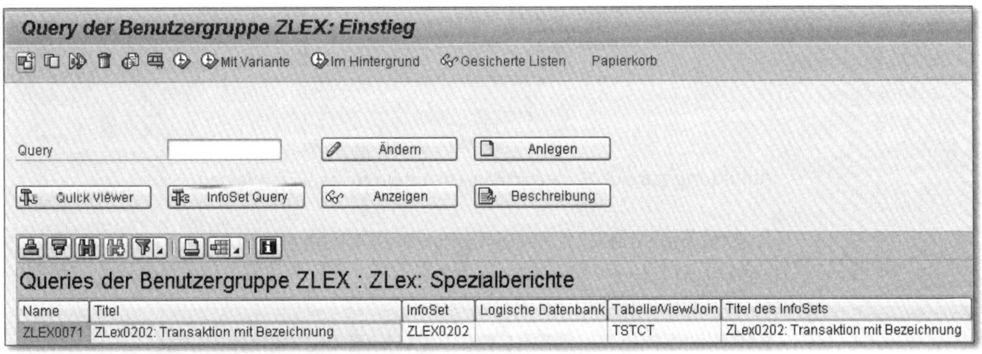

Abbildung 7.7 Query-Übersicht, inklusive konvertierter QuickView-Query

Es steht Ihnen nun die neue Query ZLEX0071 für die Berichtsausführung oder zur weiteren Bearbeitung zur Verfügung. Sie können jetzt z. B. den Text der Query umbenennen oder die Query Ihren Anwendern zur Verfügung stellen.

7.2.3 Weitere Funktionen in der Einstiegsmaske

Query-Reportname

In der Query-Einstiegsmaske stehen Ihnen im Menüumfeld noch weitere Funktionen zur Verfügung. Sollten Sie die Hinweismeldung erhalten, dass Ihre Query nicht zum InfoSet aktualisiert wurde, so können Sie die Query mit dem InfoSet abgleichen. Ebenfalls können Sie das von der Query erzeugte ABAP-Programm neu generieren. Da die Query ja ein Hilfsmittel ist, um ein ABAP-Programm zu erstellen, wird auch automatisch ein ABAP-Reportname erzeugt. Sie können sich die Funktionen zum Abgleichen des InfoSets mit der Query, die Query-Programmgenerierung sowie den Reportnamen jeweils über den Menüpfad Query • Weitere Funktionen anzeigen lassen (siehe Abbildung 7.8).

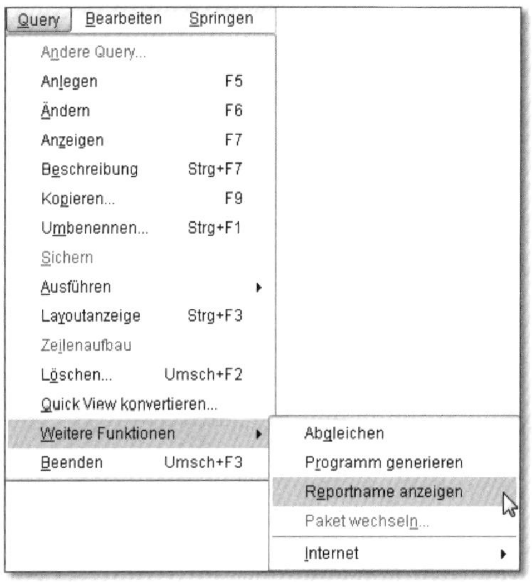

Abbildung 7.8 ABAP-Reportnamen zur Query anzeigen lassen

Lassen Sie sich den Reportnamen zu unserer gerade erzeugten Query anzeigen (siehe Abbildung 7.9).

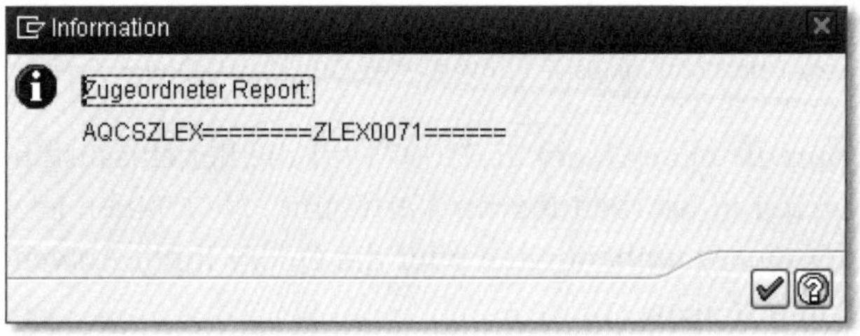

Abbildung 7.9 Automatisch generierter ABAP-Reportname für eine Query

Logik für die Query-Reportbezeichnung

Der ABAP-Report wird mit 30 Stellen bezeichnet. Diese sind wie folgt aufgebaut:

- 01. und 02. Stelle: Fix AQ für ABAP Query (vor Release 4.6 wurde die heutige SAP Query ABAP Query genannt).
- 03. und 04. Stelle: Verschlüsselung des Mandanten. Legen Sie Queries im globalen Bereich an, so steht an der an der dritten und vierten Stelle jeweils fix ein ZZ.
- 05. und 06. Stelle: Bezeichnung der Benutzergruppe mit maximal zwölf Stellen.
- 17. bis 30. Stelle: Bezeichnung der Query. Eine Query kann maximal mit vierzehn Stellen bezeichnet werden. Ist die Query-Bezeichnung kürzer als vierzehn Stellen, so wird der ABAP-Reportname mit »=« aufgefüllt.

[+]

Anzeige von Queries

Sie kennen nun die Logik, wie der ABAP-Reportname für eine Query vergeben wird. Mit diesem Wissen können Sie im Data Browser in der Tabelle REPOSRC (Report Sourcen) die in Ihrem System vorhandenen Queries abfragen. In der Tabelle REPOSRC finden Sie zudem viele weitere interessante Informationen, wie z. B. Ersteller, Erstellungsdatum, Änderer und Änderungsdatum sowie die Version.

Anzeige von QuickViews

Für die mit dem QuickViewer erzeugten Berichte wird im Hintergrund automatisch eine Benutzergruppe mit SYSTQV am Anfang angelegt. Im ABAP-Programm ist ab der fünften Stelle die Benutzergruppe codiert (siehe Abbildung 7.10). Somit können Sie erkennen, welche QuickViews in Ihrem System existieren. Über die Tabelle D010TAB (Tabelle für Report ⇔ Tabellen-Verwendung) erkennen Sie, welche Tabellen abgefragt werden. So decken Sie gegebenenfalls ein Sicherheitsrisiko in Ihrem System auf: Es könnten z. B. Dateninhalte abgefragt werden, die nicht für einen Personenkreis bestimmt sind. So kann man in vielen Tabellen personenbezogenene Daten sehen, z. B. in der Tabelle AFRV bei Auftragsrückmeldungen. Auf der anderen Seite kann es sinnvoll sein, QuickViewer-Berichte in eine Query zu konvertieren, sodass weitere Anwender wertvolle Informationen abfragen können.

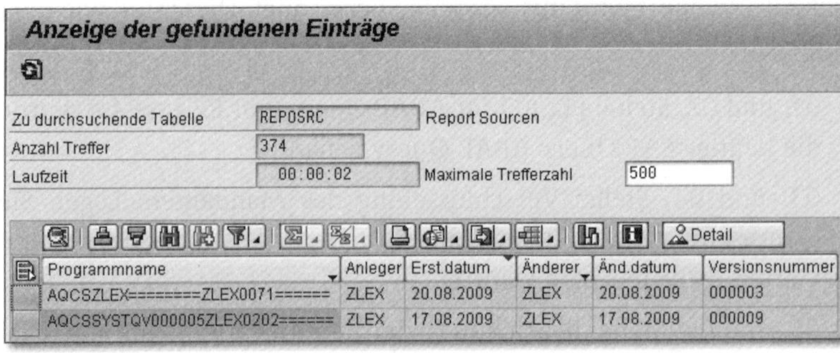

Abbildung 7.10 Data Browser mit ABAP-Programmnamen

Query im ABAP Editor anzeigen

Möchten Sie nun komfortabel die in Ihrem System vorhandenen Queries mithilfe der abgefragten Tabellen ermitteln, so erstellen Sie am besten ein neues InfoSet und verwenden dieses als Grundlage für Ihre Query.

Der Name des ABAP-Programms wird Ihnen nach dem Aufruf Ihrer Query auch angezeigt, wenn Sie anschließend in die Transaktion SE38 (ABAP Editor: Einstieg) abspringen. Das System übernimmt den Programmnamen als Set-/Get-Parameter in die Transaktion SE38 (siehe Abbildung 7.11).

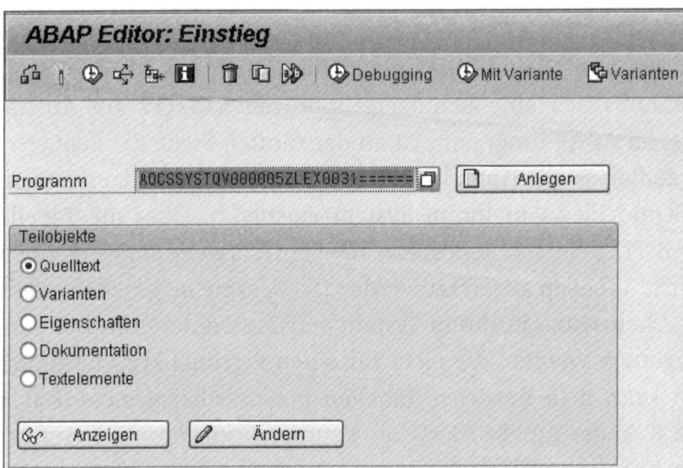

Abbildung 7.11 Ansicht ABAP-Editor nach Aufruf eines QuickViewer-Reports

7.2.4 Weitere Bearbeitungsoptionen

In der Query-Einstiegsmaske (Transaktion SQ01) stehen Ihnen viele Symbole mit nützlichen Funktionen zur Verfügung (siehe Tabelle 7.1).

Nr.	Symbol	Shortcut	Bezeichnung
1		⇧+F7	Benutzergruppe wechseln
2		F9	kopieren
3		Strg+F1	umbenennen
4		⇧+F2	löschen
5		Strg+F3	Layoutanzeige
6		Strg+F8	testen
7		F8	ausführen
8	Mit Variante	⇧+F5	ausführen mit Variante
9	Im Hintergrund	⇧+F6	ausführen im Hintergrund
10	Gesicherte Listen	⇧+F4	gesicherte Listen
11	Papierkorb	Strg+F6	Papierkorb
12	Ändern	–	ändern
13	Anlegen	–	anlegen
14	Quick Viewer	–	QuickViewer
15	InfoSet Query	–	InfoSet Query
16	Anzeigen	–	anzeigen
17	Beschreibung	–	Beschreibung

Tabelle 7.1 Query-Funktionen in der Einstiegsmaske

Query kopieren, umbenennen und löschen

Das Wechseln der Benutzergruppe wurde bereits zu Beginn dieses Abschnitts ausführlich erläutert. Mit dem Button können Sie vorhandene Querys kopieren. Sie können auch Queries aus anderen Benutzergruppen kopieren, wenn das dazugehörige InfoSet Ihrer aktuellen Benutzergruppe zugeordnet ist. Mit dem Button können Sie Querys umbenennen. Wenn Sie Queries umbenennen, sollten Sie Ihre Kollegen darüber informieren, damit diese nicht vergeblich nach einer vorhandenen Query suchen. Informieren Sie gegebenenfalls auch Ihre Kollegen, wenn Sie mit dem Button Querys löschen. Die Queries werden nicht sofort gelöscht, sondern vorerst in den Papierkorb verschoben. So können Sie Ihre Query gegebenenfalls wieder zurückholen. Weitere Informationen zum Papierkorb finden Sie in Abschnitt 5.5.2. Die weiteren Funktionen sind selbsterklärend.

Als Nächstes legen Sie mit dem Button Anlegen Ihre eigene Query an.

7.3 Query-Anlagemaske

Dieser Abschnitt zeigt Ihnen, wie Sie mit der Query-Anlagemaske arbeiten können. Geben Sie in das Feld QUERY den Text ZLEX0072 ein, und klicken Sie, wie in Abbildung 7.12 gezeigt, auf den Button ANLEGEN.

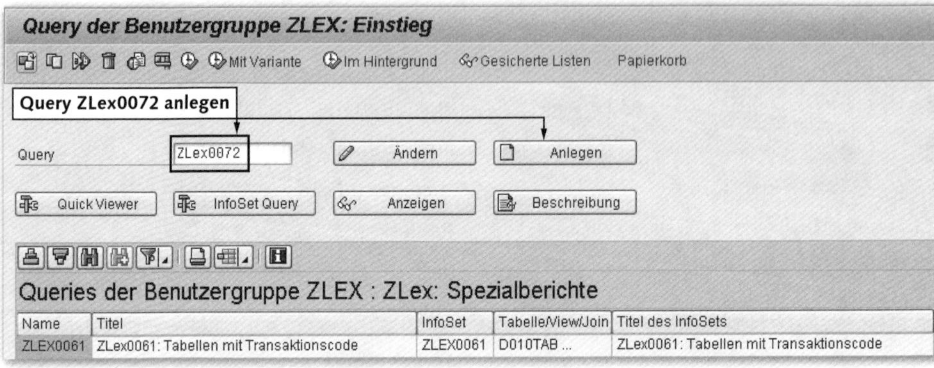

Abbildung 7.12 Query ZLex0072 anlegen

Es öffnet sich ein weiteres Fenster mit allen InfoSets der Benutzergruppe ZLEX. Wählen Sie per Doppelklick das InfoSet ZLEX0061 (TABELLEN MIT TRANSAKTIONEN) aus (siehe Abbildung 7.13).

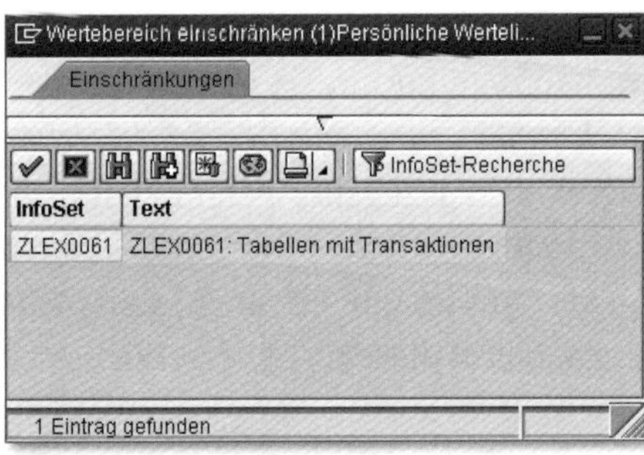

Abbildung 7.13 InfoSet für das Anlegen einer Query auswählen

Es erscheint eine Maske, in der Sie die Query benennen und formatieren können, wie im folgenden Abschnitt gezeigt.

7.3.1 Titel und Formatierung der Query

Sie können Ihrer Query einen Titel geben und diverse Formatierungen durchführen (siehe Abbildung 7.14).

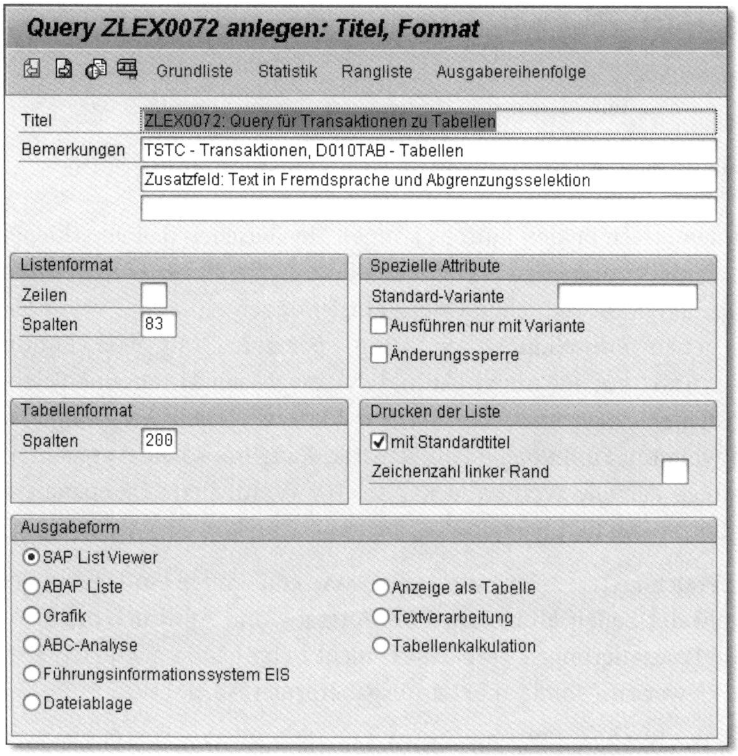

Abbildung 7.14 Titel und Formatierung für die Query festlegen

Query bezeichnen

In der Praxis wird die Query häufig so betitelt, wie die Query selbst auch heißt (die Query heißt z. B. Zlex0072 und die Bezeichnung beginnt dann ebenfalls mit Zlex0072). Der Text im Feld TITEL erscheint auf der Selektionsmaske, und im Bereich BEMERKUNGEN wird häufig die Datenquelle, z. B. das InfoSet, näher erläutert. In der Menüleiste stehen Ihnen acht weitere Buttons zur Verfügung (siehe Tabelle 7.2).

Nr.	Symbol	Shortcut	Bezeichnung
1		F5	vorheriges Bild
2		F6	nächstes Bild
3		Strg + F3	Layoutanzeige
4		Strg + F8	testen
5	Grundliste	⇧ + F4	Grundliste
6	Statistik	⇧ + F5	Statistik

Tabelle 7.2 Navigations- und Funktionsbutton in der Query-Bearbeitung

Nr.	Symbol	Shortcut	Bezeichnung
7	Rangliste	⇧+F7	Rangliste
8	Ausgabereihenfolge	Strg+F4	Ausgabereihenfolge

Tabelle 7.2 Navigations- und Funktionsbutton in der Query-Bearbeitung (Forts.)

Query-Navigation

Mit den ersten beiden Buttons können Sie zwischen den verschiedenen Bildschirmmasken navigieren. Button Nr. 4 bietet Ihnen die Möglichkeit, die aktuellen Query-Einstellungen zu testen, bevor Sie die neuen Einstellungen endgültig speichern. Mit dem Button GRUNDLISTE können Sie direkt in die Auswahl der Listen- und Selektionsfelder abspringen. Die übrigen Buttons stellen Absprünge zu den weiteren Funktionalitäten Statistik, Rangliste sowie Ausgabereihenfolge dar und werden in Kapitel 10, »Verdichtete Datenanalyse mit Statistiken und Ranglisten«, separat erläutert.

Variante zuordnen

Im Bereich LISTEN- UND TABELLENFORMAT können Sie Einfluss auf die Anzahl der Zeilen und Spalten bei Ausgabe und Ausdruck nehmen. Diese Formatierungen wirken sich nicht beim häufig genutzten SAP List Viewer aus, sondern beim Ausgabeformat ABAP-Liste.

Ihrer Query können Sie eine Standardvariante zuordnen. Diese Funktionalität wird in Kapitel 8, »Selektions- und Layoutvarianten«, erläutert.

Änderungssperre

Die Query kann mit einer Änderungssperre versehen werden. Möchten Sie eine bestehende Query mit Änderungssperre anpassen, so kopieren Sie zunächst die Query, und löschen Sie sodann die Query mit Änderungssperre. Anschließend kopieren Sie die Query wieder zurück auf die ursprüngliche Query. Diese Methode ist jedoch unter Vorbehalt durchzuführen, da durch den Kopier- und Löschvorgang vorhandene Selektions- und Layoutvarianten verloren gehen. Empfehlenswerter ist es, das Query-Verzeichnis wie in Abschnitt 5.3.2, »Übersicht über Queries«, aufzurufen und den Button ÄNDSPERRE AUFHEBEN aus Abbildung 5.9 zu drücken.

Der wichtigste Bereich in dieser Maske ist die Ausgabeform. Alternativ können Sie die Änderungssperre mit dem Report Query-Verzeichnis aufheben (siehe Abschnitt 5.3.2, »Übersicht über Queries«).

7.3.2 Ausgabeform

Sie können zwischen den in Tabelle 7.1 aufgeführten Ausgabeformen für SAP Query wählen. Seit Release 4.6C nutzen die neuen SAP-Transaktionen den SAP List Viewer.

Nr.	Ausgabeform
1	SAP List Viewer
2	ABAP-Liste
3	Anzeige als Tabelle
4	Grafik
5	Textverarbeitung
6	ABC-Analyse
7	Tabellenkalkulation
8	Führungsinformationssystem EIS
9	Dateiablage

Tabelle 7.3 Ausgabeformen einer SAP Query

ABAP-Liste

Der Vorgänger des SAP List Viewers war die ABAP-Liste. Die ABAP-Liste wird noch immer bei der Nutzung von Statistiken und Ranglisten verwendet. Statistiken verdichten Ihre Daten nach bestimmten Merkmalen und benötigen für die Berichtsausgabe eine ABAP-Liste. Die Dateiablage speichert die Ergebnislisten mit dem aktuellen Zustand ab. Sie können sich diese Listen mit der Funktion GESICHERTE LISTEN anzeigen lassen.

7.4 Feldbezeichnung

Bei der Query-Anlage werden Sie vom SAP-System durch mehrere Einstellmasken geführt, um Berichte nach Ihren Bedürfnissen zu konfigurieren. Sie durchlaufen folgende Bildschirmmasken:

1. Einstiegsmaske – Query-Namen festlegen
2. Titel, Format – Titel vergeben und Formate festlegen
3. Feldgruppenwahl – Auswahl der Feldgruppen
4. Feldauswahl – Felder auswahlen

5. Selektion – Gestaltung der Selektionsmaske
6. Grundliste – Listen- und Selektionsfelder festlegen

Mithilfe der beiden Navigationsbuttons (rückwärts und vorwärts) aus der Symbolleiste navigieren Sie zwischen den Bildschirmmasken hin und her. Wählen Sie den Navigationsbutton (vorwärts) aus, um in die nächste Bildschirmmaske zu gelangen. Sie erhalten als Nächstes die Feldgruppenwahl (siehe Abbildung 7.15).

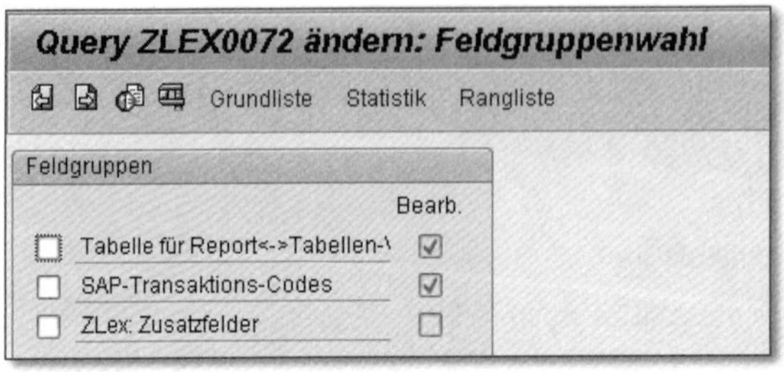

Abbildung 7.15 Die Feldgruppenauswahl in der Query-Bearbeitung

Feldgruppen

Es werden Ihnen die aus dem InfoSet bekannten Feldgruppen angezeigt. Die Auswahl der Feldgruppen steuert die Anzeige von Feldern auf der nächsten Bildschirmmaske. Unsere Datenbasis ist überschaubar; wählen Sie daher alle Feldgruppen durch Markieren aus, und navigieren Sie mit dem Button zur nächsten Bildschirmseite. Sie erhalten das in Abbildung 7.16 gezeigte Bild.

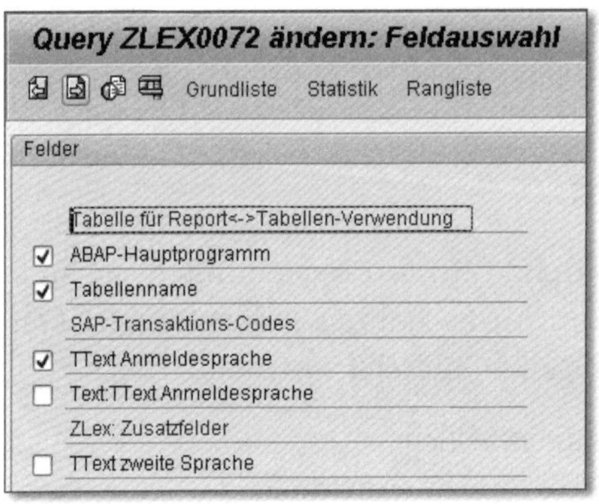

Abbildung 7.16 Feldauswahl in der Query

Es werden Ihnen nun die Feldgruppen des InfoSets in strukturierter Form angezeigt. Unterhalb der Feldgruppen sehen Sie die Tabellenfelder, die Sie im InfoSet den Feldgruppen zugeordnet haben. Sie erkennen die Auswirkung der Feldgruppengestaltung im InfoSet: So wird auch unsere, im InfoSet angelegte Feldgruppe für die Zusatzfelder angezeigt. Daher können Sie bei vielen Datenfeldern Ihre Daten bereits in Form von Feldgruppen gezielt strukturieren.

7.4.1 Spaltenüberschrift von Query-Feldern ändern

In dieser Maske habe Sie zudem die Möglichkeit, die Spaltenüberschriften Ihrer Datenfelder für die Query-Ausgabe zu optimieren. Klicken Sie auf das Feld TTEXT ANMELDESPRACHE, und wählen Sie den Menüpfad BEARBEITEN • SPALTENÜBERSCHRIFT • PFLEGEN (siehe Abbildung 7.17).

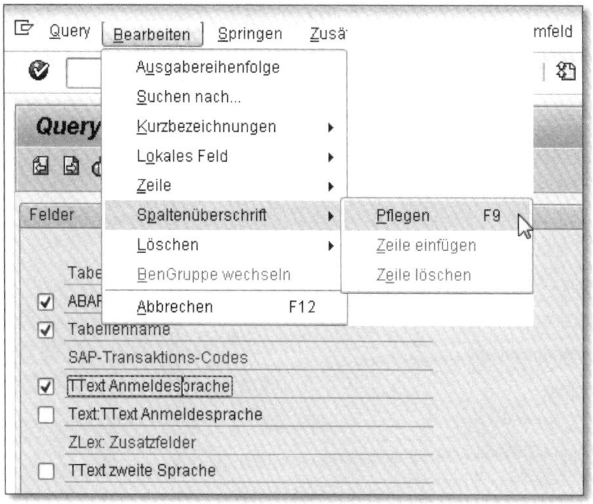

Abbildung 7.17 Spaltenüberschrift eines Feldes ändern

Sie erhalten nun ein Dialogfenster mit der Bezeichnung SPALTENÜBERSCHRIFT EINES FELDES (siehe Abbildung 7.18). Hier ändern Sie im Feld ÜBERSCHRIFT den Text von TCODE in TRANSAKTIONSCODE ab.

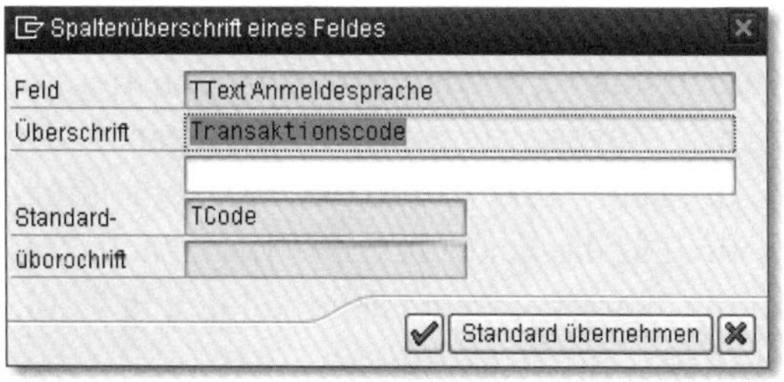

Abbildung 7.18 Spaltenüberschrift eines Query-Feldes ändern

Sie können Ihre Berichtsfelder somit durch für Ihr Unternehmen geeignete Textfelder noch sprechender gestalten. Ferner haben Sie die Möglichkeit, Ihrem Bericht weitere Spalten mit zusätzlichen Inhalten hinzuzufügen.

7.4.2 Lokale Felder

Wir nehmen an, dass Sie in Ihrem Bericht mit Icons darstellen möchten, ob der Transaktionstext in eine Fremdsprache übersetzt wurde. Ist der Transaktionstext in Ihrer Anmeldesprache mit dem Transaktionstext in der zweiten Sprache identisch, so soll dies durch ein rotes Icon dargestellt werden. Weisen die beiden Transaktionstextfelder unterschiedliche Inhalte auf, so ist ein grünes Icon anzuzeigen. Wählen Sie den Menüpfad Bearbeiten • Kurzbezeichnungen • Ein/ausschalten (siehe Abbildung 7.19).

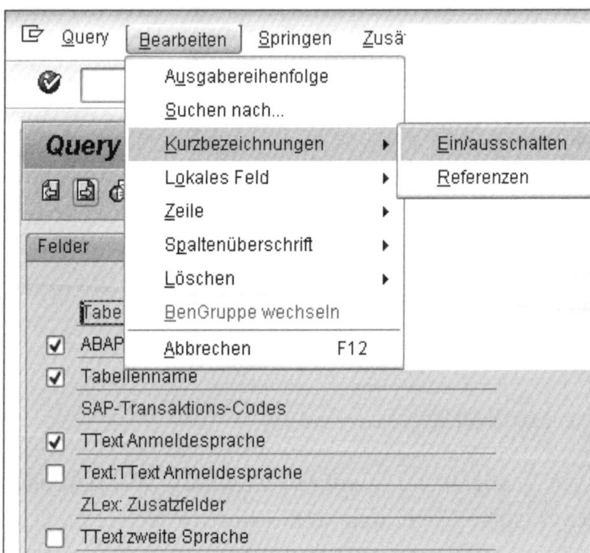

Abbildung 7.19 Zum Feld eine Kurzbezeichnung vergeben

Kurzbezeichnung zu Feldern einblenden

Auf Ihrem Bildschirm werden nun rechts neben den Datenfeldern in der Spalte mit der Überschrift Kurzbezeichnung freie Eingabefelder angezeigt. Tragen Sie für das Feld TText Anmeldesprache die Kurzbezeichnung »Sprache1« ein. Für das Feld TText zweite Sprache tragen Sie die Kurzbezeichnung »Sprache2« ein (siehe Abbildung 7.20).

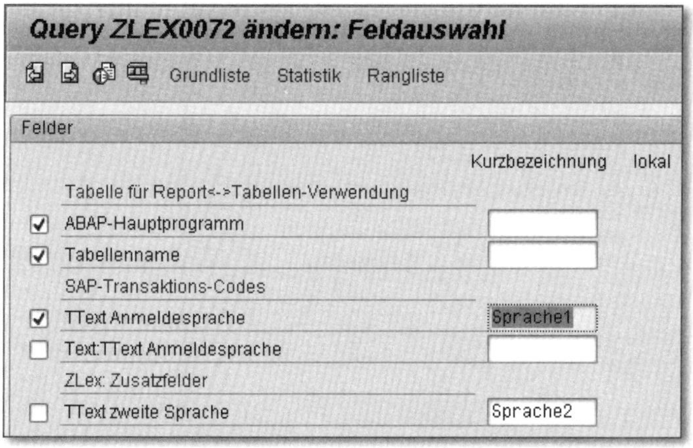

Abbildung 7.20 Transaktionstextfeldern eine Kurzbezeichnung geben

Lokales Feld bezeichnen

Die weitere Feldbezeichnung hat den Zweck, die Felder zu kennzeichnen, die Sie für ein zusätzliches Feld benötigen. Ferner ist es einfacher mit aussagekräftigen Bezeichnungen zu arbeiten, wenn Sie neue Felder in Ihrer Query anlegen. Für die Anlage eines neuen lokalen Feldes wählen Sie den Menüpfad Bearbeiten • Lokales Feld • Anlegen (siehe Abbildung 7.21).

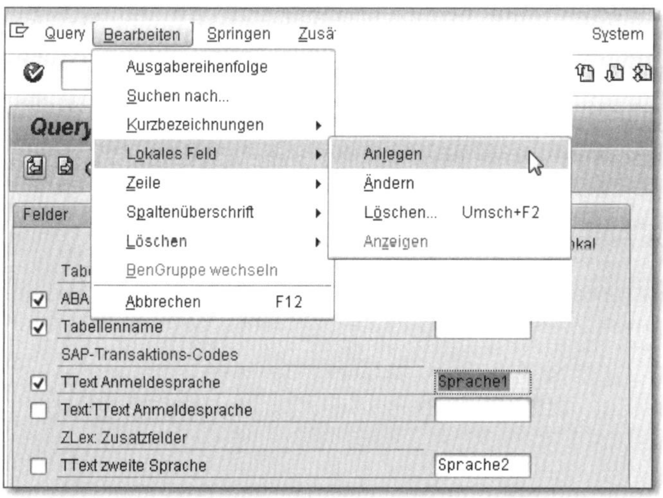

Abbildung 7.21 Lokales Feld anlegen

In dem nun folgenden Fenster definieren Sie Ihr lokales Feld (siehe Abbildung 7.22).

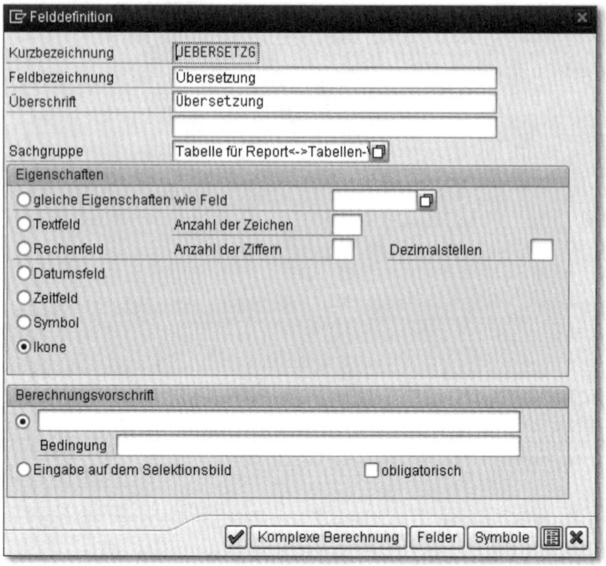

Abbildung 7.22 Lokales Feld definieren

Lokales Feld definieren

Geben Sie im Feld KURZBEZEICHNUNG den Text »UEBERSETZG« ein. In den Feldern FELDBEZEICHNUNG und ÜBERSCHRIFT geben Sie »Übersetzung« ein. In Ihrem lokalen Feld (Berichtsspalte) soll ein Icon erscheinen, daher wählen Sie im Bereich EIGENSCHAFTEN die Option IKONE aus. Zur weiteren Bearbeitung klicken Sie auf den Button KOMPLEXE BERECHNUNG, damit Sie die Bedingungen für die Anzeige der farbigen Icons eingeben können. Es öffnet sich nun ein Fenster mit dem Titel FELDDEFINITION: KOMPLEXE BERECHNUNG (siehe Abbildung 7.23).

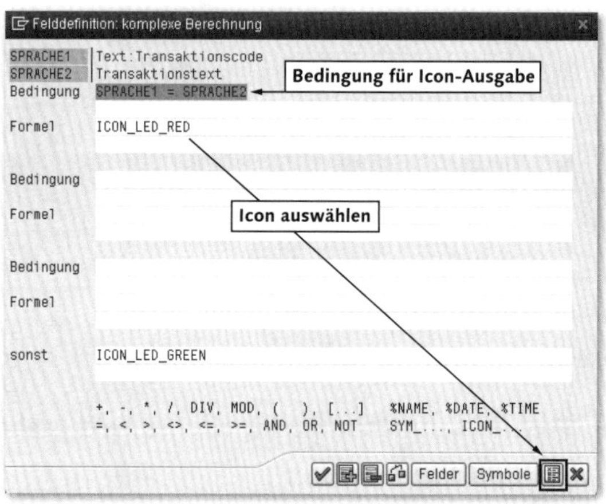

Abbildung 7.23 Komplexe Berechnung für ein lokales Feld definieren

Komplexe Berechnung

Sie haben für zwei Datenfelder je eine Kurzbezeichnung SPRACHE1 und SPRACHE2 vergeben. Um den Inhalt Ihres lokalen Feldes zu bestimmen, können Sie nun auf die beiden Kurzbezeichnungen zurückgreifen. Fügen Sie daher in der komplexen Berechnung als BEDINGUNG SPRACHE1 = SPRACHE2 ein. Im Bereich FORMEL ist der Text für die Anzeige des Icons einzutragen. Ist die Bedingung SPRACHE1 = SPRACHE2 nicht erfüllt, so können Sie im Feld SONST den Text für ein weiteres Icon eintragen. Sie können sich die vorhandenen Icons sowie den dazugehörigen Text anzeigen lassen, indem Sie unten rechts im Bildschirm auf den Button (Ikone) klicken. Anschließend erhalten Sie einen Bildschirm zur Auswahl der SAP-System-Icons (siehe Abbildung 7.24).

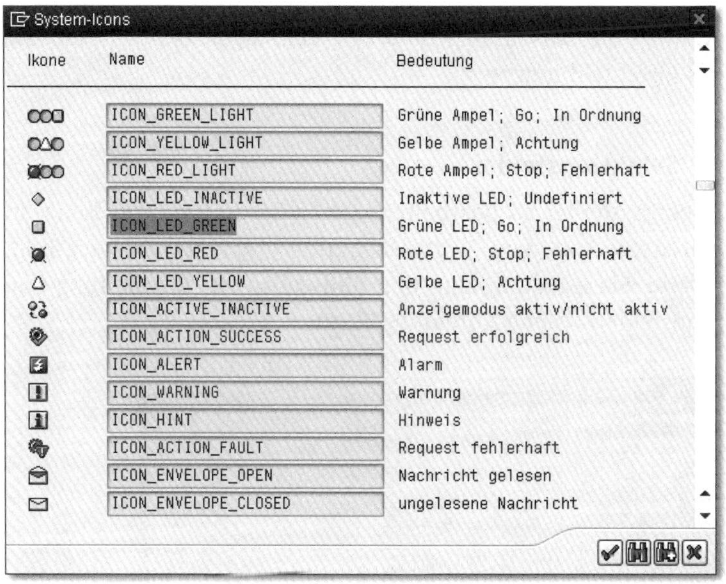

Abbildung 7.24 Auswahl der SAP-System-Icons

Icon auswählen

Es stehen Ihnen mehr als 1.000 unterschiedliche System-Icons zur Verfügung. Rechts neben dem Icon wird Ihnen der Text des System-Icons angezeigt. Wählen Sie das System-Icon ICON_LED_RED aus, und bestätigen Sie Ihre Eingabe mit dem Button . Sie gelangen nun Bild FELDDEFINITION: KOMPLEXE BERECHNUNG zurück. Bestätigen Sie auch hier Ihre Eingaben mit . Nun gelangen Sie zurück zum Bild FELDDEFINITION. Auch hier bestätigen Sie Ihre Eingaben mit . Das lokale Feld ist definiert und erscheint nun ebenfalls in der Feldauswahl (siehe Abbildung 7.25).

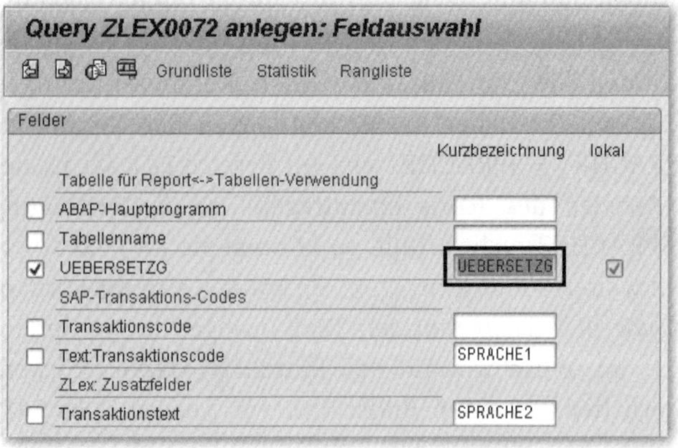

Abbildung 7.25 Lokales Feld in der Feldauswahl

Nun können Sie das zusätzliche lokale Feld als Selektionskriterium oder als Listenfeld nutzen.

7.4.3 Selektionsfelder

Um Selektionsfelder zu bearbeiten, gehen Sie folgendermaßen vor: Navigieren Sie mit dem Vorwärts-Button zur nächsten Bildschirmseite. Sie erhalten dann den Bildschirm zur Bearbeitung von Selektionsfeldern (siehe Abbildung 7.26).

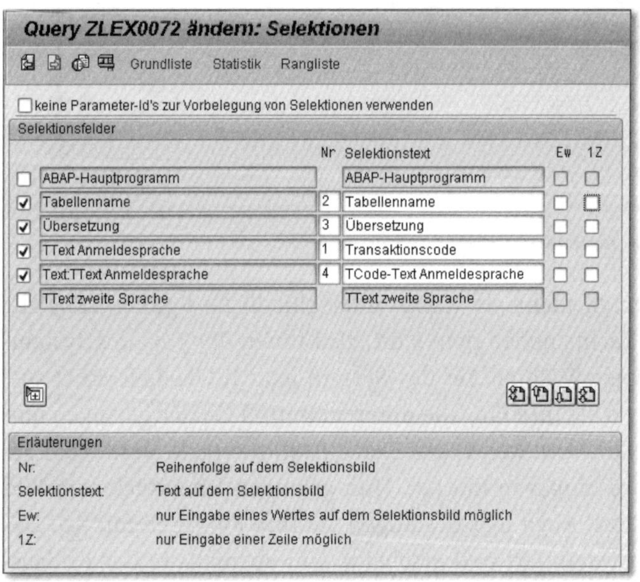

Abbildung 7.26 Reihenfolge und Text der Selektionsfelder festlegen

Reihenfolge der Selektionsfelder festlegen

Sie können entscheiden, in welcher Reihenfolge die Selektionsfelder auf Ihrer Selektionsmaske erscheinen sollen. Ändern Sie die aktuelle Reihenfolge der Selektionsfelder, indem Sie in der Spalte mit der Überschrift NR die entsprechende Ziffer eintragen. So lassen Sie z. B. den Transaktionscode zuerst auf Ihrer Selektionsmaske erscheinen. Weiterhin können Sie die Texte auf der Selektionsmaske entsprechend Ihren Wünschen anpassen. Hierzu ändern Sie einfach den vorgeschlagenen Text in der Spalte SELEKTIONSTEXT, und der ursprüngliche SAP-Text wird Ihnen weiterhin auf der linken Bildschirmhälfte angezeigt. Wählen Sie im nächsten Schritt die GRUNDLISTE aus, wie im folgenden Abschnitt gezeigt.

7.5 Grundliste

Der Aufbau der Grundliste ist mit dem Aufbau der Grundliste aus dem QuickViewer identisch. Es stehen Ihnen die gleichen Funktionalitäten wie im QuickViewer zur Verfügung (siehe Kapitel 3, »QuickViewer«). Im Vergleich zum QuickViewer erscheinen nun zusätzlich Ihre Zusatzfelder aus dem InfoSet sowie die in der Query angelegten lokalen Felder. Ferner stehen Ihnen hier die zu einem Feld generierten Textfelder zur Verfügung (siehe Abbildung 7.27).

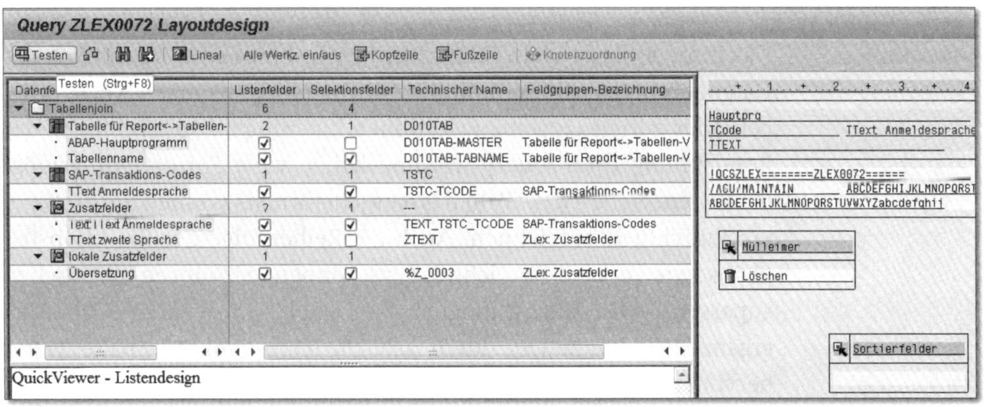

Abbildung 7.27 Grundliste mit Auswahl der Listen- und Selektionsfelder

Layoutfelder auswählen

Insgesamt stehen Ihnen nun vier Feldgruppen mit insgesamt sechs Datenfeldern zur Verfügung. Markieren Sie alle sechs Felder sowohl als Listen- als auch als Selektionsfelder. Speichern Sie nun Ihre Query-Gestaltung mit . Nun können Sie sich das Ergebnis Ihrer Query anschauen, indem Sie auf den Button Testen drücken. Welche Möglichkeiten es bei der Selektion sowie der Gestaltung von Selektions- und Layoutvarianten gibt, wird in Kapitel 8 erläutert.

7.6 Zusatzfunktionen

Bericht-Bericht-Schnittstelle (BBS)

Neben den bislang dargestellten Möglichkeiten stehen Ihnen die sehr komfortablen Zusatzfunktionen *Statistiken* sowie die *Bericht-Bericht-Schnittstelle* zur Verfügung. Mit den Statistiken können Sie Ihre Datenmenge verdichtet darstellen. Die Bericht-Bericht-Schnittstelle ermöglicht Ihnen von Ihrer Query einen Absprung auf andere Berichte oder einen Drill-down direkt auf die SAP-Anwendungstransaktionen. Sowohl die Statistiken als auch die Bericht-Bericht-Schnittstelle werden in der Praxis sehr häufig genutzt. Beide Funktionen bieten Ihnen einen erheblichen Mehrwert und werden detailliert in den folgenden Kapiteln erläutert. Der Bericht-Bericht-Schnittstelle widmen wir uns in Kapitel 9, »Ampelsymbole, Drill-down, Grafiken und ABC-Analysen«, und den Statistiken in Kapitel 10, »Verdichtete Datenanalyse mit Statistiken und Ranglisten«.

7.7 Zusammenfassung

Das InfoSet bietet viele Möglichkeiten, insbesondere im Bereich der Datenbereitstellung. Sie können die Query mit wenigen Klicks anlegen oder gezielt einzelne Funktionen hinzufügen. So sind Sie in der Bezeichnung Ihrer Query frei und haben viele Formatierungsmöglichkeiten. Neben der Wahl des Ausgabeformats können Sie die Spalten individuell bezeichnen. Auch die Reihenfolge der Selektionsfelder sowie deren Bezeichnungen können Sie Ihren Wünschen anpassen. Es ist zudem möglich Ihre Query um weitere Spalten zu ergänzen. So können Sie durch farbliche Icons konkrete Spaltenwerte hervorheben, oder Sie führen in einer weiteren Spalte zusätzliche Berechnungen durch. Die Daten können über Statistiken verdichtet dargestellt werden, und per Drill-down können Sie auf einzelne Datensätze verzweigen.

In diesem Kapitel lernen Sie, Ihre Daten gezielt zu selektieren und anzuzeigen. Sie erfahren, wie Sie für gleichbleibende Abfragekriterien Selektionsvarianten anlegen, und es werden Ihnen die Funktionen der Layoutvarianten erläutert.

8 Selektions- und Layoutvarianten

Viele Berichtsanforderungen können auf Basis einer gezielten Datenselektion erfüllt werden. Es ist in solchen Fällen nicht erforderlich, die Datenbasis zu verändern oder die Query anzupassen; vielmehr reicht es aus, die relevanten Daten bei der Berichtsausführung gezielt abzugrenzen. Die Selektionsmaske von SAP Query, die Sie aus anderen Transaktionen kennen, bietet Ihnen bereits eine hohe Flexibilität dabei, unterschiedliche Daten abzufragen.

So ist es möglich, nicht nur Einzelwerte zu selektieren, sondern auch mehrere Wertintervalle. Bei einem Wertintervall wird, anders als beim Einzelwert, eine Wertunter- sowie eine Wertobergrenze für ein Merkmal eingegeben. Sie können außerdem bestimmte Merkmalswerte oder Merkmalsintervalle bei der Selektion ausgrenzen.

Darüber hinaus können Sie die Selektionsmaske beim Anlegen des InfoSets um zusätzliche Selektionskriterien ergänzen, die anschließend mit Werten vorbelegt werden können. Es ist möglich, im Hintergrund Werte auszuschließen oder die Selektionskriterien für bestimmte Anwender auszublenden. Beispielsweise lässt sich so der Zugriff auf eine bestimmte Organisationseinheit (z. B. Werk, Verkaufsorganisation, Buchungskreis) bestimmte Anwender indirekt ausschließen.

Bei gleichbleibenden Abfragen können die Auswahlkriterien in Varianten gesichert werden. Somit müssen Sie die Merkmalswerte bei einer erneuten Abfrage nicht noch einmal eingeben. Zudem können die Selektionskriterien in die Selektionsmaske importiert werden. Erhalten Sie z. B. vom Vertrieb eine Excel-Liste mit Kundennummern, so kann die Auswertung auf Basis des Datenimports in einer Abfrage erfolgen.

Schließlich haben Sie noch sehr komfortable Möglichkeiten bei der Datenanzeige. Hier können Sie Ihre Daten z. B. sortieren, filtern, summieren oder sie sogar direkt in Excel anzeigen lassen. Zunächst stellen wir Ihnen die Selektionsmaske vor.

8.1 Selektionsmaske

Standardselektionsvariante in der Query hinterlegen

In Ihrer Query-Definition nehmen Sie Einfluss auf die Darstellung der Selektionsmaske. In der Query-Transaktion SQ01 können Sie im Bildschirmbereich SPEZIELLE ATTRIBUTE ❶ eine Selektionsvariante eintragen (siehe Abbildung 8.1). Zusätzlich können Sie die Berichtsausführung nur mit einer Variante erlauben, denn die Vorbelegung mit einer Variante erleichtert die Datenselektion bei der Berichtsabfrage.

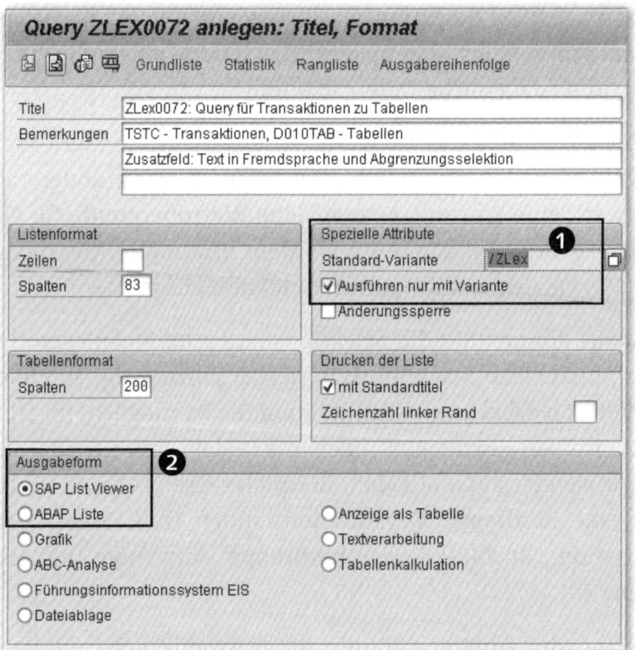

Abbildung 8.1 Query-Kriterien mit Einfluss auf die Selektionsmaske

Ausgabeform in der Query festlegen

Bei der Query-Anlage legen Sie auch einen Vorschlagswert für die Ausgabeform fest. Entscheiden Sie sich z. B. für die Ausgabeform ❷ SAP LIST VIEWER, so wirkt sich diese Festlegung im Gegensatz zur Ausgabeform ABAP LISTE direkt auf die Selektionsmaske aus.

Die Ausgabeform SAP List Viewer bietet Ihnen nicht nur mehr Möglichkeiten in der Datenanzeige, sondern es wird auch die Selektionsmaske vereinfacht (siehe Abbildung 8.2).

Ausgabeform: SAP List Viewer

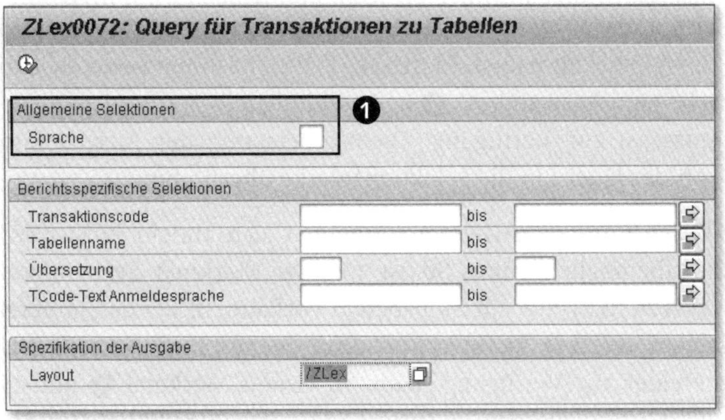

Ausgabeform: ABAP-Liste

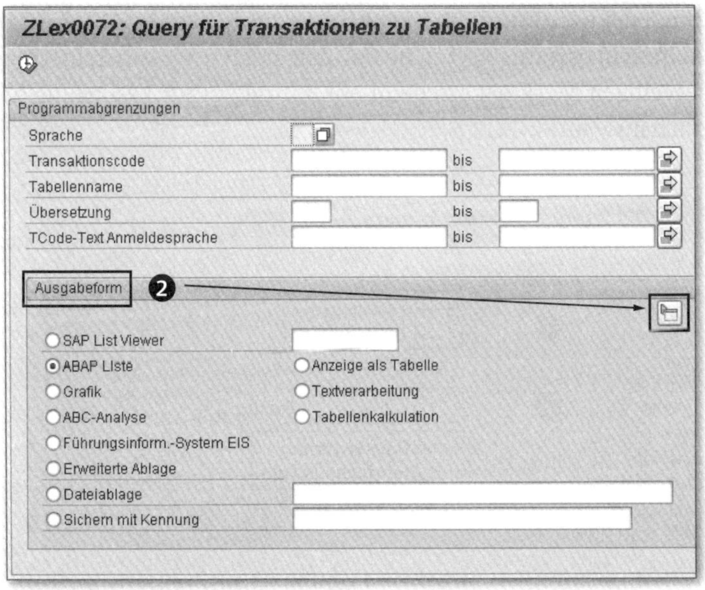

Abbildung 8.2 Selektionsmaske mit unterschiedlichen Ausgabeformen

Abgrenzung aus dem InfoSet

Wird in der Query (Transaktion SQ01) die Ausgabeform SAP List Viewer gewählt, so erscheint ein zusätzlicher Bildschirmbereich Allgemeine Selektionen (❶ in Abbildung 8.2). Die allgemeinen Selektionen stellen Abgrenzungen aus dem InfoSet dar, die Sie zur besseren Datenselektion verwenden können. Die BERICHTSSPEZIFISCHEN SELEKTIONEN spiegeln hingegen die von Ihnen festgelegten Selektionsfelder aus der Query wider.

Ausgabeform ABAP-Liste

Bei der Berichtsausführung können Sie hingegen die Ausgabeform nur dann ändern, wenn Sie bereits in der Query als Ausgabeform ABAP LISTE gewählt haben. In diesem Fall steht Ihnen in der Selektionsmaske eine Auswahlbox (❷ in Abbildung 8.2) zur Festlegung der AUSGABEFORM zur Verfügung. Die Vorbelegung der Ausgabeform wird von der Query in die Selektionsmaske übernommen.

Parameter versus Selektionskriterium

Die Abgrenzungsmerkmale unterscheiden sich zudem hinsichtlich der Eingabemöglichkeiten. So ist für das Merkmal SPRACHE DES TRANSAKTIONSTEXT nur ein Eingabefeld vorhanden. Bei den anderen Merkmalen, wie z. B. TRANSAKTIONSCODE, stehen Ihnen jeweils zwei Eingabefelder zur Verfügung. Kann zu einem Merkmal ❶ nur ein Einzelwert erfasst werden, so spricht SAP von einem Parameter. Stehen Ihnen hingegen zu einem Merkmal ❷ zwei Eingabefelder zur Verfügung, so nennt SAP dies Selektionskriterium (siehe Abbildung 8.3). Ein Selektionskriterium bietet Ihnen zusätzlich die Möglichkeit der Mehrfachauswahl. Rechts neben den beiden Eingabefeldern zu dem jeweiligen Merkmal erscheint ein Button [⇨] zur Festlegung der Mehrfachauswahl.

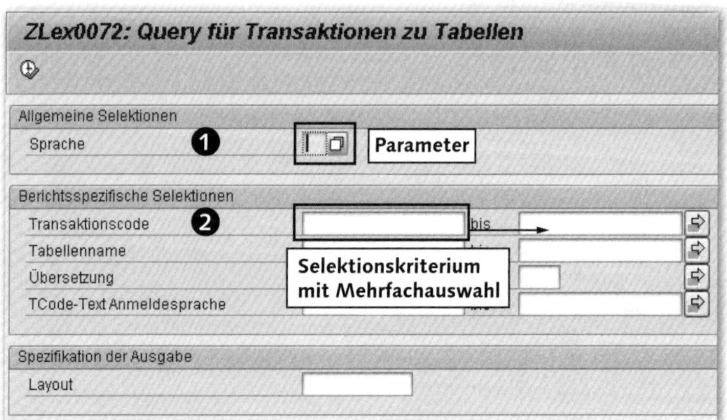

Abbildung 8.3 Selektionsmaske mit einem Parameter und mehreren Selektionskriterien

Möglichkeiten der Mehrfachauswahl

Die Mehrfachselektion bietet Ihnen vier unterschiedliche Optionen, um die Merkmalswerte für die Datenabgrenzung festzulegen (siehe Abbildung 8.4):

- manuelle Eingabe(n) mit möglicher Nutzung von Selektionsoptionen ❶
- Mehrfachauswahl aufgrund einer Suchmaske zu einem Merkmal ❷
- Import aus Textfile ❸
- Upload aus der Zwischenablage ❹

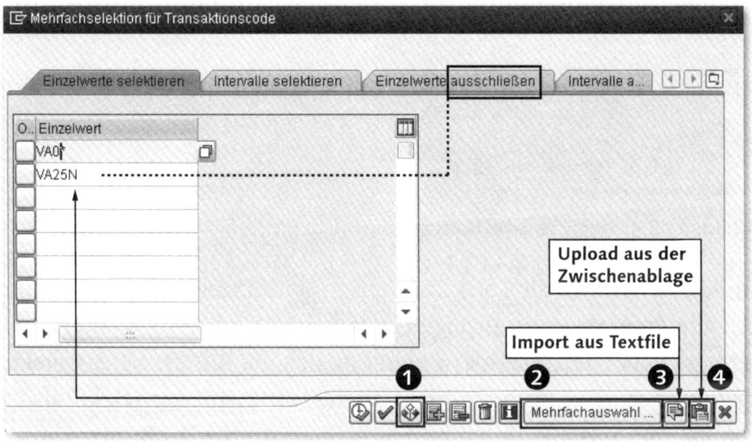

Abbildung 8.4 Datenauswahl in der Mehrfachselektion

Manuelle Eingabe in der Mehrfachauswahl

Nutzen Sie eine überschaubare Anzahl von Merkmalswerten zur Datenselektion (❶ in Abbildung 8.4), so bietet sich die manuelle Eingabe an. Bei der manuellen Eingabe können Sie beliebig viele Einzelwerte oder Intervalle erfassen. Dabei können Sie nicht nur die zu selektierenden Merkmalswerte erfassen, sondern auch einzelne Merkmalswerte oder -intervalle gezielt ausschließen. Die Selektion kann mithilfe von Platzhaltern erfolgen. So steht ein * als Platzhalter für beliebig viele Zeichen und ein + als Platzhalter für ein einzelnes Zeichen. Beispielsweise können Sie alle Transaktionen, die mit VA0 beginnen, und zusätzlich die Transaktion VA25N (Liste Angebote) selektieren. Darüber hinaus stehen Ihnen durch Betätigung des Buttons weitere Selektionsoptionen zur Verfügung, die in Abbildung 8.5 gezeigt werden.

Abbildung 8.5 Mögliche Selektionsoptionen in der Mehrfachselektion

Selektionsoptionen in der Mehrfachauswahl

Im Beispiel wurde die Selektionsoption (Einzelwert) gewählt, um sich alle Transaktionen anzeigen zu lassen, die mit VA0 anfangen. Bei Betrags- oder Mengenfeldern bietet es sich an, die Vergleichsselektionsoptionen zu verwenden. So können Sie z. B. mit der Selektionsoption (größer) alle Daten ab einem bestimmten Wert oder Datum selektieren. Hierdurch können Sie gezielt die Performance erhöhen und z. B. Belege, deren Erstellungsdatum weit in der Vergangenheit liegt, bereits bei der Selektion ausschließen. Selektieren Sie nur wenige Merkmalswerte, so sollten Sie aus Gründen der Performance eine Selektion von Einzelwerten der Intervallselektion vorziehen. In der Praxis werden zudem häufig Initial- oder Nullwerte mit der Option (ungleich) von der Selektion ausgeschlossen, um in der Anzeige die Treffermenge zu reduzieren.

Matchcode-Suche als Hilfsmittel für die Mehrfachauswahl

Möchten Sie hingegen Merkmalswerte aufgrund eines bestimmten Kriteriums aus einer anderen SAP-Transaktion verwenden (❷ in Abbildung 8.4), so können Sie die Datenabgrenzung bereits direkt in der Mehrfachselektion durchführen. Klicken Sie hierzu auf den Button MEHRFACHSELEKTION. Zu Ihrem Auswertungsmerkmal wird nun die generelle Suchmaske angezeigt (siehe Abbildung 8.6). Anders als bei der üblichen F4-Hilfe steht Ihnen in dieser Maske links vor der Spalte TCODE eine weitere Spalte zur Verfügung. Ihre Merkmalswerte können Sie nun gezielt auswählen: Entweder Sie markieren mit dem

Button [icon] (alle markieren) alle gefundenen Einträge, oder Sie entscheiden sich bewusst für einzelne Merkmalswerte, indem Sie diese markieren.

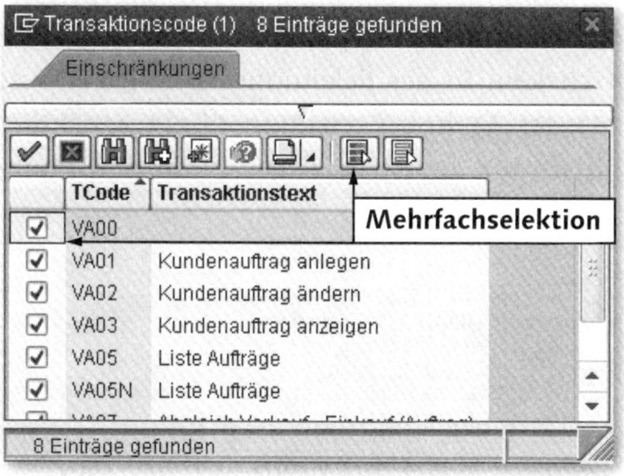

Abbildung 8.6 Merkmalswerte aufgrund des Matchcodes der Mehrfachselektion

Nachdem Sie die Merkmalswerte ausgewählt haben, erhalten Sie unten links am Bildschirm eine grüne Erfolgsmeldung mit dem Text »Die ausgewählten Werte wurden übernommen«. In der Mehrfachselektion sehen Sie die Werte zu diesem Zeitpunkt noch nicht; die Merkmalswerte werden jedoch bei der Selektion bereits berücksichtigt sowie beim nächsten Aufruf der Mehrfachselektion angezeigt. In der Praxis können Sie z. B. die Kunden aus einem bestimmten Land auswählen, um sich bestimmte Informationen auf Länderebene verdichtet anzeigen zu lassen.

Import txt-Datei in die Mehrfachauswahl

Bei sehr vielen Selektionswerten bietet es sich an, diese in die Mehrfachselektion zu importieren (❸ in Abbildung 8.4). Verfügen Sie bereits über eine manuell bearbeitete Merkmalsliste (z. B. Material- oder Kundennummern), so können Sie diese für die Mehrfachselektion übernehmen. Klicken Sie hierzu auf den Button [icon] (Import aus Textfile), und wählen Sie Ihren Dateipfad sowie die entsprechende Datei aus. Die zu importierende Datei muss im txt-Dateiformat zur Verfügung stehen.

Upload aus der Zwischenablage in die Mehrfachauswahl

Noch einfacher können Sie die Merkmalswerte innerhalb des SAP-Systems in die Mehrfachselektion übernehmen (❹ in Abbildung 8.4). Im SAP-System verwenden Sie zum Markieren [Strg]+[Y] und zum Kopieren [Strg]+[C], also die gleichen Shortcuts wie in Microsoft Office. Sie können die im Zwischenspeicher befindlichen Werte durch den Befehl [Strg]+[V] oder durch Klick auf den Button (Upload aus der Zwischenablage) in die Mehrfachselektion übernehmen.

Nachdem Sie zu Ihrem Selektionskriterium die Merkmalswerte ausgewählt haben, übernehmen Sie diese in die Selektionsmaske, indem Sie auf den Button klicken. In der Selektionsmaske ist nun der erste Merkmalswert aus der Mehrfachselektion direkt ersichtlich. Zudem wird der Button für die Mehrfachselektion nun dunkel hervorgehoben (siehe Abbildung 8.7).

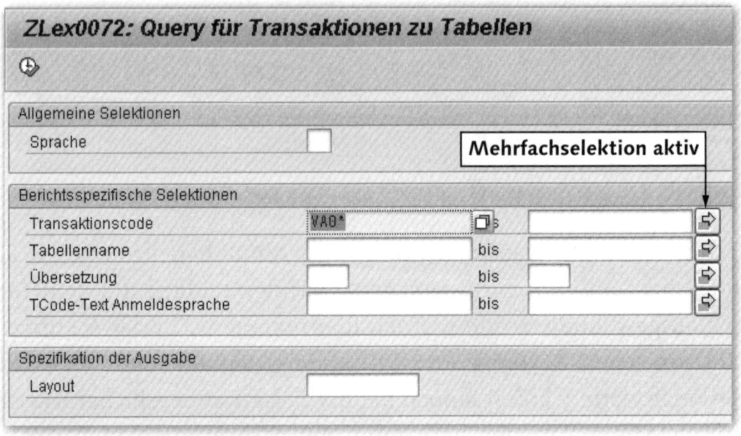

Abbildung 8.7 Selektionsmaske mit Mehrfachselektion

Diese neue Datenselektion mit einer Mehrfachselektion kann zur nochmaligen Verwendung als Selektionsvariante gespeichert werden.

8.2 Selektionsvarianten

Selektionsvariante für sich wiederholende Abfragen

Die Selektionsvariante kann zur gezielten Abgrenzung der zu selektierenden Daten verwendet werden. Sie können die Selektionsvariante bei sich wiederholenden Eingaben als Arbeitserleichterung verwenden, indem Sie mithilfe der Selektionsvariante gleichbleibende Merkmalswerte in die Selektionsmaske übernehmen.

Tragen Sie in die Selektionsmaske die für Sie relevanten Selektionskriterien ein. Klicken Sie anschließend auf den Button (speichern), und Sie gelangen zur Vorbelegung. Diese Vorbelegung speichern Sie nun in einer Selektionsvariante. Im Anschluss daran gelangen Sie auf einen Bildschirm mit der Überschrift VARIANTENATTRIBUTE (siehe Abbildung 8.8).

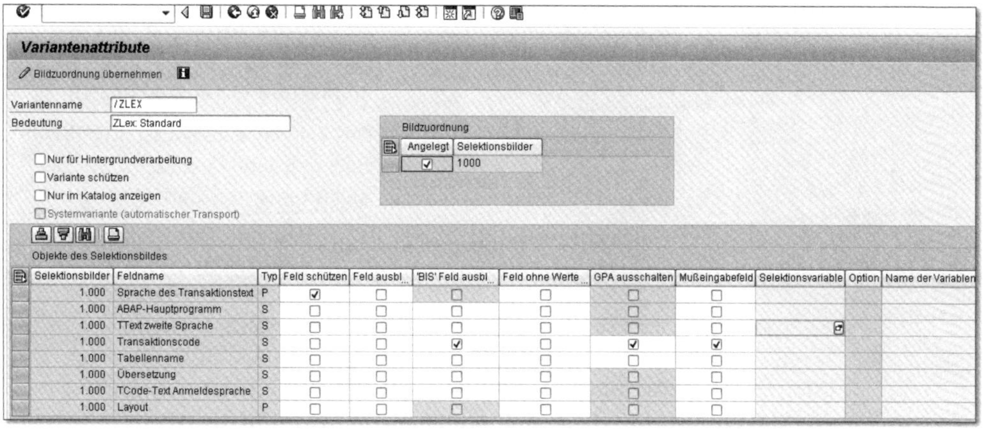

Abbildung 8.8 Einstellungsmöglichkeiten in der Selektionsvariante

Variantenattribute einer Selektionsvariante

Im Feld VARIANTENNAME geben Sie nun einen Kurztext für Ihre Variante und im Feld BEDEUTUNG eine sprechende Bezeichnung ein. Für die Selektionsvariante können Sie zusätzlich festlegen, ob diese nur für die Hintergrundverarbeitung genutzt werden soll, ob die Variante gegen Änderung durch anderer Benutzer geschützt werden soll und ob sie für andere Benutzer sichtbar sowie auswählbar sein soll.

Einstellungsmöglichkeiten einer Selektionsvariante

Im unteren Bildschirmbereich stehen Ihnen nun sechs weitere Einstellungsmöglichkeiten für die Selektionsfelder zur Verfügung, die ebenfalls in einer Selektionsvariante gespeichert werden können (siehe Tabelle 8.1). In der dritten Spalte ist der TYP des Selektionsmerkmals angegeben, wobei P für Parameter und S für Selektionskriterium steht.

Nr.	Funktion	Bedeutung
1	Feld schützen	In der Selektionsmaske wird das Feld ausgegraut und ist daher nicht eingabebereit.
2	Feld ausblenden/ BIS-Feld ausblenden	Das Feld kann einen Vorschlagswert enthalten; das Feld sowie dessen Inhalt sind auf der Selektionsmaske nicht sichtbar.

Tabelle 8.1 Einstellungsmöglichkeiten in der Selektionsvariante

Nr.	Funktion	Bedeutung
3	Feld ohne Werte abspeichern	Beim Start der Variante werden zuvor eingegebene Werte nicht verändert.
4	GPA ausschalten	GPA ist die Abkürzung für Get-/Set-Parameter. Eine Eingabe wird nun nicht mehr vorgeschlagen.
5	Muss-Eingabefeld	Das Feld wird als Mussfeld gekennzeichnet. Eine Eingabe ist vor der Ausführung erforderlich.
6	Selektionsvariable /Option/ Name der Variablen	Vorschlag eines Merkmalswerts aufgrund einer Variablen.

Tabelle 8.1 Einstellungsmöglichkeiten in der Selektionsvariante (Forts.)

Durch diese Einstellungsmöglichkeiten können Sie die Selektionsvariante vereinfachen, die Vorbelegung beeinflussen oder die Selektionskriterien steuern. So können Sie durch die Verwendung der Selektionsvariablen und der Aussteuerung eines Feldes als Muss-Eingabefeld Ihre Datenanzeige, die Benutzerfreundlichkeit sowie die Performance erheblich verbessern.

Dynamische Datumsvariable

Die Vorbelegung der Merkmalswerte kann bei einem Datumsfeld dynamisch erfolgen. So kann durch eine Selektionsvariable eine dynamische Datumsberechnung durchgeführt werden. Die in diesem Kapitel beschriebenen Funktionen sind nicht nur für die Query anwendbar, sondern sie gelten auch für viele SAP-Standardauswertungen. Schauen Sie sich die Variantenattribute zu einem Datumsfeld einmal genauer an: In den hinteren Spalten können Sie die SELEKTIONSVARIABLE hinterlegen (siehe Abbildung 8.9).

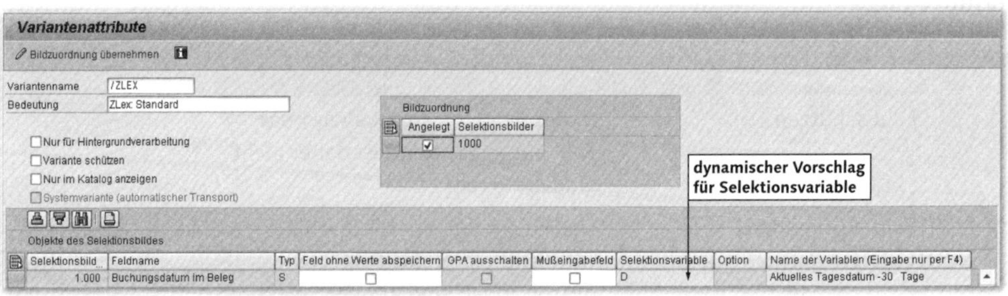

Abbildung 8.9 Datumsfeld mit Selektionsvariante

Wählen Sie zu einem Datumsfeld in der Spalte SELEKTIONSVARIABLE die [F4]-Hilfe (Matchcode) aus. Sie haben anschließend die Möglichkeit, eine Datumsvariable D für Ihr Datumsfeld auszuwählen (siehe Abbildung 8.10). Die Selektionsvariablen müssen über die [F4]-Hilfe ausgewählt werden; eine direkte Eingabe z. B. des Buchstabens D für eine Datumsvariable ist nicht möglich.

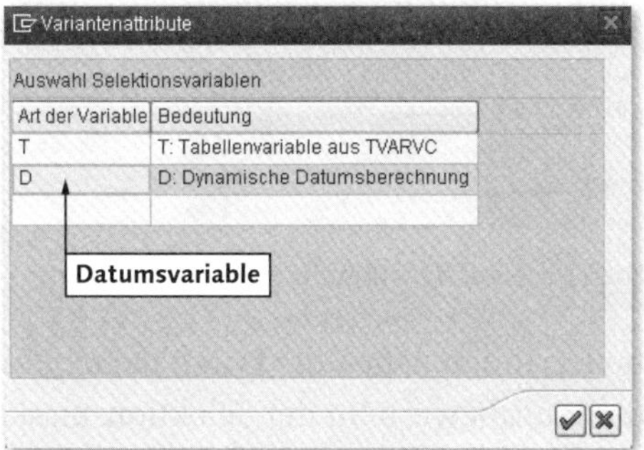

Abbildung 8.10 Auswahl einer Datumsvariablen in der Selektionsvariante

Nun positionieren Sie Ihren Cursor zu Ihrem Datumsfeld auf der Spalte NAME DER VARIABLEN (EINGABE NUR PER F4), siehe Abbildung 8.9, die wir weiter vorne schon einmal beschrieben haben. Nach Aufruf der [F4]-Hilfe erhalten Sie eine Maske zur weiteren Auswahl von Selektionsvariablen (siehe Abbildung 8.11).

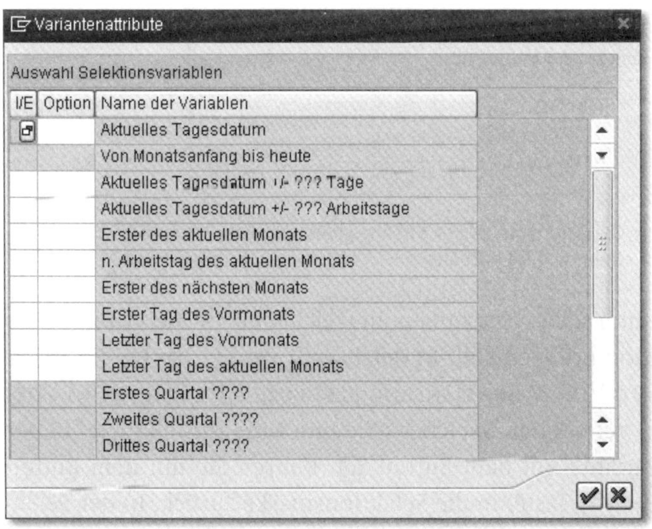

Abbildung 8.11 Auswahl von Selektionsvariablen in der Selektionsvariante

Wählen Sie die Option AKTUELLES TAGESDATUM +/– ??? ARBEITSTAGE mit der F4-Hilfe aus. Sie erhalten nun eine Maske mit sechs Vergleichsoperanden (siehe Abbildung 8.12).

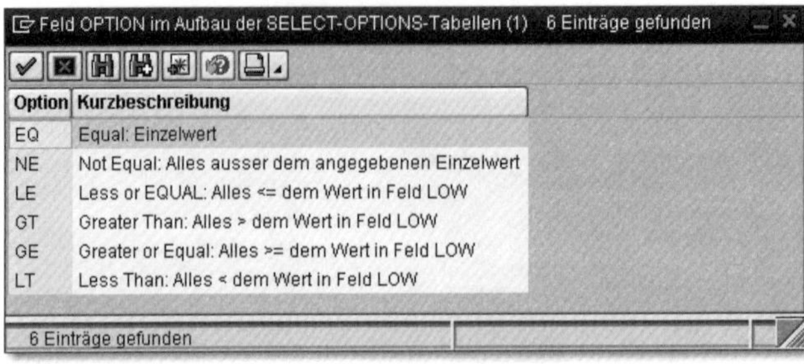

Abbildung 8.12 Vergleichsoperationen bei einer dynamischen Datumsvariablen

Vergleichsoperanden einer dynamischen Datumsvariablen

Diese Vergleichsoperanden helfen Ihnen dabei, die Daten weiter einzuschränken, ohne dass Sie die Eingabewerte in der Selektionsmaske ändern müssen. Wählen Sie die Option GT – GREATER THAN: ALLES > DEM WERT IN FELD LOW aus. Anschließend erhalten Sie eine Dialogbox zur Eingabe der Parameter für die Datumsberechnung (siehe Abbildung 8.13).

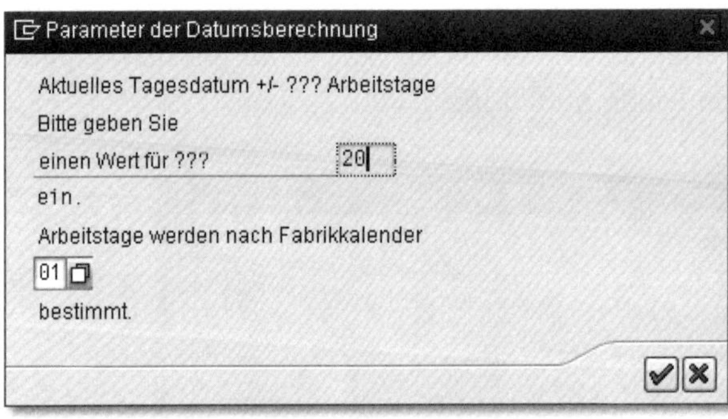

Abbildung 8.13 Selektionsvariable in Abhängigkeit vom Fabrikkalender dynamisch mit einem Datum vorbelegen

Sie können nun selbst bestimmen, in welchem zeitlichen Umfang die Datenselektion erfolgen soll. In der Praxis werden häufig die Selektionsvariablen VON MONATSANFANG BIS HEUTE oder LETZTER TAG DES VORMONATS verwendet. Speichern Sie nun Ihre Einstellungen in der Selektionsvariante mit dem Button 💾. Kehren Sie mit dem Button ◀ (zurück = F3-Taste) in die Selektionsmaske zurück. In der Selektionsmaske haben Sie außerdem die Möglichkeit, eine Layoutvariante für die Datenanzeige einzutragen.

8.3 Layoutvariante

Funktionen in der Layoutvariante

Die selektierten Daten werden in einer modernen Listenform (SAP List Viewer) angezeigt. Die Listanzeige kann mit zahlreichen Funktionalitäten angepasst werden. Sie können die Daten auf- und absteigend sortieren. Auch in der Layoutvariante steht eine Filterfunktion zur Verfügung. Für die Betrags- und Mengenfelder können Sie die Summe und die Zwischensumme nach einem Merkmal bilden. Bei sehr vielen Spalten ist zudem in der Praxis die Funktion der Spaltenfixierung hilfreich. Diese Funktionalität können Sie über den Menüpfad EINSTELLUNGEN • SPALTEN • FIXIEREN BIS SPALTE aufrufen.

Rufen Sie Ihren Bericht selbst auf, und lassen Sie sich die Daten mit dem SAP List Viewer anzeigen. Oberhalb der Datenanzeige stehen Ihnen die Bearbeitungsfunktionen in Form von Symbolen des SAP List Viewers zur Verfügung (siehe Abbildung 8.14).

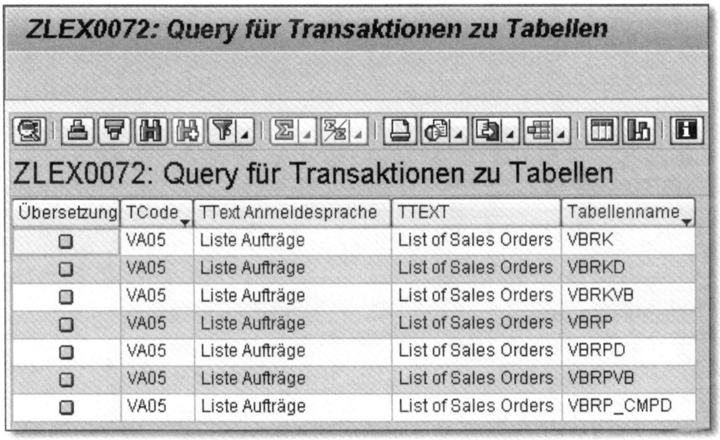

Abbildung 8.14 Layoutvariante mit Grid-Control-Darstellung

Excel-Inplace

Es ist möglich, sich das Ergebnis für die weitere Bearbeitung innerhalb des SAP-Systems in Excel anzeigen zu lassen (Excel-Inplace). Wechseln Sie von der Grid-Control-Anzeige zur Excel-Oberfläche, indem Sie, wie in Abbildung 8.15 gezeigt, EXCEL INPLACE auswählen.

Es wird Ihnen nun innerhalb des SAP-Systems das Berichtsergebnis in der Excel-Oberfläche angezeigt. Für die weitere Datenanalyse stehen Ihnen z. B. Pivot-Funktionalitäten oder der Excel-Datenfilter zur Verfügung (siehe Abbildung 8.16).

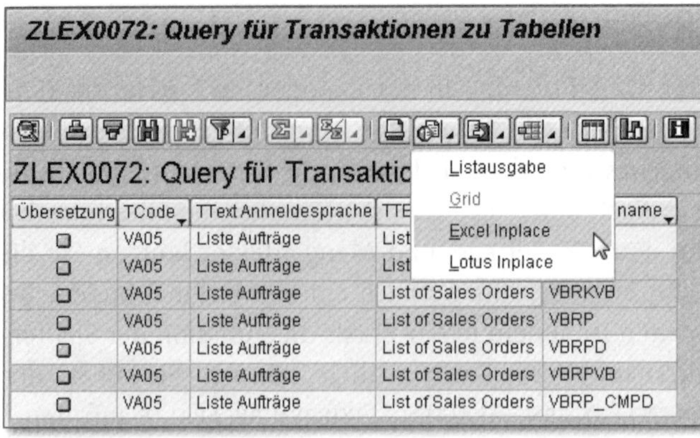

Abbildung 8.15 Wechsel in die Excel-Oberfläche in der Datenanzeige

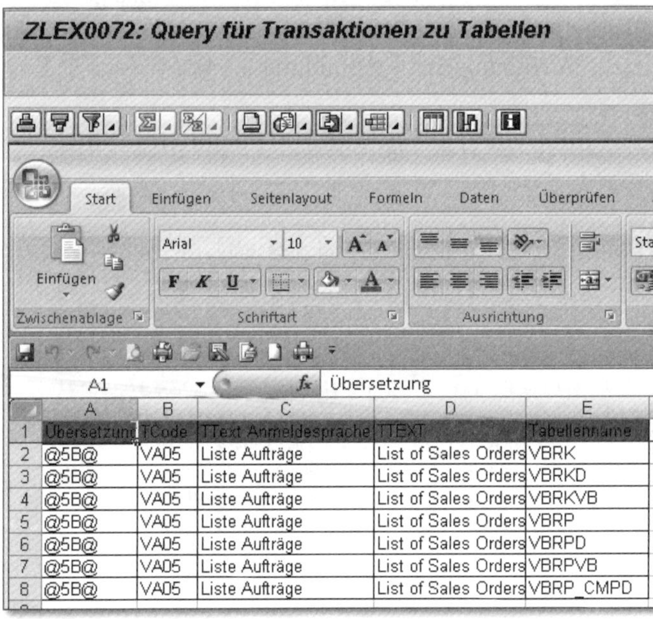

Abbildung 8.16 Layoutvariante mit Excel-Darstellung

Gruppenwechsel in der Druckvorschau

In der Praxis ist es ratsam, den Gruppenwechsel für den Ausdruck einzustellen. Es kann vorkommen, dass beispielsweise für jede Zwischensumme mit einer einzigen Datenzeile eine neue Seite gedruckt wird. Um dies zu verhindern, können Sie in der Druckvorschau zur Layoutvariante festlegen, wann ein Druckseitenwechsel erfolgen soll. Klicken Sie auf den Button oder betätigen Sie [Strg]+[⇧]+[F10] für die Druckvorschau. Alternativ wählen Sie, wie in Abbildung 8.15 gezeigt, statt der Darstellung in Excel-Inplace die Darstellung in der

Listausgabe. Klicken Sie in der Druckvorschau auf den Button zur Anzeige von Zwischensummen. Es erscheint nun die Maske SORTIERUNG DEFINIEREN (siehe Abbildung 8.17).

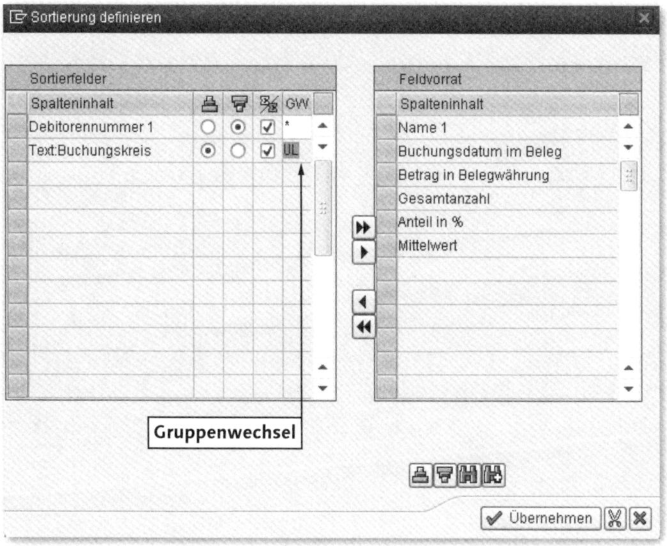

Abbildung 8.17 Gruppenwechsel in der Druckvorschau

In dieser Einstellung wird neben der Sortierreihenfolge und der Zwischensummenbildung auch der Gruppenwechsel (GW) hinterlegt. Ist für ein Merkmal in der Spalte GW ein * eingetragen, so wird für jede neue Zwischensumme der Ausdruck auf einer neuen Seite begonnen. Ist für ein Merkmal in der Spalte GW UL eingetragen, so wird der Gruppenwechsel beim Ausdruck durch einen Rahmen gekennzeichnet. Lassen Sie die Spalte leer, so erscheint weder ein Rahmen noch ein Seitenwechsel.

8.4 Zusammenfassung

Sie kennen nun die Möglichkeiten der Datenselektion. Insbesondere sind Sie nun vertraut damit, die auszuwertenden Daten durch die Mehrfachselektion gezielt abzugrenzen. Für Ihre Berichtsanforderungen können Sie wiederkehrende Abfragen mit Selektionsvarianten durchführen. In den Selektionsvarianten können Sie Felder ausblenden, Merkmale als Mussfeld aussteuern oder Datumsfelder mit einer dynamischen Datumsvariablen vorbelegen.

Auch kann in der Selektionsvariante die für die Datenanzeige gewünschte Layoutvariante gespeichert werden. Die Layoutvarianten bieten Ihnen weitere Funktionen der Datenaufbereitung. So können Sie sich die Daten innerhalb des SAP-Systems in Microsoft Excel anzeigen lassen und die Excel-Funktionen direkt verwenden.

Anschauliche Symbole, komfortable Berichtsabsprünge (Drill-down-Funktionen) und Grafiken sowie ABC-Analysen steigern die Akzeptanz von Berichten bei den Anwendern und insbesondere beim Management. Lesen Sie in diesem Kapitel, wie Sie diese Möglichkeiten am besten nutzen.

9 Ampelsymbole, Drill-down, Grafiken und ABC-Analysen

Durch den Einsatz verschiedener Visualisierungs- und Auszeichnungsmittel können Berichte übersichtlich und benutzerfreundlich gestaltet werden. Besonders die Anzeige von *mehrfarbigen Symbolen* (z. B. Ampelsymbolen) bietet in der Praxis einen erheblichen Mehrwert. Sie können über 1.000 unterschiedliche Symbole sehr einfach in eine Berichtstabelle einbauen und so bestimmte Daten hervorheben. Beispielsweise können Sie für eine Spalte einen Schwellenwert einrichten, sodass die betreffende Zeile, deren Wert den Schwellenwert über- oder unterschreitet, hervorgehoben wird. Aus einem umfangreichen Katalog können geeignete Symbole ausgewählt und die Spaltenwerte für die unterschiedliche Symbolanzeige festgelegt werden.

Anschließend können interessante Datensätze selektiert werden, und der Berichtsempfänger kann mit einem Doppelklick direkt in weitere Berichtsdarstellungen oder Transaktionen abspringen. So kann der Berichtsempfänger beispielsweise bequem nach einem von Ihnen definierten *Drill-down* auf Einzelbelege springen. In der Praxis wird häufig ein Absprung auf Stammdaten genutzt, um die Datenqualität zu verbessern.

Ferner bietet Ihnen SAP Query die Möglichkeit, die selektierten Daten in einer einfachen Grafik darzustellen, und Sie können darüber hinaus zu Ihren Daten eine *ABC-Analyse* durchführen; die Werte werden nach frei festlegbaren Prozentwerten strukturiert.

Für die in diesem Kapitel dargestellten Funktionen benötigen Sie weder ABAP-Berechtigungen noch ABAP-Kenntnisse; die einzige Voraussetzung ist die Freigabe der Transaktion SQ01.

9.1 Symbole

Durch Symbole und Icons können Sie gezielt bestimmte Datenzeilen oder Datenspalten zusätzlich hervorheben. Im Rahmen der Query-Bearbeitung können bis zu 55 unterschiedliche Symbole und mehr als 1.000 Icons eingefügt werden. Der Nutzen von Icons und Symbolen wird anhand einer Außenstandsliste verdeutlicht (siehe Abbildung 9.1).

Abbildung 9.1 Symbole und Icons – abhängig von der Spalte »Betrag«

Symbol

In der Außenstandsliste haben wir in Spalte 1 ein Ampel-Icon, in Spalte 5 einen Zeigefinger (SYM_RIGHT_HAND) und in Spalte 7 ein Telefon (SYM_PHONE) eingefügt.

[»]

Symbole und Icons

Bei Symbolen handelt es sich um einfarbige grafische Elemente; Icons sind mehrfarbige grafische Elemente. SAP stellt einen äußerst umfangreichen Auswahlkatalog an Icons bereit. Neben den in allen SAP-Anwendungen standardmäßig vorhandenen Icons. Sie können sich die möglichen Icons durch Eingabe des Befehls `ICON` im Kommandofenster anzeigen lassen.

Im Folgenden lernen Sie die möglichen Symbole und Icons genauer kennen und erfahren, wie Sie sie Ihren Berichten hinzufügen.

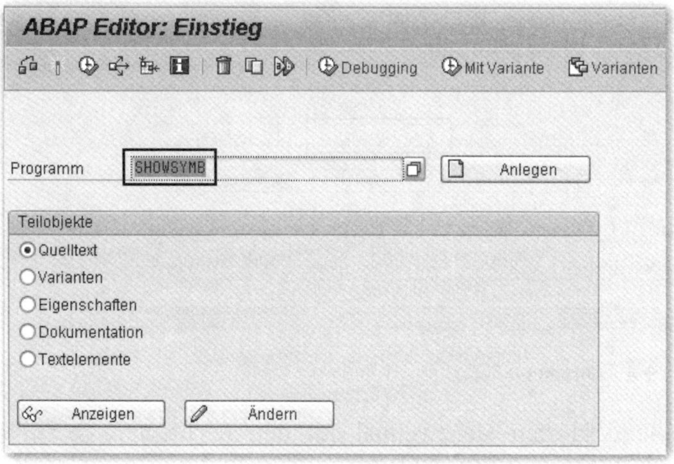

Abbildung 9.2 Transaktion SA38 – Aufruf des Programms SHOWSYMB

ABAP-Report SHOWSYMB

Eine Übersicht über die Symbole können Sie mit dem ABAP-Programm SHOWSYMB in der Transaktion SA38 aufrufen (siehe Abbildung 9.2). Dieser Report bietet sich auch an, um Symbole für einen Bericht auszuwählen. Sollten Sie für diese Transaktion keine Berechtigung haben, so lassen Sie sich die Symbolliste (siehe Abbildung 9.3) durch einen Administrator ausdrucken.

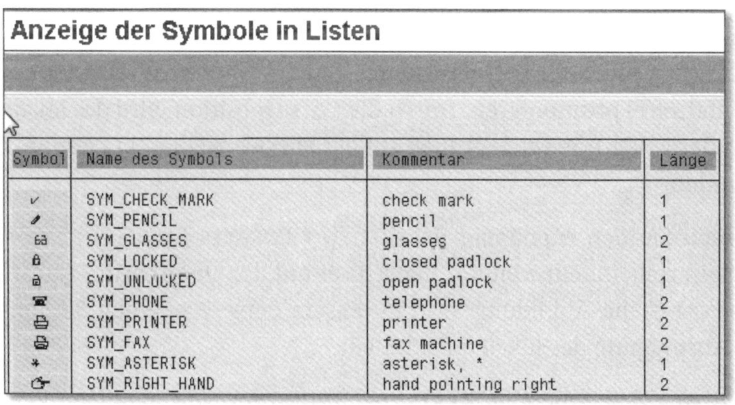

Anzeige der Symbole in Listen

Symbol	Name des Symbols	Kommentar	Länge
	SYM_CHECK_MARK	check mark	1
	SYM_PENCIL	pencil	1
	SYM_GLASSES	glasses	2
	SYM_LOCKED	closed padlock	1
	SYM_UNLOCKED	open padlock	1
	SYM_PHONE	telephone	2
	SYM_PRINTER	printer	2
	SYM_FAX	fax machine	2
	SYM_ASTERISK	asterisk, *	1
	SYM_RIGHT_HAND	hand pointing right	2

Abbildung 9.3 Auszug aus den SAP-Standardsymbolen

Symbole in einen Bericht einfügen

Um ein Symbol in Ihren Bericht einzufügen, gehen Sie in die Transaktion SQ01 und klicken anschließend auf den Button ÄNDERN der Query ZLex1800 (siehe Abbildung 9.4). Sollte die Query Zlex1800 nicht in Ihrem System vorhanden sein, so können Sie die nachfolgenden Schritte auch mit jeder anderen Query durchführen.

Abbildung 9.4 Transaktion SQ01: Query ändern

Anschließend klicken Sie zweimal auf den Rechtspfeil (siehe Abbildung 9.5), sodass das Bild QUERY ZLEX1800 ÄNDERN: FELDAUSWAHL erscheint (siehe Abbildung 9.6).

Abbildung 9.5 Zum nächsten Bild blättern

Lokales Feld in Query einfügen

Nun positionieren Sie z. B. den Cursor auf das Feld ZKNA1_TELF1. Sollten Sie eine andere Query bearbeiten, so können Sie den Cursor ebenfalls frei positionieren. Durch die Cursorposition wird das lokale Feld der Feldgruppe zugeordnet, auf der Sie sich zu diesem Zeitpunkt befinden.

Wählen Sie den Menüpfad BEARBEITEN • LOKALES FELD • ANLEGEN, und es erscheint ein weiterer Bildschirm mit der Überschrift FELDDEFINITION (siehe Abbildung 9.7). In diesem Fenster nehmen Sie nun die Ausprägung des lokalen Feldes vor.

Symbol bezeichnen

Als Erstes geben Sie eine KURZBEZEICHNUNG im gleichnamigen Feld ein ❶ (in unserem Beispiel SYM_RHAND). Dieser Text erscheint nur innerhalb der Query-Definition und ist dann hilfreich, wenn dieses Feld für weitere Berechnungen verwendet werden soll.

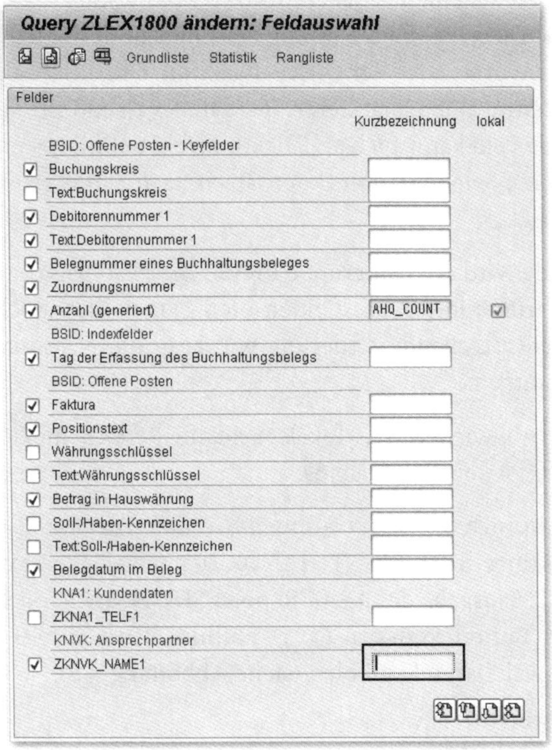

Abbildung 9.6 Positionierung in einer Feldgruppe

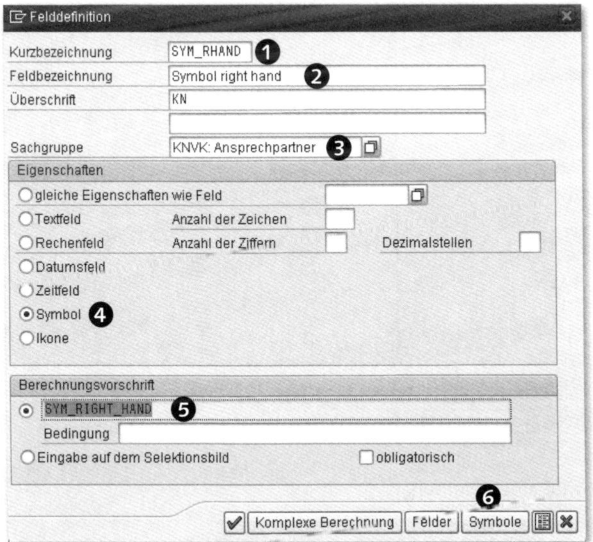

Abbildung 9.7 Lokales Feld anlegen – Symbol

Symbol auswählen

Als Nächstes vergeben Sie eine Feldbezeichnung (im Beispiel »Symbol right Hand«) ❷. Diese Feldbezeichnung erscheint in der Grundliste sowie im Spaltenvorrat nach der Query-Selektion. Um das lokale Feld in der Query auszuwählen, markieren Sie es in der Grundliste als Listenfeld. Das lokale Feld kann auch als Selektionsfeld definiert werden. So kann z. B. eine Selektion von Datensätzen nach Status erfolgen.

Das neue lokale Felde wird der Feldgruppe KNVK: Ansprechpartner zugeordnet ❸. (In früheren Releaseständen hieß Feldgruppe noch Sachgruppe – die entsprechende Änderung wurde in dieser Maske noch nicht vorgenommen.)

Schließlich ist es noch wichtig, das lokale Feld im Bereich Eigenschaften als Symbol zu kennzeichnen ❹.

Im Bereich Berechnungsvorschrift können Sie den Text für das Symbol einfügen ❺ (hier: SYM_RIGHT_HAND). Den jeweiligen Text entnehmen Sie der Listausgabe des ABAP-Reports SHOWSYMB, oder Sie klicken auf den Button Symbole ❻. Daraufhin öffnet sich ein Fenster mit den auswählbaren Symbolen (siehe Abbildung 9.8).

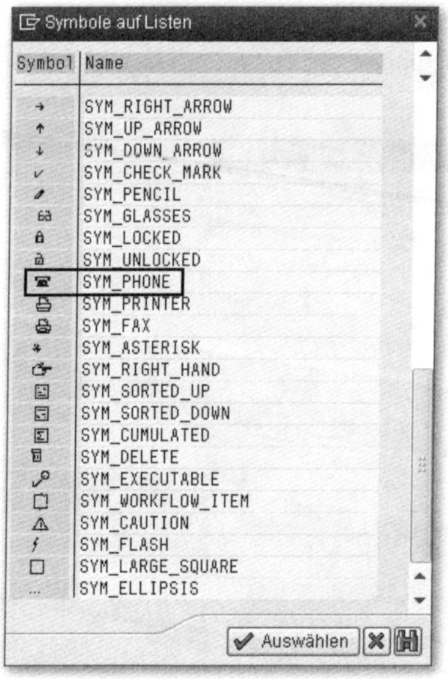

Abbildung 9.8 Auswahl eines Symbols

Sie können das gewünschte Symbol per Doppelklick auswählen, und der Name des Symbols wird in die Berechnungsvorschrift übertragen.

Speichern Sie das lokale Feld. Legen Sie nun ein weiteres Symbol-Feld an. Fügen Sie in das lokale Feld das Symbol mit dem Namen SYM_PHONE ein. Gehen Sie nun auf die Grundliste, und wählen Sie das neue Symbol als Listenfeld aus. Anschließend rufen Sie den Report erneut auf. Wählen Sie nun eine Layoutvariante aus. Bei den verfügbaren Spalten können Sie das neue Symbol für Ihren Bericht auswählen. Somit sollte die Spalte 7 aus dem Bericht ZLEX1800: AUSSENSTANDSLISTE auch in Ihrem Bericht erscheinen.

9.2 Icons

Dieser Abschnitt zeigt Ihnen, wie unterschiedliche Icons in eine Spalte eingefügt werden können. Wir greifen auf das im vorherigen Abschnitt vorgestellte Beispiel zurück und erläutern, wie Sie Zeilen durch eine grüne, gelbe und rote Ampel unterschiedlich kennzeichnen können. Icons sind mit Symbolen vergleichbar; sie unterscheiden sich lediglich durch ihre Farbigkeit von Symbolen, die in Schwarz-Weiß dargestellt werden. Für den Berichtsempfänger sind Icons daher schneller erfassbar.

Nachfolgend werden wir unterschiedliche Icons in Abhängigkeit von der Betragshöhe eines Postens auswählen. Überschreitet ein offener Posten (Spalte BETRAG) eine bestimmte Höhe, so wird ein festgelegtes Icon angezeigt. Sie können die verschiedensten Merkmale oder Ereignisse abfragen und hervorheben. In der Praxis wird auf diese Weise z. B. häufig der Kundenauftragsstatus dargestellt. Je nachdem, ob z. B. ein Warenausgang oder eine Faktura erzeugt wurde, wird ein anderes Symbol angezeigt.

Bedingungen für Ampel-Icons

Folgendes Beispiel verdeutlicht die grundsätzliche Funktion von Ampel-Icons:

- BETRAG =< 250 EUR: Anzeige eines grünen Icons
- BETRAG > 250 EUR und BETRAG < 1.000 EUR: Anzeige eines gelben Icons
- BETRAG > 1.000 EUR: Anzeige eines roten Icons

Sie können im Standard aus 1.000 Icons auswählen. Um auch den Berichtsempfänger einzubeziehen, können Sie das ABAP-Programm

SHOWICON (siehe Abbildung 9.9) ausführen und eine Icon-Liste ausdrucken.

Abbildung 9.9 SA38 – ABAP-Report zur Anzeige von Icons

Bereits dieser Auszug (siehe Abbildung 9.10) zeigt, wie umfangreich sich die Icon-Auswahl darstellt. Den Namen des Icons können Sie im lokalen Feld eingeben (siehe Abbildung 9.11), um sich diesen dann im Bericht anzeigen zu lassen.

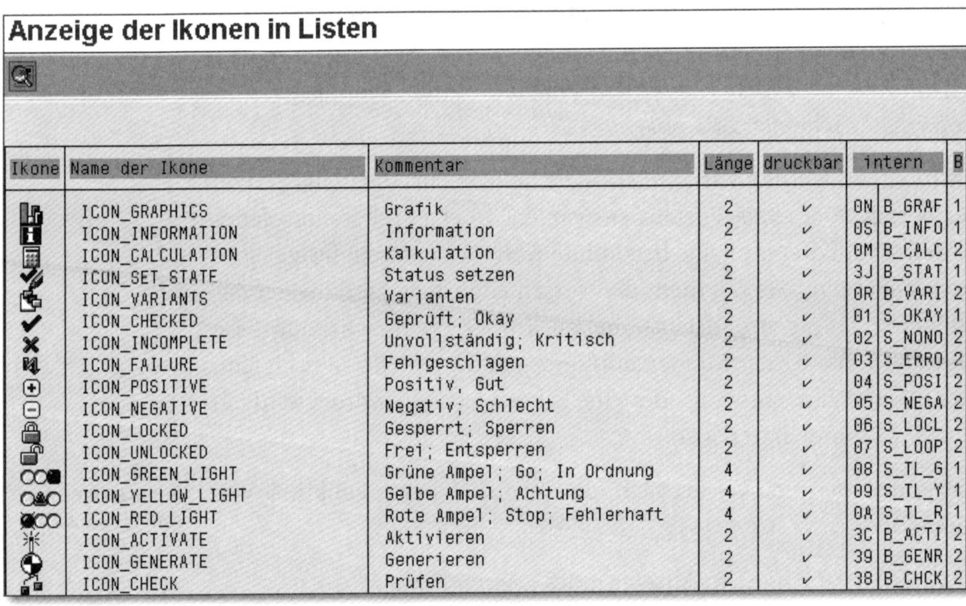

Ikone	Name der Ikone	Kommentar	Länge	druckbar	intern		B
	ICON_GRAPHICS	Grafik	2	✓	0N	B_GRAF	1
	ICON_INFORMATION	Information	2	✓	0S	B_INFO	1
	ICON_CALCULATION	Kalkulation	2	✓	0M	B_CALC	2
	ICON_SET_STATE	Status setzen	2	✓	3J	B_STAT	1
	ICON_VARIANTS	Varianten	2	✓	0R	B_VARI	2
	ICON_CHECKED	Geprüft; Okay	2	✓	01	S_OKAY	1
	ICON_INCOMPLETE	Unvollständig; Kritisch	2	✓	02	S_NONO	2
	ICON_FAILURE	Fehlgeschlagen	2	✓	03	S_ERRO	2
	ICON_POSITIVE	Positiv, Gut	2	✓	04	S_POSI	2
	ICON_NEGATIVE	Negativ; Schlecht	2	✓	05	S_NEGA	2
	ICON_LOCKED	Gesperrt; Sperren	2	✓	06	S_LOCL	2
	ICON_UNLOCKED	Frei; Entsperren	2	✓	07	S_LOOP	2
	ICON_GREEN_LIGHT	Grüne Ampel; Go; In Ordnung	4	✓	08	S_TL_G	1
	ICON_YELLOW_LIGHT	Gelbe Ampel; Achtung	4	✓	09	S_TL_Y	1
	ICON_RED_LIGHT	Rote Ampel; Stop; Fehlerhaft	4	✓	0A	S_TL_R	1
	ICON_ACTIVATE	Aktivieren	2	✓	3C	B_ACTI	2
	ICON_GENERATE	Generieren	2	✓	39	B_GENR	2
	ICON_CHECK	Prüfen	2	✓	38	B_CHCK	2

Abbildung 9.10 Auszug aus mehr als 1.000 unterschiedlichen Icons

Um ein Icon zu definieren, müssen Sie eine KURZBEZEICHNUNG, eine FELDBEZEICHNUNG sowie eine ÜBERSCHRIFT eingeben und eine Zuordnung zur FELDGRUPPE ❶ vornehmen. Im Bereich EIGENSCHAFTEN ist nun die Option IKONE auszuwählen ❷ (siehe Abbildung 9.11).

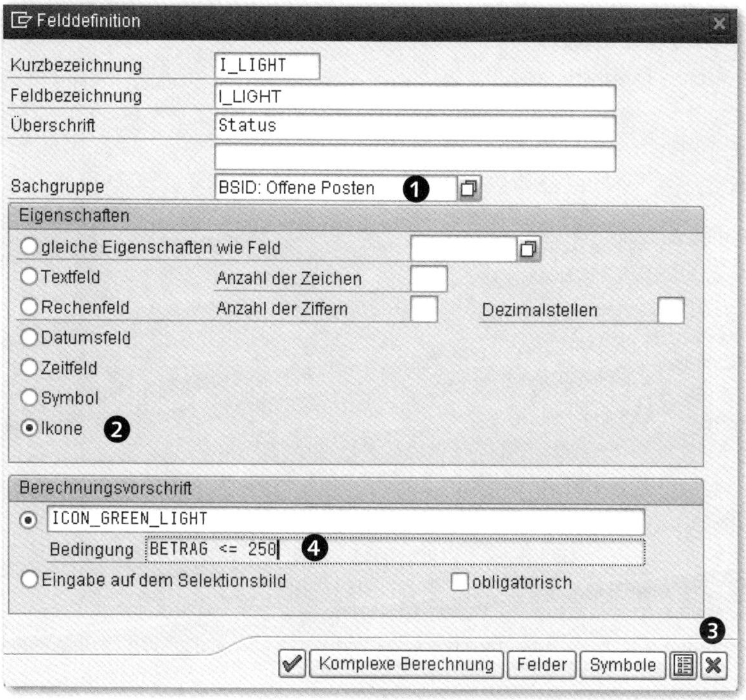

Abbildung 9.11 Definition eines farbigen Icons

Berechnungsvorschrift

Sie können nun im Feld BERECHNUNGSVORSCHRIFT den Namen des Icons eintragen. Alternativ können Sie auf den Button [Icon] rechts neben dem Button SYMBOL klicken ❸.

Die Anzeige des Icons soll von einer Bedingung abhängig gemacht werden. Wird nur eine Bedingung benötigt, so kann diese direkt im Feldrahmen BERECHNUNGSVORSCHRIFT eingetragen werden. In unserem Beispiel wurde in der Zeile BEDINGUNG »Betrag <= 250« eingetragen ❹. Da wir eine gestaffelte Bedingung anlegen, klicken Sie nun auf den Button KOMPLEXE BERECHNUNG. Daraufhin öffnet sich ein zusätzliches Fenster mit der Bezeichnung FELDDEFINITION: KOMPLEXE BERECHNUNG (siehe Abbildung 9.12).

In diesem Fenster können mehrere Bedingungen eingetragen werden. Für die Formulierung einer Bedingung ist die KURZBEZEICHNUNG des entsprechenden Feldes relevant (siehe Abbildung 9.6). Die Kurzbezeichnung unseres Feldes ist BETRAG, somit fragen wir diesen Feldinhalt ab.

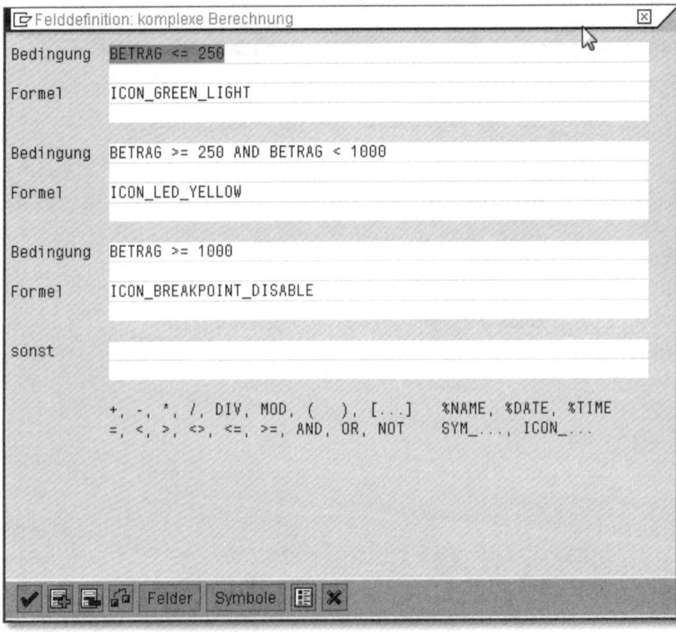

Abbildung 9.12 Ausgabe unterschiedlicher Icons in Abhängigkeit von Bedingungen

Unsere Bedingung ist geschachtelt, das heißt, dass bei einem Betrag zwischen 250 EUR und 1.000 EUR eine gelbe Ampel angezeigt werden soll. Die Abfrage wird durch den Befehl `AND` durchgeführt werden. Wichtig ist, dass das abzufragende Feld nochmals aufgeführt wird. Statt `BETRAG >= 250 AND < 1000` geben Sie `BETRAG >= 250 AND BETRAG > 1000` ein.

Sie haben ohne ABAP-Kenntnisse selbst ein ABAP-Programm um zusätzliches Coding erweitert. Ihre Icons erscheinen nun in der Berichtsausgabe (siehe Abbildung 9.13).

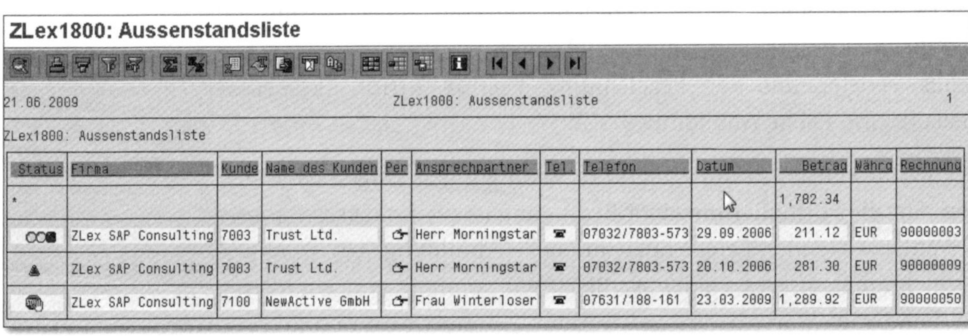
ZLex1800: Aussenstandsliste

21.06.2009 ZLex1800: Aussenstandsliste 1

ZLex1800: Aussenstandsliste

Status	Firma	Kunde	Name des Kunden	Per	Ansprechpartner	Tel.	Telefon	Datum	Betrag	Währg	Rechnung
*									1,702.34		
	ZLex SAP Consulting	7003	Trust Ltd.		Herr Morningstar		07032/7003-573	29.09.2006	211.12	EUR	90000003
	ZLex SAP Consulting	7003	Trust Ltd.		Herr Morningstar		07032/7003-573	20.10.2006	201.30	EUR	90000009
	ZLex SAP Consulting	7100	NewActive GmbH		Frau Winterloser		07631/100-161	23.03.2009	1,289.92	EUR	90000050

Abbildung 9.13 Anzeige der Symbole/Icons in der Druckvorschau

Icon als Filterkriterium

Auch in der Druckausgabe werden die eingefügten Icons angezeigt. Zusätzlich können Sie nach den Icons filtern, oder eine Zwischensumme erstellen lassen (siehe Abbildung 9.14).

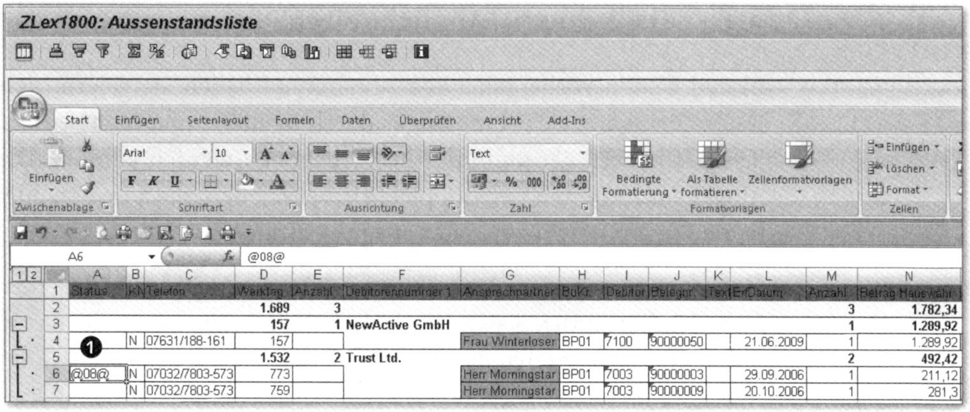

Abbildung 9.14 Darstellung der Icons in der Excel-Ausgabe

Icon in der Excel-Anzeige

Wechseln Sie über das Symbol Druckvorschau in die Excel-Anzeige. In der im SAP-System integrierten Standard-Excel-Anzeige werden die Icons als Zeichenkette dargestellt ❶. Diese Anzeige ist sehr hilfreich, um nach der Zeichenkette eines Icons Daten zu selektieren (siehe Abbildung 9.15).

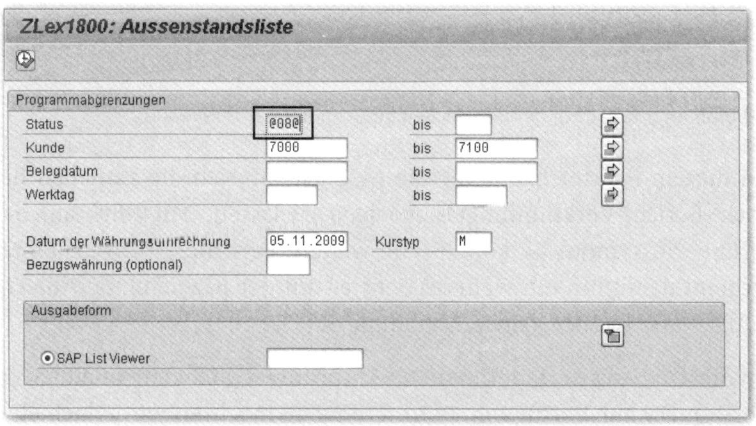

Abbildung 9.15 Selektion – abhängig von einem Icon

Selektion nach Icon

Nachdem wir aus der Excel-Darstellung den Wert eines Icons kennen, kann dieser direkt auch in der Selektionsmaske zur Datenabfrage verwendet werden. Somit lassen sich z. B. nur die Datensätze mit einem grünen Icon selektieren und anzeigen.

9.3 Drill-down-Möglichkeiten

In den beiden vorhergehenden Abschnitten haben Sie gelernt, wie Daten für den Berichtsempfänger durch Symbole und Icons zusätzlich gekennzeichnet und/oder hervorgehoben werden können. Der Anwender kann nun per Doppelklick weitere Berichte aufrufen oder in die Transaktionen zur Datenpflege abspringen.

Berichtszuordnung

Ändern Sie mit der Transaktion SQ01 Ihre Query. Über den Menüpfad SPRINGEN • BERICHTSZUORDNUNG gelangen Sie in das in Abbildung 9.16 gezeigte Fenster.

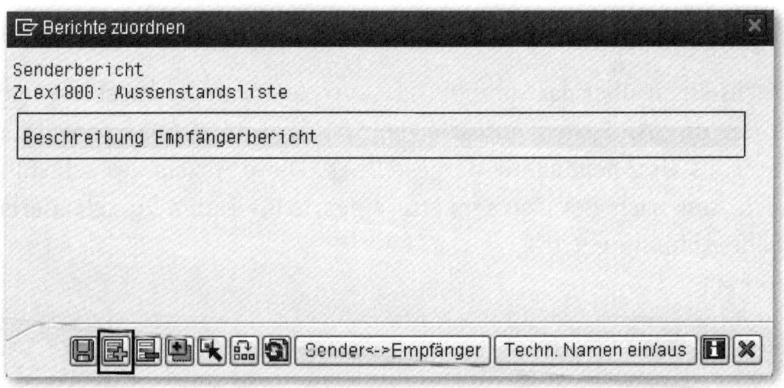

Abbildung 9.16 Aufruf der Bericht-Bericht-Schnittstelle (BBS)

Aufruf der Bericht-Bericht-Schnittstelle

In diesem Fenster haben Sie die Möglichkeit, sich die aktuellen Bericht-Bericht-Verknüpfungen anzeigen zu lassen. Mit Klick auf das grüne Plussymbol können Sie weitere Berichte einfügen. Es erscheint daraufhin ein weiteres Fenster mit der Bezeichnung ABAP/4 QUERY HINZUFÜGEN (siehe Abbildung 9.17).

Berichtstyp ändern

In diesem Fenster steht Ihnen die Absprungmöglichkeit auf eine weitere Query zur Verfügung. In unserem Fall möchten wir jedoch eine SAP-Transaktion oder einen ABAP-Report aufrufen. Hierzu klicken Sie auf den Button ANDERER BERICHTSTYP (siehe Abbildung 9.17). Es erscheint nun ein weiteres Fenster mit der Bezeichnung BERICHTSTYP DER BERICHT-BERICHT-SCHNITTSTELLE (siehe Abbildung 9.18).

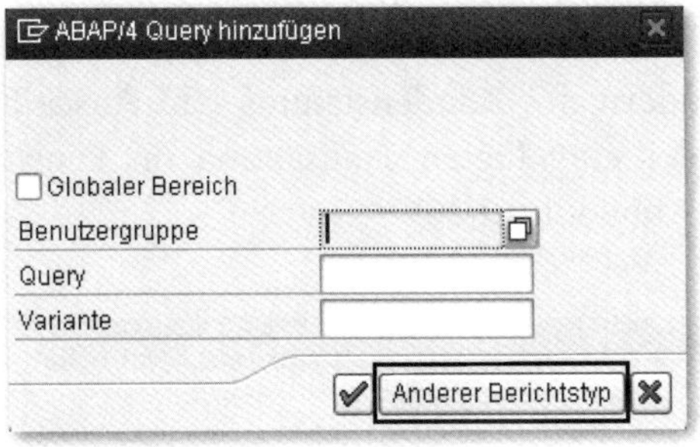

Abbildung 9.17 Auswahl des Berichtstyps

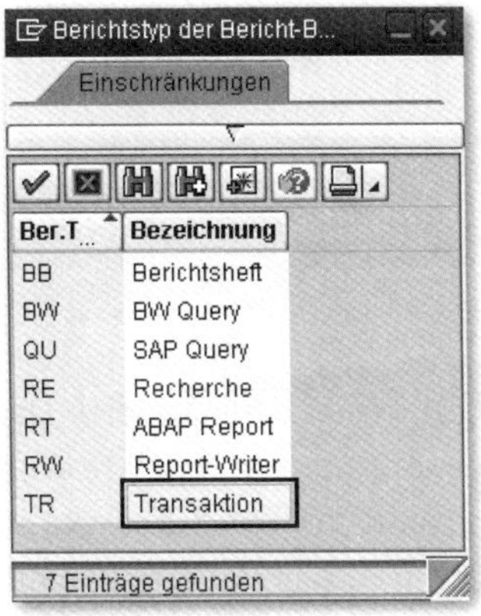

Abbildung 9.18 Auswahl des Berichtstyps »Transaktion«

Berichtstyp »Transaktion« auswählen

In unserem Fall möchten wir den Absprung auf eine Transaktion durchführen. Wählen Sie daher den Berichtstyp TRANSAKTION aus. Anschließend erscheint ein Fenster mit der Bezeichnung TRANSAKTION HINZUFÜGEN (siehe Abbildung 9.19).

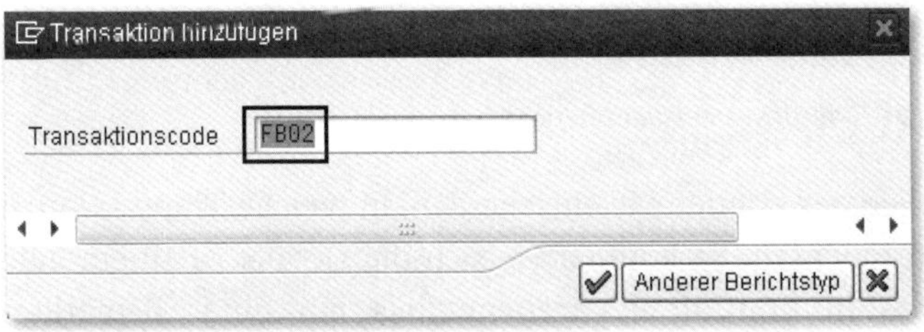

Abbildung 9.19 Eingabe der Transaktion FB02

Transaktion bezeichnen

Im Feld TRANSAKTIONSCODE tragen Sie die gewünschte Transaktion, z. B. zum Ändern eines Belegs, ein (FB02). Zusätzlich tragen Sie die Transaktion VD02 zum Ändern des Kundenstamms ein. Anschließend erscheint der Text der eingefügten Transaktion im Fenster BERICHTE ZUORDNEN (siehe Abbildung 9.20).

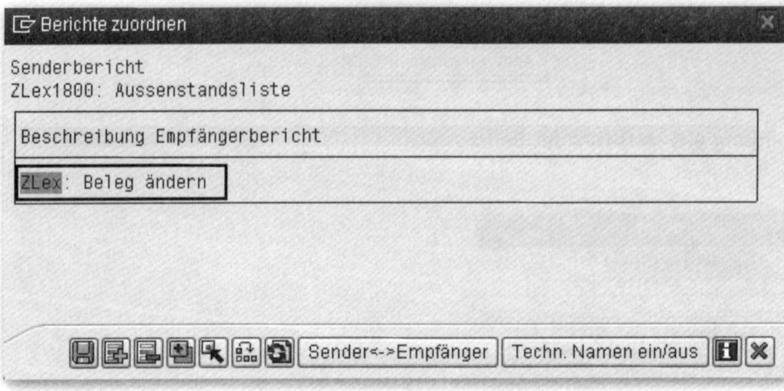

Abbildung 9.20 Individueller Text für den Drill-down

Die Bezeichnung der ausgewählten Berichte können Sie ändern. Diesen Text erhält der Berichtsanwender nach einem Doppelklick auf seine Daten. Führen Sie Ihren Bericht erneut aus, und klicken Sie doppelt auf eine Datenzeile. Es öffnet sich nun das Fenster BERICHT AUSWÄHLEN (siehe Abbildung 9.21).

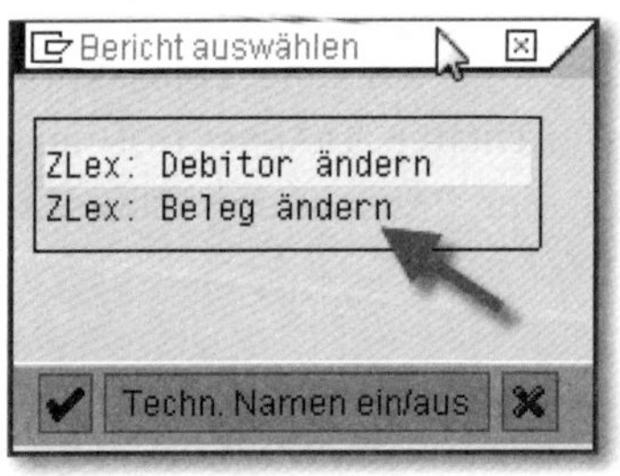

Abbildung 9.21 Drill-down aus dem Bericht

Berichts-Drill-down

In diesem Fenster können Sie entscheiden, in welche Transaktion Sie abspringen möchten. So können Sie sich die Details zu einem Beleg anzeigen lassen und diese gegebenenfalls mit einer Bemerkung ergänzen. Alternativ können Sie auf den Kundenstamm abspringen; im Kundenstamm können Sie Ergänzungen vornehmen oder sich weitere Details anzeigen lassen (siehe Abbildung 9.22).

Abbildung 9.22 Drill-down auf Transaktion XD02 – Debitor ändern

[«]

Drill-down auf Transaktion

In einigen Fällen funktioniert in der Bericht-Bericht-Schnittstelle der Drill-down auf eine Transaktion nicht. In diesen Fällen kann ein Drill-down durch ein kleines ABAP-Programm ermöglicht werden. Das ABAP-Programm für einen Drill-down auf die Anzeige des Materialstamms (Transaktion MM03) lautet wie folgt:

```
REPORT z_call mm03.
PARAMETERS p_matnr LIKE mara-matnr. "dd ref. as in mm03
SET PARAMETER ID 'mat' FIELD p_matnr. "id for mara-matnr
CALL TRANSACTION 'mm03' AND SKIP FIRST SCREEN.
```

Weitere Einzelheiten entnehmen Sie bitte dem SAP-Hinweis 383077 – BBS: Transaktionsaufruf gelingt nicht.

9.4 Nutzung von Grafiken und der ABC-Analyse

SAP Query bietet Ihnen die Möglichkeit, einfache Grafiken zu erstellen. Sie können als Ausgabeform Grafik vorbelegen. Rufen Sie anschließend den Bericht auf, so erscheint ein weiteres Abfragefenster mit der Bezeichnung Grafische Darstellung (siehe Abbildung 9.23).

In diesem Fenster wählen Sie nun den gewünschten Grafiktyp aus (siehe Abbildung 9.24).

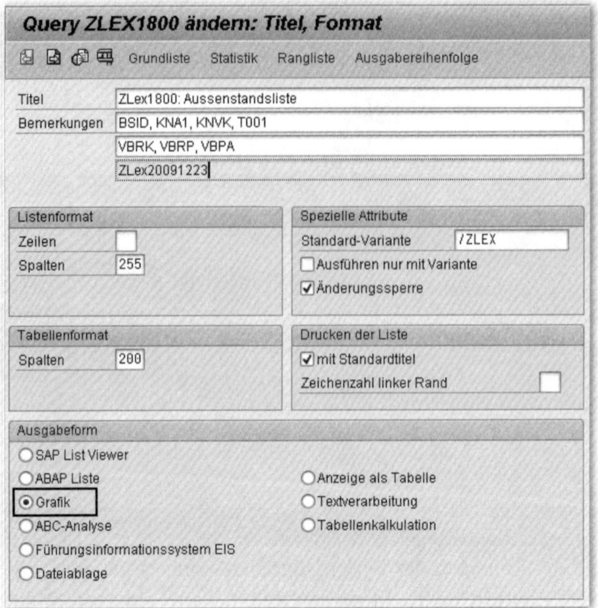

Abbildung 9.23 Ausgabeform Grafik

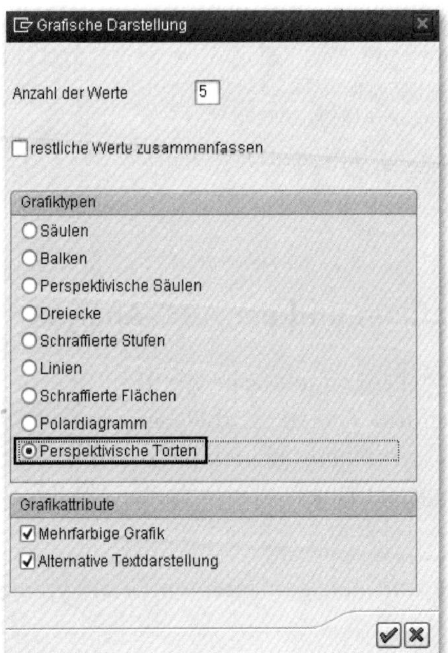

Abbildung 9.24 Grafiktyp festlegen

In der Praxis werden häufig die Daten in Excel dargestellt, und die Grafiken werden in der Excel-Umgebung erzeugt. Um eine Grafik zu erzeugen, markieren Sie die Spalte, die Sie als Grafik darstellen möchten (siehe Abbildung 9.25).

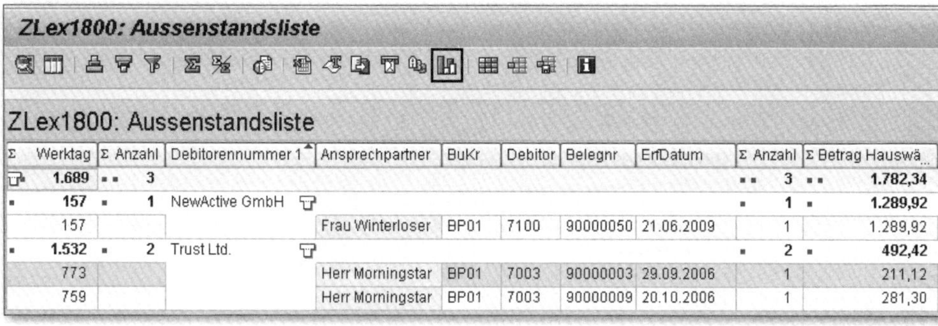
ZLex1800: Aussenstandsliste

ZLex1800: Aussenstandsliste

Σ Werktag	Σ Anzahl	Debitorennummer 1	Ansprechpartner	BuKr	Debitor	Belegnr	ErfDatum	Σ Anzahl	Σ Betrag Hauswä...
1.689	3							3	1.782,34
157	1	NewActive GmbH						1	1.289,92
157			Frau Winterloser	BP01	7100	90000050	21.06.2009	1	1.289,92
1.532	2	Trust Ltd.						2	492,42
773			Herr Morningstar	BP01	7003	90000003	29.09.2006	1	211,12
759			Herr Morningstar	BP01	7003	90000009	20.10.2006	1	281,30

Abbildung 9.25 Auswahl des Kunden für die grafische Anzeige

In unserem Beispiel gibt es drei offene Posten (Datensätze). Der Kunde 7003 hat zwei offene Rechnungen 90000003 und 90000009; der Kunde 7100 hat eine offene Rechnung 90000050. Klicken Sie nun auf das Grafiksymbol . Es wird nun eine SAP-Präsentationsgrafik erzeugt, die die drei selektierten Datensätze visualisiert (siehe Abbildung 9.26).

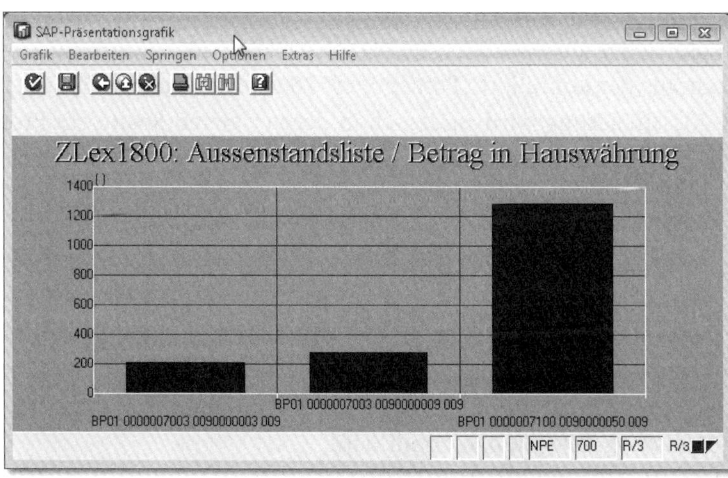

Abbildung 9.26 Grafik mit zwei Kunden und drei Rechnungen

Die Beschriftung enthält die Firma BP01, die Kundennummern 7003 und 7100 sowie die Rechnungsnummern.

ABC-Analyse Übersichtlicher als die grafische Datenanzeige ist die ABC-Analyse. Markieren Sie eine Kennzahlenspalte (z. B. Betrag) und klicken Sie anschließend auf den Button ABC. Es öffnet sich nun das Fenster ABC-ANALYSE (siehe Abbildung 9.27).

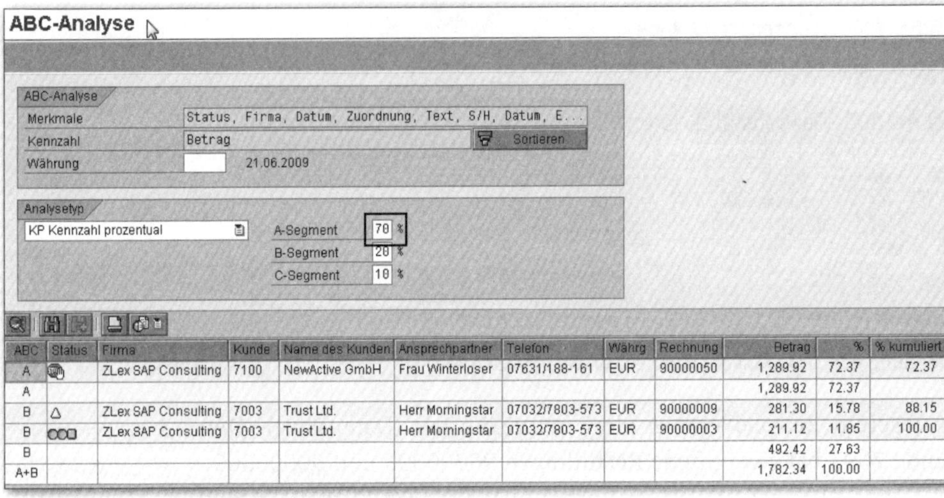

Abbildung 9.27 Betragskennzahl prozentual

Wählen Sie für die ABC-Analyse den Analysetyp KP KENNZAHL PROZENTUAL, so sind für das A-, B- und C-Segment Prozentwerte einzutragen. Sind für das Segment A z. B. 70 % eingetragen, so werden alle Datensätze der ausgewählten Kennzahlenspalte so lange zusammengefasst, bis der kumulierte Prozentwert 70 erreicht ist. Neben dieser ABC-Klassifizierung wird zusätzlich in der vorletzten Spalte ein Prozentwert für jede einzelne Datenzeile angezeigt.

9.5 Zusammenfassung

Sie können nun in Ihrem Bericht die Informationen mit einfarbigen Symbolen oder mehrfarbigen Icons gezielt hervorheben. In der Praxis werden sehr häufig die farbigen Icons verwendet, mit denen oft der Status von Belegen dargestellt wird.

Als Beispiel dient hier der Status des Verkaufsbelegs. In den SAP-Tabellen VBUK (Vertriebsbeleg: Kopfstatus und Verwaltungsdaten) und VBUP (Vertriebsbeleg: Positionsstatus) sind diverse Status zum Verkaufsbeleg sowohl auf Kopf- als auch auf Positionsebene dargestellt. Auf diese Weise wird eine Information bezüglich einer Lieferung oder Faktura zusätzlich grafisch dargestellt.

Der Vertriebsbeauftragte kann sich somit anhand von grafischen Symbolen über den Stand der Kundenaufträge informieren. Auch kann sich der Versand anzeigen lassen, welche Warenlieferungen bereits erfolgt und welche noch offen sind.

Zusätzlich werden Icons für die Datenselektion verwendet. In einem Bericht über Auftragsrückmeldung wird die Kostenstelle aus dem Personalstammsatz sowie aus dem rückgemeldeten Arbeitsplatz angezeigt. Sind die Kostenstellen identisch, so erscheint ein grünes Icon; sind die Kostenstellen unterschiedlich, so wird ein rotes Icon angezeigt. Für die Datensätze mit rotem Icon (Springertätigkeiten – diese Mitarbeiter arbeiten nicht auf Ihrer Stammkostenstelle) erfolgt eine Selektion. Es werden alle Datensätze mit rotem Icon selektiert und in Excel ausgegeben. Die Excel-Datei wird gespeichert und anschließend mit dem SAP-Importtool Legacy System Migration Workbench (LSMW) in die Transaktion KB21N (für die interne Leistungsverrechnung) eingelesen.

Weiterhin können Sie nun von Ihren Berichten in andere Berichte verzweigen, um so die Informationen anders aufbereitet anzuzeigen oder die Einzelposten zu selektieren. Daneben können Sie per Drill-down Anwendungs- und Stammdatentransaktionen aufrufen und gegebenenfalls die Dateninhalte anpassen. Schließlich haben Sie die Möglichkeiten kennengelernt, um Grafiken im SAP-System zu erstellen.

TEIL III
Berichte anwendergerecht gestalten

In diesem Kapitel lernen Sie, wie Sie sich Daten auf aggregierter Ebene in der Grundliste anzeigen lassen können: Für die verdichtete Datenanzeige verwenden Sie Statistiken, und mithilfe von Ranglistenfunktionen können Sie sich die Topkennzahlenwerte auflisten lassen.

10 Verdichtete Datenausgabe mit Statistiken und Ranglisten

Grundsätzlich werden in SAP Query-Berichten alle Datensätze einzeln in einer Grundliste angezeigt. Mit dem SAP List Viewer können Sie diese Daten weiterbearbeiten. So können Sie beispielsweise nicht relevante Daten wegfiltern oder die Summierungsfunktion verwenden. Mittels der Summierungsfunktion können Sie sich für eine Kennzahlenspalte (z. B. Betrag oder Menge) eine Gesamtsumme anzeigen lassen. Auch können Sie für beliebig viele Merkmale Zwischensummen bilden. Über Summierungsstufen ist es weiterhin möglich, sich nur die verdichtete Summe je Merkmal anzeigen zu lassen. Alternativ nutzen Sie die Microsoft Excel-Anzeige innerhalb des SAP-Systems und lassen sich die Daten verdichtet nach Gruppierungsstufen anzeigen.

In der Praxis gibt es viele Anwendungsfälle, bei denen in der Ausgabe verdichtete Daten gewünscht werden. Im SAP-System stehen Ihnen neben der Grundliste noch zwei weitere Ausgabearten zur Verfügung. In der Ausgabeart *Statistik* können Sie sich die selektierten Einzelwerte verdichtet für Merkmale anzeigen lassen. Zusätzlich haben Sie die Möglichkeit, sich in der Ausgabeart *Rangliste* eine in der Selektion vorgegebene Anzahl an Ranglistenplätzen anzeigen zu lassen. Insgesamt können Sie in einer Query bis zu neun Statistiken und neun Ranglisten neben der *Grundliste* erstellen. Im Standard wird immer zuerst die Grundliste angezeigt. Allerdings können Sie die Ausgabereihenfolge von der Grundliste, den Statistiken und den Ranglisten beliebig verändern, sodass z. B. als Erstes eine Statistik erscheint.

10.1 Beispiel: Außenstandsliste

Um einzelne Datensätze verdichtet anhand des in diesem Abschnitt vorgestellten Beispiels in Ihrem SAP-System nachvollziehen, ist es sinnvoll, die Inhalte von Kapitel 6, »InfoSet im Detail«, und Kapitel 7, »Query im Detail«, zu kennen.

Erstellen Sie ein neues InfoSet und eine SAP Query aus dem Bereich der Finanzbuchhaltung. In dem folgenden Praxisbeispiel werden Sie dann die Datensätze in einer Grundliste sowie in einer Statistik verdichten. Die Verdichtungs-Funktionalitäten werden Ihnen anhand eines einfachen Zahlenbeispiels erläutert; erstellen Sie daher ein InfoSet, das die offenen Posten in Ihrem System auswertet. Das InfoSet verwendet als Grundlage die Tabelle BSID (Buchhaltung: Sekundärindex für Debitoren) (siehe Abbildung 10.1).

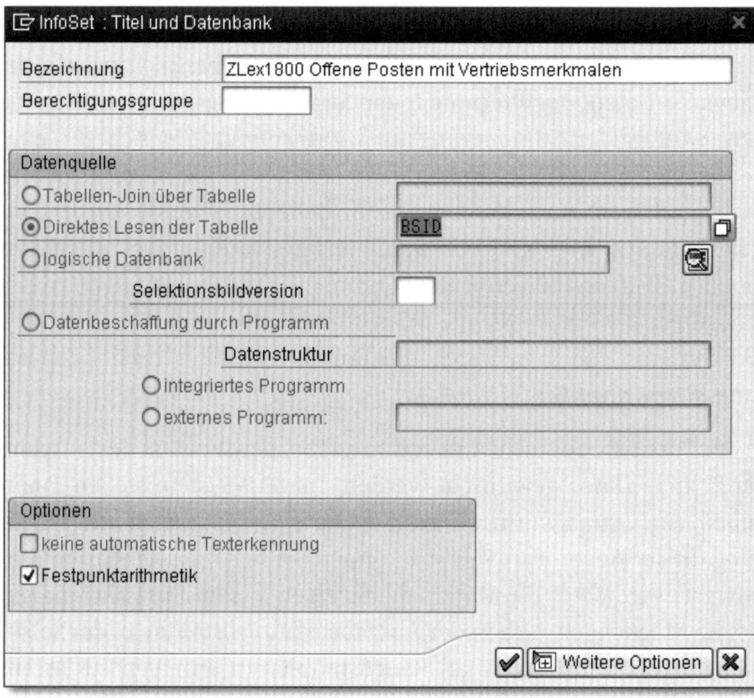

Abbildung 10.1 InfoSet mit Tabelle BSID als Datenquelle

Belegstatus von FI-Belegen

Belege der Finanzbuchhaltung können entweder den Status *ausgeglichen* oder *offen* haben. Finanzbuchhaltungsbelege in der Debitorenbuchhaltung sind ausgeglichen, wenn dem Kunden gegenüber keine Forderung mehr besteht. Im Regelfall wird ein FI-Debitorenbeleg durch einen Zahlungseingang durch den Kunden ausgeglichen. Die ausgeglichenen Debitorenbelege können in der Tabelle BSAD (Buchhaltung: Sekundärindex für Debitoren (ausgeglichene Posten)) ausgewertet werden. Die noch offenen Belege werden in der Tabelle BSID (Buchhaltung: Sekundärindex für Debitoren) abgelegt. Im Regelfall ist nur ein Teil der Finanzbuchhaltungsbelege noch offen, sodass aufgrund der zweigeteilten Datenablage der FI-Debitorenbelege nur wenige Datensätze aus der Tabelle BSID selektiert werden müssen. Nehmen Sie in Ihr InfoSet folgende Tabellenfelder auf:

- Buchungskreis (BSID-BUKRS)
- Debitorennummer (BSID-KUNNR)
- Buchungsdatum im Beleg (BSID-BUDAT)
- Betrag in Hauswährung (BSID-DMBTR)

Ihr InfoSet enthält somit eine Feldgruppe mit fünf Feldern (siehe Abbildung 10.2).

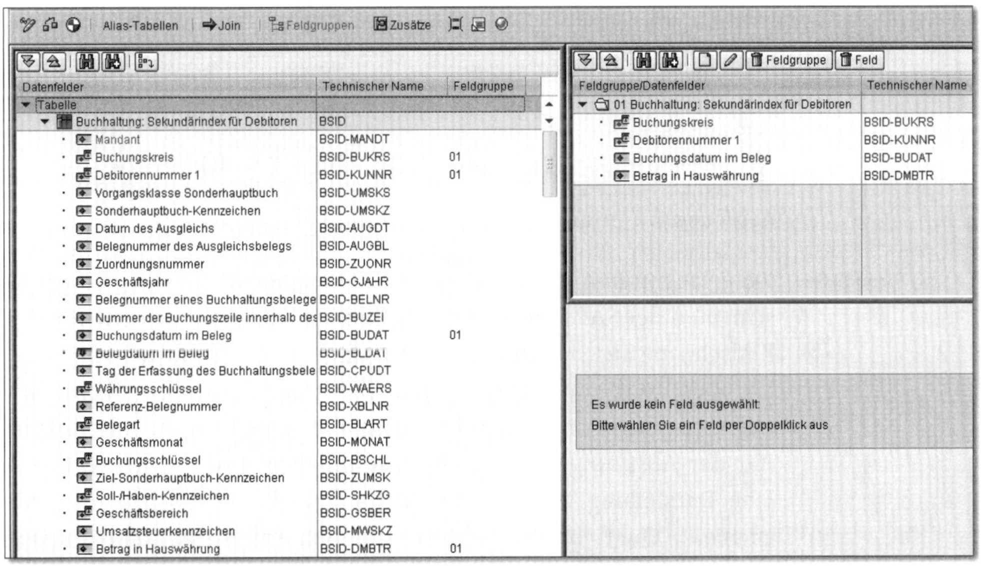

Abbildung 10.2 InfoSet auf Basis der Tabelle BSID mit einer Feldgruppe und vier Feldern

Ordnen Sie in der Transaktion SQ02 (InfoSet) das InfoSet der Benutzergruppe ZLEX zu (siehe Abbildung 10.3).

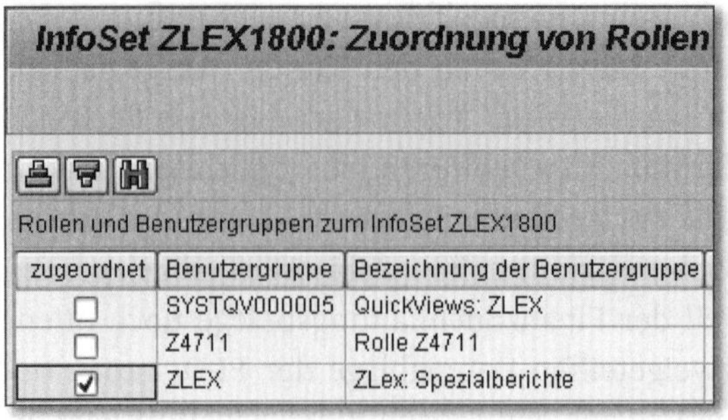

Abbildung 10.3 Zuordnung des InfoSets ZLEX1800 zur Benutzergruppe ZLEX

Im nächsten Schritt erstellen Sie in der Transaktion SQ01 (SAP Query) eine neue Query. Wählen Sie die Benutzergruppe ZLEX aus, und legen Sie die Query ZLEX1800 an (siehe Abbildung 10.4).

Abbildung 10.4 Anlage der Query ZLEX1800

Grundliste

Sie gelangen nun auf den ersten von insgesamt vier Navigationsbildschirmen der SAP Query (siehe Abbildung 10.5). Von jedem der vier Bildschirme aus stehen Ihnen Absprünge in die GRUNDLISTE, STATISTIK, RANGLISTE zur Verfügung und vom ersten Bildschirm zusätzlich ein Absprung in die AUSGABEREIHENFOLGE. Zum jetzigen Zeitpunkt ist nur der Absprung in die Grundliste möglich. Die Grundliste ist für eine Darstellung von Einzelwerten vorgesehen, jedoch können Sie auch eine Query ohne Grundliste erstellen. Insgesamt können neben einer optionalen Grundliste neun Statistiken und neun Ranglisten erstellt werden. Über den Button AUSGABEREIHENFOLGE können Sie festlegen, in welcher Reihenfolge Sie die Grundliste, die Statistiken und Ranglisten sehen möchten.

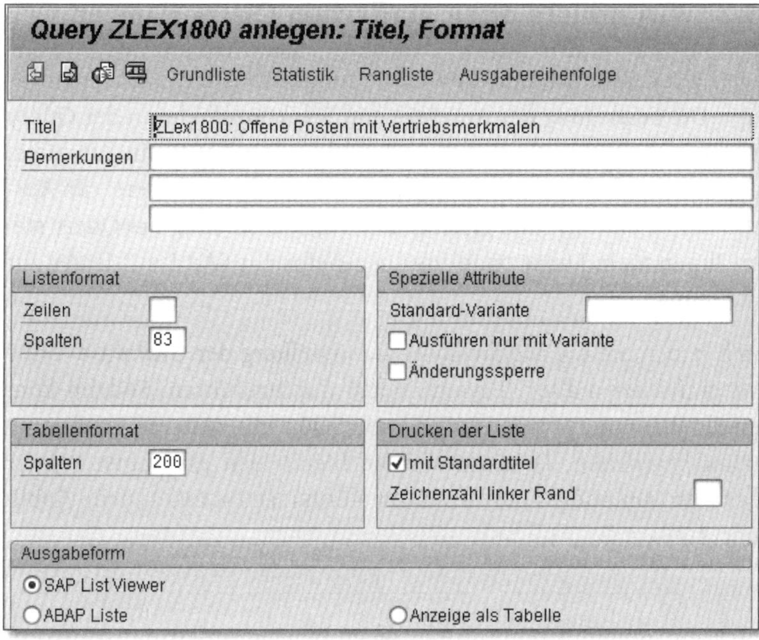

Abbildung 10.5 Erster Navigationsbildschirm zur Query Zlex1800

Mit den Navigationspfeilen können Sie zwischen den folgenden vier Fenstern navigieren:

- Titel, Format
- Feldgruppenwahl
- Feldauswahl
- Selektionen

Auswahl der Listen- und Selektionsfelder

In allen vier Fenstern steht Ihnen ein Absprungbutton zum Anlegen von Statistiken und/oder Ranglisten zur Verfügung. Sie können sogar eine Rangliste/Statistik anlegen, ohne zuvor eine Grundliste angelegt zu haben. Die Navigationsfenster FELDGRUPPENWAHL sowie FELDAUSWAHL sind nur eingeschränkt redundant; durch diese beiden Fenster lassen sich die Einstellungen, inklusive der Feldauswahl für Statistiken und Ranglisten, festlegen. Zusätzlich stehen Ihnen in den Bildschirmmasken weitere Funktionen, wie z. B. SPALTENBEZEICHNUNG ANPASSEN, LOKALE FELDER ANLEGEN oder SELEKTIONSTEXTE ÄNDERN, zur Verfügung. Bevor Sie eine Statistik anlegen, schauen Sie sich im nächsten Abschnitt die Gruppierungs- und die weiteren Einstellungsmöglichkeiten unter Verwendung einer Grundliste an.

10.2 Grundliste ohne grafischen Query Painter

Grundliste zur Anzeige von Datensätzen

In der Grundliste werden die Daten grundsätzlich unverdichtet angezeigt. Die Festlegung der Anzeige- und Selektionsfelder in der Query erfolgt in einem grafischen Layoutmodus. Der Layoutmodus bietet eine sehr einfache Bearbeitungsmöglichkeit, insbesondere zur Auswahl der Selektions- und Listenfelder. Nach Erstellung der Query stehen Ihnen viele Funktionen im Ausgabeformat SAP List Viewer zur Verfügung.

Grafischer Query-Editor

Auch haben Sie die Möglichkeit, die Erstellung der Grundliste ohne den grafischen Editor (Layoutmodus) durchzuführen. Sodann können Sie Ihre Query in der Transaktion SQ01 mit weiteren Funktionalitäten bearbeiten. Demarkieren Sie hierzu den grafischen Painter über den Menüpfad EINSTELLUNGEN • EINSTELLUNGEN... (siehe Abbildung 10.6).

Abbildung 10.6 Menüpfad zur Markierung des grafischen Query Painters

Deaktivierung grafischer Query Painter

Weitere Funktionalitäten in der Erstellung der Grundliste und der SAP List Viewer-Listanzeige stehen Ihnen nach der Demarkierung des grafischen Query Painters in mehreren Einstellungsmasken zur Verfügung. Die Einstellungsmasken bieten Ihnen viele Optionen, daher ist es sinnvoll, sich jeweils zu den einzelnen Optionen Erläuterungen anzeigen zu lassen. Die Erläuterung der Einstellungen finden Sie jeweils im unteren Bildschirmbereich. Sollte bei Ihnen der Feldrahmen mit der Bezeichnung ERLÄUTERUNG nicht angezeigt werden, so klicken Sie auf den Button (mit Erläuterungen). Des Weiteren können Sie sich die von Ihnen vorgenommenen Einstellungen in einer Vorschau anzeigen lassen. Demarkieren Sie das Flag für den grafischen Query Painter, und wählen Sie als Anzeigevariante ANZEIGE MIT ERLÄUTERUNGEN aus (siehe Abbildung 10.7).

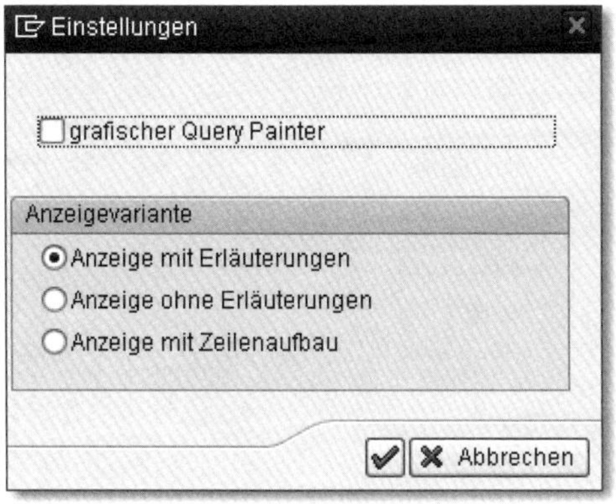

Abbildung 10.7 Query-Bearbeitung ohne grafischen Query Painter

Einstellungsmasken ohne grafischen Query Painter

Nachdem Sie den grafischen Query Painter deaktiviert haben, stehen Ihnen zum Einstellen der Grundliste weitere Navigationsfenster zur Verfügung. Über den Menüpfad SPRINGEN • GRUNDLISTE können Sie in die acht neuen Einstellungsmasken der Grundliste verzweigen (siehe Abbildung 10.8).

- Aufbau
- Gruppenstufen
- Gruppenstufentexte
- Ausgabeoptionen: Zeilen
- Ausgabeoptionen: Felder
- Masken
- Überschriften
- Grafik

Abbildung 10.8 Verzweigung in die Einstellungsmasken der Query-Grundliste

Formatierung von Ausgabelisten

Durch diese Einstellungsmöglichkeiten können Sie sich die Daten noch gezielter in einer festgelegten Ausgabeform ausgeben lassen. So ist es nicht mehr erforderlich, die Einstellung in der Layoutvariante durchzuführen; Sie können z. B. vorab festlegen, in welcher Reihenfolge die Felder ausgegeben werden sollen. Ebenfalls lässt sich festlegen, wie die Daten sortiert und summiert werden sollen. Diese Funktionen können Sie selbstverständlich weiterhin auch im SAP List Viewer vornehmen, oder Sie passen die Einstellungen im SAP List Viewer entsprechend Ihren Wünschen an.

Neben den SAP List Viewer-Funktionen stehen Ihnen noch weitere Funktionalitäten zur Verfügung. So lassen sich sowohl die Zeilen als auch die Spalten in 16 unterschiedlichen Farben getrennt hervorheben. Die Funktionen wirken sich insbesondere in der Ausgabeform ABAP-Liste aus. So werden in der Ausgabeform ABAP-Liste die Daten auf Gruppierungsstufen dargestellt, und überdies können Listen mit weiteren Erläuterungen, wie z. B. einem individuelle Seiten- und

Fußkopf versehen werden. Verzweigen Sie nun in die GRUNDLISTE, und Sie gelangen in die Einstellungsmaske für den Zeilenaufbau Ihrer Grundliste (siehe Abbildung 10.9). Durch Eingabe des Befehls TECH im Kommandofeld können Sie sich die technischen Namen der Felder anzeigen lassen und wissen so exakt, welches Feld Sie bearbeiten.

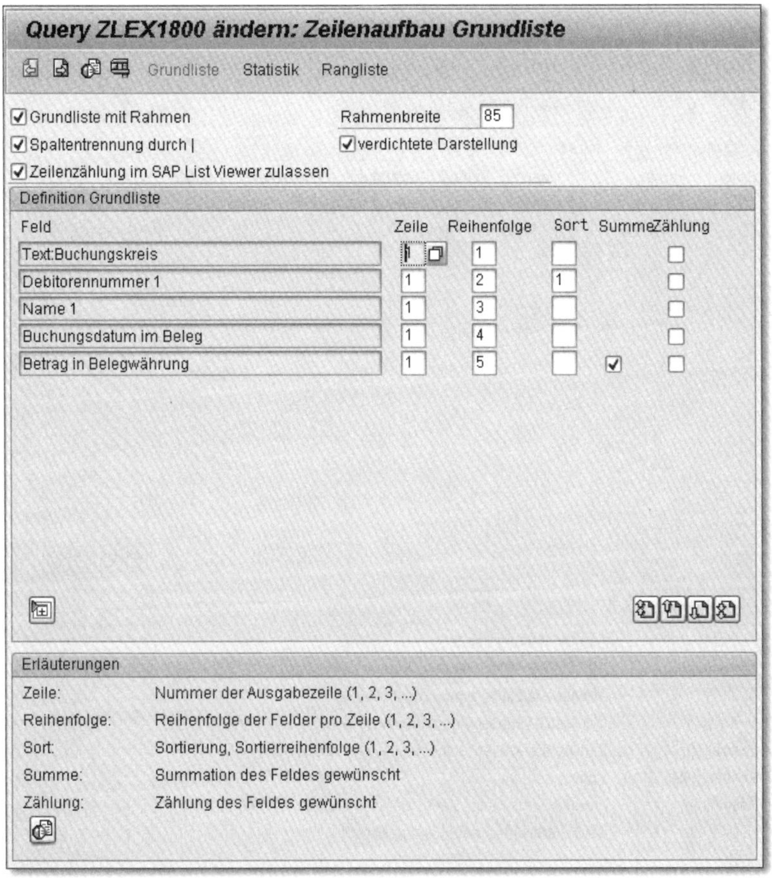

Abbildung 10.9 Zeilenaufbau in der Grundliste festlegen

Zeilenaufbau der Grundliste

Haben Sie viele Daten ausgewählt, so können Sie eine mehrzeilige Ausgabe durchführen. Die mehrzeilige Ausgabe hat keine Auswirkungen auf die Ausgabe im SAP List Viewer. Beim Ausgabeformat ABAP-Liste ist hingegen eine mehrzeilige Ausgabe sowohl in der Bildschirmanzeige als auch in der Druckausgabe sichtbar. In unserem Beispiel wählen Sie für alle Felder die ZEILE 1 aus. Als Sortierungs- und somit Verdichtungsmerkmal tragen Sie für das Feld DEBITORENNUMMER 1 in der Spalte SORT eine 1 ein. Eine Summenbildung kann nur über Kennzahlen erfolgen, daher steht Ihnen diese Funktionalität nur für das Feld Betrag in Belegwährung zur Verfügung. Markieren Sie für das Feld Betrag in Belegwährung den Flag Summe. Klicken Sie nun dreimal auf den Navigationsbutton (nächstes Bild) oder nutzen Sie die F6-Taste, bis Sie zu den Ausgabeoptionen Listzeile gelangen (siehe Abbildung 10.10).

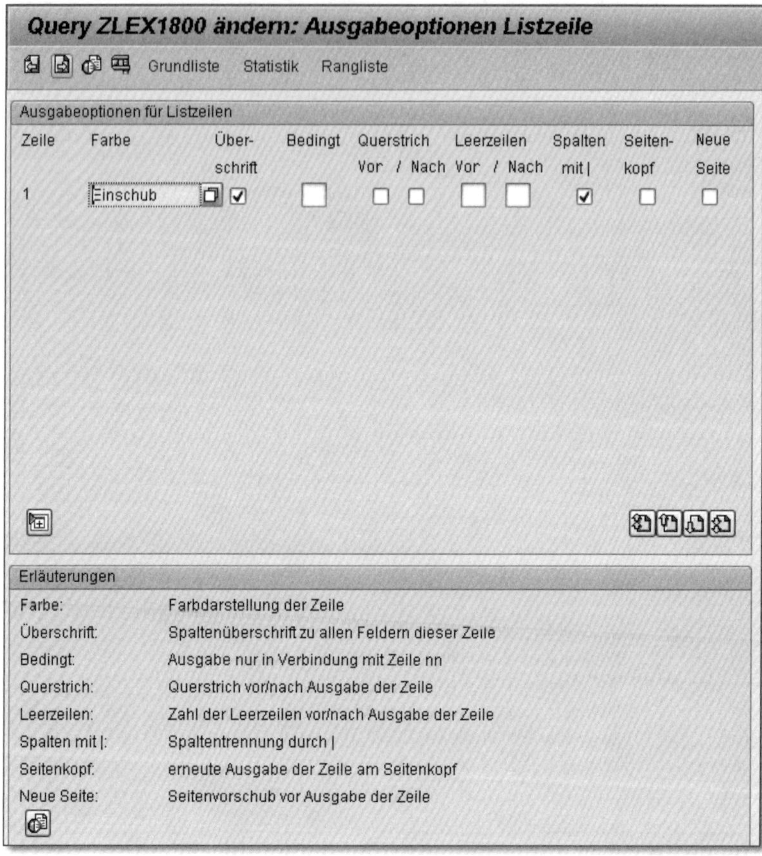

Abbildung 10.10 Ausgabeoptionen für Listzeilen festlegen

Ausgabeoptionen für Listzeilen

Da Sie in unserem Beispiel für eine Ausgabe aller Felder in einer Zeile entschieden haben, stehen Ihnen ausschließlich die Formatierungsmöglichkeiten für diese eine Zeile zur Verfügung. Wählen Sie für Ihre Listzeile die Farbe Einschub aus. In allen Navigationsfenstern werden Ihnen die Einstellungsmöglichkeiten im unteren Bildschirmbereich kurz erläutert. Markieren Sie nun das Flag Überschrift, und klicken Sie einmal auf den Navigationsbutton (nächstes Bild) oder nutzen die F6-Taste, sodass Sie das Bild Query Zlex1800 ändern: Ausgabeoptionen Feld erhalten (siehe Abbildung 10.11).

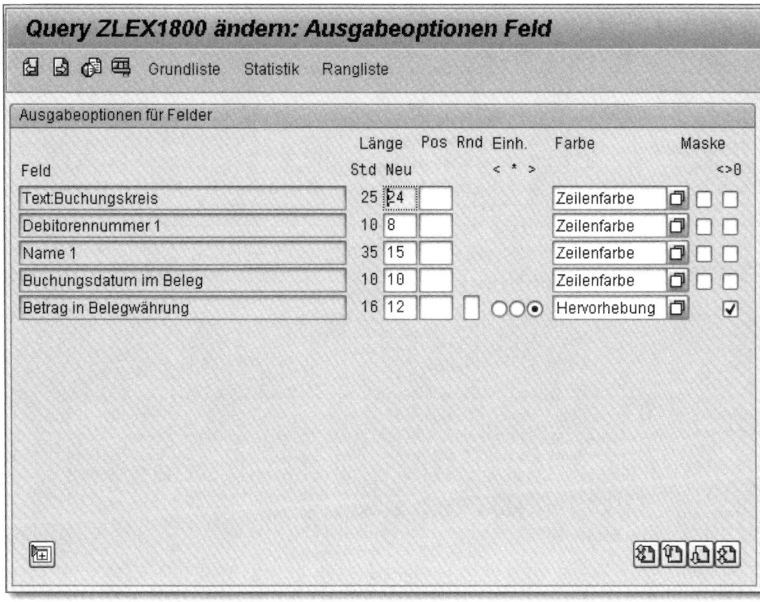

Abbildung 10.11 Ausgabeoptionen für die Formatierung von Feldern

Ausgabeoptionen für Felder

In dieser Einstellungsmaske können Sie nun die Ausgabelänge der einzelnen Felder festlegen. In der Spalte mit der Überschrift Rnd können Sie die Kennzahlenwerte skalieren. Geben Sie z. B. im Feld RND eine 3 ein, so werden die Ausgabewerte in einer 1.000-Skalierung angezeigt. In der Spalte Einh. können Sie festlegen, ob die Betragswährung vor oder nach dem Betrag ausgegeben werden beziehungsweise ob sie weggelassen werden soll. Jede Spalte kann zudem durch die Spalte mit der Überschrift Farbe farblich hervorgehoben werden. Wählen Sie in unserem Beispiel für die Spalte Betrag in Belegwährung die farbliche Formatierung Hervorhebung aus.

In der Praxis ist es eine sehr hilfreiche Funktion, Kennzahlenwerte nur dann auszugeben, wenn diese ungleich null sind. Markieren Sie in unseren Beispiel für das Feld Betrag in Belegwährung die Spalte mit der Überschrift <>0. Klicken Sie nun erneut auf den Navigationsbutton (nächstes Bild) oder drücken die F6-Taste, und Sie gelangen zum Bild Query ZLEX1800 ändern: Überschrift Grundliste (siehe Abbildung 10.12).

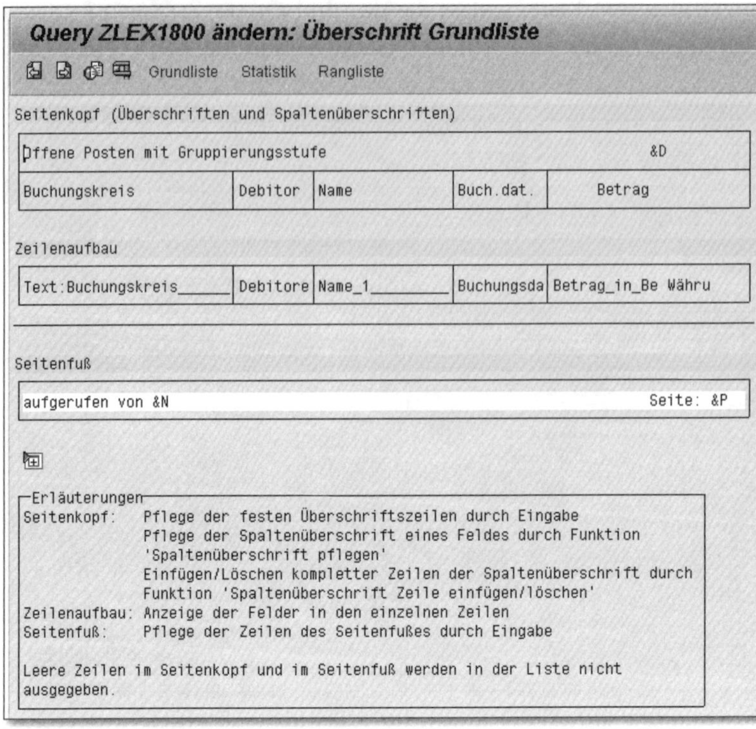

Abbildung 10.12 Berichts- und Spaltenüberschriften sowie den Seitenfuß in der Grundliste festlegen

Spaltenkopf und Seitenfuß

Sie können Ihren Bericht nun mit einer Überschrift und einem Seitenfuß versehen. Möchten Sie eine mehrzeilige Überschrift erfassen, so können Sie weitere Zeilen über den Menüpfad Bearbeiten • Zeile • einfügen hinzufügen. Sowohl im Seitenkopf als auch im Seitenfuß können Sie Variablen einfügen. Die Variablen werden in der Listausgabe mit den konkreten Werten gefüllt. Es stehen Ihnen die Variablen aus Tabelle 10.1 zur Verfügung.

Variable	Erläuterung
&N	Name des Benutzers, der die Query ausführt
&D	aktuelles Datum bei Ausführung der Query
&T	aktuelle Zeit bei Ausführung der Query
&P	aktuelle Seitennummer (Ausgabe dreistellig)

Tabelle 10.1 Variablen in der Query-Ausgabe

Spaltenbezeichnung

Tragen Sie nun im Seitenkopf und im Seitenfuß jeweils einen Text ein. Fügen Sie neben dem Text Variablen für die Ausgabe des Benutzers, der Zeit sowie der Seitenzahl hinzu. Unterhalb des Seitenkopftextes werden Ihnen die Spaltenüberschriften angezeigt. Klicken Sie doppelt auf die Spaltenüberschrift für den Debitor, sodass Sie das in Abbildung 10.13 gezeigte Fenster erhalten. Ändern Sie anschließend die Spaltenüberschrift von DEBITORENNUMMER 1 auf DEBITOR ab.

Abbildung 10.13 Abbildung 10.13:Text der Spaltenüberschrift anpassen

Grafik

In der nächsten Einstellungsmaske können Sie eine Vorschlagsgrafik für Ihren Bericht auswählen. Probieren Sie die einzelnen Funktionen in den jeweiligen Einstellungsmasken aus, und lassen Sie sich durch Klicken auf den Simulationsbutton (testen) oder wählen [Strg]+[F8] die Ergebnisse Ihrer Einstellungen anzeigen. Wählen Sie als Ausgabeformat die ABAP-Liste aus. Das Ergebnis der Listausgabe des Testbeispiels sehen Sie in Abbildung 10.14.

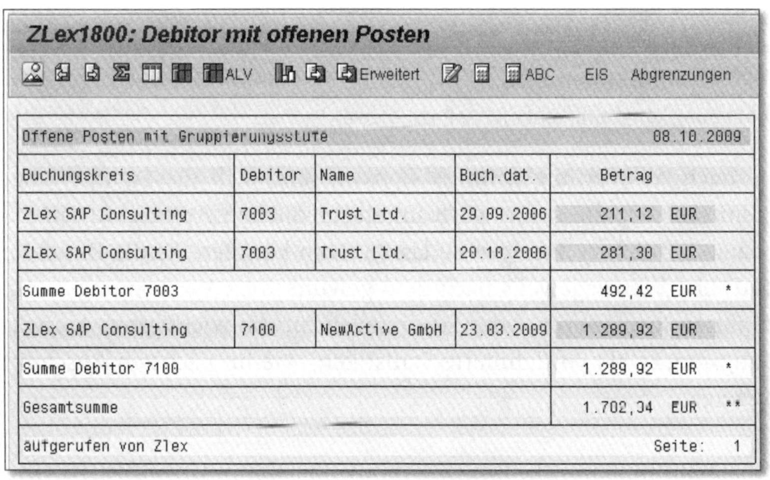

Abbildung 10.14 Grundliste im Ausgabeformat ABAP-Liste

Anzeige formatierte Liste

Es werden nun die individuellen Überschriften Ihrer Listausgabe angezeigt. In der Listenüberschrift ist rechtsbündig das jeweils aktuelle Datum der Listausgabe ersichtlich. Die Standardspaltenüberschrift für den Debitor heißt nun nicht mehr DEBITORENNAME 1, sondern DEBITOR, und die einzelnen Listzeilen sind farblich hervorgehoben. Die BETRAG-Spalte ist ebenfalls farblich formatiert. Im Seitenfuß erscheint der Ausgabe-User sowie die Seitenzahl. Die Daten werden in der Gruppierungsstufe 1 je Debitor angezeigt. Über den Menpüfad BEARBEITEN • GRUNDLISTE • NUR SUMMEN ANZEIGEN (⇧+F4) können Sie sich die Daten verdichtet je Debitor anzeigen lassen.

Anzeige im SAP List Viewer

Die vorgenommenen Einstellungen wirken sich zum Teil auch auf die Anzeige im Ausgabeformat SAP List Viewer aus. Haben Sie noch keine Layoutvariante angelegt, so werden die Summierungsstufen der Grundliste verwendet. Ebenfalls werden die Einstellungen zur Anzeige von Nullwerten sowie die farbliche Hervorhebung von Zeilen und Spalten angezeigt (siehe Abbildung 10.15).

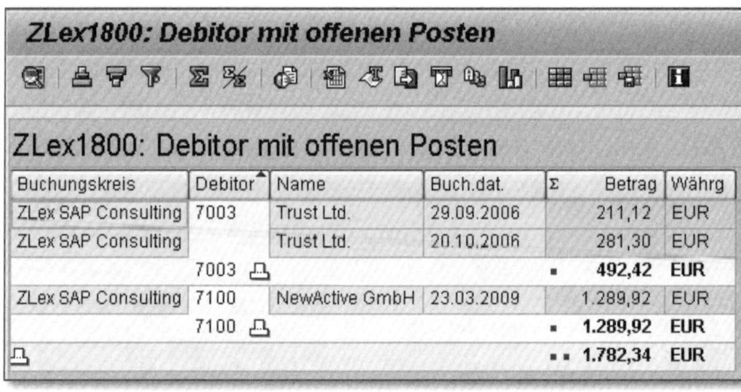

Abbildung 10.15 Grundliste im SAP List Viewer-Format

Summierungsstufen im SAP List Viewer

Je nach Auswertung kann es sinnvoll sein, sich die Summe einer Kennzahlenspalte sofort nach unterschiedlichen Auswertungsmerkmalen verdichtet anzeigen zu lassen. Nun könnten Sie die Daten im SAP List Viewer jeweils nach dem gewünschten Verdichtungsmerkmal neu formatieren, oder Sie erstellen für die wichtigsten Auswertungsmerkmale vordefinierte Statistiken, wie im nächsten Abschnitt gezeigt.

10.3 Statistik

Mit einer Statistik können Sie sich für eine Kennzahlenspalte konkrete Auswertungsmerkmale sofort als verdichtete Daten anzeigen lassen. Neben der Grundliste können Sie zwischen neun zusätzlichen Statistiken navigieren. Im nächsten Schritt werden Sie für offene Posten eine Statistik mit der Verdichtung je Debitor erstellen. Gehen Sie nun in den Änderungsmodus der SAP Query-Transaktion (siehe Abbildung 10.16).

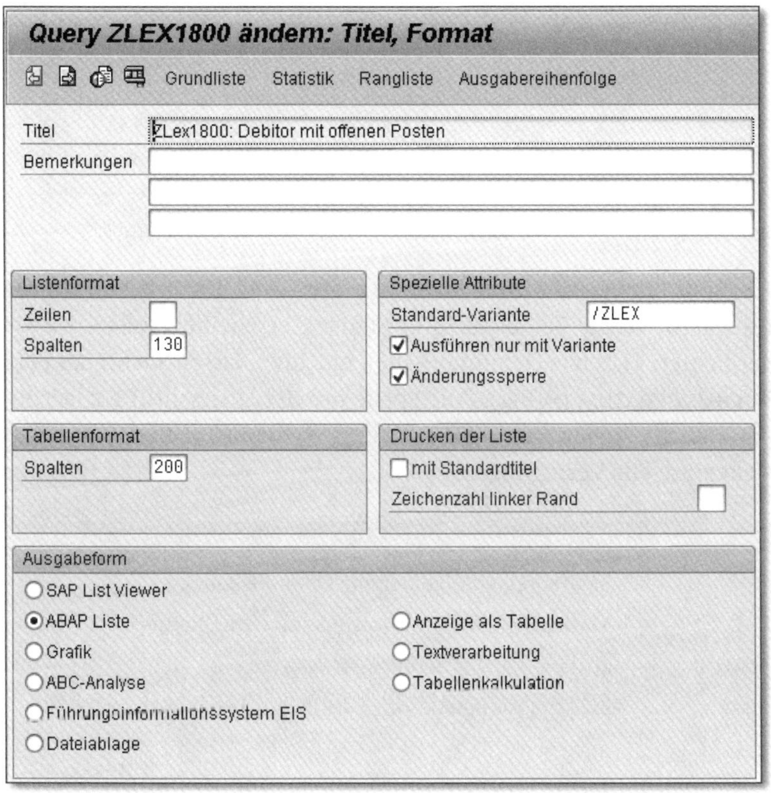

Abbildung 10.16 Query-Maske zur Festlegung des Titels und von Formatierungen

Ausgabeformat ABAP-Liste

Für die Listanzeige einer Statistik ist das Ausgabeformat ABAP-Liste zu verwenden. Klicken Sie auf den Button mit der Bezeichnung Statistik, und Sie gelangen zum Bild ZLEX1800 Ändern: Aufbau Statistik 1 (siehe Abbildung 10.17).

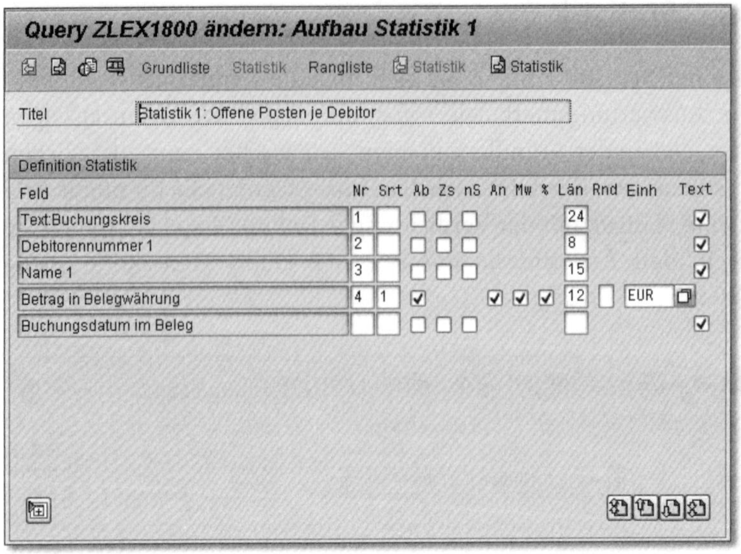

Abbildung 10.17 Einstellungsmöglichkeiten für den Aufbau einer Statistik

Aufbau der Statistik

Als Erstes geben Sie Ihrer Statistik einen Titel. Danach können Sie festlegen, welche Felder in Ihrer Statistik erscheinen sollen. Da Sie verdichtete Daten je Debitor erhalten möchten, lassen Sie für das Feld BUCHUNGSDATUM IM BELEG die Spalte mit der Überschrift NR leer. In der Statistik stehen Ihnen die Funktionen, die in Tabelle 10.2 dargestellt sind, zur Verfügung.

Funktion	Erläuterung
Nr	Spaltenreihenfolge der einzelnen Felder
Srt	Sortierung der Daten sowie Summierungsstufe
Ab	absteigende Sortierung
Zs	Zwischensumme
nS	neue Seite
An	Anzahl Datensätze
Mw	Mittelwert
%	prozentualer Anteil
Län	Ausgabelänge des Feldes
Rnd	Skalierung des Kennzahlenwertes
Einh	Ausgabe-Einheit
Text	Text in der Grafik anzeigen

Tabelle 10.2 Funktionsmöglichkeiten in einer Statistik

Sortierung von Merkmalen

In der Statistik können Sie sich nun die verdichteten Merkmale sortiert nach jedem beliebigen Merkmal anzeigen lassen. Die Sortierung der Datensätze kann nicht nur nach Merkmalen, sondern auch nach Kennzahlen erfolgen. In unserem Beispiel möchten wir nach dem summierten Betrag der offenen Posten sortieren. Da uns die Debitoren mit den größten offenen Posten am meisten interessieren, markieren wir für die Kennzahl Betrag in Belegwährung das Spaltenfeld mit der Überschrift Ab. Durch diese Markierung werden die Debitoren mit dem größten Betrag absteigend sortiert angezeigt.

Zwischensummen

In der Praxis erweist es sich häufig als sinnvoll, sich für Datensätze mit mehreren Merkmalen Zwischensummen anzeigen zu lassen. So können Sie für die Merkmalsfelder durch Markierung der Flags mit der Spaltenüberschrift Zs Zwischensummen erstellen. Durch die Markierung des Merkmals-Flags mit der Überschrift NS kann pro Merkmal sogar ein Seitenwechsel durchgeführt werden.

Anzahl der Datensätze, Mittelwert, prozentualer Anteil

Besonders beliebt sind in der Praxis die Funktionen, mittels derer Sie sich in einer Statistik die Anzahl der Datensätze, einen Mittelwert sowie einen prozentualen Anteil anzeigen lassen können. In der Statistik werden verdichtete Datensätze angezeigt. Durch Aktivierung der Funktion An wird Ihnen pro verdichteter Datenzeile die Anzahl der einzelnen Datensätze angezeigt. Markieren Sie die Funktion Mw für Mittelwert, so wird Ihnen in der Statistik der durchschnittliche Wert eines einzelnen Datensatzes angezeigt.

Ausgabelänge und Skalierung

Wie schon in der Grundliste können Sie festlegen, mit welcher Ausgabelänge die Ausgabe der einzelnen Felder erfolgen soll. Mit der Funktion Rnd für Rundung können Sie sich Kennzahlenwerte skaliert anzeigen lassen. Tragen Sie z. B. im Feld mit der Überschrift Rnd eine 3 ein, so werden Ihnen die Werte mit einer 1.000-Skalierung angezeigt. Auch in der Statistik werden weitere Funktionen über den Navigationsbutton ausgewählt.

Überschriften

So können Sie in der nächsten Einstellungsmaske analog der Grundliste die Einstellungen für den Seitenkopf sowie den Seitenfuß vornehmen, das heißt, dass Sie die Statistiküberschriften hinterlegen müssen. Drücken Sie zweimal den Navigationsbutton, und Sie gelangen in die Bildschirmmaske zur Festlegung der Präsentationsgrafik (siehe Abbildung 10.18).

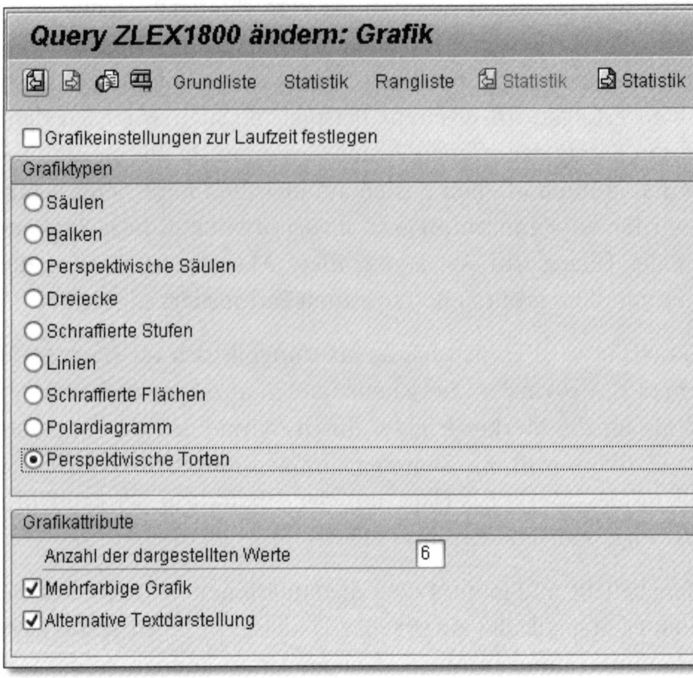

Abbildung 10.18 Präsentationsgrafik für eine Statistik festlegen

Vorschlagsgrafik in der Statistik

Wie die Maske zur Festlegung der Überschriften ist auch die Grafikmaske wie bei der Grundliste aufgebaut. Sie können entscheiden, ob ein Grafiktyp aus der Berichtsliste ausgewählt werden oder der Grafiktyp für die jeweilige Statistik bereits fix hinterlegt werden soll. Deaktivieren Sie den Button GRAFIKEINSTELLUNGEN ZUR LAUFZEIT FESTLEGEN, und wählen Sie den Grafiktyp PERSPEKTIVISCHE TORTEN aus. Testen Sie Ihre Einstellungen im Ausgabeformat ABAP-Liste, indem Sie auf den Button (testen) klicken. Sie erhalten nun neben der Grundliste die neu erstellte Statistik angezeigt (siehe Abbildung 10.19).

Verdichtete Datenanzeige je Debitor

In unserer Statistik werden nun nicht die einzelnen Datensätze je Buchungsdatum angezeigt, sondern es erfolgt eine Datenverdichtung je Debitorennummer. Zusätzlich hat sich die Reihenfolge der Debitoren in der Anzeige geändert. In der Grundliste erfolgt die Sortierung nach der Debitorennummer, und in der Statistik erfolgt die Sortierung der verdichteten Datensätze absteigend nach dem Betragsfeld.

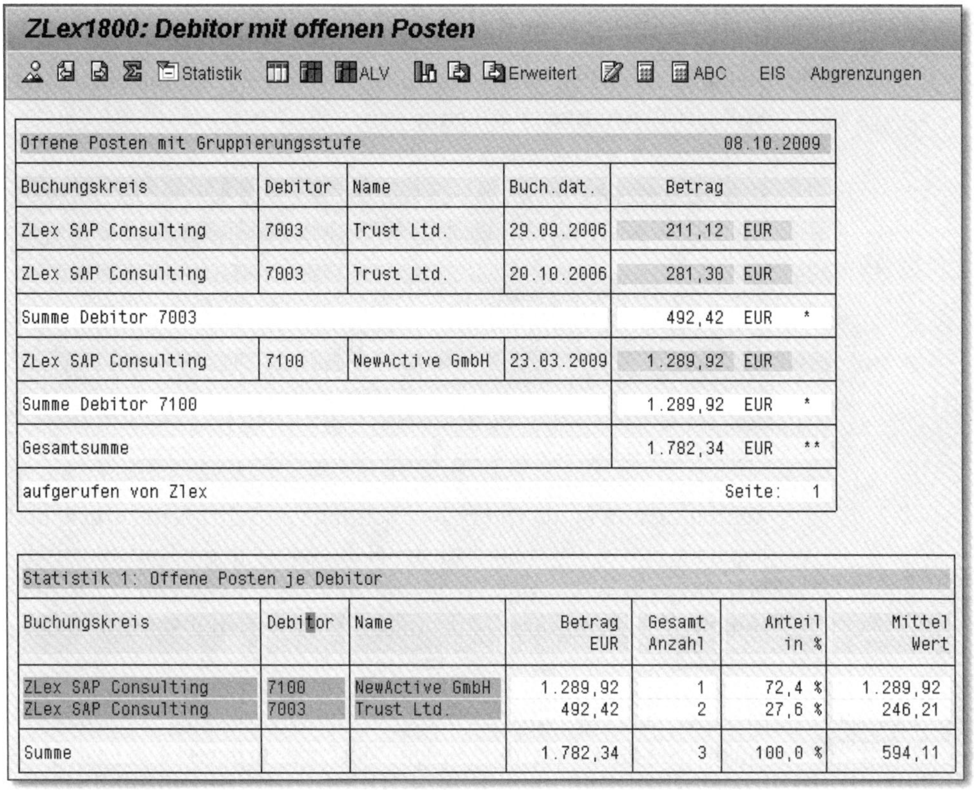
ZLex1800: Debitor mit offenen Posten

Offene Posten mit Gruppierungsstufe				08.10.2009
Buchungskreis	Debitor	Name	Buch.dat.	Betrag
ZLex SAP Consulting	7003	Trust Ltd.	29.09.2006	211,12 EUR
ZLex SAP Consulting	7003	Trust Ltd.	20.10.2006	281,30 EUR
Summe Debitor 7003				492,42 EUR *
ZLex SAP Consulting	7100	NewActive GmbH	23.03.2009	1.289,92 EUR
Summe Debitor 7100				1.289,92 EUR *
Gesamtsumme				1.782,34 EUR **
aufgerufen von Zlex				Seite: 1

Statistik 1: Offene Posten je Debitor						
Buchungskreis	Debitor	Name	Betrag EUR	Gesamt Anzahl	Anteil in %	Mittel Wert
ZLex SAP Consulting	7100	NewActive GmbH	1.289,92	1	72,4 %	1.289,92
ZLex SAP Consulting	7003	Trust Ltd.	492,42	2	27,6 %	246,21
Summe			1.782,34	3	100,0 %	594,11

Abbildung 10.19 Anzeige einer Grundliste und einer Statistik

Anzahl der Datensätze, prozentualerAnteil

Im Vergleich zur Grundliste wird Ihnen in der Statistik zusätzlich die Anzahl der einzelnen Datensätze je Summensatz angezeigt. Für den Debitor 7003 Trust Ltd. ist beispielsweise ersichtlich, dass sich der Betrag von 492,42 EUR auf zwei einzelne Datensätze bezieht. Zusätzlich wird Ihnen der prozentuale Anteil einer Summierungszeile an der Gesamtsumme angezeigt. Der offene Posten in Höhe von 1.289,92 EUR für den Debitor 7100 NewActive GmbH entspricht einem prozentualen Anteil von 72,4 an der Gesamtsumme. In der Spalte Mittelwert wird der Wert aus der Betrag-Spalte durch die Anzahl der Datensätze dividiert.

[«]

Weiterbearbeitung von Statistikdaten

Möchten Sie für die Listanzeige die Spaltenreihenfolge ändern, Spalten ausblenden oder Datensätze filtern, so wechseln Sie in die Darstellung im ALV-Layout.

Positionieren Sie den Cursor auf die Statistik, und klicken Sie auf den Button ALV. Sie erhalten nun die in Abbildung 10.20 gezeigte Darstellung. Es stehen Ihnen hier die gewohnten Funktionalitäten des SAP List Viewers zur Verfügung.

Abbildung 10.20 Anzeige einer Statistik im ALV-Layout

Kehren sie nun in die Query-Bearbeitung von Statistiken zurück, und legen Sie eine weitere Statistik an. Nehmen Sie in die Statistik zusätzlich das Feld BUCHUNGSDATUM auf, und bilden sie eine Zwischensumme je Buchungskreis. Zur Anlage einer weiteren Statistik klicken Sie auf den Button Statistik (weitere Statistik).

Zwischensummen in Statistiken

Möchten Sie eine Zwischensumme für ein Merkmal erstellen, so müssen Sie die Daten nach diesem Merkmal sortieren. Die Festlegungen für Statistik 2 könnten so wie in Abbildung 10.21 aussehen.

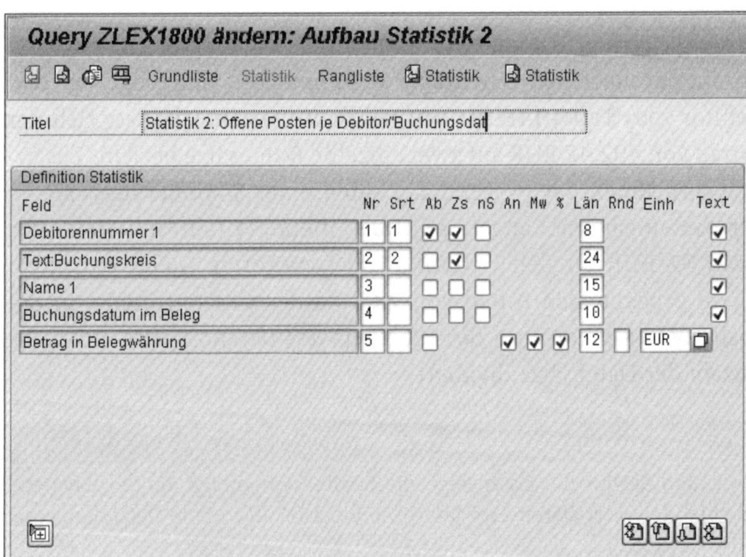

Abbildung 10.21 Statistik mit Zwischensumme

Da Sie für die DEBITORENNUMMER 1 eine Zwischensumme erhalten möchten, ist dieses Feld als Sortierfeld zu kennzeichnen. Für das Feld TEXT: BUCHUNGSKREIS kann eine Zwischensumme nur gebildet werden, da für das vorangehende Feld DEBITORENNUMMER 1 zuerst sortiert wird.

Ausgabereihenfolge

Ihre Query verfügt nun über eine Grundliste und zwei Statistiken. Möchten Sie, dass Ihnen die Daten aus Statistik 2 ganz am Anfang Ihrer Auswertung angezeigt werden, so ändern Sie die Ausgabereihenfolge. Klicken Sie hierzu im ersten Navigationsfenster zur Query-Bearbeitung auf den Button AUSGABEREIHENFOLGE oder [Strg]+[F4], und Sie erhalten die Darstellung aus Abbildung 10.22.

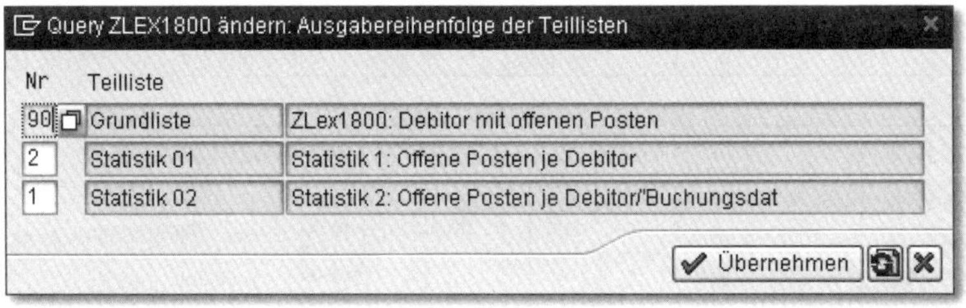

Abbildung 10.22 Festlegung der Ausgabereihenfolge für die Grundliste, die Statistiken und Ranglisten

Ausgabereihenfolge ändern

Im Fenster zur Bearbeitung der Ausgabereihenfolge erscheinen die angelegte Grundliste sowie die Statistiken und die Ranglisten. In der Spalte mit der Bezeichnung NR können Sie eine Ziffer zwischen 1 und 90 eintragen. Tragen Sie für Ihre Statistik 2 die Ausgabereihenfolgenummer 1 ein, für Statistik 1 die Nummer 2 und für die Grundliste die Nummer 90. Die Ausgabeliste mit der niedrigsten Nummer wird bei einer Ausgabe im Ausgabeformat SAP List Viewer angezeigt. Im Ausgabeformat ABAP List Viewer erscheint nach dieser Änderung der Ausgabereihenfolge Statistik 2 zuerst (siehe Abbildung 10.23).

Statistik mit zwei Merkmalen

In Statistik 2 werden nun mehr Zeilen als in Statistik 1 angezeigt. Durch die Hinzunahme des Auswertungsmerkmals BUCHUNGSDATUM werden die Daten nun für die Kombination DEBITOR/BUCHUNGSDATUM verdichtet. Zusätzlich wird noch eine Zwischensumme je Debitor und Buchungskreis angezeigt. Die verdichtete Datenanzeige von zwei Merkmalen (hier: Debitor und Buchungsdatum) wird in der Praxis häufig durchgeführt. Werden nun jedoch zu viele Datensätze angezeigt, so kann ausschließlich die Datenanzeige der größten Werte in Form einer Rangliste erfolgen, wie im nächsten Abschnitt dargestellt.

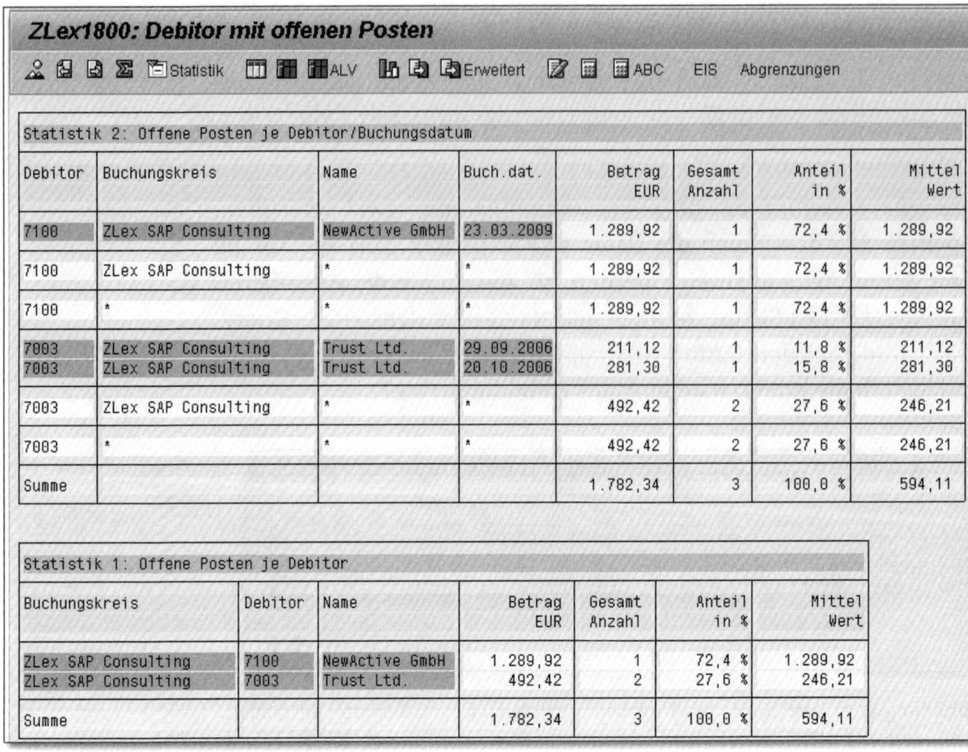

Statistik 2: Offene Posten je Debitor/Buchungsdatum

Debitor	Buchungskreis	Name	Buch.dat.	Betrag EUR	Gesamt Anzahl	Anteil in %	Mittel Wert
7100	ZLex SAP Consulting	NewActive GmbH	23.03.2009	1.289,92	1	72,4 %	1.289,92
7100	ZLex SAP Consulting	*	*	1.289,92	1	72,4 %	1.289,92
7100	*	*	*	1.289,92	1	72,4 %	1.289,92
7003	ZLex SAP Consulting	Trust Ltd.	29.09.2006	211,12	1	11,8 %	211,12
7003	ZLex SAP Consulting	Trust Ltd.	20.10.2006	281,30	1	15,8 %	281,30
7003	ZLex SAP Consulting	*	*	492,42	2	27,6 %	246,21
7003	*	*	*	492,42	2	27,6 %	246,21
Summe				1.782,34	3	100,0 %	594,11

Statistik 1: Offene Posten je Debitor

Buchungskreis	Debitor	Name	Betrag EUR	Gesamt Anzahl	Anteil in %	Mittel Wert
ZLex SAP Consulting	7100	NewActive GmbH	1.289,92	1	72,4 %	1.289,92
ZLex SAP Consulting	7003	Trust Ltd.	492,42	2	27,6 %	246,21
Summe			1.782,34	3	100,0 %	594,11

Abbildung 10.23 Statistik mit offenen Posten verdichtet auf Debitor und Buchungsdatum sowie Zwischensumme je Buchungskreis

10.4 Rangliste

Funktion der Rangliste

Die Rangliste bietet Ihnen die Möglichkeit, sich für konkrete Merkmale die größten Kennzahlenwerte anzeigen zu lassen. Beispielsweise können Sie sich nur die zehn höchsten Ranglistenplätze der offenen Posten anzeigen lassen. Kehren Sie zurück in die Query-Titel-Maske, und drücken Sie auf den Button RANGLISTE. Sodann erhalten Sie die in Abbildung 10.24 gezeigte Darstellung.

Kriterium für Rangliste

Wählen Sie die Merkmale aus, die Sie in Ihrer Rangliste sehen möchten. Die Rangliste erfolgt aufgrund eines Kennzahlenwerts; daher steht Ihnen als Kriterium für die Rangliste nur der BETRAG IN BELEGWÄHRUNG zur Verfügung. Die Rangliste ist nun ebenfalls in der Query enthalten und wird, sofern Sie die Ausgabereihenfolge nicht ändern, am Ende Ihrer Ausgabe angezeigt.

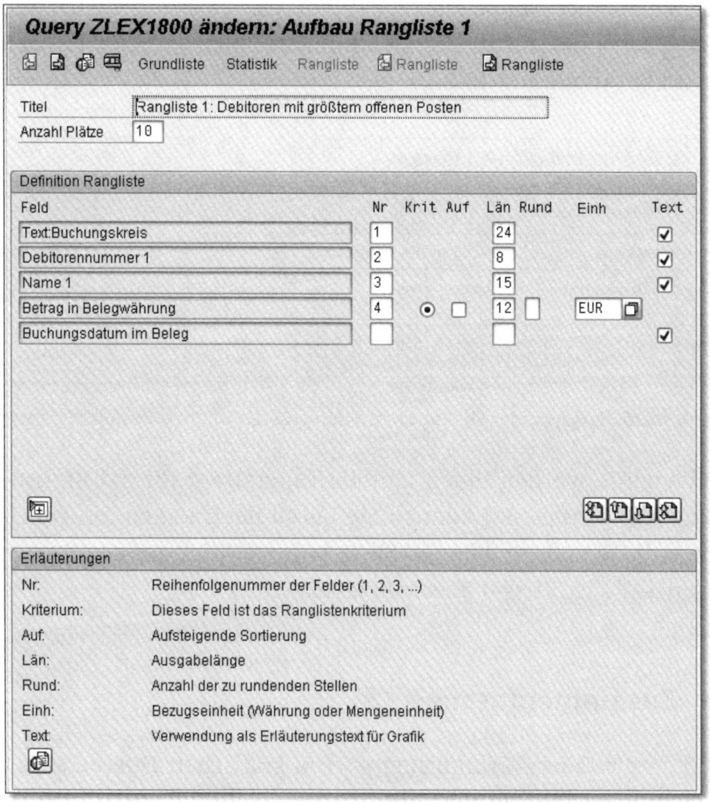

Abbildung 10.24 Funktionen zur Bearbeitung einer Rangliste

In der Query-Anzeige im Ausgabeformat ABAP-Liste können Sie in die Übersicht über die vorhandene Grundliste sowie die vorhandenen Statistiken und Ranglisten verzweigen. Drücken Sie hierzu auf den Button (Übersicht), und es erscheint die Darstellung aus Abbildung 10.25.

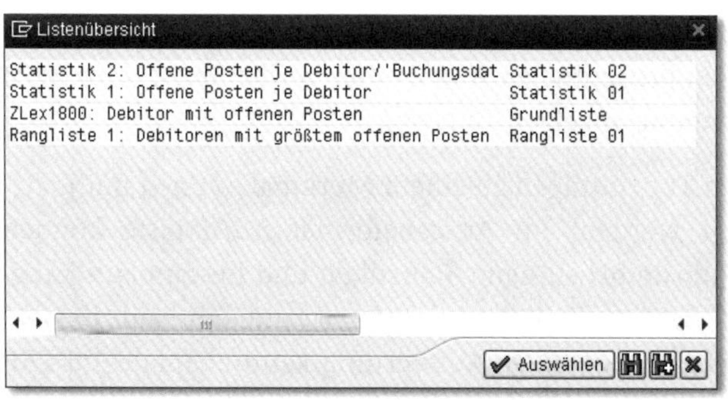

Abbildung 10.25 Übersicht über die Statistiken, die Grundliste und die Ranglisten

Wählen Sie nun per Doppelklick die RANGLISTE 1 aus. Sie erhalten nun eine Rangliste hinsichtlich der Debitoren mit den größten offenen Posten (siehe Abbildung 10.26).

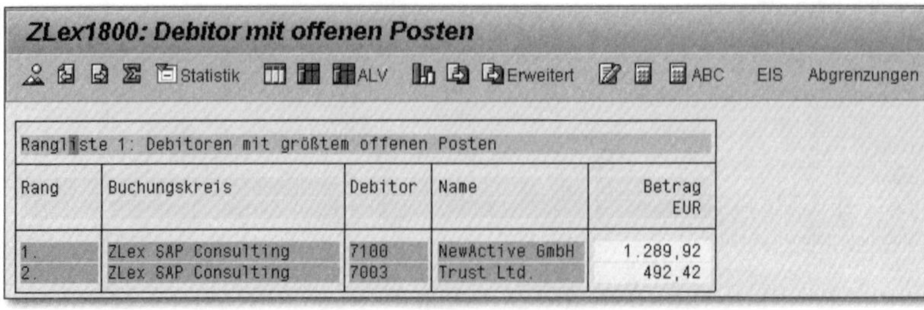

Rangliste 1: Debitoren mit größtem offenen Posten				
Rang	Buchungskreis	Debitor	Name	Betrag EUR
1.	ZLex SAP Consulting	7100	NewActive GmbH	1.289,92
2.	ZLex SAP Consulting	7003	Trust Ltd.	492,42

Abbildung 10.26 Rangliste der Debitoren mit den größten offenen Posten

In der Rangliste werden Ihnen nun die Topeinträge für das BETRAG-Feld angezeigt. Insgesamt können Sie bis zu neun Ranglisten erstellen. Auch die Ranglisten können Sie sich durch Klick auf den Button ALV im SAP List Viewer anzeigen lassen.

10.5 Zusammenfassung

Sie können die Query-Grundliste mit dem grafischen Query Painter bearbeiten. Über die Datenanzeige mit dem SAP List Viewer können Sie die Daten summieren oder filtern. Zusätzliche Funktionalitäten zur Bearbeitung der Grundliste stehen Ihnen nach Deaktivierung des grafischen Query-Editors zur Verfügung. So können Sie die Daten bereits in der Berichtserstellung summieren oder farblich hervorheben.

Für die Darstellung von verdichteten Daten nach unterschiedlichen Merkmalen können Sie die Funktionalität Statistik verwenden. Die Statistik bietet Ihnen zudem die Möglichkeit, sich neben der verdichteten Datenanzeige die Anzahl der verdichteten Datensätze, den Mittelwert sowie den prozentualen Anteil einer verdichteten Datenzeile an der Gesamtsumme anzeigen zu lassen.

Eine Auswahl an Topeinträgen zu einem Merkmal können mit Ranglisten aufgezeigt werden. Im Ausgabeformat ABAP-Liste können neben der Grundliste bis zu neun Statistiken und bis zu neun Ranglisten angezeigt werden. Zwischen den Auswertungen kann flexibel navigiert werden. Die jeweilige Auswertung kann ebenfalls im SAP List Viewer dargestellt werden.

In diesem Kapitel erfahren Sie mehr über die SAP-Datendefinition sowie deren Datenfelder. Außerdem lernen Sie, eigene Datenfelder zu definieren, und es wird Ihnen gezeigt, wie Sie eigene Datenfelder mit Inhalten füllen können. Insbesondere lernen Sie die ABAP-Anweisungen `IF` *und* `SELECT` *kennen.*

11 ABAP-Grundlagen im InfoSet

Für jeden Bericht müssen als Grundlage Daten von der Datenbank gelesen werden, die anschließend in Form einer Liste anwendergerecht darzustellen sind. Daher ist es wichtig, die Beschreibung der Datenobjekte zu kennen. So wie auch in jeder anderen Sprache, gibt es für die SAP-Sprache ABAP ein Wörterbuch, das Data Dictionary. Im Data Dictionary werden Tabellen, Views, Strukturen und andere Datenelemente definiert. In den Tabellen sind, anders als bei den Strukturen, Daten dauerhaft gespeichert.

Nachdem Sie sich im ersten Abschnitt dieses Kapitels das ABAP Dictionary genauer angeschaut haben, werden Sie Ihre Sprachkenntnisse noch ein wenig vertiefen. Wie sehen in ABAP ganze Sätze aus? Welche konkreten Befehle ermöglichen es Ihnen, Dateninhalte zu selektieren, und welche Sprachelemente werden schließlich häufig in der Praxis genutzt? Im Folgenden beschäftigen wir uns zunächst einmal mit dem Data Dictionary.

11.1 Data Dictionary

Tabellenbeschreibung

Das Data Dictionary (DDIC) ist ein Datenwörterbuch, in dem alle Datenobjekte, wie z. B. Tabellen, Views usw. definiert sind. Im Data Dictionary ist die Beschreibung der Tabellen enthalten; eine Tabelle umfasst mehrere Zeilen, und jede Zeile enthält einzelne Tabellenfelder. Wenn Sie ein konkretes Feld adressieren, ist immer die jeweilige Kombination aus Tabelle und Feldnamen entscheidend. Dies ist so wie in der realen Welt, in der eine Person immer einen Nachnamen und einen Vornamen hat. Schließlich können Sie noch herausfinden, ob es sich bei den einzelnen Feldern jeweils um ein Schlüsselfeld handeln soll, das sozusagen ein Familienoberhaupt darstellt. Weiterhin wird ein Feld mit betriebswirtschaftlichen und technischen Attributen beschrieben. In den betriebswirtschaftlichen Attributen (Datenelement) wird eine sprechende Bezeichnung sowie eine Überschrift mitgegeben, und im Datenelement sind die technischen Eigenschaften (Domäne) hinterlegt. In der Domäne selbst sind Datentyp, Feldlänge und Anzahl an Dezimalstellen sowie die Ausgabelänge angegeben.

In das ABAP Dictionary gelangen Sie über den Menüpfad Werkzeuge • ABAP Workbench • Entwicklung • Dictionary oder über die Transaktion SE11 (Dictionary), siehe Abbildung 11.1.

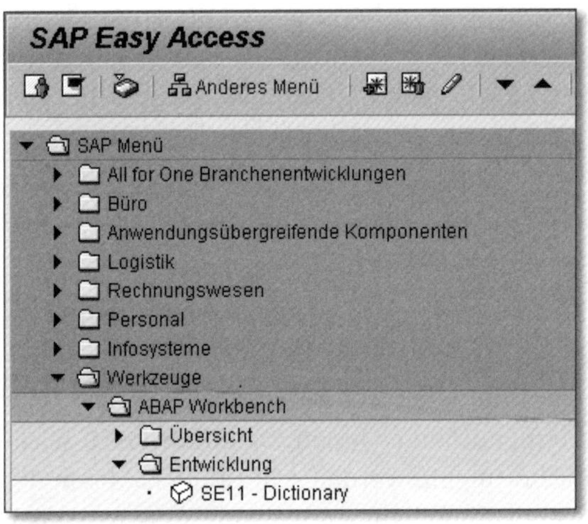

Abbildung 11.1 Transaktion zum Aufruf des ABAP Dictionaries

Es wird Ihnen der Einstiegsbildschirm mit sieben unterschiedlichen Datenobjekten angezeigt. Im Rahmen dieses Kapitels werden wir uns die Datenbanktabelle, den View, den Datentyp und die Domäne genauer anschauen.

[»]

Vergleich von Struktur und transparenter Tabelle im DDIC

In einer Tabelle sind die Daten auch nach Programmende weiterhin gespeichert, während eine Struktur, die eine Beschreibung von Feldern darstellt, nur zur temporären Datenspeicherung innerhalb eines Programms genutzt wird. Da Daten nur in den Tabellen dauerhaft abgelegt werden, verfügen auch nur diese über Keyfelder.

Wählen Sie zunächst die Option Datenbanktabelle aus, und tragen Sie dort die Tabelle TSTCT ein (siehe Abbildung 11.2).

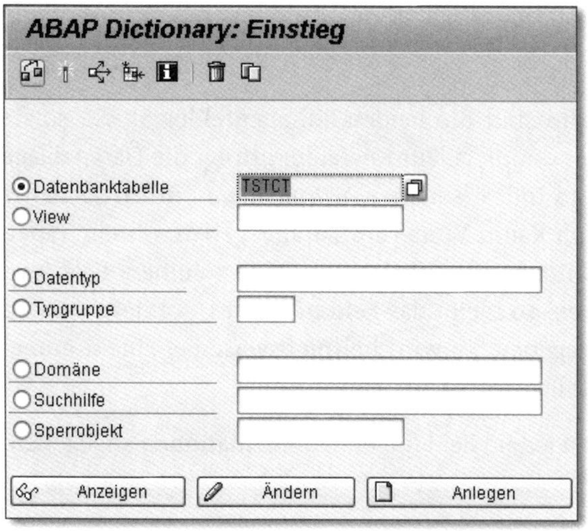

Abbildung 11.2 Data Dictionary – Einstiegsbild

Klicken Sie nun auf den Button Anzeigen, und es werden Ihnen die Tabelle TSTCT (Transaktionscode-Texte) sowie deren Felder angezeigt (siehe Abbildung 11.3).

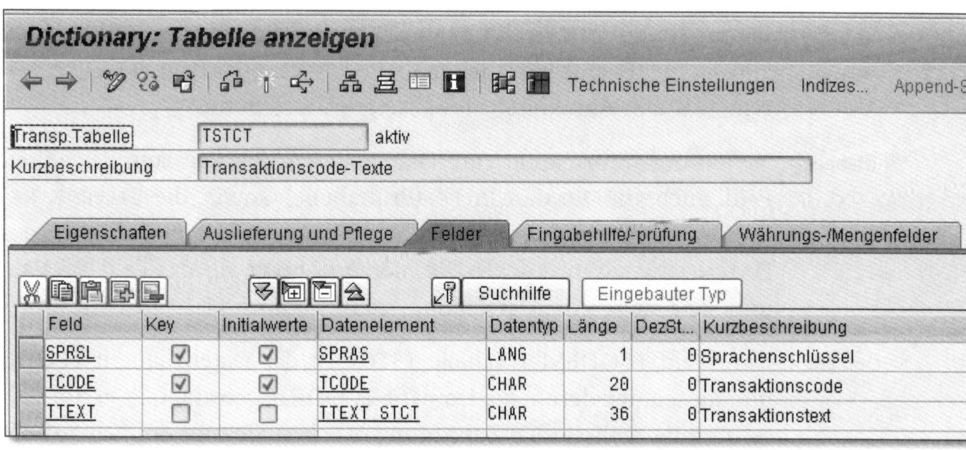

Abbildung 11.3 Anzeige der Tabelle TSTCT (Transaktionscode-Texte) im Data Dictionary

Tabellenfelder

In der Registerkarte Feld erhalten sie nun eine Übersicht über die drei Felder SPRSL, TCODE und TTEXT der Tabelle TSTCT (Transaktionscode-Texte). Die meisten Tabellenfelder haben fünf Buchstaben. Der Feldname für den Sprachschlüssel SPRSL wird auch in vielen weiteren SAP-Tabellen verwendet. Damit ein Feld eindeutig ist, müssen Sie immer den Namen der dazugehörigen Tabelle mit angeben, z. B. TSTCT-SPRSL.

Keyfelder

In der zweiten Spalte sind die beiden Tabellenfelder SPRSL sowie TCODE als Keyfelder definiert. Für Keyfelder erfolgt die Datenablage im System mit einem Index, sodass eine Suche wesentlich schneller durchgeführt werden kann. Weiterhin ist angegeben, ob ein Tabellenfeld mit einem Initialwert vorbelegt ist: Wird zu einem Feld kein Dateninhalt gefunden, so bleibt das Feld nicht leer, sondern es wird der Initialwert ausgegeben. So wird beispielsweise bei einem numerischen Feld eine Null ausgegeben.

Des Weiteren sind zu jedem Feld folgende Informationen angegeben:

- Datenelement
- Datentyp
- Länge
- Dezimalstellen
- Kurzbeschreibung

Sie erhalten eine übersichtliche Darstellung aller Feldeigenschaften, indem Sie doppelt in der Spalte FELD auf die einzelnen Feldnamen klicken. Bei Doppelklick in der Spalte FELD auf das Feld TCODE erhalten Sie die in Abbildung 11.4 gezeigte Darstellung.

Prüftabelle

Neben der Information zum Datenelement werden zum gewählten Feld auch die EINGABEHILFE (Prüftabelle) sowie die DATENBANK-EIGENSCHAFTEN dargestellt. Doch schauen wir uns zunächst das DATENELEMENT an. Klicken Sie hierzu doppelt auf das Feld TCODE, und Sie erhalten die Darstellung aus Abbildung 11.5.

Domäne

Dem Feld TCODE der Tabelle TSTCT ist das Datenelement TCODE und diesem wiederum die Domäne TCODE zugeordnet. Es ergibt sich somit eine mehrstufige Zuordnung. Klicken Sie nun doppelt auf die Domäne TCODE, und Sie erhalten Sie das genaue Format (siehe Abbildung 11.6).

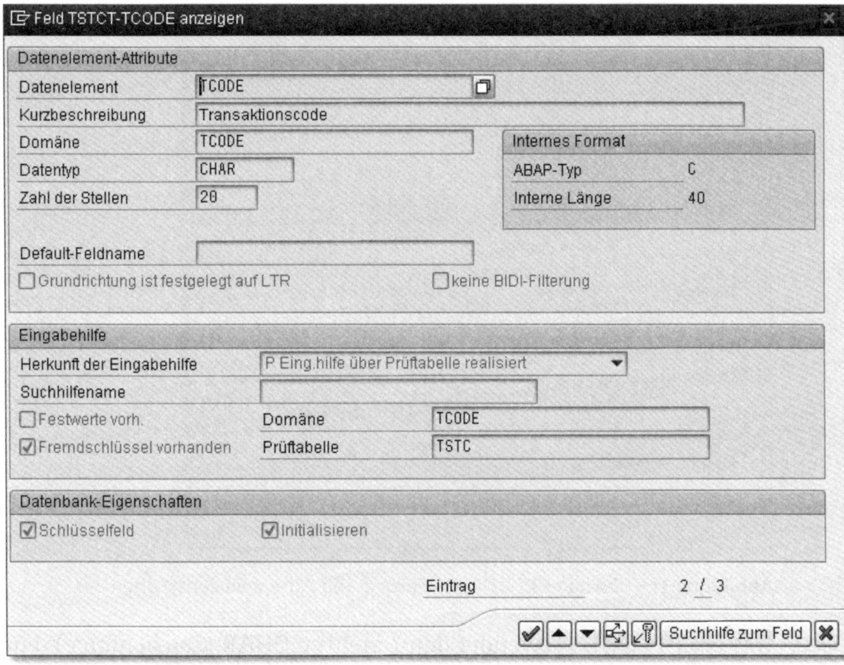

Abbildung 11.4 Datenelement-Attribute, Eingabehilfe sowie Datenbank-Eigenschaften zum Feld TSTCT-TCODE

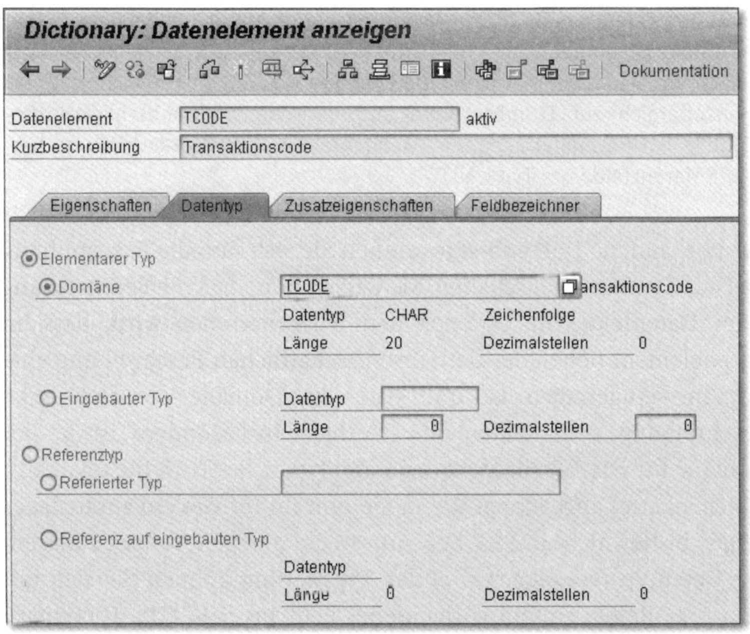

Abbildung 11.5 Datentyp des Datenelements TCODE

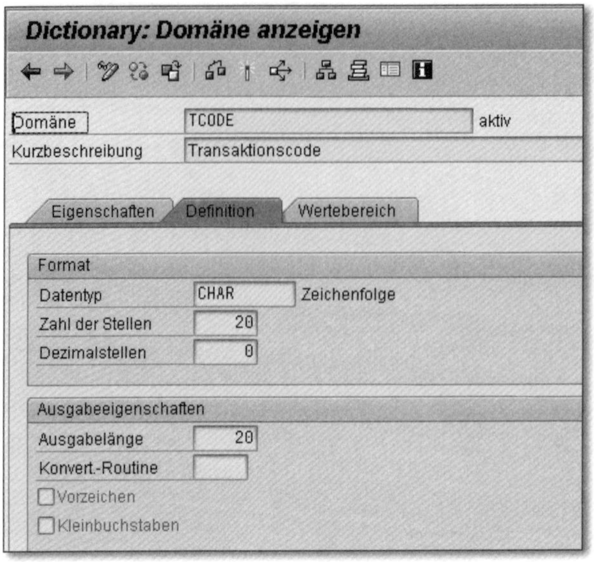

Abbildung 11.6 Domäne TCODE mit Format und Ausgabeeigenschaften

Währungs- und Mengenfelder

Das Feld TCODE verwendet den Datentyp CHAR (Zeichenfolge). Für die Domäne TCODE sind 20 Stellen und 0 Dezimalstellen definiert.

[»]

Währungs- und Mengenfelder

Eine besondere Logik gilt für Währungs- und Mengenfelder. Ein Währungsfeld ist immer vom Typ CURR und hat ein Referenzfeld vom Typ CUKY. Im Datenelement ist fix die Domäne WAERS eingetragen, und im Wertebereich zur Domäne wird automatisch als Fremdschlüssel die Tabelle TCURC eingetragen. Ein Mengenfeld ist vom Typ QUAN und hat ein Referenzfeld vom Typ UNIT.

Für vorhandene Datenobjekte können Sie sich nun die Beschreibung im Data Dictionary anschauen. Sie wissen nun, dass die Beschreibung eines Datenfeldes im Datenelement vorgenommen wird, dass im Datenelement neben der betriebswirtschaftlichen Beschreibung eine Domäne eingetragen ist und dass die Domäne die technische Beschreibung eines Datenfeldes enthält. Insbesondere ist in der Domäne für das Tabellenfeld der Datentyp, z. B. CHAR für Charakter (Zeichenkette) angegeben. Wenn Sie nun im InfoSet ein zusätzliches neues, bisher nicht in SAP bekanntes Feld anlegen, so ist zu diesem der Datentyp festzulegen. Bei der Typisierung können Sie sich mit dem `LIKE`-Befehl auf ein vorhandenes Feld aus dem Data Dictionary beziehen, oder Sie tragen den Datentyp usw. im neuen Feld ein.

11.2 Individuelle Datenobjekte im InfoSet

Individuelle Datenfelder

Die Query-Reportingtools sollen Ihnen dabei helfen, Auswertungen möglichst einfach und schnell zu erstellen. So ist es möglich, vorhandene Datenbanktabellen als Datengrundlage für einen Report zu verknüpfen. Ist jedoch die Berichtserstellung noch flexibler, so können Sie auf sehr einfachem Wege Ihr Programm mit Query-Werkzeugen um neue Datenfelder erweitern. Nachdem Sie ein individuelles Datenfeld definiert haben, können Sie konkrete Inhalte aus einer bestimmten Tabelle dazulesen. Alle im InfoSet abzufragenden Tabellen sind der Query bekannt zu machen. Bevor Sie einem neuen individuellen Feld Werte zuweisen, ist dieses ebenfalls im InfoSet zu definieren.

11.2.1 Datenfelder

Datendeklaration

Sie definieren neue Datenfelder mit dem ABAP-Befehl `DATA`. Ein Datenfeld wird durch eine maximal 30-stellige Bezeichnung, den Datentyp und die Datenlänge charakterisiert. Folgende Datentypen sind im Rahmen des InfoSets vorgesehen (siehe Tabelle 11.1).

Datentyp	Bezeichnung	Initialwert
C	Zeichen (Character)	Leerzeichen
CURR	CUKY	
QUAN	UNIT	
D	Datum	YYYYMMDD '00000000'
I	ganze Zahl (Integer)	0 Länge 4
N	numerisches Zeichen	'00000...000'
P	gepackte Zahl	0 Länge 8
T	Zeit (Time)	HHMMSS '000000'

Tabelle 11.1 Datentypen von Dictionary-Feldern

Sie können Ihr neues Datenfeld z. B. wie folgt typisieren:

```
DATA: feld1 TYPE p DECIMALS 2.
```

Datentyp

Durch diese Anweisung steht Ihnen eine neue Variable mit der Bezeichnung FELD1 zur Verfügung; die Variable FELD1 verwendet den Datentyp P und verfügt über zwei Dezimalstellen.

TYPE-Anweisung

Sie können jedes Feld einzeln typisieren; jedoch ist es viel einfacher, sich einfach auf ein vorhandenes Feld aus dem Data Dictionary zu beziehen. So können Sie statt des Befehls `TYPE` auch einfach schreiben: `feld1` ist so wie `feld2`. In ABAP wird dies wie folgt formuliert:

```
DATA: feld1 LIKE feld2.
```

Datentyp

Durch diese Anweisung erhält `feld1` die gleichen technischen Eigenschaften wie `feld2`. Um die technischen Eigenschaften für `feld1` zu bestimmen, wird im Data Dictionary in der Domäne von `feld2` bezüglich des Datentyps, der Ausgabelänge und den Dezimalstellen nachgeschaut.

`feld1` können Sie einen Dateninhalt über das Gleichheitszeichen (=) zuweisen. So können Sie in ABAP schreiben:

```
feld1 = '5'.
```

Literale

Wichtig ist es, den zugewiesenen Wert immer in Hochkommata (Literale) zu setzen. Ferner kann nicht jeder Dateninhalt eines Feldes aufgrund des Datentyps in ein anderes Feld übertragen werden. Lässt sich der Feldinhalt von `feld2` in `feld1` übertragen, so verwenden beide Felder konvertible Datentypen. Schauen Sie sich die Datendefinition eines Zusatzfeldes im InfoSet an, und rufen Sie anschließend die Transaktion SQ02 (InfoSet) im Änderungsmodus auf (siehe Abbildung 11.7).

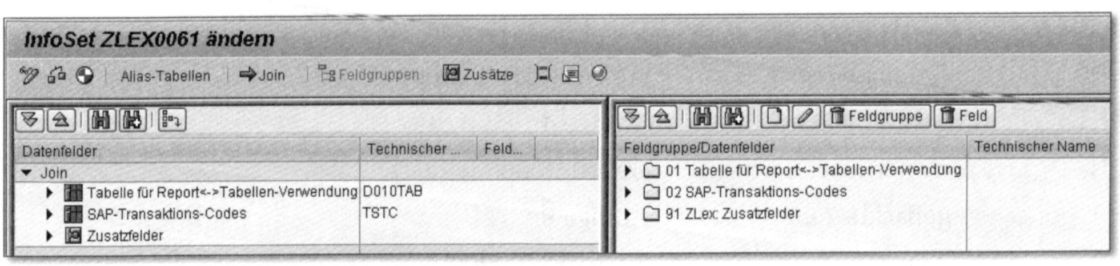

Abbildung 11.7 InfoSet im Änderungsmodus – Feldgruppen-Sicht

Wechsel von der Feldgruppen-Sicht in die Sicht »Zusätze«

Rechts neben dem abgedunkelten Button FELDGRUPPEN befinden sich weitere Buttons zur Ergänzung von ABAP-Coding in Ihrem InfoSet. So können Sie Ihr InfoSet um Tabellenfelder, Tabellen, Strukturen, Abgrenzungen oder freies Coding erweitern. Drücken Sie in unserem Beispiel auf den Button Zusätze oder alternativ die F5-Taste. Anschließend erscheinen auf der rechten Bildschirmseite anstatt der Feldgruppen die vier Registerkarten ZUSÄTZE, ABGRENZUNGEN, CODING und ERWEITERUNGEN (siehe Abbildung 11.8).

Abbildung 11.8 Registerkarte »Zusätze« im InfoSet

Anlegen, Anzeigen und Löschen von Zusatzobjekten

Die ersten drei Buttons dienen der Anlage von Zusatzfeldern, -tabellen oder -strukturen. Mit dem Button (anlegen) können Sie die Zusätze im InfoSet anlegen, und mit dem Button (Definition) können Sie sich den Langtext sowie die Überschrift zu einem Feld oder die Mapping-Bedienung zu einer Zusatztabelle anzeigen lassen. Mit dem Button (löschen) können Sie nicht mehr benötigte Zusätze wieder entfernen, und mit dem Button (Coding zum Zusatz) können Sie zu Ihrem Zusatzfeld in einer Editormaske beliebiges ABAP-Coding eingeben. Klicken Sie auf den Button (anlegen), und Sie erhalten die Dialogmaske aus Abbildung 11.9.

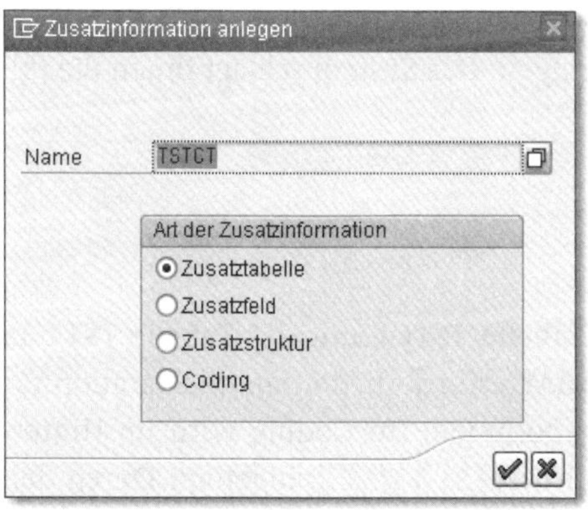

Abbildung 11.9 Auswahlfenster zur Anlage einer Zusatzinformation

Auswahl von Zusatzinformationen

Als Zusatzinformation können Sie Ihrem InfoSet eine Zusatztabelle, ein Zusatzfeld oder eine Zusatzstruktur hinzufügen. Fügen Sie eine Zusatztabelle hinzu, so unterscheidet sich dies vom Hinzufügen einer Tabelle im grafischen Join-Editor, denn Sie müssen die konkreten Bedingungen angeben, unter denen die Informationen aus der Zusatztabelle hinzugelesen werden sollen. Weiterhin werden aus der

Zusatztabelle nicht alle Datensätze hinzugelesen, sondern es wird der erste Datensatz (SELECT SINGLE) Ihrer Listausgabe hinzugefügt (siehe Abbildung 11.10).

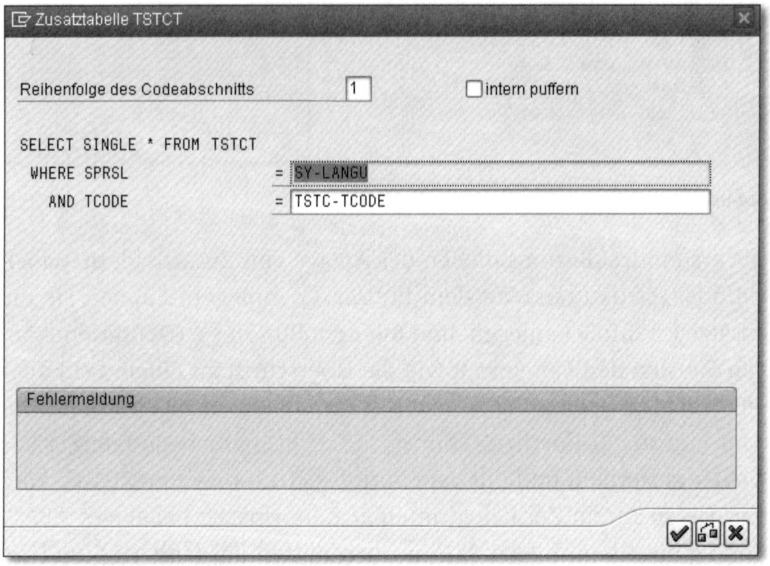

Abbildung 11.10 Datensatz aus einer Zusatztabelle dem InfoSet hinzufügen

Einfügen einer Zusatztabelle

Durch das Hinzufügen einer Zusatztabelle wird Ihnen geholfen, Ihrer Query ABAP-Coding hinzuzufügen. Das System schlägt Ihnen die folgenden Programmzeilen vor:

```
SELECT SINGLE * FROM tstct
   WHERE sprsl = sy-langu
   AND tcode = tstc-tcode
```

SELECT SINGLE-Befehl für eine Zusatztabelle

Es wird also die komplette Tabelle TSTCT mit der Tabelle TSTC in Ihrer Query gejoint. Die in ABAP erforderliche Datendeklaration für eine Tabelle wird Ihnen abgenommen. Im Coding wird im Hintergrund automatisch der Befehl TABLES: TSTCT. eingefügt. Durch den Befehl SINGLE wird der erste gefundene Datensatz in Ihrer Berichtsausgabe angezeigt. Das Zeichen * hinter dem Befehl SELECT SINGLE bedeutet, dass alle Felder der Tabelle selektiert werden und somit Ihrer Query hinzugefügt werden können. Als Bedingung für den Transaktionstext werden zwei mit »und« (AND) verbundene WHERE-Bedingungen eingefügt. Damit ein Datensatz hinzugefügt wird, muss somit sowohl für die richtige Sprache als auch für die Transaktion an sich ein Eintrag in der Tabelle TSTCT vorhanden sein.

WHERE-Bedingung

In der ersten `WHERE`-Bedingung wird sich auf die Anmeldesprache des Benutzers bezogen. Das Hinzufügen einer Tabelle ist nicht immer vorteilhaft, da zum einen die `WHERE`-Bedingungen vorgegeben sind und zum anderen alle Felder einer Tabelle hinzugelesen werden. Häufig werden nur einzelne Tabellenfelder benötigt; deshalb ist das Hinzufügen einzelner Tabellenfelder oft vorteilhafter. Fügen Sie nun die Zusatztabelle TSTCT Ihrer Query durch Betätigen des ENTER-Buttons hinzu. Drücken Sie anschließend erneut auf den Button (anlegen), und wählen Sie diesmal als Art der Zusatzinformation ZUSATZFELD aus (siehe Abbildung 11.11).

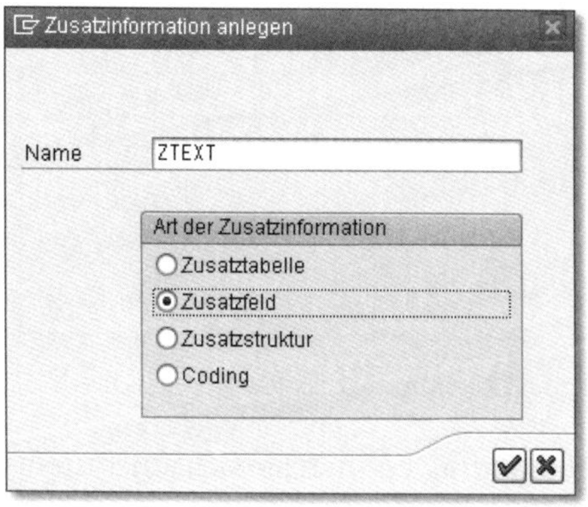

Abbildung 11.11 Anlegen eines Zusatzfeldes im InfoSet

Zusatzfeld anlegen

Geben Sie nun für Ihr Zusatzfeld einen Langtext und eine Überschrift ein. Der Langtext für ein Zusatzfeld erscheint bei der Query-Definition und in der Selektionsmaske; die Überschrift des Zusatzfeldes erscheint als Spaltenbezeichnung bei der Listausgabe. Legen Sie ferner für Ihr Zusatzfeld das Datenformat fest. Die in ABAP erforderliche Datendeklaration wird Ihnen auch bei einem Tabellenfeld erleichtert. Im Hintergrund wird der Befehl `DATA ztext...` eingefügt. Erforderlich ist jedoch eine konkrete Datentypisierung für das Feld ZTEXT. Die Informationen für den Datentyp können Sie unterhalb der Überschriftzeile FORMAT einfügen – dies entspricht dem ABAP-Befehl `TYPE`. Das Coding in einem ABAP-Programm sieht wie folgt aus:

```
DATA: ztext TYPE c(36) DECIMALS 0.
```

Noch einfacher können Sie die Datendefinition durchführen, indem Sie sich auf ein Datenfeld aus dem Data Dictionary beziehen. Damit Ihr neues Feld die gleichen technischen Eigenschaften wie ein im

Data Dictionary vorhandenes Feld hat, ist ein Eintrag im Feld LIKE-REFERENZ erforderlich. In unserem Beispiel tragen Sie als LIKE-REFERENZ das Feld TSTCT-TTEXT ein. Durch diesen Eintrag wird im Data Dictionary in die Domäne für das Feld TSTCT-TTEXT geschaut und die Datentypisierung analog vorgenommen (siehe Abbildung 11.12).

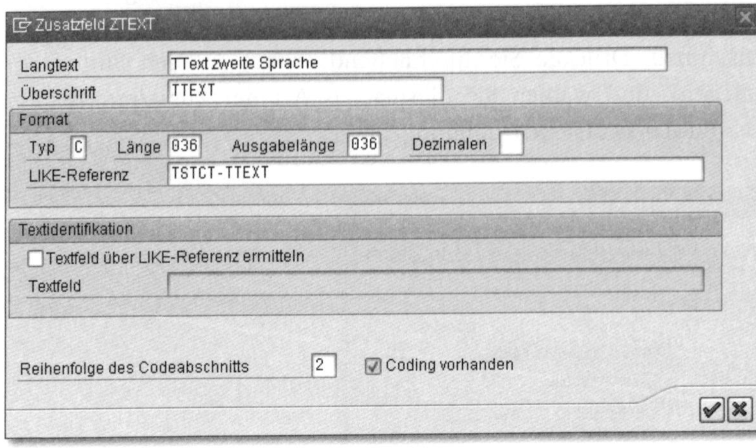

Abbildung 11.12 Zusatzfeld bezeichnen und Datenformat festlegen

Systemfelder

Bei der Datendefinition und beim Coding können Sie sich auf Systemfelder beziehen. So bezieht sich z. B. die `WHERE`-Bedingung aus Abbildung 11.10 bereits auf die Systemfeldleiste. Mit dem Ausdruck `SY-LANGU` wird immer die Anmeldesprache abgefragt. Auch ist es möglich, fix die Sprache D für deutsch abzufragen. Häufig bieten die Systemfelder nützliche Informationen, die zur Laufzeit des Programms zur Verfügung stehen.

11.2.2 Systemfelder

Programmstatus SY-SUBRC

Zur Laufzeit des Programms werden Programminformationen temporär in die Struktur `SYST` (ABAP-Systemfelder) übertragen. In der Praxis wird häufig ein Datumsfeld mit Bezug auf das Systemdatum definiert. So lautet das ABAP-Coding hierzu: `DATA: feld1 LIKE sy-datum`. Weiterhin spiegelt der Inhalt des Systemfeldes `SUBRC` wieder, ob der Datenzugriff erfolgreich war oder nicht. Deshalb wird in der Praxis häufig eine Abfrage des Feldes `SY-SUBRC` vorgenommen. Enthält das Feld `SY-SUBRC` eine 0, so war der Datenzugriff erfolgreich; enthält das Feld `SY-SUBRC` eine 4, so ist die Datenabfrage fehlgeschlagen. Die vorhandenen Systemfelder (171) können Sie sich im Data

Dictionary anzeigen lassen. Rufen Sie die Transaktion SE11 auf, und lassen Sie sich die Tabelle SYST anzeigen. Sodann erhalten Sie die in Abbildung 11.13 gezeigte Darstellung.

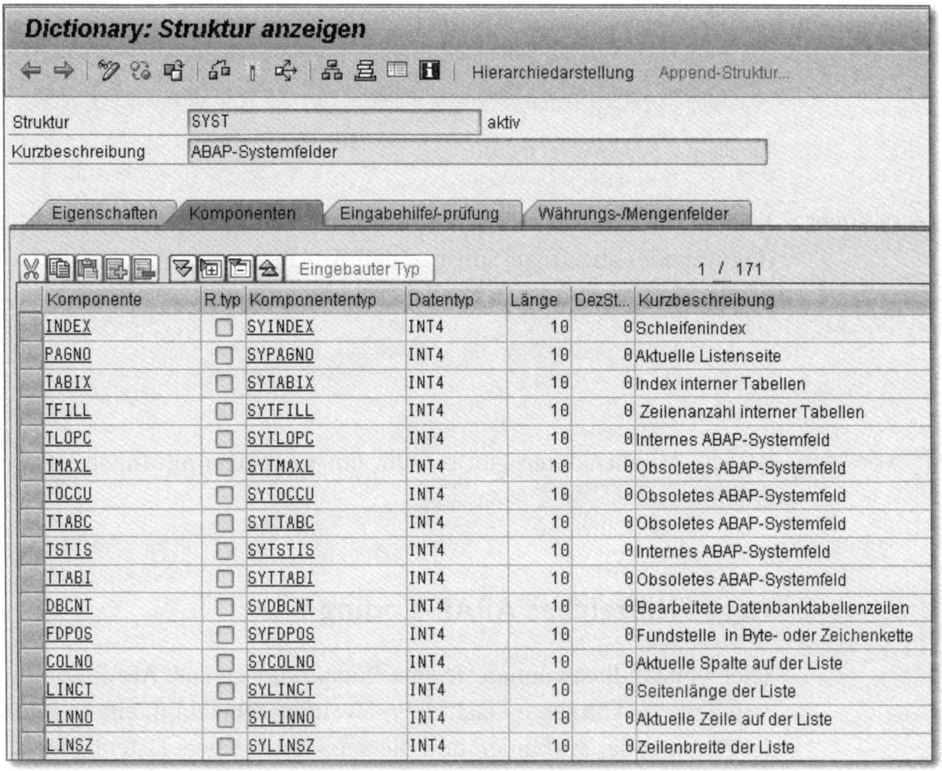

Abbildung 11.13 Anzeige der Systemfelder im Data Dictionary

Systemfelder

Die Systemfelder sind sehr vorteilhaft, da sie immer mit dem aktuellsten Inhalt zur Verfügung stehen; im Data Dictionary ist die Struktur der ABAP-Systemfelder mit SYST definiert, und in der Praxis wird die Tabelle häufig mit SY abgekürzt. Die Bezeichnung SYST und SY kann synonym verwendet werden. Häufig verwendete ABAP-Systemfelder sind in Tabelle 11.2 aufgeführt.

Befehl	Bedeutung
SY-DATUM	Tagesdatum
SY-DBCNT	Datensatz in der Datenbank
SY-INDEX	aktueller Schleifenzähler

Tabelle 11.2 Systemfelder

Befehl	Bedeutung
SY-LANGU	Anmeldesprache
SY-SUBRC	Return-Code
SY-UNAME	angemeldeter Benutzer
SY-TABIX	Zeilenindex einer internen Tabelle
SY-UZEIT	aktuelle Uhrzeit

Tabelle 11.2 Systemfelder (Forts.)

Abfrage SY-SUBRC

In der Praxis wird, wie schon erwähnt, häufig das Feld SY-SUBRC (Returncode) abgefragt. So ist in den ABAP-Programmen häufig folgendes Coding so oder in ähnlicher Form zu lesen:

```
IF sy-subrc <> 0
   variable1 = '4711'.
ENDIF.
```

Welche Möglichkeiten gibt es nun, um VARIABLE1 mit Inhalt zu befüllen?

11.3 Hilfreiches ABAP-Coding

Selbstverständlich können Sie eine Query ohne eigenes ABAP-Coding erstellen. Sie können einfach die relevanten Tabellen in einem InfoSet miteinander verbinden und die Selektions- sowie Listenfelder in einer Query festlegen. Eine Query-Auswertung ist dann meistens innerhalb weniger Minuten erstellt. Im Rahmen des InfoSets können Sie die Datenabfrage durch ABAP-Coding noch flexibler gestalten. Für Ihr ABAP-Coding können Sie zudem auf ein Muster-Coding zurückgreifen.

11.3.1 Muster-Coding in der Editormaske

Muster-Coding

Sie können in Ihr Zusatzfeld ein Muster-Coding einfügen. Hierzu drücken Sie auf eine Musterschaltfläche und geben den gewünschten ABAP-Befehl ein. Anschließend erhalten Sie ein Beispiel für eine syntaktisch korrekte ABAP-Anweisung. In unserem Beispiel haben wir eine Tabelle sowie ein Zusatzfeld eingefügt (siehe Abbildung 11.14).

Abbildung 11.14 InfoSet mit einer Zusatztabelle und einem Zusatzfeld

Zusatzfeld für Transaktionscode-Text

Die Zusatztabelle TSTCT (Transaktionscode-Text) wurde bereits mit den Join-Tabellen des InfoSets über den ABAP-Befehl `SELECT SINGLE` verknüpft. Das Zusatzfeld ZTEXT wurde definiert; es verfügt jedoch noch nicht über Coding. Positionieren Sie daher den Cursor auf dem Zusatzfeld ZTEXT. Anschließend klicken Sie auf den Button (Coding zum Zusatz). Sodann gelangen Sie auf die Registerkarte CODING. In der Kopfzeile wird das Zusatzfeld ZTEXT angezeigt, und im unteren Bildschirmbereich erscheint eine freie Eingabefläche zur Eingabe von ABAP-Coding (siehe Abbildung 11.15).

Abbildung 11.15 Editormaske zur Eingabe von ABAP-Coding zu einem Zusatzfeld

Syntaxprüfung des Codings

In der Editormaske stehen Ihnen sehr hilfreiche Funktionsbuttons zur Verfügung. So können Sie Ihr ABAP-Coding jederzeit auf syntaktische Korrektheit überprüfen. Drücken Sie hierzu auf den Button (Coding prüfen). Mit dem bekannten SPEICHERN-Button können Sie Ihre bisherigen Eingaben jederzeit zwischenspeichern. Rechts neben dem Diskettensymbol zum Speichern befindet sich ein Button mit der Aufschrift MUSTER. Wenn Sie auf diesen Button klicken, erhalten Sie das Dialogfenster aus Abbildung 11.16.

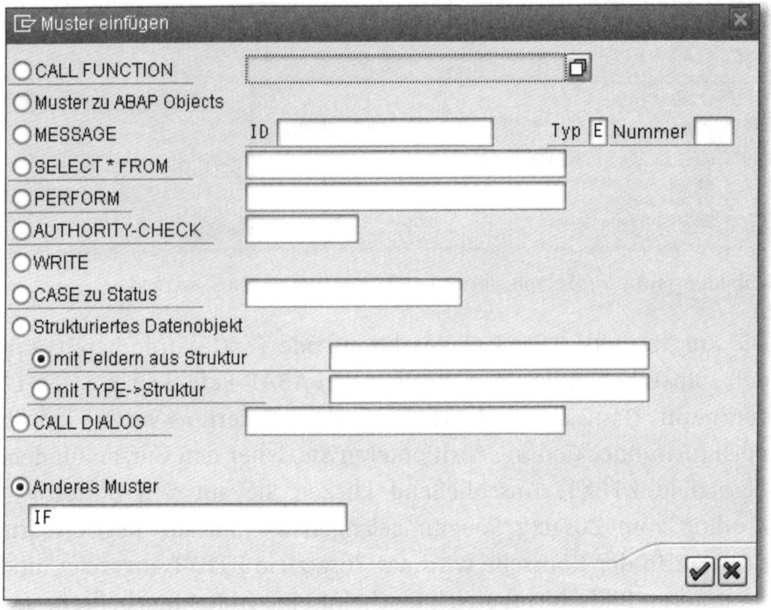

Abbildung 11.16 Maske zum Einfügen von Muster-ABAP-Coding

Funktionsbausteine

Die Musterschaltfläche bietet Ihnen nun unterschiedliche ABAP-Befehle an. So ist es in der Praxis z. B. sehr hilfreich, über die Musterschaltfläche und den ABAP-Befehl `CALL FUNCTION` einen Funktionsbaustein aufzurufen. Bei Funktionsbausteinen handelt es sich um fertige ABAP-Programme, die vordefinierte Rechenoperationen durchführen. In Kapitel 14, »Datenbeschaffung und Funktionsbausteine«, werden Sie hierzu hilfreiche Beispiele aus der Praxis kennenlernen.

Nachrichtenausgabe

Mit dem Befehl `MESSAGE` können Sie Ihrem InfoSet eine konkrete Nachricht aus einem Nachrichtengebiet hinzufügen. Am häufigsten wird in der Praxis der `SELECT`-Befehl verwendet. Mit dem `SELECT`-Befehl selektieren Sie Datensätze von einer Quelle in ein bestimmtes Feld. Zunächst werden Sie für die `IF`-Anweisung ABAP-Coding in Ihr Zusatzfeld einfügen. Wählen Sie daher den untersten Eintrag mit der Bezeichnung ANDERES MUSTER. Tragen Sie als ABAP-Befehl `IF` unterhalb des Textes ein, und bestätigen Sie Ihre Eingabe mit der ↵-Taste. Sie erhalten den Bildschirm aus Abbildung 11.17.

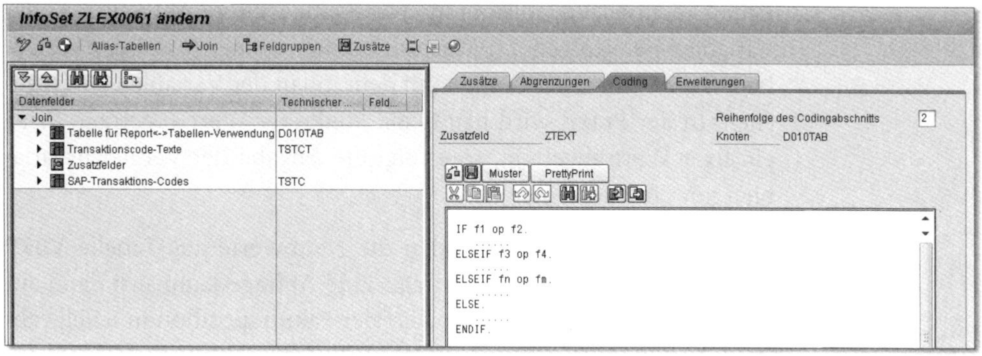

Abbildung 11.17 Muster-Coding für die ABAP-IF-Anweisung

11.3.2 IF-Anweisung

Datenzuweisungen aufgrund der IF-Anweisung

In der Praxis wird die IF-Anweisung beispielsweise sehr häufig für die Abfrage von Betragsfeldern verwendet. In der Datenbank werden die Werte unabhängig vom betriebswirtschaftlichen Vorgang immer mit einem positiven Wert abgelegt, oder es werden bei einem Vertriebsumsatz bestimmte Werte zu einer bestimmten Faktura-Art nicht berücksichtigt. Im SAP-Standard sind z. B. die beiden Faktura-Arten F5 und F8 für Proformavorgänge gedacht und daher für eine Umsatzauswertung nicht relevant. Die Werte der beiden Faktura-Arten F5 und F8 werden mithilfe der IF-Anweisung nicht zum Umsatz hinzugerechnet.

Schauen Sie sich das Muster-Coding zur ABAP-IF-Anweisung an:

```
IF f1 OP f2.
  ......
  ELSEIF f3 OP f4.
    ......
  ELSEIF fN OP fm.
  ......
  ELSE.
  ......
ENDIF.
```

Feldabfrage mit der IF-Anweisung

Das Muster-Coding besteht aus neun Zeilen. In der ersten Zeile wird mit dem IF-Befehl der Feldinhalt der Variablen F1 abgefragt. Dabei wird der Feldinhalt der Variablen F1 durch einen Operanden mit dem Inhalt der Variablen F2 verglichen. Ist die Bedingung aus Zeile 1 erfüllt, so wird die Anweisung in Zeile 2 ausgeführt. Häufig wird in Zeile 2 einer Variable ein Wert zugewiesen. Ist die Bedingung von

Zeile 1 nicht erfüllt, so kann in Zeile 3 eine weitere Abfrage, z. B. der Variablen F3 erfolgen. Im Muster-Coding wird der Inhalt der Variablen 3 durch einen Operanden mit dem Inhalt der Variablen F4 verglichen. In der Praxis wird häufig ein konkreter Wert abgefragt. Wird ein fixer Wert abgefragt, so erfolgt die Angabe der Vergleichsvariablen mit Literalen, z. B. 'x'.

Für eine Umsatzabfrage werden die Nettowerte aus Tabelle VBRP (Faktura Positionsdaten) abgefragt. Eine Abfrage kann sich dann auf das Feld VBRP-NETWR (Nettowert der Fakturaposition in Belegwährung) beziehen. Die Werte im Feld VBRP-NETWR werden unabhängig von der dazugehörigen Faktura-Art immer positiv dargestellt. Nun könnte man im InfoSet den Nettowert bei bestimmten Faktura-Arten (z. B. Gutschriften, Stornos usw.) mit einem negativen Vorzeichen versehen. Es befindet sich jedoch die Faktura-Art in der Tabelle VBRK (Faktura Kopfdaten), sodass die Abfrage einer weiteren Tabelle erforderlich ist. Zudem müsste die Abfrage bei der Anlage einer neuen Faktura-Art erneut überprüft werden. Daher erfolgt die Abfrage des Nettowerts in der Praxis aufgrund des Feldes SHKZG (Retourenposition).

Zusatzfeld »Nettowert vorzeichengerecht«

Es wird im InfoSet ein zusätzliches Feld ZNETWR angelegt. Das neue Feld ZNETWR erhält durch die `LIKE`-Anweisung die gleichen technischen Eigenschaften wie das Feld VBRP-NETWR. Anschließend wird das neue Feld durch eine `IF`-Anweisung vorzeichengerecht befüllt:

```
IF vbrp-shkzg = 'X'.
  znetwr = vbrp-netwr * ( -1 ).
ELSE.
  znetwr = vbrp-netwr.
ENDIF.
```

Die `IF`-Anweisung fragt nun ab, ob sich im Feld VBRP-SHKZG (Retourenposition) ein X befindet. Für die Buchhalter bedeutet dies, dass wenn das Soll-Haben-Kennzeichen (SHKZG) gefüllt ist, es sich um eine Habenposition handelt und der Wert negativ darzustellen ist. Dem neuen Feld ZNETWR wird bei erfüllter `IF`-Anweisung der Wert des Feldes NETWR (Nettowert) mit negativem Vorzeichen zugewiesen. Ist die Bedingung nicht erfüllt, so wird dem Feld ZNETWR der Wert des Feldes NETWR mit positivem Vorzeichen zugewiesen. Die gleiche Logik gilt übrigens auch für Werte der Finanzbuchhaltung: Hier wird die Abfrage ebenfalls auf Basis des Feldes SHKZG durchgeführt; allerdings wird der Wert des Feldes SHKZG mit einem S für

Sollbuchung (= positiver Wert) und einem H für Habenbuchung gefüllt.

```
IF bsid-shkzg = 'S'.
  zbetrag = bsid-wrbtr.
ELSE.
  zbetrag = bsid-wrbtr * ( -1 ).
ENDIF.
```

Eine IF-Anweisung kann auch noch kürzer formuliert werden. So kann beispielsweise abgefragt werden, ob der Variablen FELD1 bereits ein Feldinhalt zugewiesen wurde.

```
IF feld1 IS INITIAL.
    anweisung1
ENDIF.
```

ELSEIF-Anweisung

Die IF-Anweisung kann somit unterschiedlich geschachtelt werden. Es kann sogar sinnvoll sein, innerhalb der IF-Anweisung eine weitere IF-Anweisung einzufügen, oder Sie fragen unterschiedliche Fallkonstellationen durch die ELSEIF-Anweisung ab. Bei allen IF-Anweisungen wird ein Vergleichsoperator verwendet. In den meisten Fällen handelt es sich bei diesem um ein Gleichheitszeichen (=). Allerdings können Sie auch andere Vergleichsoperanden verwenden. So kann die IF-Anweisung wie folgt aussehen:

```
IF feld1 BETWEEN 'A' AND 'B'.
       anweisung1
ENDIF.
```

Vergleichsoperanden

Die wichtigsten Vergleichsoperanden sind in Tabelle 11.3 dargestellt. Sie können z. B. den Vergleichsoperanden EQ oder das Gleichheitszeichen verwenden.

Operand	Zeichen	Bedeutung
BT		zwischen
EQ	=	gleich
NE	<>	ungleich
LT	<	kleiner
LE	<=	kleiner gleich
GT	>	größer
GE	>=	größer gleich

Tabelle 11.3 Vergleichsoperanden zur Abfrage von Variablenwerten

Die IF-Anweisung eignet sich für einfache Bedingungsabfragen. Mit der IF-Anweisung können über den AND-Befehl auch mehrere Bedingungen abgefragt werden:

```
IF feld1 = 'A' AND feld1 = 'B'.
   feld1 = feld1 + feld1.
ENDIF.
```

Variablenwerte aufaddieren

Auch ist es möglich, innerhalb der IF-Abfrage die Werte einer Variablen aufzuaddieren. Werden mehrere Datensätze abgefragt, so benötigen Sie eine Schleifenabfrage. Zudem bietet Ihnen die SELECT-Anweisung eine einfachere Möglichkeit, um Werte aufzuaddieren.

11.3.3 SELECT-Schleife

Es ist nicht erforderlich, alle Tabellen mit einem Join in ein InfoSet einzufügen. Der Tabellen-Join umfasst häufig die zentralen Tabellen, die die Kerninhalte der Abfrage beinhalten. Werden viele Tabellen in einen Join aufgenommen, so kann sich dies negativ auf die Performance auswirken. Auch werden durch die Tabellenverknüpfungen unter Umständen aufgrund einer n:n-Beziehung die Datensätze multipliziert. Ein Datensatz wird also sehr häufig ausgewiesen, da sich in den gejointen Tabellen mehrere Datensätze befinden.

Weiterhin werden in der Praxis meistens auch nur ein oder zwei Felder aus einer weiteren Tabelle als Zusatzinfo für die Auswertung benötigt. So liest der SELECT-Befehl aus einer weiteren Datenquelle die Information zu Ihrem Programm hinzu.

Schleifenselektion

Der SELECT-ENDSELECT-Befehl stellt eine Schleife dar und liest von der Datenbank grundsätzlich die Datensätze von der ersten bis zur letzten Zeile. Sind die Vergleichskriterien erfüllt, so kann innerhalb der SELECT-Schleife ein weiterer ABAP-Befehl eingefügt werden. Die SELECT-Schleife hat folgenden Aufbau:

```
SELECT * FROM tabelle1
     INTO arbeitsbereich
     WHERE feld1 OPERAND variable1 AND/OR
           feld2 OPERAND variable2
     ORDER BY feldx.
     ''Freies ABAP-Coding''
ENDSELECT.
```

Zeile (1): Angabe der Felder und der Tabelle für den SELECT-Befehl

Durch den `SELECT`-Befehl werden die Daten von der Datenbank gelesen, und durch die Angabe eines * werden alle Felder gelesen. Hinter dem Befehl `FROM` wird die Datenbanktabelle angegeben, aus der die Daten gelesen werden. TABELLE1 muss bereits im InfoSet verwendet werden, oder sie ist über die `TABLES`-Anweisung zu definieren. Der `SELECT`-Befehl führt eine Schleife über die komplette TABELLE1 aus und ist über den Befehl `ENDSELECT` zu schließen. Es werden nun alle Zeilen der Datenbank durchlaufen.

Zeile (2): Übertragen von Feldwerten in ein anderes Datenobjekt

Der Arbeitsbereich kann eine bestehende Tabelle sein, oder es kann temporär in diesem Programm ein Arbeitsbereich definiert werden.

Zeile (3): Bedingungsabfrage

FELD1 bezieht sich immer auf ein Feld aus TABELLE1, das in ZEILE1 angegeben wurde. Für den Operanden können die üblichen Vergleichszeichen =. <>, >, >=, <, >= verwendet werden. Als Variable kann hier ein bestehendes Tabellenfeld aus den bisherigen InfoSet-Feldern genutzt werden. Oder es kann fix mit einer vorher definierten Variablen gearbeitet werden. Anstelle der Variablen kann auch ein fixer Wert eingefügt werden, z. B. 1.000.

Zeile (4): Abfrage einer zweiten Variablen, verknüpft mit and/or

Es können mehrere Variablen abgefragt werden. Es ist dann anzugeben, ob alle Variablen erfüllt sein müssen (`AND`) oder ob nur eine der angegebenen Variablen erfüllt sein muss (`OR`).

Zeile (5): optionale Gruppierung

Die Zeilen (2) bis (5) sind optional. Zeile (5) wird sehr selten im Zusatz-Coding eines InfoSets verwendet, da die Sortierung über den SAP List Viewer erfolgen kann. Wichtig ist zudem, dass Zeile (5) mit einem Punkt (.) abgeschlossen werden muss, damit das Programm erkennt, dass die Abfrage zu Ende ist. Wird Zeile (5) nicht verwendet, so ist der Punkt am Ende von Zeile (4) zu setzen, damit erkannt wird, dass keine weiteren Bedingungen erfüllt sein müssen.

Zeile (6): beliebige ABAP-Anweisung innerhalb der Schleife

In Zeile (6) kann ein beliebiger ABAP-Befehl eingefügt werden. So kann z. B. ein erneutes `SELECT` erfolgen.

Zeile (7): Schließen der SELECT-Schleife

Der `SELECT`-Befehl zur Selektion einer kompletten Tabelle ist immer abzuschließen. So ist eine `SELECT`-Anweisung mit einer `ENDSELECT`-Anweisung zu schließen.

Materialstammauswertung mit dem Zusatzfeld »Bestand« ergänzen

Die ABAP-Befehle `SELECT` und `ENDSELECT` stellen eine Schleifenanweisung dar. Diese Form des `SELECT`-Befehls wird insbesondere verwendet, um sich summierte Werte anzeigen zu lassen. Bei summierten Werten ist es erforderlich, alle Datensätze einer bestimmten Tabelle aufgrund von Bedingungen abzufragen. So haben Sie z. B. einen Join über die folgenden Materialstammtabellen erstellt (siehe Abbildung 11.18).

- MARA – allgemeine Materialdaten
- MBEW – Materialbewertung
- MARC – Werksdaten zum Material
- MAKT – Materialkurztexte
- MVKE – Verkaufsdaten zum Material

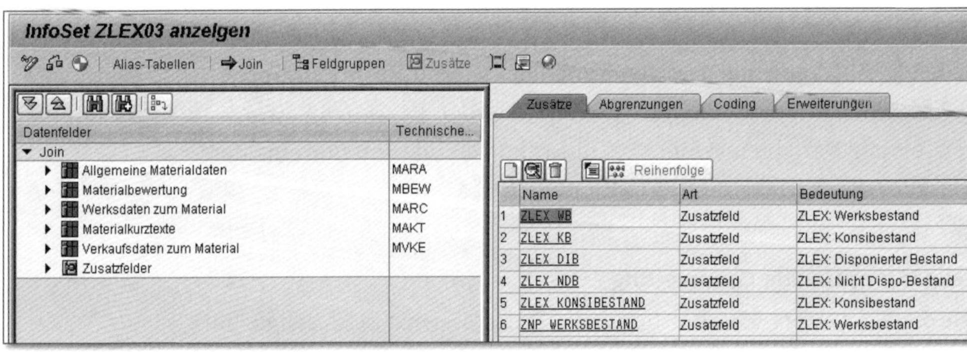

Abbildung 11.18 Tabellen-Join über Materialstammdaten

Defintion des Zusatzfeldes »Werksbestand«

Die Auswertung der Materialstammdaten ist bereits sehr umfangreich. Interessant ist es in der Praxis, sich zusätzlich zu einer Materialnummer den Materialbestand in einem Zusatzfeld anzeigen zu lassen. Der aktuelle Materialbestand befindet sich in der Tabelle MARD (Lagerortdaten zum Material). Fügten Sie nun zu Ihrem Join die

Tabelle MARD hinzu, so würde pro Materialstamm und Lagerort eine Datenzeile angezeigt. Für die Auswertung interessiert uns nicht der einzelne Lagerortbestand, sondern die Summe der Bestände über alle Lagerorte. Daher fügen wir unserem InfoSet ein neues Zusatzfeld, z. B. ZLEX WB für Werksbestand hinzu. Gehen Sie nun auf die Registerkarte ZUSÄTZE, und legen Sie ein Zusatzfeld an. Sie erhalten sodann die in Abbildung 11.19 gezeigte Dialogmaske.

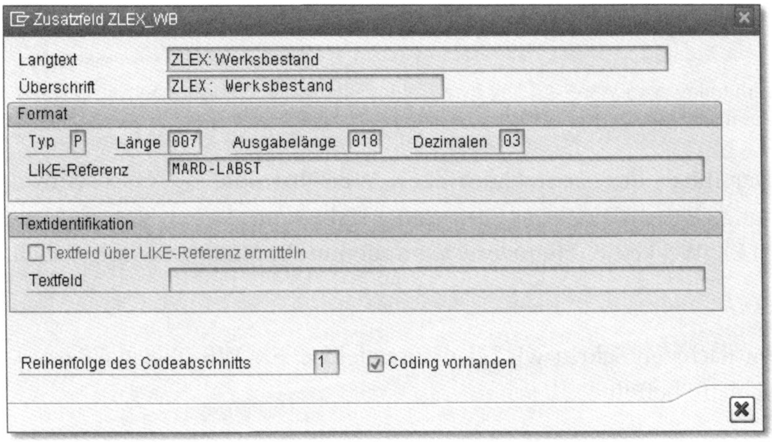

Abbildung 11.19 Zusatzfeld für die Ermittlung des Werksbestands

Coding zum Zusatzfeld »ZLEX:Werksbestand«

Geben Sie für Ihr Zusatzfeld einen Langtext sowie eine Überschrift ein. Bei der Datendefinition beziehen Sie sich mit der `LIKE`-Referenz auf das Feld MARD-LABST. Im Feld MARD-LABST ist der frei verwendbare Bestand abgelegt. Da wir in unserem Zusatzfeld die freien Bestände über alle Lagerorte aufaddieren möchten, ist es sinnvoll, dass das Zusatzfeld die gleichen technischen Eigenschaften besitzt wie das SAP-Feld MARD-LABST (bewerteter, frei verwendbarer Bestand). Nachdem Sie das Zusatzfeld definiert haben, verzweigen Sie mit dem Button (Coding zum Zusatz) in die Editormaske zur Eingabe des ABAP-Codings.

Die Tabelle MARD (Lagerortdaten zum Material) ist dem InfoSet bisher noch nicht bekannt. Daher ist über die Anweisung `TABLES` die Datendeklaration für die Tabelle MARD durchzuführen. Zusätzlich wird die Tabelle T001L (Lagerorte) über die `TABLES`-Anweisung definiert:

```
TABLES: MARD, T001L.
```

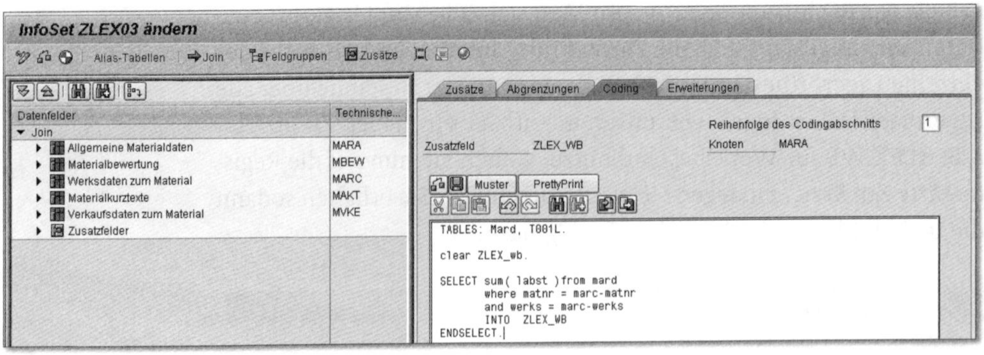

Abbildung 11.20 ABAP-Coding für die Summierung des Werksbestands in einem Zusatzfeld

Der Inhalt des Zusatzfeldes ZLEX_WB wird über die `CLEAR`-Anweisung geleert. Die `CLEAR`-Anweisung stellt somit sicher, dass das Feld ZLEX_WB keine Datenwerte aus anderem Programm-Coding enthält:

```
CLEAR zlex_wb.
```

Im nächsten Schritt wird das Zusatzfeld ZLEX_WB über die `SELECT`-Schleife befüllt:

```
SELECT sum( labst )FROM mard into zlex_wb
       WHERE matnr = marc-matnr
       AND werks = marc-werks
       INTO  zlex_wb
ENDSELECT.
```

Es werden von der Tabelle MARD (Lagerortdaten) alle Werksbestände aufaddiert, die die `WHERE`-Bedingung erfüllen. Die Summierung der Werksbestände erfolgt über den Befehl `SUM`. Hinter dem Befehl `SUM` ist eine Klammer zu öffnen. Anschließend ist das relevante Feld durch Leerzeichen zu trennen, und es ist die Klammer zu schließen. In der `WHERE`-Bedingung werden die Materialnummern aus der Tabelle MARC (Werksdaten zum Material) abgefragt. Verfügt das Material über eine werksspezifische Sicht und befinden sich zum jeweiligen Werk Datensätze in der Tabelle MARD (Lagerortdaten), so werden diese Werte aufaddiert. Das Ergebnis der Aufsummierung wird in das Feld ZLEX_WB geschrieben. Durch die Angabe des Befehls `ENDSELECT` werden alle Datensätze selektiert.

Bei Betrags- und Mengenfeldern ist eine Aufsummierung der Werte sinnvoll. Werden hingegen andere Felder in einem InfoSet hinzugelesen, so ist es nicht erforderlich, alle Datensätze zu selektieren. In diesem Fall reicht es aus, den ersten gefundenen Datensatz in das Zusatzfeld zu übertragen.

11.3.4 SELECT SINGLE-Anweisung

Mit dem ABAP-Befehl `SELECT SINGLE` können Sie den ersten gefundenen Datensatz in ein Zusatzfeld hinzulesen. Als Beispiel legen Sie ein neues InfoSet mit den offenen Posten aus der Finanzbuchhaltung an. Definieren Sie im InfoSet einen Tabellen-Join über folgende Tabellen an:

- BSID (Buchhaltung: Sekundärindex für Debitoren)
- T001 (Buchungskreise)

Anschließend wechseln Sie von der FELDGRUPPEN-Anzeige in die Bearbeitung der Zusätze zum InfoSet (siehe Abbildung 11.21).

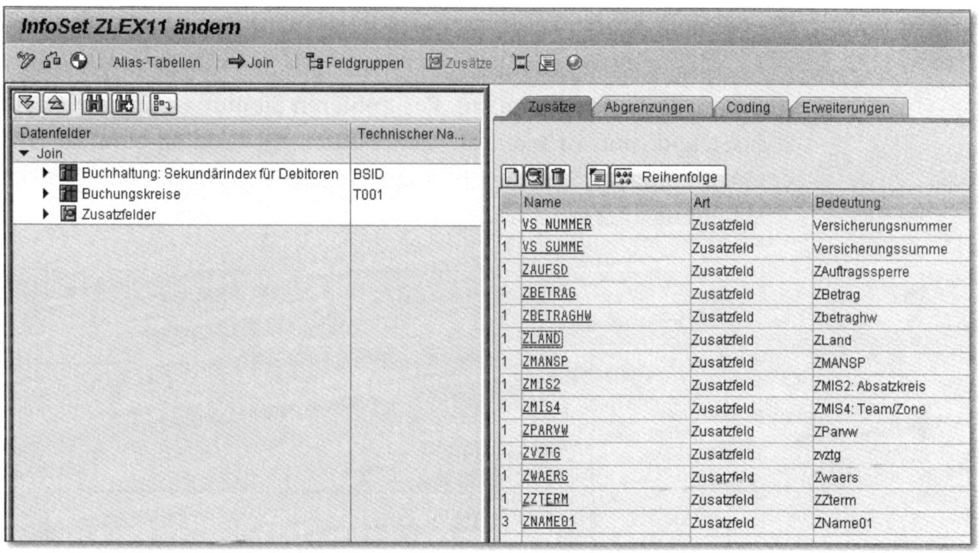

Abbildung 11.21 Tabellen-Join im InfoSet mit den Tabellen BSID und T001

Zusatzfeld für das Debitorenland

Die Tabelle BSID (Buchhaltung: Sekundärindex für Debitoren) weist alle offenen Posten zu den Debitoren aus. Positionieren Sie Ihren Cursor auf der Registerkarte ZUSÄTZE, und drücken Sie den Button (anlegen).

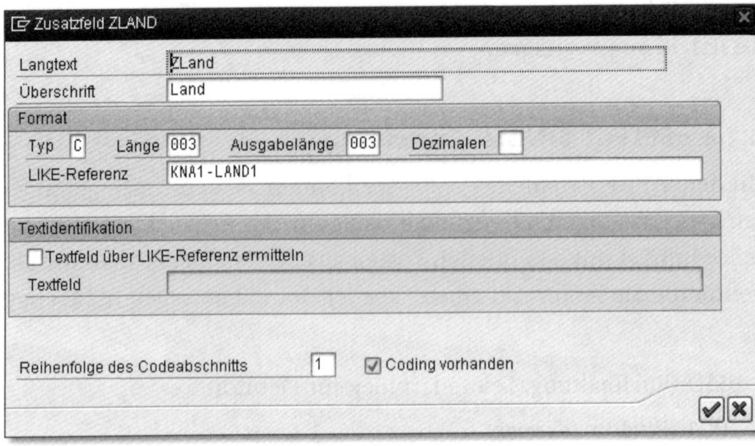

Abbildung 11.22 Zusatzfeld für das Debitorenland

Coding für das Zusatzfeld »Debitorenland«

Beziehen Sie sich auch bei der Definition des Zusatzfeldes für das Land auf ein bestehendes Datenfeld aus dem Data Dictionary. Geben Sie bei der Formatdefinition mit der `LIKE`-Referenz KNA1-LAND1 für das Zusatzfeld ZLAND das Feld LAND1 aus der Tabelle KNA1 (Debitoren: allgemeine Daten) an. Positionieren Sie Ihren Cursor auf dem Zusatzfeld, und drücken Sie den Button (Coding zum Zusatz). Sodann erhalten Sie den Editor zur Eingabe von ABAP-Coding (siehe Abbildung 11.23).

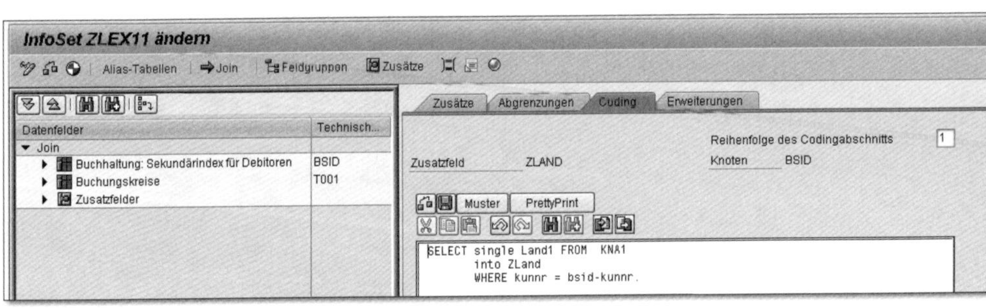

Abbildung 11.23 SELECT SINGLE für das Zusatzfeld ZLAND

Das InfoSet selektiert aus der Tabelle BSID (Buchhaltung: Sekundärindex für Debitoren). Zum Feld BSID-KUNNR (Kundennummer) selektieren Sie nun das Land zum Debitor aus der Tabelle KNA1 (Debitor: allgemeine Daten).

```
SELECT SINGLE land1 FROM kna1
       INTO zland
       WHERE kunnr = bsid-kunnr.
```

Der Befehl SELECT SINGLE bewirkt nun, dass nicht grundsätzlich die Tabelle KNA1 komplett gelesen wird. Wird in der Tabelle KNA1 (Debitor: allgemeine Daten) die Kundennummer gefunden, so ist die Selektion beendet. Im Unterschied zum ABAP-Befehl SELECT – ENDSELECT ist es nicht erforderlich, die weiteren Datensätze der Tabelle KNA1 zu lesen. Wird nur ein Datensatz in einem Zusatzfeld benötigt, so ist der Befehl SELECT SINGLE performanter als der Befehl SELECT-ENDSELECT.

In vielen Fällen können Sie Zusatzfelder im InfoSet mit dem IF- oder SELECT-Befehl befüllen. Manchmal ist es erforderlich, die Inhalte von zwei Feldern in einem Feld zu verdichten oder nur einen Teil des Inhalts in ein Feld zu übernehmen.

11.3.5 Weitere hilfreiche ABAP-Befehle

Mit den gängigen Rechenoperationen +, –, *, / können Sie einem Zusatzfeld ebenfalls einen Inhalt zuweisen. Möchten Sie in einem Feld die absolute oder prozentuale Abweichung ausweisen, so ist dies sehr einfach möglich. So lässt sich z. B. der Preis je Stück in einem Zusatzfeld ermitteln, indem Sie die Fakturasumme durch die Fakturamenge dividieren:

```
zprnet = vbrp-kzwi2 / vbrp-fkimg.
```

Weitere hilfreiche ABAP-Anweisungen sind in Tabelle 11.4 aufgeführt.

Befehl	Bedeutung	Erläuterung
ausschneiden	feld1 = feld2+3(5)	Es wird der Feldinhalt ab der 3. Stelle mit fünf Zeichen gelesen.
DIV	feld3 = feld1 DIV feld2	Es wird das ganzzahlige Ergebnis einer Division ermittelt.
MOD	feld3 = feld1 MOD feld2	Es wird der Rest aus einer ganzzahligen Division in ein Feld übertragen.
REPLACE	REPLACE xyz in feld1 by abc	Es wird eine Zeichenkette durch eine andere Zeichenkette ersetzt.

Tabelle 11.4 Wichtige ABAP-Befehle

Befehl	Bedeutung	Erläuterung
CONCATENATE	CONCATENATE feld1 feld2 into feld3	Die Feldinhalte mehrerer Felder können in einem Feld verdichtet werden.
SPLIT SEPE-RATED BY	SPLIT feld3 into feld1 feld2 SEPERATED BY blank.	Der Feldinhalt eines Feldes wird in mehrere einzelne Felder übertragen.

Tabelle 11.4 Wichtige ABAP-Befehle (Forts.)

Die Definition von Zusatzfeldern sowie das Coding in Zusatzfeldern ist bei den Abgrenzungen analog anzuwenden.

11.4 Freies Coding im InfoSet

Ereignisse im ABAP-Programm

Die Query bietet Ihnen im Rahmen von Zusatzfeldern und Abgrenzungen die Möglichkeit, individuelles Coding zu hinterlegen. In einem InfoSet können Sie auch freies Coding hinterlegen. So ist es möglich, dass das Zusatz-Coding in einem InfoSet zu einem bestimmten Programmzeitpunkt ausgeführt wird. Ein ABAP-Programm hat einen Lebenszyklus. So durchläuft ein ABAP-Programm konkrete Ereignisse in einer fest vorgegebenen Reihenfolge.

Mit dem Aufruf des Programms werden die Daten initialisiert, das heißt, dass Sie die Möglichkeit haben, bereits nach dem Aufruf des Programms die Selektionsfelder mit Startwerten zu belegen. Nach dem Zeitpunkt der Programminitialisierung wird als nächstes Programmereignis der Zeitpunkt START-OF-SELECTION angesteuert. Der Ereigniszeitpunkt START-OF-SELECTION ist der Zeitpunkt vor dem Starten der Datenselektion.

Sie gelangen zum individuellen Coding ebenfalls, indem Sie von der FELDGRUPPEN-Anzeige in die ZUSÄTZE-Anzeige wechseln. Wechseln Sie nun auf die Registerkarte mit der Bezeichnung CODING. Sie erhalten eine Editormaske zum Einfügen von ABAP-Coding (siehe Abbildung 11.24):

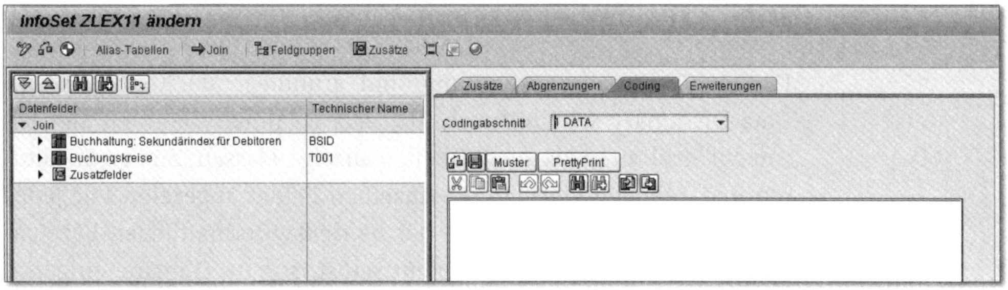

Abbildung 11.24 Individuelles Coding zu einem InfoSet

Im Feld CODINGABSCHNITT wird Ihnen der Ereigniszeitpunkt angezeigt. Das zum jeweiligen Ereignis hinterlegte Coding ist bis zum nächsten Ereignis gültig. Sie können in folgende Coding-Abschnitte wechseln:

- `1 DATA`
  Dieser Bereich des Coding-Abschnitts dient der Definition von Tabellen, Variablen und Datentypen (Datendeklaration).
- `12 INITIALIZATION`
  Zum Zeitpunkt der Initialisierung werden die Parameter und Selektionskriterien mit Vorschlagswerten vorbelegt.
- `2 START-OF-SELECTION`
  Nach dem Aufruf der Selektionsmaske befinden Sie sich im Zeitpunkt START-OF-SELECTION. Sie können in diesem Teil des Programm-Codings z. B. die eingegebenen Werte überprüfen.
- `6 END-OF-SELECTION` (vor Liste)
  Bei diesem Zeitereignis befinden Sie sich nach der Eingabe der Selektionskriterien, jedoch vor der Listausgabe.
- `7 END-OF-SELECTION` (nach Liste)
  Bei diesem Zeitereignis wurde die Programmierung durchlaufen, und Sie befinden sich nach der Listausgabe.
- `8 TOP-OF-PAGE`
  In diesem Coding-Bereich haben Sie die Möglichkeit, individuelle Seitenüberschriften im Ausgabeformat ABAP-Liste auszugeben.

Durch die flexiblen Coding-Abschnitte verfügen Sie über fast alle Möglichkeiten eines normalen ABAP-Programms. Sie können in Ihrem InfoSet individuelles Coding hinterlegen. Zu beachten ist, dass Ihr Coding zum richtigen Zeitereignis aufgerufen werden muss.

11.5 Zusammenfassung

Für eine optimale Auswertung sind grundlegende Kenntnisse im Data Dictionary sehr hilfreich. Im Data Dictionary können Sie sich sowohl Strukturen als auch Tabellen anzeigen lassen. Zu den Strukturen und Tabellen werden die einzelnen Felder angezeigt. Für jedes Feld ist ein Datenelement mit der betriebswirtschaftlichen Bezeichnung hinterlegt. Im Datenelement selbst ist eine Domäne eingetragen. Die Domäne beschreibt die technischen Eigenschaften eines Feldes, wie z. B. Datentyp, Ausgabelänge und Anzahl an Dezimalstellen.

Ein InfoSet und damit eine Query-Auswertung ist in der Praxis durch die flexible Darstellung von Informationen sehr wertvoll. Sie haben die Möglichkeit, Tabellen aus allen Anwendungen in ein InfoSet aufzunehmen. Das InfoSet selbst kann durch Zusatzfelder, -tabellen, Abgrenzungen sowie freies Coding gezielt erweitert werden. Zum Einfügen von ABAP-Coding können Sie in Ihr InfoSet ein Muster-Coding zum jeweiligen ABAP-Befehl einfügen.

In der Praxis reicht es häufig aus, einem Feld einen Inhalt in Abhängigkeit eines anderen Feldinhaltes zuzuweisen. Die `IF`-Anweisung bietet Ihnen hier eine einfache Möglichkeit der Bedingungsabfrage. Möchten Sie zu einem Betrags- oder Mengenfeld die Werte in einem Zusatzfeld aufsummieren, so ist dies mit der `SELECT-ENDSELECT`-Schleife möglich. Möchten Sie nur einen einzelnen Datensatz in einem Zusatzfeld hinzuselektieren, so ist der Befehl `SELECT SINGLE` zu verwenden.

Die Datenanzeige in einer ABAP-Liste oder im ALV-Layout ist sehr komfortabel und funktional, und darüber hinaus können Sie sich die Daten innerhalb des SAP-Systems in einer Microsoft Excel-Oberfläche anzeigen lassen. Welche Funktionalitäten Ihnen die Integration von SAP und Microsoft Excel bietet, erfahren Sie in diesem Kapitel.

12 Microsoft Excel-Integration

SAP und Microsoft arbeiten seit mehreren Jahren gemeinsam an einer Integration der Office- und SAP-Produkte. Ein gemeinsames Projekt ist z.B. die Software Duet. Außerdem kann Microsoft Excel integriert im Rahmen einer Query-Auswertung genutzt werden. Es können Daten in den SAP-Planungsmasken in einer SAP-Maske oder in einer Excel-Maske erfasst werden. Die Report Painter-Berichte sind ebenfalls in einer Excel-Oberfläche sichtbar.

Auch im Bereich des Query-Reportings können Sie die Excel-Oberfläche nutzen. So können Sie die Excel-Oberfläche für die Datenanzeige mithilfe des Data Browsers einsetzen, oder Sie rufen eine Liste mit dem SAP List Viewer in der Excel-Darstellung auf. Es stehen Ihnen danach umfangreiche Excel-Funktionalitäten im Rahmen der Query-Auswertung zur Verfügung.

In diesem Kapitel wird Ihnen die Excel-Oberfläche, die Sie nach dem Aufrufen des Data Browsers erhalten, vorgestellt. Anschließend werden die Funktionalitäten der Excel-Integration (Excel-Inplace) im Ausgabeformat SAP List Viewer erläutert. Außerdem werden die Excel-Integrationsmöglichkeiten in weiteren Query-Ausgabeformaten dargestellt.

12.1 Data Browser

Excel-Inplace

Melden Sie sich im SAP-System an, oder kehren Sie zum SAP Easy Access-Menü zurück. Rufen Sie den Data Browser mit der Transaktion N oder mit der Transaktion SE16N auf. Im Data Browser lassen Sie sich die Tabelle BSID (Buchhaltung: Sekundärindex für Debitoren) anzeigen. Wechseln Sie in die Datenanzeigeansicht, indem Sie auf dem Button (anzeigen) drücken. Wählen Sie anschließend, wie in Abbildung 12.1 gezeigt, die Ansicht Excel Inplace aus.

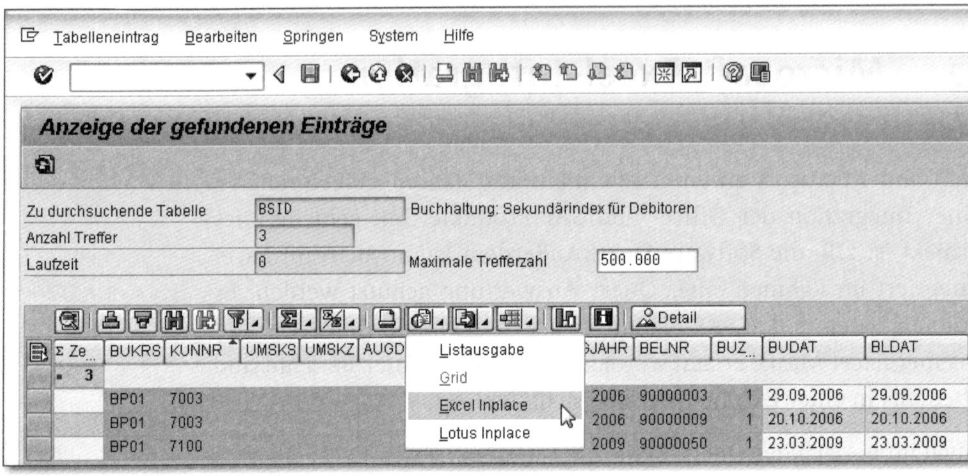

Abbildung 12.1 Wechsel von der Grid- zur Excel-Inplace-Anzeige im Data Browser

Excel-Funktionalitäten

Mittels Excel-Inplace werden die Daten innerhalb des SAP-Systems in einer Excel-Oberfläche angezeigt. Es stehen Ihnen fast alle bekannten Funktionen aus dem Excel-Programm zur Verfügung; nicht zur Verfügung steht Ihnen die Excel-Druckvorschau – der dazugehörige Button ist in der Symbolleiste abgedunkelt. Möchten Sie ausschließlich in Excel arbeiten, so können Sie die angezeigten Daten mit dem Button (speichern unter) oder mit der Taste F12 als Datei ablegen. Neben den Excel-Funktionalitäten können Sie weiterhin die bekannten SAP-Funktionen zum Filtern, Sortieren, Summieren usw. verwenden (siehe Abbildung 12.2).

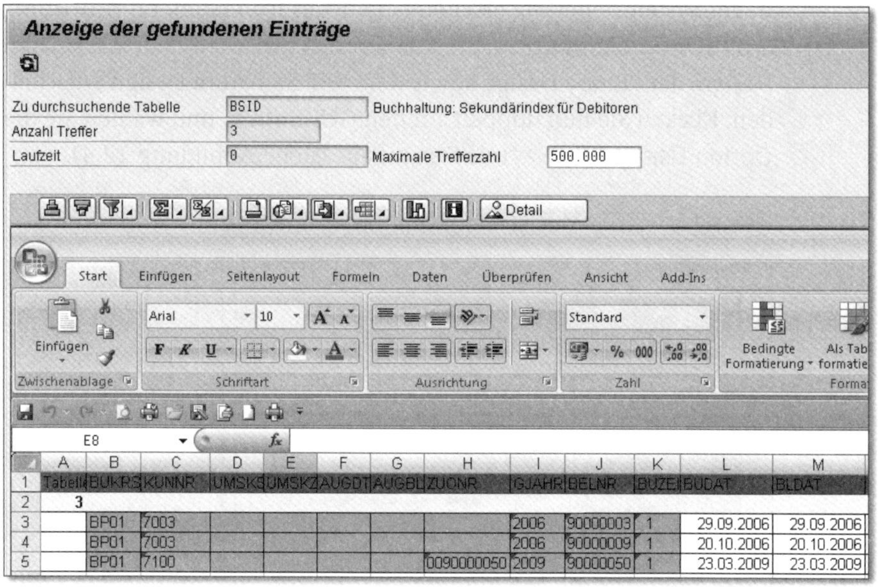

Abbildung 12.2 Anzeige von SAP-Daten mit Excel-Inplace innerhalb des SAP-Systems

SAP Signature Design

Grundlage für die Datenanzeige ist deren Einstellung im SAP Signature Design. SAP hat die SAP GUI-Darstellung mit der Zielsetzung weiterentwickelt, die optische Darstellung der BW-Oberfläche und die Oberfläche von SAP ERP zu vereinheitlichen. Sie erkennen die Signature-Darstellung an den leicht eingedrückten Bildschirmbestandteilen. Zusätzlich befinden sich jeweils rechts neben den SAP-Buttons kleine Auswahlboxen. Die Änderung der Anzeige nehmen Sie vor, indem Sie in Windows den Menüpfad START • SYSTEMSTEUERUNG auswählen (siehe Abbildung 12.3).

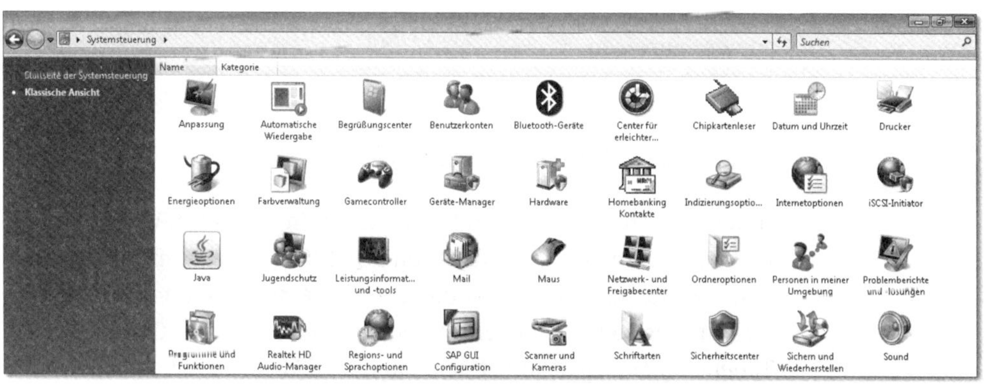

Abbildung 12.3 Anzeige der Windows-Systemsteuerung

In der Systemsteuerung erscheint ein neues Icon mit der Beschriftung SAP GUI CONFIGURATION. Sie können sich zwischen dem klassischen Design, dem Enjoy Design sowie dem SAP Signature Design entscheiden. Klicken Sie nun doppelt auf den GUI-Button, und wählen Sie die Option USE SAP SIGNATURE DESIGN aus (siehe Abbildung 12.4).

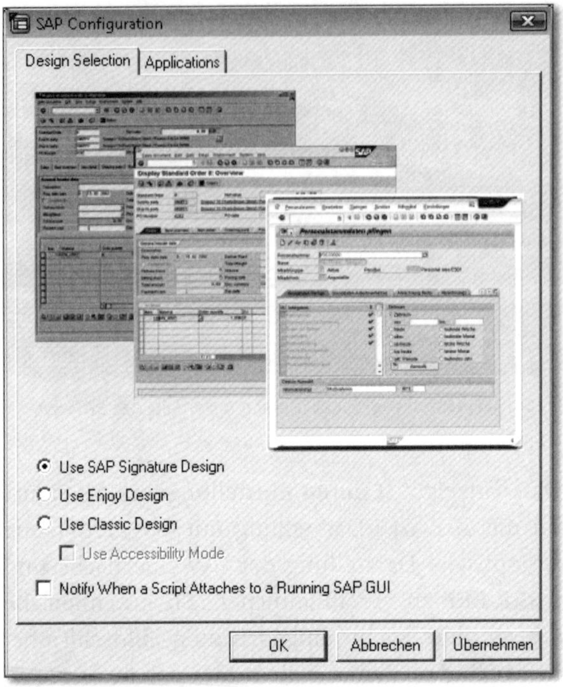

Abbildung 12.4 Auswahl des SAP Signature Designs in der Windows-Systemsteuerung

Lassen Sie sich im nächsten Abschnitt die Daten der Tabelle BSID (Buchhaltung: Sekundärindex für Debitoren) mit dem SAP List Viewer anzeigen.

12.2 Excel-Inplace im SAP List Viewer

In diesem Abschnitt lernen Sie das Excel-Inplace im SAP List Viewer kennen. Rufen Sie die Transaktion SQ01 (SAP Query) auf. Wählen Sie in der Benutzergruppe ZLEX die Query ZLEX1800 (Debitor mit offenen Posten) aus, oder erstellen Sie eine neue Query auf Grundlage der Tabelle BSID. Nach Aufruf der Daten im SAP List Viewer erhalten Sie die Bildschirmanzeige aus Abbildung 12.5.

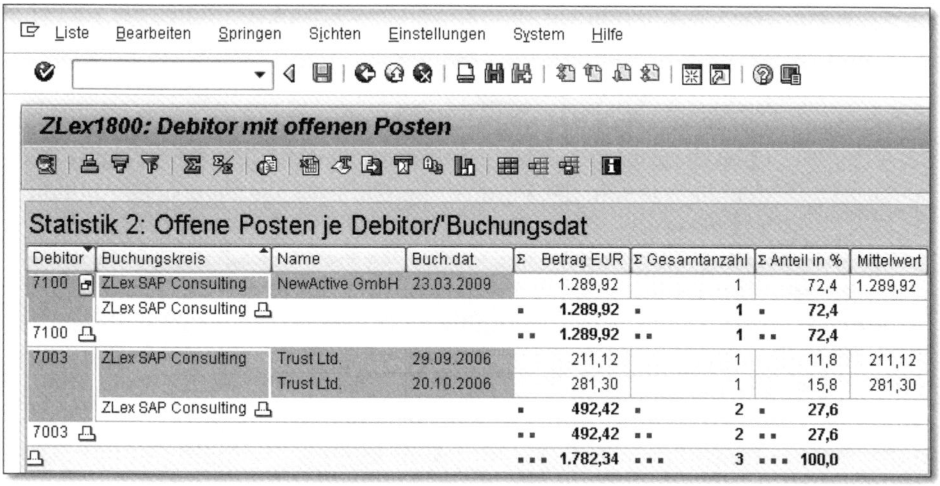

Abbildung 12.5 Anzeige von Statistikdaten im SAP List Viewer

Excel-Oberfläche im SAP List Viewer

Sie können sich die im SAP List Viewer angezeigten Statistikdaten nun ebenfalls in der Excel-Oberfläche anzeigen lassen. Drücken Sie hierzu auf den Button (Microsoft Excel) oder drücken die Tastenkombination [Strg]+[⇧]+[F7], und Sie erhalten die in Abbildung 12.6 gezeigte Darstellung.

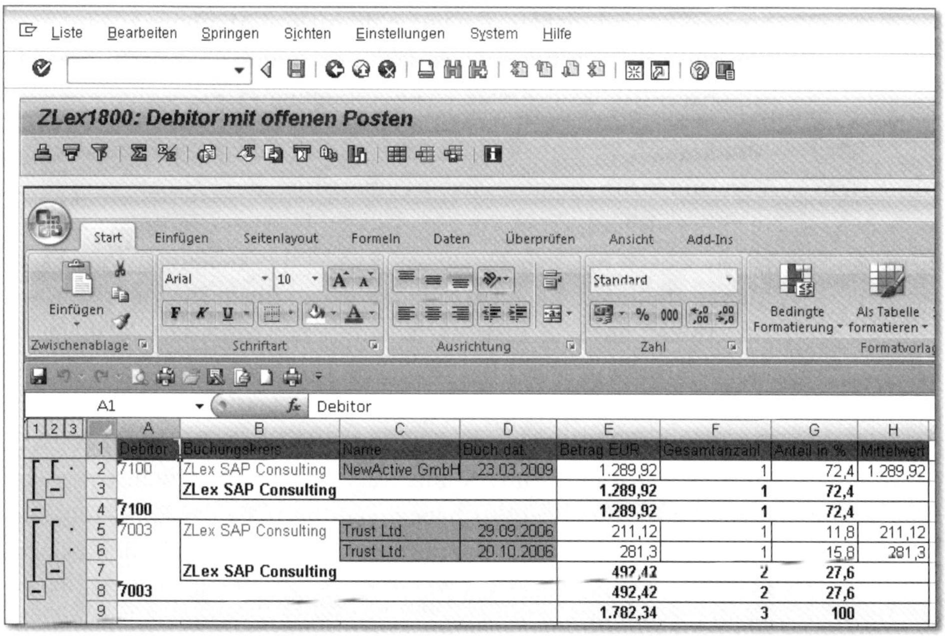

Abbildung 12.6 Excel-Darstellung im SAP List Viewer

Summierungsstufen

Über den Menüpfad SICHTEN • SAP LIST VIEWER können Sie wieder in die SAP-Oberfläche zurückwechseln. Links neben der Tabelle sind Verdichtungsoptionen aus Excel-Optionen ersichtlich. Je nach Anzahl der Summierungsstufen werden über den Verdichtungsoptionen die Zahlen 1, 2 bis n angezeigt. Durch Klick auf die Zahl 1 werden die Daten in der Verdichtungsstufe 1 angezeigt (siehe Abbildung 12.7).

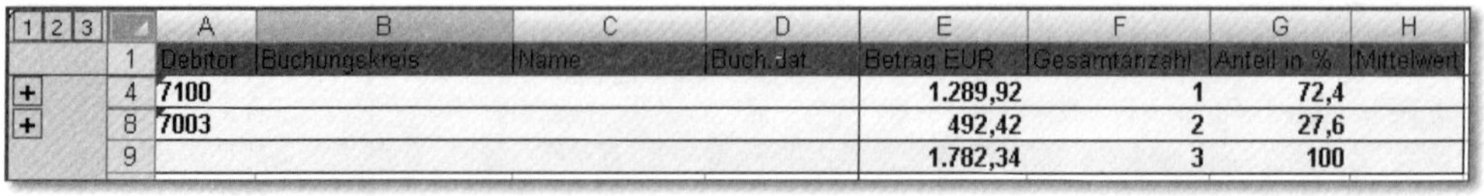

	A	B	C	D	E	F	G	H
1	Debitor	Buchungskreis	Name	Buch. dat.	Betrag EUR	Gesamtanzahl	Anteil in %	Mittelwert
4	7100				1.289,92	1	72,4	
8	7003				492,42	2	27,6	
9					1.782,34	3	100	

Abbildung 12.7 SAP-Datenanzeige in der Excel-Verdichtungsstufe 1

Excel-Grafik

So wie in der SAP-Oberfläche können Sie auch in der Excel-Oberfläche eine SAP-Business-Grafik aufrufen. Markieren Sie die relevanten Datenzellen, z. B. mehrere Debitoren und eine Kennzahlenspalte. In unserem Beispiel wurden die Debitoren 7100 und 7003 markiert sowie der jeweils dazugehörige prozentuale Anteil. Anschließend drücken Sie auf den SAP-Button für die grafische Anzeige. In der Excel-Oberfläche können Sie zudem auch die noch komfortableren Excel-Grafikmöglichkeiten nutzen. Markieren Sie wieder die relevanten Daten, und wählen Sie unter dem Excel-Menüpunkt EINFÜGEN ein Wunschdiagramm aus. Es wird nun innerhalb des SAP-Systems eine Excel-Grafik angezeigt, siehe Abbildung 12.8.

Excel-Tabellenblätter

Nun können Sie Ihre Datenbasis relativ einfach grafisch aufbereiten. Verwenden Sie allerdings fixe Überschriften und Formatierungen, so bietet es sich an, diese Formatierungen in einem Template zu speichern. Fügen Sie z. B. ein neues Excel-Tabellenblatt in Ihre Excel-Mappe ein. In das neue Excel-Tabellenblatt fügen Sie wiederum, wie aus Abbildung 12.8 ersichtlich, eine Überschrift ein. Wählen Sie anschließend ein Excel-Diagramm aus. Als Datenbasis sollten Sie sich auf die Registerkarte RAWDATA beziehen. Diese Registerkarte finden Sie rechts neben den Registerkarten mit den Bezeichnungen FORMAT, HEADER, PIVOT und SUB1 – SUB10. Nachdem Sie alle gewünschten Formatierungen durchgeführt haben, speichern Sie das Excel-Tabellenblatt. Wählen Sie nun den Button (Layout ändern) oder drücken [Strg]+[F8], und klicken Sie auf die Registerkarte ANSICHT (siehe Abbildung 12.9).

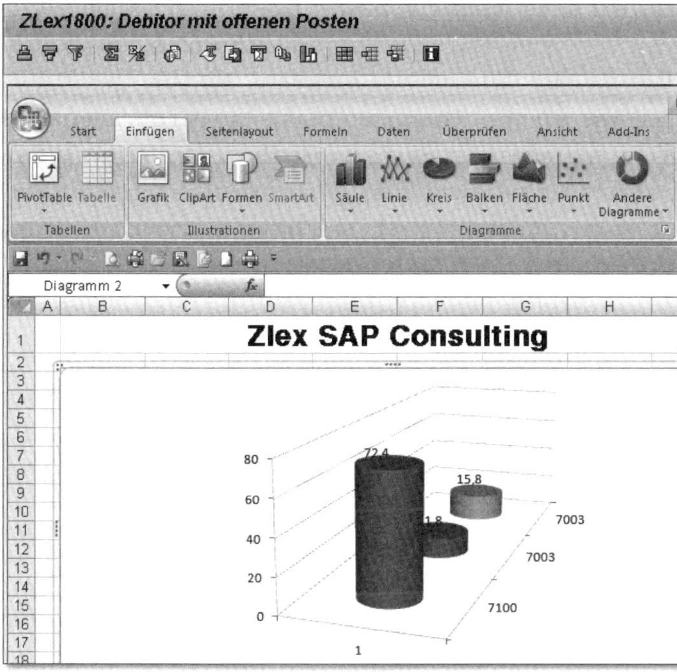

Abbildung 12.8 Anzeige einer Excel-Grafik innerhalb des SAP List Viewers

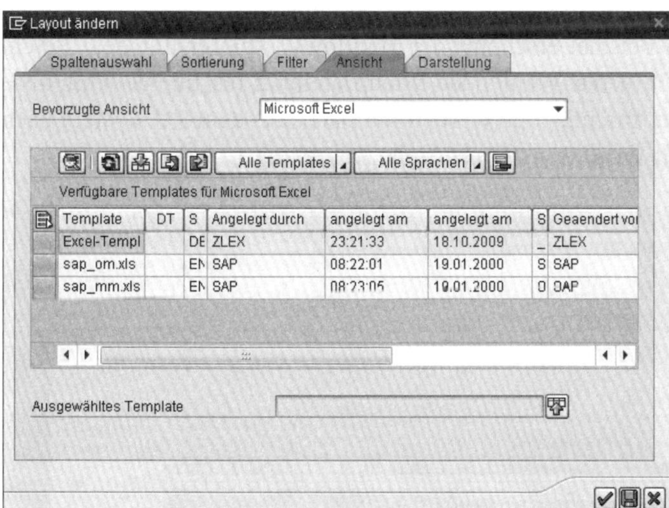

Abbildung 12.9 Template-Verwaltung in der SAP-Layoutanzeige

Excel-Template

Nachdem Sie auf den Button Document durch BDS (Business Document Service) einchecken geklickt haben, öffnet sich der Windows Explorer. Wählen Sie die zuvor gespeicherte Datei aus. Nun steht die

Excel-Datei mit Ihren eigenen Formatierungen in der Template-Verwaltung zur Verfügung. Das neue Template können Sie nun als Standardvorlage für Ihre Datenanzeige speichern. Bei künftigen Datenselektionen werden Ihre Daten sofort mit Ihren Formatierungen sowie einer Grafik angezeigt. Benötigen Sie die Daten in einer Word-Datei, so klicken Sie auf den Button (Textverarbeitung) oder drücken [Strg]+[⇧]+[F8]. Es öffnet sich das Dialogfenster aus Abbildung 12.10.

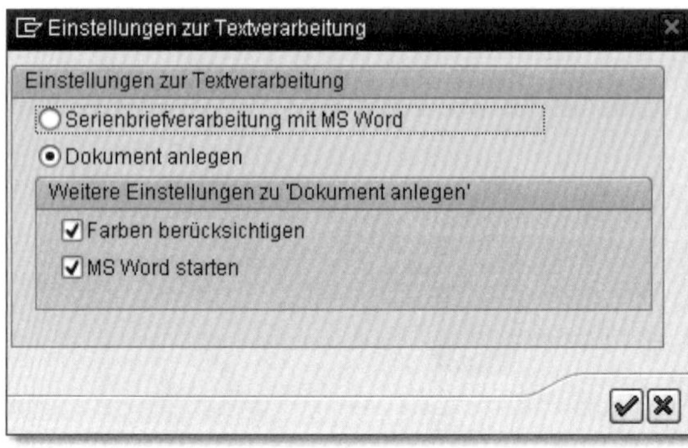

Abbildung 12.10 SAP-Datenexport in ein Microsoft Word-Dokument

SAP-Word-Integration

Sie können nun die Daten für eine Serienbriefverarbeitung nutzen. In unserem Beispiel erscheint der Windows Explorer mit dem Befehl SPEICHERN UNTER. Wählen Sie einen Dateipfad aus, und benennen Sie die Datei. Anschließend werden die Daten aus dem SAP-System nach Microsoft Word transferiert (siehe Abbildung 12.11).

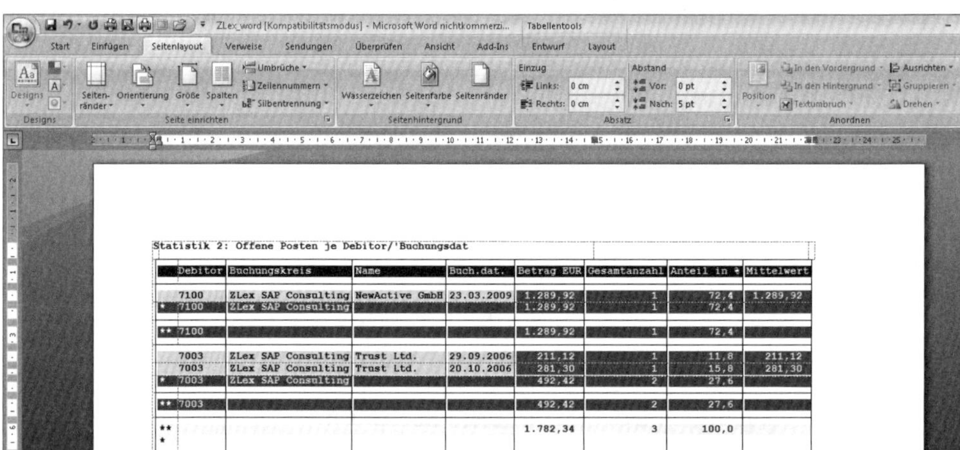

Abbildung 12.11 Microsoft Word-Dokument mit Daten aus dem SAP-System

Die Integration zu Microsoft Office steht Ihnen ebenfalls bei den weiteren Query-Ausgabeformaten zur Verfügung.

12.3 Microsoft Excel-Integration bei weiteren Query-Ausgabeformaten

Ausgabeformat Tabellenkalkulation

Sie können Ihre Auswertung direkt im Ausgabeformat Textverarbeitung oder Tabellenkalkulation aufrufen. Beim Ausgabeformat Textverarbeitung erfolgt die Datenanzeige in einem Word-Dokument. Wählen Sie als Ausgabeformat TABELLENKALKULATION, und wählen Sie im Fenster EXPORTIERE LISTOBJEKT NACH XXL die Option PIVOTTABELLE aus (siehe Abbildung 12.12).

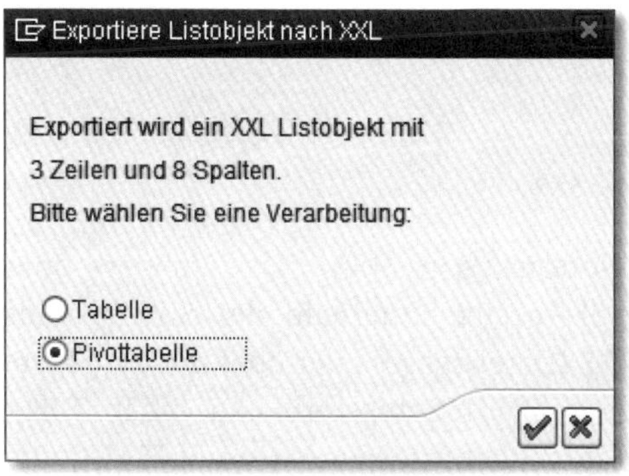

Abbildung 12.12 Auswahl der Verarbeitung »Pivottabelle« im Ausgabeformat Tabellenkalkulation

Pivot-Funktionalität

Nachdem Sie Ihre Eingaben bestätigt haben, erscheint ein Dialogfenster mit der Auswahl Microsoft Excel. Bestätigen Sie auch diese Auswahl, und es wird Ihnen innerhalb des SAP-Systems die Excel-Pivot-Funktionalität zur Verfügung gestellt (siehe Abbildung 12.13).

ABAP-Liste

Möchten Sie die Daten weiternutzen, so speichern Sie die Datenanzeige als Datei ab. Im Ausgabeformat ABAP-Liste stehen Ihnen sogar mehrere Möglichkeiten zur Verfügung, um die Office-Integration zu nutzen. So finden Sie in der Symbolleiste mehrere Exportbuttons (siehe Abbildung 12.14).

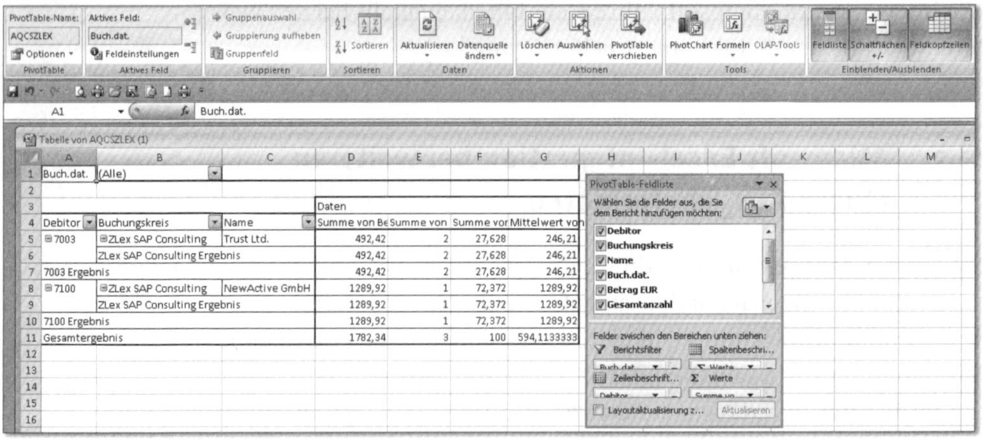

Abbildung 12.13 Pivot-Funktionalität in der SAP-Oberfläche

Abbildung 12.14 Symbolleiste in der SAP-ABAP-Liste

Microsoft Office-Integration in der SAP-ABAP-Liste

So können Sie mit dem Button ALV (SAP List Viewer) oder [Strg]+[⇧]+[F6] in die Excel-Anzeige innerhalb des SAP-Systems wechseln. Mit dem Button (Dateiablage) oder über die [F9]-Taste können Sie die Daten in den Übertragungsformaten binär (BIN), ASCII (ASC), ASCII mit Spaltentabulator (DAT), ASCII mit IBM-Codepage (IBM), dBASE (DBF) oder im Tabellenkalkulationsformat (WK1) speichern. Mit dem Button (Tabellenkalkulation) oder über die [F7]-Taste können Sie für eine ABAP-Liste die Pivot-Funktionalität aufrufen. Für Präsentationen oder für die Geschäftsführung wird in der Praxis das HTML-Datenformat gewählt. Sie können dieses Format über den Menüpfad System • Liste • Sichern • Lokale Datei aufrufen (siehe Abbildung 12.15).

HTML-Format

Das HTML-Format ist häufig optisch sehr ansprechend; insbesondere erfolgt die Berichtsdarstellung automatisch durch eine farbliche Berichtsgestaltung (siehe Abbildung 12.16).

Spoolausgabe

Aus fast allen SAP-Transaktionen stehen Ihnen Datenexportfunktionalitäten zur Verfügung. Sollte in einer älteren Transaktion eine Export-Funktionalität nicht vorhanden sein, so drucken Sie die angezeigten Daten in der Spoolausgabe. Im SAP-Spool selbst steht Ihnen dann die Export-Funktionalität über den Button (sichern in lokaler Datei) zur Verfügung.

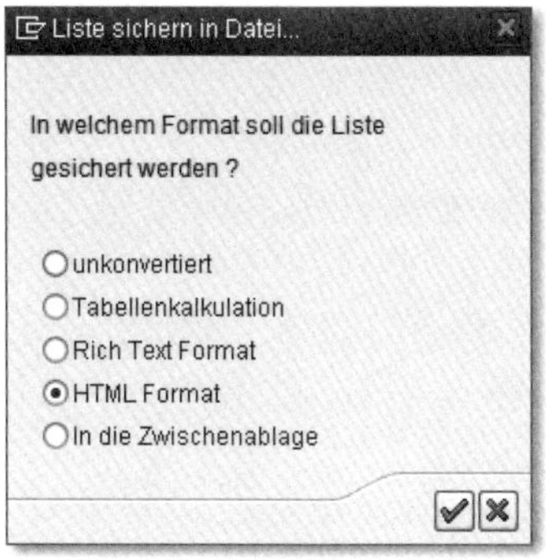

Abbildung 12.15 Speichern von SAP-Daten im HTML-Format

Statistik 2: Offene Posten je Debitor/Buchungsdatum

Debitor	Buchungskreis	Name	Buch.dat.	Betrag EUR
7100	ZLex SAP Consulting	NewActive GmbH	23.03.2009	1.289,92
7100	ZLex SAP Consulting	*	*	1.289,92
7100	*	*	*	1.289,92
7003	ZLex SAP Consulting	Trust Ltd.	29.09.2006	211,12
7003	ZLex SAP Consulting	Trust Ltd.	20.10.2006	281,30
7003	ZLex SAP Consulting	*	*	492,42
7003	*	*	*	492,42
Summe				1.782,34

Abbildung 12.16 Berichtsanzeige eines SAP-Berichts im HTML-Format

12.4 Zusammenfassung

Die Microsoft Office-Integration von SAP ist bereits heute sehr weit fortgeschritten. So können Sie sich innerhalb des SAP-Systems die Daten in der Excel-Oberfläche anzeigen lassen. Die Datenanzeige mit den bekannten Excel-Funktionalitäten ist sowohl im Data Browser als auch in den Query-Ausgabeformaten SAP List Viewer, ABAP-Liste usw. möglich.

Damit Sie die in diesem Kapitel beschriebene Excel-Funktionalität nutzen können, überprüfen Sie die Makro-Sicherheitseinstellungen Ihrer Excel-Version. Zudem kann die Excel-Funktionalität abhängig von der Vertrauensstellung von VBA-Objekten sein.

Zusätzlich haben Sie die Möglichkeit, für die Datenanzeige innerhalb des SAP-Systems Ihre eigenen Templates zu verwenden. Auch können Sie Ihre Daten direkt aus dem SAP-System nach Word exportieren. Somit ist es möglich, Ihre Daten mit einer Excel-Grafik und mit Ihren Formatierungen direkt im SAP-System aufzurufen.

TEIL IV
Queries administrieren

In diesem Kapitel werden die Tabellen für die Ablage der Query-Objekte, der Benutzergruppe, des InfoSets und der Query dargestellt. Ferner lernen Sie, Query-Objekte zwischen den Systemen und Mandanten zu übertragen, und Sie erfahren zudem, welche Transportoptionen Ihnen zur Verfügung stehen.

13 Transportwesen

Query-Objekte können Sie im Standardbereich oder im globalen Bereich anlegen. Die Art der Dateiablage und damit das Transportwesen sind für beide Vorgehensweisen unterschiedlich: Im Standardbereich legen Sie Ihre Query-Objekte nur im angemeldeten Mandanten an; die Daten des Standardbereichs sind in anderen Tabellen als die Daten des globalen Bereichs abgelegt und können per Down- und anschließendem Upload in andere Mandanten übertragen werden. Alternativ können Sie für Query-Objekte im Standardbereich Transportaufträge manuell erzeugen. Führen Sie hingegen Ihre Einstellungen im globalen Bereich des Customizing-Mandanten durch, so werden die Transportaufträge automatisch generiert.

Die Entscheidung für den jeweiligen Arbeitsbereich hat somit erheblichen Einfluss auf das Transportwesen. Arbeiten Sie im globalen Bereich, so sollten Sie Ihre Einstellungen grundsätzlich im Customizing-Mandanten durchführen, damit die Standardtransportwege genutzt werden können. Dem Vorteil automatisch erzeugter Transportaufträge steht der Nachteil des erhöhten Testaufwands gegenüber, da unter Umständen geeignete Testdaten erst noch erzeugt werden müssen beziehungsweise ein Transport durchzuführen ist. Auch wenn Sie im Standardbereich des Produktivmandanten arbeiten, benötigen Sie einzelne Query-Objekte für die Anlage von Query-Objekten im Customizing-Mandanten. Die Begründung liegt darin, dass die Query-Objekte im Customizing-Mandanten wiederum zur Anlage von Berechtigungen oder Transaktionen erforderlich sind. Im Customizing-Mandanten kann eine sogenannte Rumpfanlage erfolgen, oder Sie können die Query-Objekte alternativ per Upload aus einer Datei zur Verfügung stellen.

In diesem Kapitel lernen Sie die Tabellen kennen, in denen die Query-Objekte abgelegt werden. Anschließend wird Ihnen das SAP-Transporttool erläutert und die unterschiedlichen Transportmöglichkeiten dargestellt. Zum Schluss des Kapitels werden die wichtigsten SAP-Hinweise im Zusammenhang mit dem Transportwesen genannt.

13.1 Transportbestand

Die Query-Objekte sind in der Datenbank in den in Tabelle 13.1 aufgeführten Tabellen abgelegt, die alle mit AQ beginnen. Die Anfangsbuchstaben AQ rühren daher, dass SAP Query vor Release 4.6 ABAP Query genannt wurde.

Nr.	Tabelle	Bezeichnung
1	AQLDB	Tabellen und Daten (lokal)
2	AQLQCAT	Query-Katalog
3	AQLSCAT	Sachgebietskatalog
4	AQLTQ	Texte von Queries
5	AQLTS	Texte von Sachgebieten
6	AQTDB	Transportbestände (lokal)
7	AQSLDB	Tabellen und Daten (lokal, Papierkorb)
8	AQLIDOC	Dokumentation von InfoSets (Schlüssel)
9	AQLQDOC	Dokumentation von Queries (Schlüssel)
10	AQRLASS	Rollenzuordnung des Aufrufs der InfoSet Query
11	AQGDB	Tabellen und Daten (global)
11	AQGIDOC	Dokumentation von InfoSets (Schlüssel)
12	AQGQDOC	Dokumentation von Queries (Schlüssel)

Tabelle 13.1 Ablage von Query-Objekten in der Datenbank

Datenbanktabellen von Query-Objekten

Im Tabellennamen ist immer auch der Arbeitsbereich verschlüsselt. So werden die Datenbestände des globalen Bereichs in Tabelle AQ**G**DB (Tabellen und Daten (global)) und die Transportbestände des Standardbereichs in Tabelle AQ**L**DB (Tabellen und Daten (lokal)) abgelegt. Bei im globalen Bereich angelegten Objekten werden die

Inhalte von Tabelle AQGDB ins Transportwesen übernommen. Exportieren Sie die Query-Objekte des Standardbereichs, so wird für das manuelle Transportwesen Tabelle AQTDB (Transportbestände (lokal)) zusätzlich gefüllt. Für die Transportvorgänge wurde ein eigenes SAP Query-Transporttool entwickelt.

13.2 Transporttool

Das Transporttool können Sie über den Programmnamen RSAQR3TR oder alternativ in den Transaktionen SQ03 (Benutzergruppe) und SQ02 (InfoSet) über den Menüpfad Umfeld • Transporte aufrufen.

13.2.1 Transporttool im Standardbereich

Im Standardbereich bietet Ihnen das Transporttool zwei Möglichkeiten, um Query-Objekte zu transportieren. Sie können vereinfacht die Query-Objekte exportieren und anschließend importieren. Alternativ übertragen Sie die Query-Objekte vom Standardbereich in den globalen Bereich und nutzen anschließend das SAP-Standard-Transportwesen. Weiterhin können Sie sich den Transportbestand anzeigen lassen oder diesen löschen (siehe Abbildung 13.1).

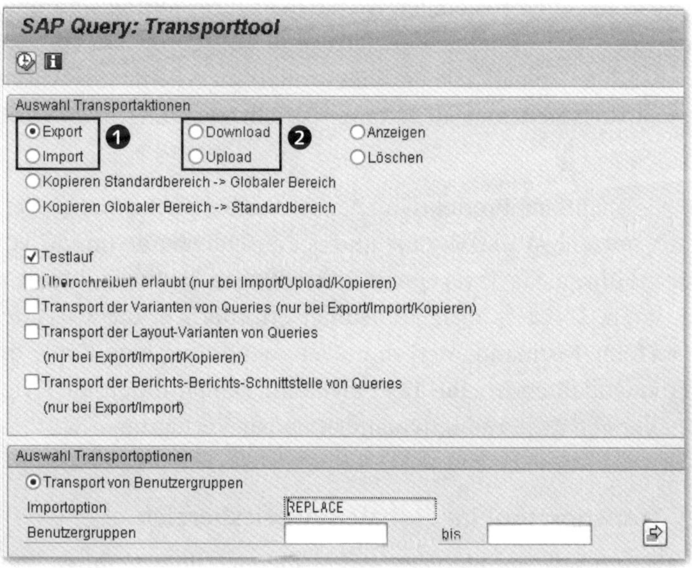

Abbildung 13.1 Auswahl der Transportaktionen im Standardbereich

Die Query-Einstellungen im Standardbereich erfolgen ohne einen Transportauftrag, und sie sind in jedem Mandanten durchführbar.

Transport durch Ex- und Import

Führen Sie Ihre Einstellungen im Customizing-Mandanten durch, so können Sie mit der Funktion EXPORT ❶ für ausgewählte Objekte einen Transportauftrag anlegen. Der Transportauftrag ist freizugeben und in die anderen Mandanten zu übernehmen. Anschließend importieren Sie im Zielmandanten (Produktivmandanten) die Daten aus einer Tabelle. Es wird also über eine zusätzliche Tabelle gearbeitet, die im Quellmandaten über die Exportfunktion gefüllt wird. Anschließend wird der Tabelleninhalt in die anderen Mandanten übernommen, und mit der Importfunktion werden die Query-Objekte im Zielmandanten angelegt.

Transport durch Down- und Upload

Sie können die Query-Objekte auch ohne Transportauftrag von einem Mandanten in einen anderen übertragen ❷. Führen Sie Ihre Query-Einstellungen z. B. im Produktivmandanten durch, so können Sie die Query-Objekte in eine lokale Datei downloaden und sie anschließend in einen anderen Mandanten uploaden. Sie können die Queries auf diesem Wege sogar unter einzelnen Unternehmen austauschen.

Außerdem haben Sie die Möglichkeit, die Praxis-Queries zu diesem Buch von der Verlagswebsite (*www.sap-press.de/2152*) durch Down- und Upload in einen beliebigen Mandanten Ihres Systems zu übernehmen und sie anschließend auszuführen. Beim Down- und anschließenden Upload stehen Ihnen allerdings keine Selektions- und Layoutvarianten und auch keine Berichtsabsprünge zur Verfügung.

Transport von Varianten

Sollten Sie nicht im Produktivmandanten arbeiten und sehr viele Varianten nutzen, so sind der Ex- und der anschließende Import vorteilhafter. Führen Sie Ihre Query-Einstellungen im Produktivmandanten durch, so ist es nicht unbedingt erforderlich, die Varianten sofort auch im Testmandanten zu nutzen, denn über eine Kopie des Produktivmandanten in eine Testumgebung stehen Ihnen die Originaleinstellungen des Produktivmandanten zur Verfügung.

13.2.2 Transporttool im globalen Arbeitsbereich

Das Transporttool im globalen Arbeitsbereich bietet Ihnen eine Kopierfunktion, mit der Sie die Query-Objekte vom globalen Arbeitsbereich in den Standardbereich übernehmen können (siehe Abbildung 13.2).

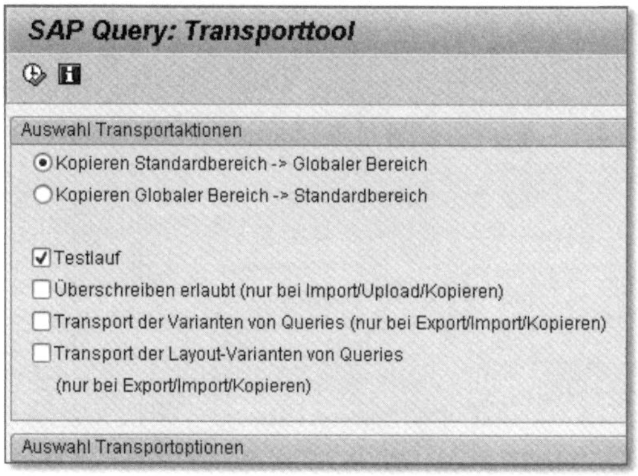

Abbildung 13.2 Auswahl der Transportaktionen im globalen Arbeitsbereich

Query-Objekte in Arbeitsbereiche kopieren

Die Datenübertragung in andere Mandanten erfolgt wie bei den Customizing-Einstellungen über automatisch erzeugte Transportaufträge. Zusätzlich können Sie einzelne Objekte in den Standardbereich übernehmen, um weitere Einstellungen ohne Transportaufträge durchzuführen. Auch können Sie Query-Objekte vom Standardbereich in den globalen Bereich übernehmen.

13.3 Transportoptionen

Das Transporttool bietet Ihnen vier Möglichkeiten, um Daten auszuwählen. Die Option, den Datenbestand nach erfolgreichem Import zu löschen, steht Ihnen nur im Standardbereich zur Verfügung (siehe Abbildung 13.3).

Folgende Optionen stehen Ihnen innerhalb des Transporttools zur Verfügung:

1. Transport von Benutzergruppen ❶
2. Transport von InfoSets ❷
3. Transport von InfoSets und Queries ❸
4. Transport von Querys ❹

Für die vier Optionen stehen Ihnen wiederum die in Tabelle 13.2 aufgeführten Importoptionen zur Verfügung.

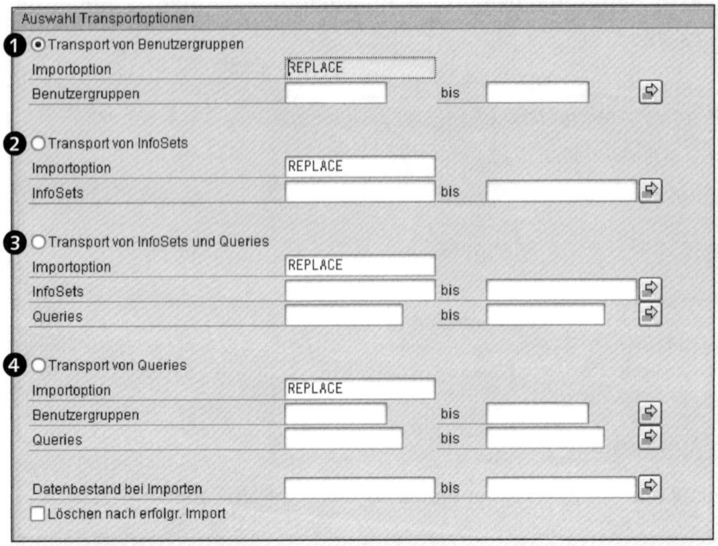

Abbildung 13.3 Transporttool – Transportoptionen

Transportoption	Replace	Merge	Group	Unassign
Benutzergruppen	×	×	–	–
InfoSets	×	×	×	×
InfoSets und Queries	×	×	–	–
Queries	×	–	×	–

Tabelle 13.2 Importoptionen für Query-Objekte

Importoptionen des Transporttools

Die Funktion REPLACE überschreibt grundsätzlich die vorhandenen Einstellungen im Zielmandanten. Die Importoption MERGE ergänzt hingegen die bestehenden Einstellungen. Ist z. B. im Quellmandanten der Benutzergruppe nur User B zugeordnet, so werden weitere zugeordnete User im Zielmandanten nicht überschrieben, sondern nur ergänzt. Der Benutzergruppe ist im Zielmandanten nach dem Import sowohl User A als auch User B zugeordnet. Bei der Funktion GROUP behält die Query die Zuordnung zur Benutzergruppe aus dem Quellmandanten bei. Bei der Importoption UNASSIGN wird die Zuordnung eines InfoSets zu einer Benutzergruppe grundsätzlich gelöscht.

Konsistenzprüfung

Aufgrund der vielen Funktionen im Transportwesen fehlen Ihnen unter Umständen abhängige Objekte für Ihren Query-Report. Sie können daher in der Transaktion SQ02 über den Menüpfad SPRINGEN

• WEITERE FUNKTIONEN • KONSISTENZPRÜFUNG einen Konsistenzcheck durchzuführen (siehe Abbildung 13.4).

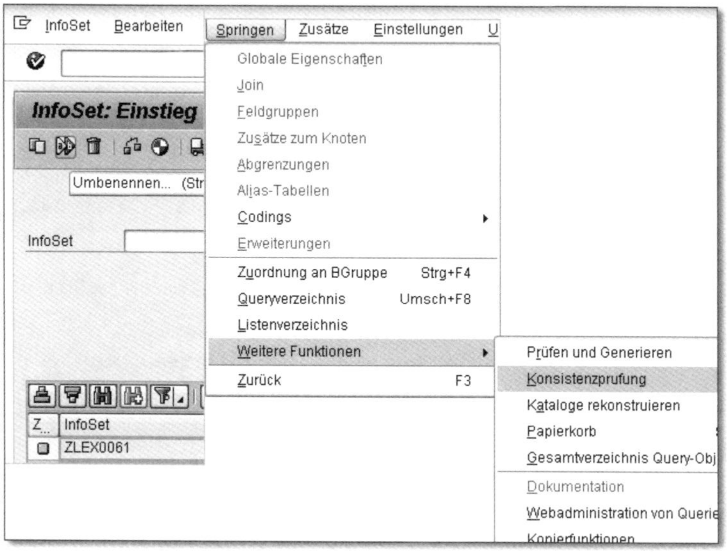

Abbildung 13.4 Konsistenzprüfung in SAP Query

Query-Kataloge rekonstruieren

Sollte die Konsistenzprüfung nicht erfolgreich sein, so lässt sich die Zuordnung z. B. zwischen Query und InfoSet rekonstruieren. Sodann werden alle Zuordnungen zwischen den Query-Objekten erneut durchgeführt. Diese Funktionalität steht Ihnen ebenfalls in der Transaktion SQ02 unter dem Menüpfad SPRINGEN • WEITERE FUNKTIONEN • KATALOGE REKONSTRUIEREN zur Verfügung.

13.4 Weiterführende SAP-Hinweise

In der Praxis funktionieren sowohl das Standardtransportwesen als auch das Transporttool ganz hervorragend. Eine Übersicht der wichtigsten SAP-Hinweise für weitere Erläuterungen zum Transportwesen finden Sie in Tabelle 13.3.

Hinweisnummer	Bezeichnung
119655	ABAP Query: Probleme beim Transport von Queries
127182	Transport im globalen Arbeitsbereich

Tabelle 13.3 SAP-Hinweise zum Transportwesen

Hinweisnummer	Bezeichnung
127717	Systemvarianten für Queries anlegen
130316	ABAP Query: Transport von Varianten für Queries
202839	SAP Query: Transport von Sachgebieten/InfoSets
352617	SAP Query: Transportfehler bei Download/Upload
393044	SAP Query: Transport von Objekten des Standardbereichs
393160	SAP Query: Verwendung von Queries
412054	SAP Query: Wie transportiere ich Varianten?
431192	SAP Query: Transport von Layoutvarianten im Standardbereich
643330	ALV-Layout: Importieren und Exportieren von Layouts

Tabelle 13.3 SAP-Hinweise zum Transportwesen (Forts.)

Wenn Sie viele Selektions- und Layoutvarianten angelegt haben, kann Ihnen insbesondere SAP-Hinweis 412054, »Wie transportiere ich Varianten?«, weiterhelfen.

13.5 Zusammenfassung

Insgesamt stehen Ihnen drei Möglichkeiten zur Verfügung, um die Query-Objekte zwischen den Mandanten/Systemen zu transportieren. Arbeiten Sie im globalen Bereich, so unterscheiden sich die Query-Einstellungen nicht von den sonstigen Customizing-Einstellungen. Im Hintergrund werden automatisch Transportaufträge erzeugt.

Arbeiten Sie im Standardbereich, so können Sie die Query-Objekte per Down- und anschließendem Upload in andere Mandanten übernehmen. Zusätzlich können Sie für Query-Objekte aus dem Standardbereich Transportaufträge erzeugen. In diesem Fall ergibt sich folgender Ablauf:

1. Query inklusive abhängiger Objekte exportieren
2. Transportauftrag freigeben (Transaktion SE09)
3. Transportauftrag importieren (Transaktion STMS)
4. Query inklusive abhängiger Objekte importieren

Überdenken Sie Ihre Transportstrategie auch im Hinblick auf eine Mandantenkopie oder das Löschen von Mandanten. Konvertieren Sie die mit dem QuickViewer angelegten Abfragen in Queries, damit Sie für diese Abfragen ebenfalls das Transportwesen nutzen können.

Verbessern Sie die Performance Ihrer Auswertungen durch zusätzliche Tabellenindizes, und legen Sie für sich ständig wiederholende Datenabfragen einen Tabellen-View an. In diesem Kapitel erfahren Sie des Weiteren, wie Sie im SAP-System bereits vorhandene Funktionalitäten (Funktionsbausteine) zur Datenbeschaffung in Ihrem InfoSet nutzen.

14 Datenbeschaffung und Funktionsbausteine

Die Datenbeschaffung kann in Abhängigkeit von den betriebswirtschaftlichen Anforderungen sehr anspruchsvoll sein. Durch die Selektionsmaske können Sie die abzufragenden Daten gezielt eingrenzen. Wenn Sie häufig sehr viele Datensätze abfragen, ist gegebenenfalls ein eigenes ABAP-Programm oder die Auswertung in SAP NetWeaver BW sinnvoller als eine Query-Auswertung. Versuchen Sie immer, Ihre Abfrage aufgrund von Keyfeldern einzuschränken. Prüfen Sie, ob möglicherweise ein Sekundärindex die Performance verbessern kann. Wie ein Sekundärindex angelegt wird, erläutert Abschnitt 14.1.

Für die Datenbeschaffung werden häufig bestimmte Tabellen immer wieder genutzt. Deshalb kann es sinnvoll sein, bestimmte Tabellen bereits im Data Dictionary in Form eines Tabellen-Joins miteinander zu verknüpfen. Der Tabellen-Join erleichtert Ihnen zum einen die InfoSet-Erstellung, und zum anderen ist die Feldauswahl im InfoSet aufgrund der vorher im Data Dictionary festgelegten Felder übersichtlicher. Abschnitt 14.2 zeigt anhand eines Beispiels, wie ein Tabellen-View angelegt wird.

In vielen Fällen können Sie für die Datenbeschaffung auf im SAP-System vorhandenes Programm-Coding (Funktionsbausteine) zurückgreifen. Verwenden Sie daher in Ihrem InfoSet Standardfunktionsbausteine. Zunächst befüllen Sie einen Funktionsbaustein mit vorgegebenen Feldinhalten; der Funktionsbaustein bearbeitet die Feldinhalte und liefert Ihnen konkrete Feldinhalte zurück. Lernen Sie exemplarisch in Abschnitt 14.3 den Einsatz von Funktionsbausteinen kennen.

14.1 Sekundärindex

Daten werden, nachdem Sie sie eingegeben haben, in der im Data Dictionary definierten Form in der Datenbank abgelegt. Ziel der Datenablage ist der schnelle Datenzugriff. Für die praktische Anwendung kann es sinnvoll sein, sich nur einen Teil der Daten aus einer Tabelle oder sich nur bestimmte Daten aus mehreren Tabellen anzeigen zu lassen. Selektieren Sie nicht nach Schlüsselfeldern, so kann in einigen Fällen die Performance über einen Index verbessert werden. Der Tabellenindex wird im folgenden Abschnitt vorgestellt.

Zur Informationssuche in einem Buch haben Sie zwei Möglichkeiten:

- Suche über das Inhaltsverzeichnis
- Suche anhand von Stichwortindizes

Primärindex

Im Inhaltsverzeichnis sind die Kapitel der Reihenfolge nach mit der dazugehörigen Seitenzahl aufgeführt. Anhand der Seitenanzahlangabe blättern Sie zu der gewünschten Information. Diese Logik wird auch für die primäre Datenablage verwendet. Wird in einer Tabelle ein Datensatz hinzugefügt, so erfolgt die Datenablage aufgrund eines Primärindex (Keyfeld).

Inhaltsverzeichnis

Eine Suche über das Inhaltsverzeichnis kann sehr lange dauern, z. B. wenn sich die gewünschte Information am Ende des Buches und darüber hinaus noch an mehreren Stellen befindet. Wenn Sie beispielsweise in diesem Buch den Begriff *Index* suchen, hilft Ihnen die Stichwortsuche wesentlich schneller weiter als eine Suche über das Inhaltsverzeichnis. Daher ist es sinnvoll, einen weiteren Index (Sekundärindex) anzulegen. Unter Umständen ist es hilfreich, in einem Buch sogar mehrere Stichwortindizes anzulegen. So könnte dieses Buch einen weiteren Index nach verwendeten Tabellen enthalten. Zu bedenken ist allerdings, dass jeder zusätzliche Index Platz benötigt, der verwaltet werden muss. So ist im Einzelfall abzuwägen, wie viele Indizes sich zur schnellen Suche als sinnvoll erweisen.

Datenbank-Utility

Ein Index wird mit ein bis zu drei Stellen angelegt. Der Primärindex hat die Kennung 0. Eigene Indizes sind im Kundennamensraum meistens mit Y oder Z beginnend anzulegen. Rufen Sie das Data Dictionary mit der Transaktion SE11 auf. Geben Sie die Tabelle TSTCT an, und lassen Sie sich diese anzeigen (siehe Abbildung 14.1). Eine übersichtliche Zusammenfassung aller Datenbankfelder und deren Indizes erhalten Sie über den Menüpfad HILFSMITTEL • DATENBANKOBJEKT • DATENBANK-UTILITY. Es wird Ihnen das ABAP/4 Dictionary mit der Bezeichnung »Utility für Datenbanktabellen« angezeigt. Wählen Sie den Menüpfad ZUSÄTZE • DATENBANKOBJEKT • ANZEIGEN, und es werden alle Tabellenfelder, der Primärindex sowie alle Sekundärindizes angezeigt.

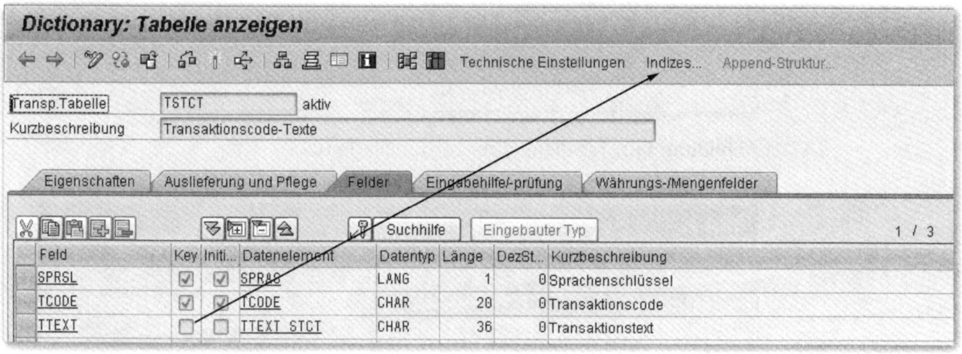

Abbildung 14.1 Absprung zur Indizes-Anzeige im Data Dictionary

Indizes anzeigen

In der Tabelle TSTCT sind zwei Keyfelder definiert. Die Felder SPRSL (Sprachenschlüssel) und TCODE (Transaktionscode) stellen den Primärindex dar. Das Feld TTEXT (Transaktionstext) ist kein Keyfeld. Suchen Sie nun in der Tabelle TSTCT nach Transaktionstexten, so ist dies zeitintensiver als eine Suche aufgrund der Felder TCODE oder TTEXT, da das Feld TTEXT nicht indiziert ist. Schauen wir uns daher an, wie wir zum Feld TTEXT einen Sekundärindex anlegen. Drücken Sie hierzu in der Tabellenanzeige auf den Button INDIZES... Sie erhalten nun in einem Dialogfenster eine Übersicht über die Sekundärindizes (siehe Abbildung 14.2).

Zur Tabelle TSTCT existieren keinen Sekundärindizes. Zur Tabelle MARA (allgemeine Materialdaten) werden hingegen mehrere Indizes ausgeliefert. Per Doppelklick können Sie sich die einzelnen Indizes anschauen. Um einen neuen Index anzulegen, klicken Sie auf den Button (Anlegen neuer Index). Sie erhalten nun ein Dialogfenster (siehe Abbildung 14.3).

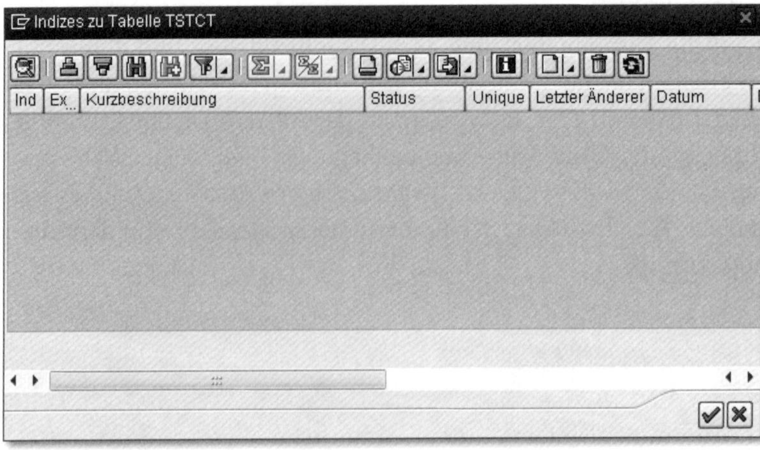

Abbildung 14.2 Tabellenindizes zur Tabelle TSTCT

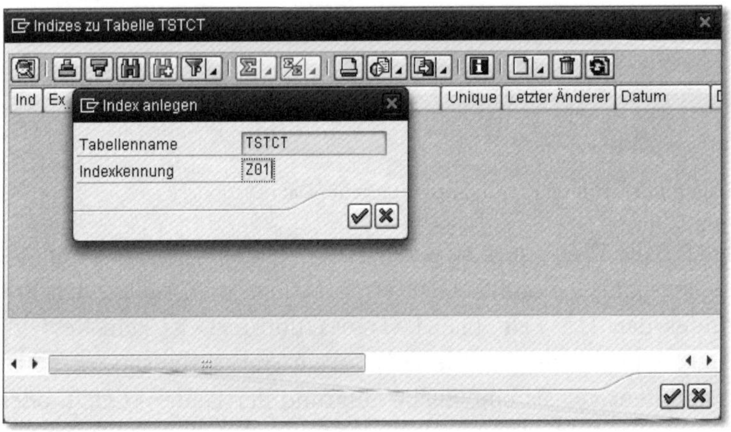

Abbildung 14.3 Indexkennung zu einem Index vergeben

Tragen Sie als Indexkennung Z01 ein, und bestätigen Sie Ihre Eingabe mit ✓. Sie erhalten daraufhin eine Maske zur Pflege des Index (siehe Abbildung 14.4).

Index pflegen

Geben Sie nun zu Ihrem Index eine Kurzbeschreibung ein. Wählen Sie einen NON-UNIQUE-INDEX aus. Unique-Index bedeutet, dass es jeweils nur einen Datensatz zu den Indexfeldern gibt; der Transaktionstext kann hingegen mehrfach vorkommen (non-unique). Tragen Sie als Indexfeld TTEXT (Transaktionstext) ein, und speichern Sie Ihre Einstellungen mit . Damit der Index aktiv wird, drücken Sie auf den Button (Aktivierung). Nun erhalten Sie unten am Bildschirm die Erfolgsmeldung »Objekt wurde gesichert und aktiviert«.

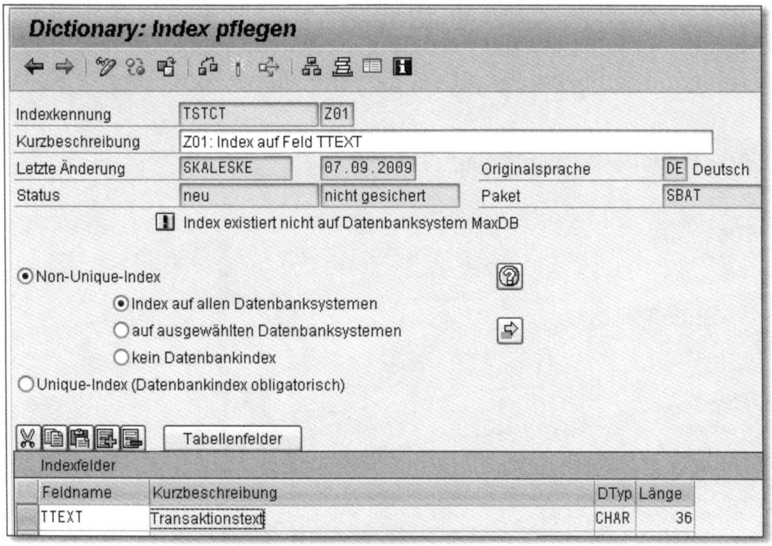

Abbildung 14.4 Index zur Tabelle TSTCT pflegen

Bei der Indexanlage sollten Sie folgende Punkte berücksichtigen:

- Legen Sie nur relevante Indizes an; es ist nicht sinnvoll, so wie in diesem Beispiel über alle Felder einen Index zu erstellen.
- Orientieren Sie sich an der `SELECT`-Anweisung, das heißt, dass Sie, wenn Sie mehrere Felder in der `WHERE`-Abfrage nutzen, Ihren Index auch in dieser Reihenfolge aufbauen.
- Legen Sie nicht zwei Indizes zum selben Feld an.

14.2 Tabellen-View

Mittels eines Tabellen-Views wird die Datensicht unabhängig von den definierten Tabellen nach Ihren eigenen Kriterien dargestellt. Somit können Sie in einem View die Sicht auf eine oder mehrere Tabellen entsprechend Ihren Anforderungen realisieren. Beispielsweise können Sie sich mittels eines Tabellen-Views sowohl die Fakturakopf- als auch die Positionsdaten mit dem Data Browser anzeigen lassen. So ist es z. B. bei Fakturen nicht mehr erforderlich, die Tabellen VBRK (Faktura: Kopfdaten) und VBRP (Faktura: Positionsdaten) einzeln aufzurufen, denn der Tabellen-View zeigt Ihnen die Daten aus beiden Tabellen direkt an. In einem InfoSet können Sie sowohl einzelne Tabellen als Datengrundlage einfügen als auch einen Tabellen-View. Schauen Sie sich die Funktion eines Tabellen-Views anhand von Auftragsdaten aus der Fertigung einmal an. Rufen Sie hierzu der Transaktion SE11 das Data Dictionary auf (siehe Abbildung 14.5).

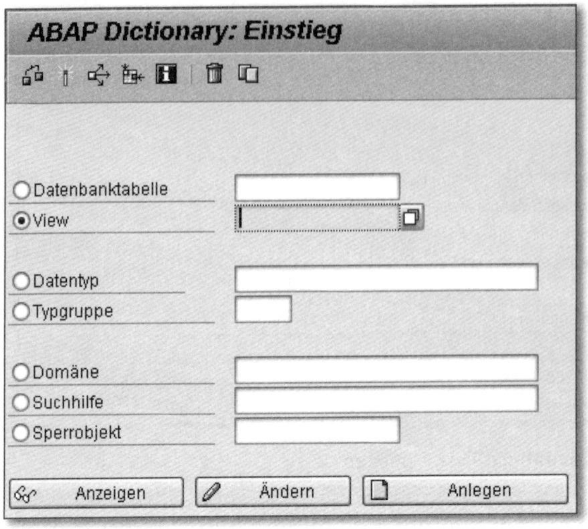

Abbildung 14.5 View-Anzeige im Data Dictionary

Tabellen-View auf Kopf- und Positionsdaten

Wir nehmen an, dass Sie nun Fertigungsaufträge auswerten möchten. Als relevante Tabelle mit Informationen zu den Fertigungsaufträgen haben Sie bereits die Tabelle AFKO (Auftragskopfdaten PPS-Aufträge) gefunden. In der Tabelle AFKO befinden sich viele relevante Datenfelder, jedoch wird Ihnen keine Möglichkeit dazu geboten, die Selektion nach Auftragsarten oder Organisationseinheiten (Werk/Buchungskreis usw.) weiter einzuschränken. Die zentralen Paramcter zu den Aufträgen können Sie über die Tabelle AUFK (Auftragsstammdaten) selektieren. Wenn Sie nun Auswertungen zu den Fertigungsaufträgen haben möchten, benötigen Sie zumeist sowohl Merkmale aus der Tabelle AFKO als auch aus der Tabelle AUFK. Daher wäre es sinnvoll, eine Sicht auf beide Tabellen zu erhalten. Nun können Sie im Data Dictionary nach einem View suchen, der als Basistabelle auf die Tabelle AFKO zurückgreift. Positionieren Sie hierzu Cursor auf das Feld View, und rufen Sie die [F4]-Hilfe auf (siehe Abbildung 14.6).

Nun können Sie aufgrund der SAP-Anwendungen nach einem geeigneten View suchen. Klicken Sie in unserem Fall auf den Button Reposit. Infosystem oder nutzen die [F5]-Taste, um das Repository-Infosystem aufzurufen (siehe Abbildung 14.7).

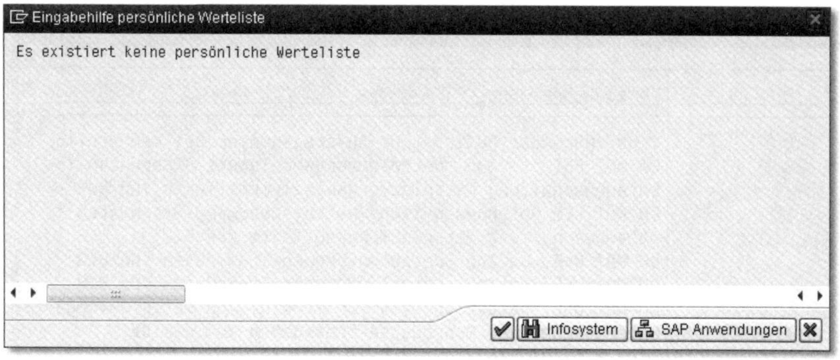

Abbildung 14.6 Wertehilfe im Data Dictionary

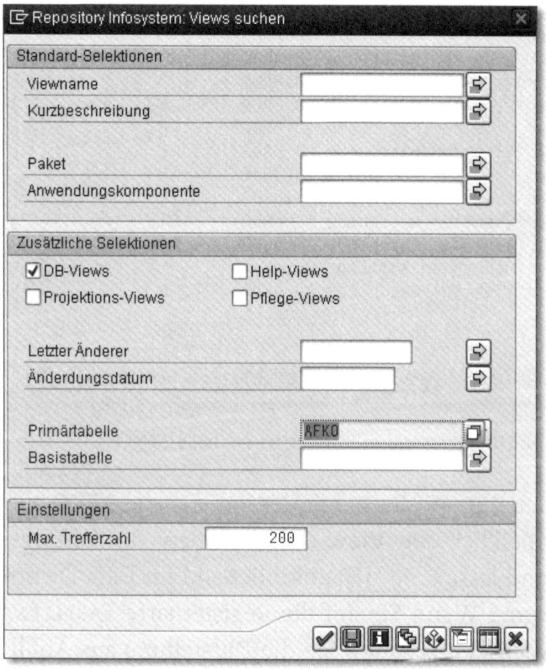

Abbildung 14.7 View-Suchhilfe im Data Dictionary aus dem Repository-Infosystem

Suche eines Tabellen-Views

Sie können nun anhand von Kurzbeschreibungen oder Anwendungskomponenten, anhand des Änderungsdatums oder auf Basis einer Primärtabelle nach geeigneten Views suchen. Damit Sie die zusätzlichen Selektionen erhalten, klicken Sie auf den Button (ausgewählte Selektionen) oder drücken ⇧+F8. Geben Sie, wie in Abbildung 14.7 gezeigt, als Primärtabelle AFKO ein. Bestätigen Sie Ihre Auswahl mit dem Button AUSFÜHREN oder mit der ↵-Taste. Sie erhalten die in Abbildung 14.8 gezeigte Darstellung.

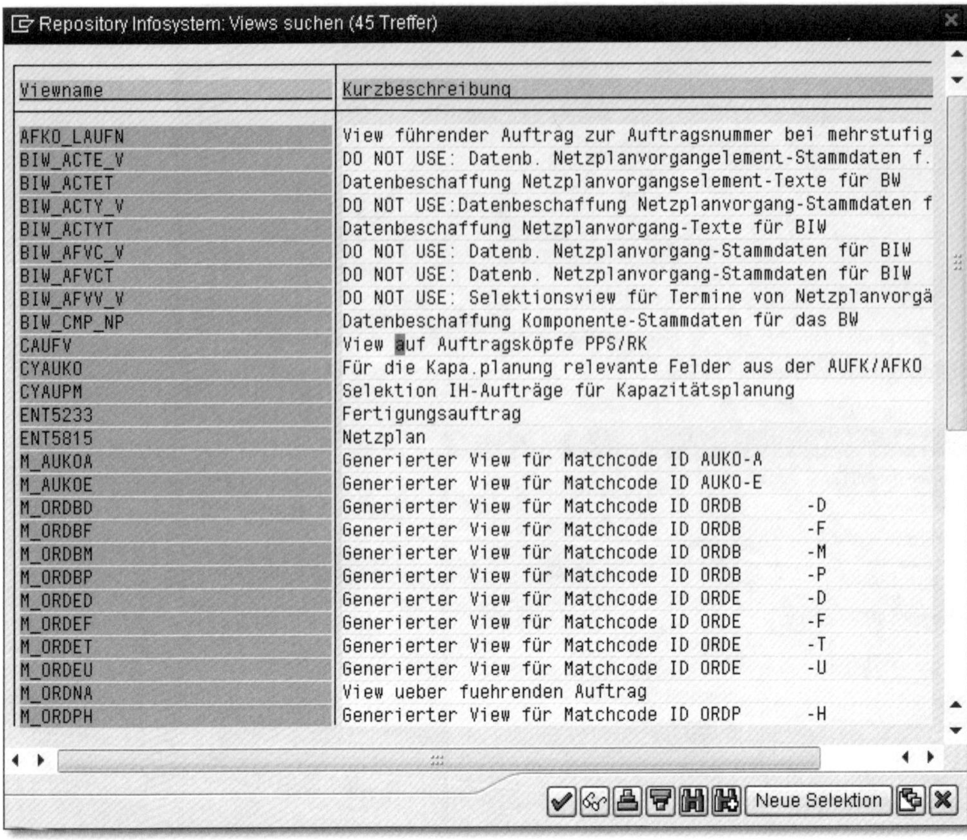

Viewname	Kurzbeschreibung
AFKO_LAUFN	View führender Auftrag zur Auftragsnummer bei mehrstufig
BIW_ACTE_V	DO NOT USE: Datenb. Netzplanvorgangelement-Stammdaten f.
BIW_ACTET	Datenbeschaffung Netzplanvorgangselement-Texte für BW
BIW_ACTY_V	DO NOT USE:Datenbeschaffung Netzplanvorgang-Stammdaten f
BIW_ACTYT	Datenbeschaffung Netzplanvorgang-Texte für BIW
BIW_AFVC_V	DO NOT USE: Datenb. Netzplanvorgang-Stammdaten für BIW
BIW_AFVCT	DO NOT USE: Datenb. Netzplanvorgang-Stammdaten für BIW
BIW_AFVV_V	DO NOT USE: Selektionsview für Termine von Netzplanvorgä
BIW_CMP_NP	Datenbeschaffung Komponente-Stammdaten für das BW
CAUFV	View auf Auftragsköpfe PPS/RK
CYAUKO	Für die Kapa.planung relevante Felder aus der AUFK/AFKO
CYAUPM	Selektion IH-Aufträge für Kapazitätsplanung
ENT5233	Fertigungsauftrag
ENT5815	Netzplan
M_AUKOA	Generierter View für Matchcode ID AUKO-A
M_AUKOE	Generierter View für Matchcode ID AUKO-E
M_ORDBD	Generierter View für Matchcode ID ORDB -D
M_ORDBF	Generierter View für Matchcode ID ORDB -F
M_ORDBM	Generierter View für Matchcode ID ORDB -M
M_ORDBP	Generierter View für Matchcode ID ORDB -P
M_ORDED	Generierter View für Matchcode ID ORDE -D
M_ORDEF	Generierter View für Matchcode ID ORDE -F
M_ORDET	Generierter View für Matchcode ID ORDE -T
M_ORDEU	Generierter View für Matchcode ID ORDE -U
M_ORDNA	View ueber fuehrenden Auftrag
M_ORDPH	Generierter View für Matchcode ID ORDP -H

Abbildung 14.8 Anzeige von Tabellen-Views mit der Basistabelle AFKO

Join-Bedingung

Das System listet Ihnen nun 45 Views mit der Basistabelle AFKO auf. Wählen Sie per Doppelklick den View CAUFV (View für Auftragsköpfe PPS/RK) aus, und lassen Sie sich anschließend im Data Dictionary den View anzeigen. Wenn Sie auf die Registerkarte TABELLEN/JOINBEDINGUNGEN wechseln, erhalten Sie die Darstellung aus Abbildung 14.9.

Der Datenbank-View ist mit einem InfoSet vergleichbar. Es sind die relevanten Tabellen einzutragen, und in der Join-Bedingung sind die Tabellenfelder für die Tabellenverknüpfung einzutragen. Der View CAUFV (View für Auftragsköpfe PPS/RK) verknüpft die Tabellen AFKO und AUFK. Die Tabellenverknüpfung erfolgt über die Tabellenfelder MANDT (Mandant) und AUFNR (Auftragsnummer). Auf der Registerkarte VIEWFELDER sind die im View vorhandenen Felder aufgelistet (siehe Abbildung 14.10).

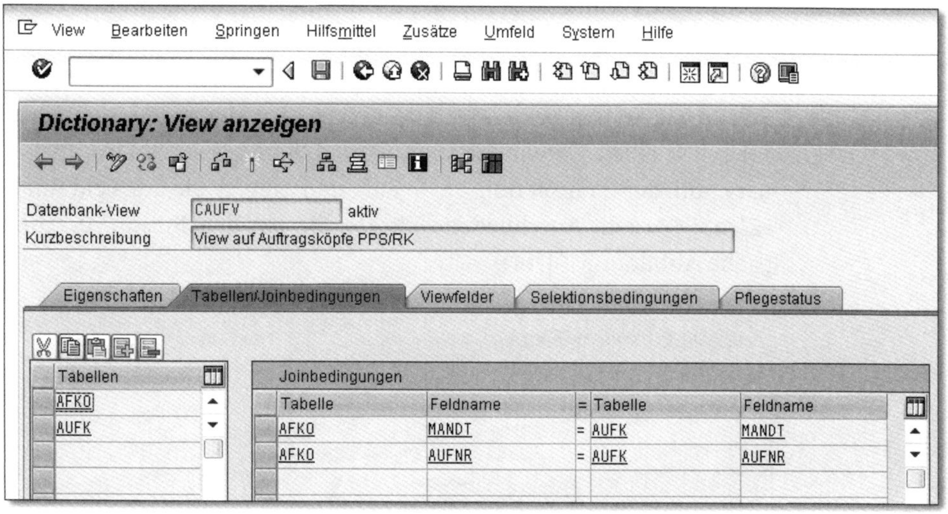

Abbildung 14.9 Join-Bedingung zum Datenbank-View CAUFV

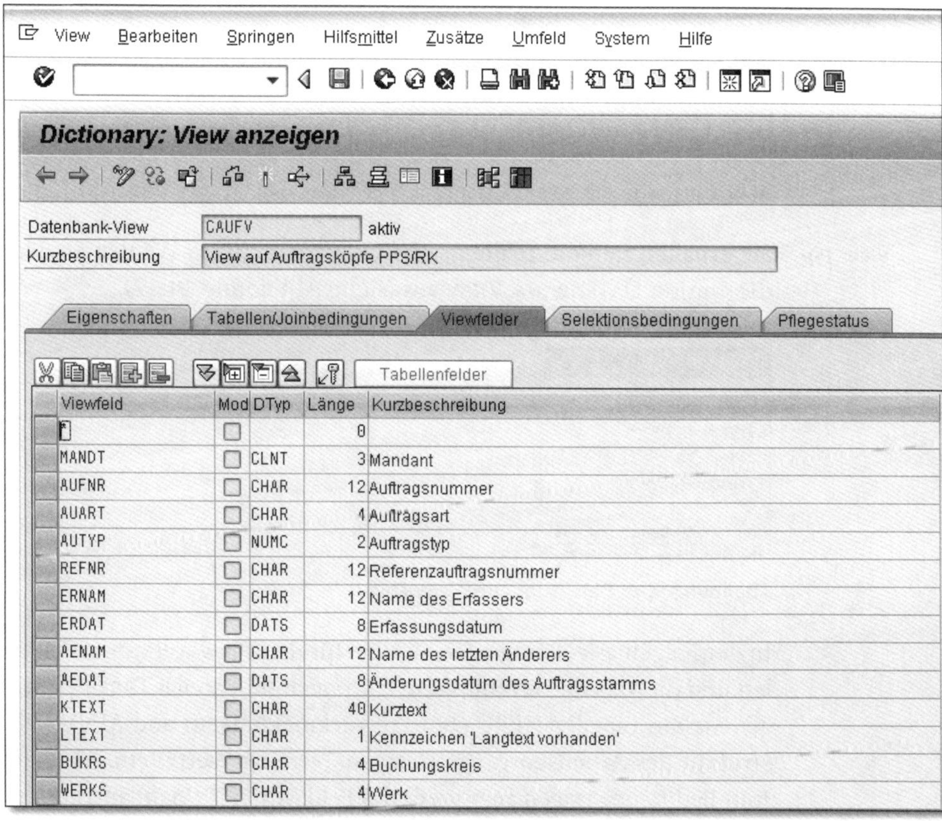

Abbildung 14.10 View-Felder des Datenbank-Views CAUFV

View-Felder

In der Praxis werden häufig zusätzliche Informationen aus den Tabellen AFRU (Auftragsrückmeldungen) und AFVV (DB-Struktur des Arbeitsvorgangs Mengen/Termine/Werte) zusammen ausgewertet. Sollten Sie keinen passenden Datenbank-View finden, so definieren Sie selbst einen Datenbank-View. Rufen Sie hierzu das Data Dictionary mit der Transaktion SE11 auf, und tragen Sie im Feld View »Zlex1644« ein. Anschließend klicken Sie auf den Button Anlegen (siehe Abbildung 14.11).

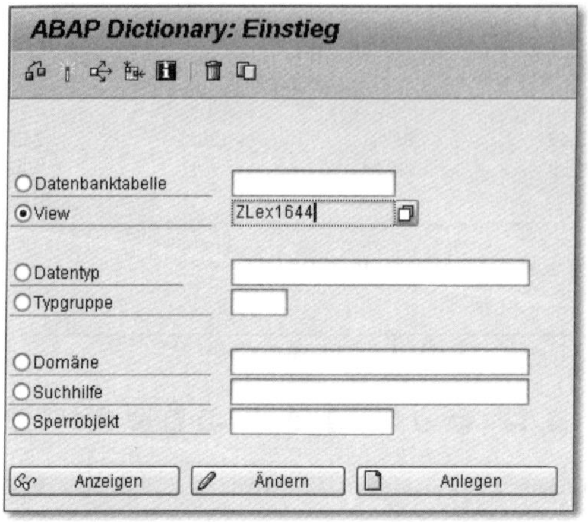

Abbildung 14.11 Anlage des Datenbank-Views Zlex1644 im Data Dictionary

View-Typ

Sie erhalten nun die Dialogmaske Viewtyp wählen. Wählen Sie hier die Option Datenbank-View aus (siehe Abbildung 14.12).

Abbildung 14.12 Datenbank-View auswählen

In der Folgemaske können Sie nun die für den View relevanten Tabellen und die Tabellenverknüpfung eintragen. Im Bereich Tabellen tragen Sie die Tabellen AFRU (Auftragsrückmeldungen) und AFVV (DB-Struktur des Arbeitsvorgangs Mengen/Termine/Werte) ein. Als erste Join-Bedingung tragen Sie jeweils das Feld MANDT (Mandant) aus der Tabelle AFRU und aus der Tabelle AFVV ein (siehe Abbildung 14.13).

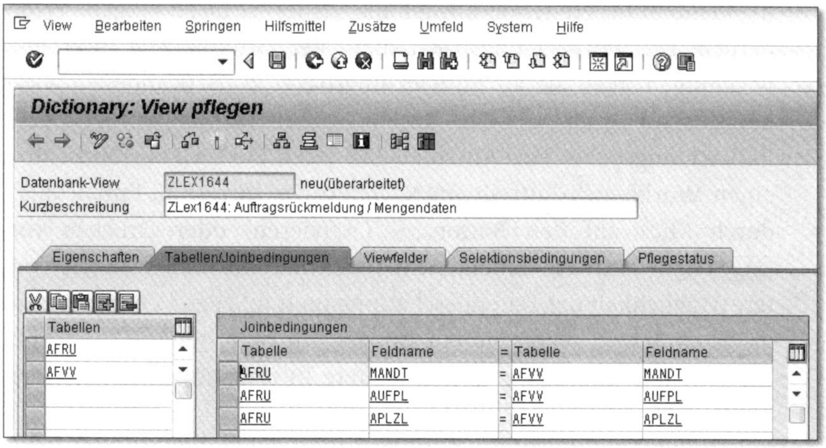

Abbildung 14.13 Tabellen und Join-Bedingungen im Datenbank-View

Geben Sie Ihrem View noch eine passende Kurzbeschreibung, und wechseln Sie zur Registerkarte VIEWFELDER. Anschließend tragen Sie noch die für Ihre Abfrage notwendigen Tabellenfelder ein (siehe Abbildung 14.14).

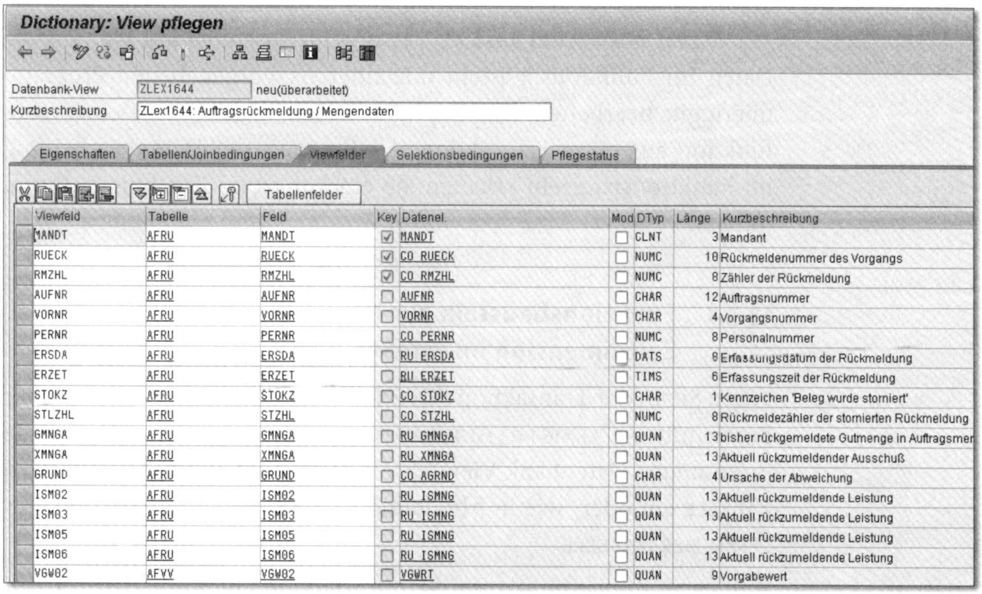

Viewfeld	Tabelle	Feld	Key	Datenel.	Mod	DTyp	Länge	Kurzbeschreibung
MANDT	AFRU	MANDT	☑	MANDT	☐	CLNT	3	Mandant
RUECK	AFRU	RUECK	☑	CO_RUECK	☐	NUMC	10	Rückmeldenummer des Vorgangs
RMZHL	AFRU	RMZHL	☑	CO_RMZHL	☐	NUMC	8	Zähler der Rückmeldung
AUFNR	AFRU	AUFNR	☐	AUFNR	☐	CHAR	12	Auftragsnummer
VORNR	AFRU	VORNR	☐	VORNR	☐	CHAR	4	Vorgangsnummer
PERNR	AFRU	PERNR	☐	CO_PERNR	☐	NUMC	8	Personalnummer
ERSDA	AFRU	ERSDA	☐	RU_ERSDA	☐	DATS	8	Erfassungsdatum der Rückmeldung
ERZET	AFRU	ERZET	☐	RU_ERZET	☐	TIMS	6	Erfassungszeit der Rückmeldung
STOKZ	AFRU	STOKZ	☐	CO_STOKZ	☐	CHAR	1	Kennzeichen 'Beleg wurde storniert'
STLZHL	AFRU	STZHL	☐	CO_STZHL	☐	NUMC	8	Rückmeldezähler der stornierten Rückmeldung
GMNGA	AFRU	GMNGA	☐	RU_GMNGA	☐	QUAN	13	bisher rückgemeldete Gutmenge in Auftragsme
XMNGA	AFRU	XMNGA	☐	RU_XMNGA	☐	QUAN	13	Aktuell rückzumeldender Ausschuß
GRUND	AFRU	GRUND	☐	CO_AGRND	☐	CHAR	4	Ursache der Abweichung
ISM02	AFRU	ISM02	☐	RU_ISMNG	☐	QUAN	13	Aktuell rückzumeldende Leistung
ISM03	AFRU	ISM03	☐	RU_ISMNG	☐	QUAN	13	Aktuell rückzumeldende Leistung
ISM05	AFRU	ISM05	☐	RU_ISMNG	☐	QUAN	13	Aktuell rückzumeldende Leistung
ISM06	AFRU	ISM06	☐	RU_ISMNG	☐	QUAN	13	Aktuell rückzumeldende Leistung
VGW02	AFVV	VGW02	☐	VGWRT	☐	QUAN	9	Vorgabewert

Abbildung 14.14 Tabellenfelder im neu angelegten Tabellen-View

Transportauftrag

Sichern Sie Ihre Eingaben mit [Sichern-Symbol]. Sodann erscheint ein Dialogfenster mit der Abfrage des Entwicklungspakets. Es handelt sich um eine mandantenübergreifende Einstellung, daher ist diese Eingabe erforderlich. Das Entwicklungspaket dient der Gruppierung Ihrer Entwicklung. Tragen Sie als Entwicklungspaket Z001 (Kundenentwicklungsklasse) oder ein in Ihrem Unternehmen vorgegebenes Entwicklungspaket ein. Anschließend legen Sie im Folgebildschirm einen Workbench-Auftrag an. Nachdem Sie Ihre Mini-Entwicklung durch Klick auf den Button (aktivieren) oder Drücken von [Strg]+[F3] aktiviert haben, steht Ihnen der Tabellen-View als weitere Möglichkeit der Datenbeschaffung im InfoSet zur Verfügung. Im nächsten Schritt legen Sie ein InfoSet mit dem neuen Datenbank-View an und beschaffen gezielt weitere Informationen durch einen Funktionsbaustein.

14.3 Funktionsbaustein

SAP-Standardfunktionalitäten

Innerhalb eines InfoSets können Sie, so wie im normalen ABAP/4-Programm, auf Funktionsbausteine zugreifen. Funktionsbausteine bieten Ihnen die Möglichkeit, Standard-SAP-Funktionen ohne Programmierung zu verwenden. Ihren Funktionsbaustein können Sie mit Daten aus Ihrem InfoSet versorgen. Anschließend werden die Daten im Funktionsbaustein mit einer fix vorgegebenen Programmierlogik bearbeitet. Der Funktionsbaustein entspricht einer Teilfunktion aus einer Transaktion. Als Ergebnis der Datenbearbeitung im Funktionsbaustein erhalten Sie ein konkretes Ergebnis in Ihrem InfoSet.

14.3.1 Funktionsbaustein zur Konvertierung der Zeitdimension im InfoSet

Legen Sie in der Transaktion SQ02 (InfoSet) ein neues InfoSet mit der Bezeichnung Zlex1644: Auftragsrückmeldungen an. Tragen Sie Ihren neuen Datenbank-View Zlex1644 im Feld Tabellen-Join über Tabelle ein oder, wie in Abbildung 14.15 gezeigt, im Feld direktes Lesen der Tabelle.

Datenbank-View als Datenquelle

Anschließend sehen Sie den Datenbank-View Zlex1644 (ZLex1644: Auftragsrückmeldung/Mengendaten) auf der linken Bildschirmhälfte von Ihrem InfoSet. Es werden Ihnen alle Felder aus den Tabellen AFRU (Auftragsrückmeldungen) und AFVV (DB-Struktur des Arbeitsvorgangs Mengen/Termine/Werte) angezeigt (siehe Abbildung 14.16).

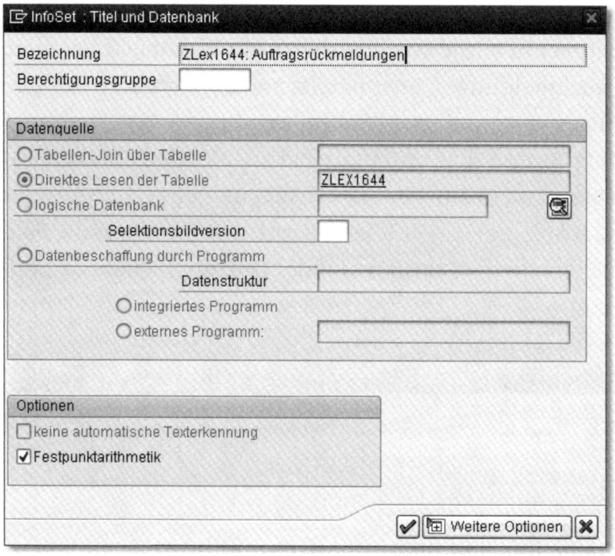

Abbildung 14.15 Datenbank-View als Datenquelle im InfoSet

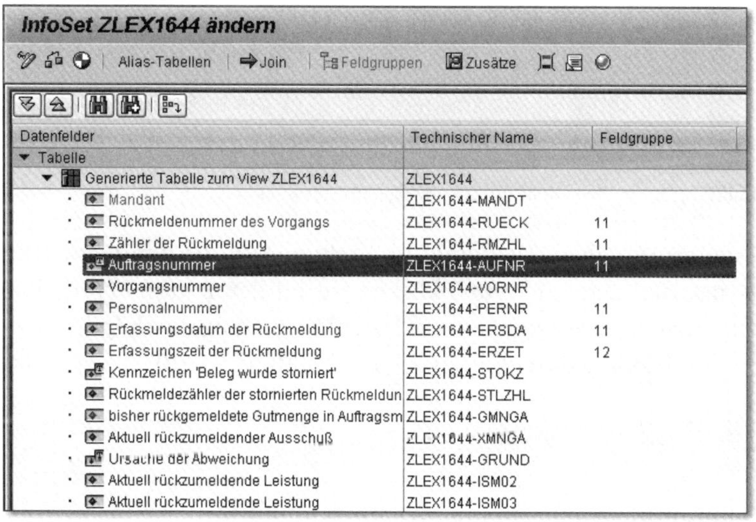

Abbildung 14.16 View-Felder im InfoSet

Anlage eines Zusatzfeldes

Auf Basis des Datenbank-Views können Sie z. B. die Auftragsnummer, rückgemeldete Gutmengen und rückgemeldete Zeiten auswerten. Die Rückmeldung von Gutmengen und Zeiten kann in unterschiedlichen Mengen- und Zeiteinheiten erfolgen. So kann eine Zeitrückmeldung z. B. in Stunden, Minuten oder Sekunden erfolgen. Möchten Sie nun die erfasste Zeit für Ihren Auftrag auswerten, so sind die Zeiteinheiten der unterschiedlichen Rückmeldungen in eine Zeiteinheit umzurechnen. Sie werden daher ein Zusatzfeld anlegen, in dem Sie die Rückmeldungen unabhängig von der erfassten Zeiteinheit in Minuten auswerten. Klicken Sie auf den Button Zusätze, und legen Sie mit dem Button ein Zusatzfeld an. Nennen Sie das Feld z. B. »MAS Ist (Maschinenzeit)«. Bei der Festlegung des Datenformats beziehen Sie sich mit der LIKE-Referenz auf das existierende Feld Zlex1644-ISM02 (aktuell rückzumeldende Leistung) (siehe Abbildung 14.17).

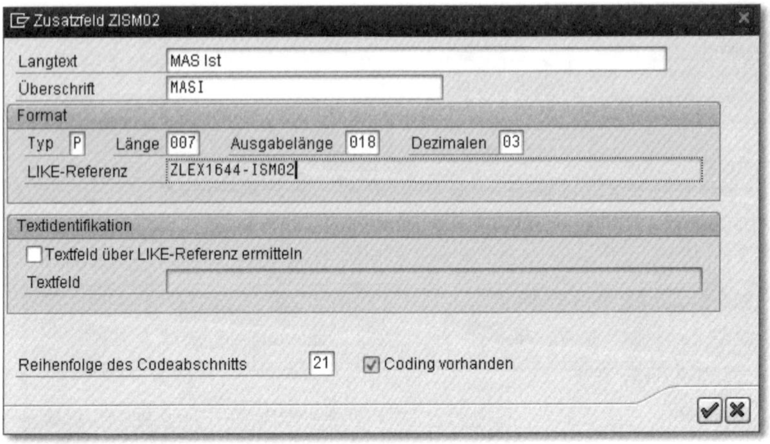

Abbildung 14.17 Zusatzfeld für Zeitanzeige aus der Rückmeldung

Coding zum Zusatzfeld

Bestätigen Sie Ihre Dateneingabe. Positionieren Sie den Cursor auf das neu definierte Feld, und klicken Sie auf den Button (Coding zum Zusatz). Sie können nun die Datenbeschaffung durch individuelles ABAP-Coding durchführen (siehe Abbildung 14.18).

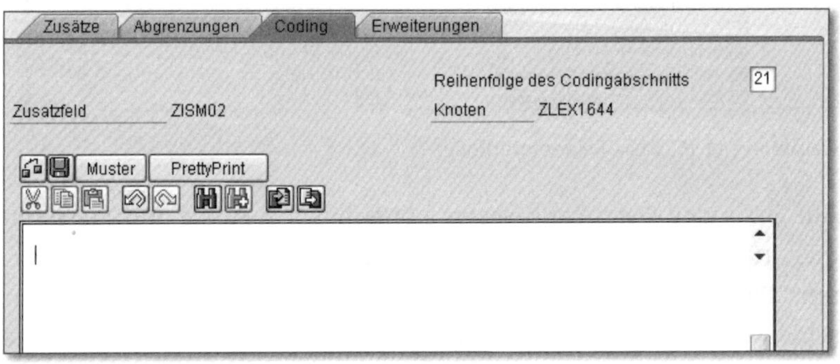

Abbildung 14.18 Coding-Maske zum Zusatzfeld ZISM02

Zur Umrechnung von (Zeit-)Einheiten gibt es den Standardfunktionsbaustein UNIT_CONVERSION_SIMPLE. Über den ABAP-Befehl `CALL FUNCTION` kann der Funktionsbaustein innerhalb des Zusatzfeldes aufgerufen werden. Das SAP-System hilft Ihnen beim Coding, indem Sie auf den Button Muster klicken. Sie erhalten die Darstellung aus Abbildung 14.19.

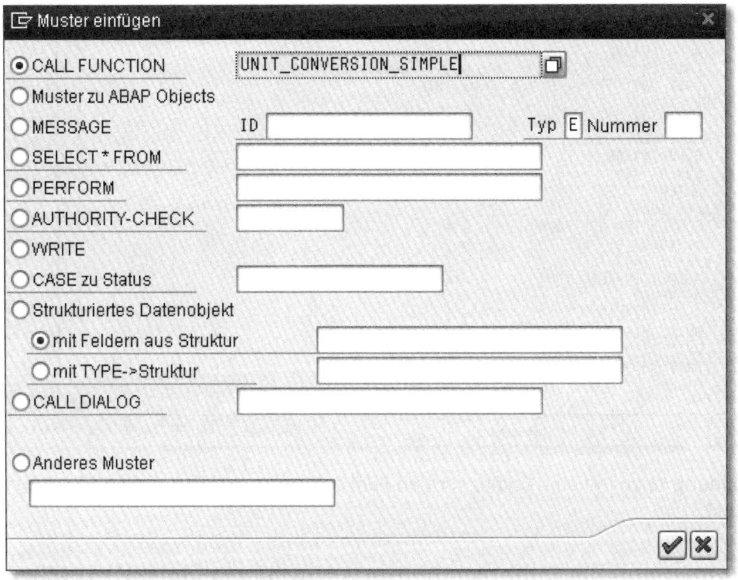

Abbildung 14.19 Muster-Coding für den Funktionsbaustein UNIT_CONVERSION_SIMPLE im Zusatzfeld einfügen

Aufbau des Funktionsbausteins

Die Hauptschwierigkeit in der Praxis ist, den richtigen Funktionsbaustein zu finden. Haben Sie den richtigen Funktionsbaustein gefunden, so ist das Coding immer einheitlich. Durch den Befehl `CALL FUNCTION` wird der Funktionsbaustein aufgerufen. Anschließend gibt es im Funktionsbaustein die drei Bereiche Exporting, Importing und Exception. Im Exporting-Bereich geben Sie die Felder aus Ihrem InfoSet (ABAP-Programm) an, die an den Funktionsbaustein übergeben werden sollen, im Importing-Bereich wird das Ergebnis nach dem Durchlauf des Funktionsbausteins an Ihr InfoSet (ABAP-Programm) zurückgegeben, und im Bereich Exception sind die Möglichkeiten aufgeführt, die Sie haben, wenn der Datenzugriff nicht erfolgreich war (siehe Abbildung 14.20).

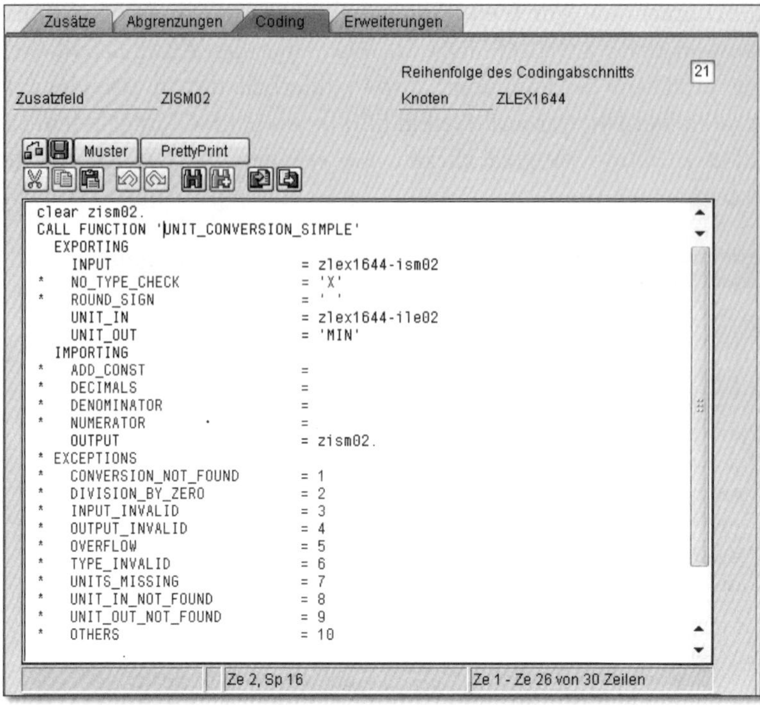

Abbildung 14.20 Muster-Coding für den Funktionsbaustein UNIT_CONVERSION_SIMPLE

Export- und Importparameter eines Funktionsbausteins

Den meisten Zeilen im Funktionsbaustein ist ein Stern (*) vorangestellt. Durch diese Kennzeichnung wird die Zeile als Kommentar gekennzeichnet, aber die Funktion wird nicht ausgeführt. Wir versorgen den Funktionsbaustein durch das Tabellenfeld Zlex1644-ISM02 (aktuell rückzumeldende Leistung). Das Feld Zlex1644-ISM02 enthält die rückgemeldete Zeit aus Tabelle AFRU (Auftragsrückmeldungen). Die Zeiteinheit zur erfassten Zeit befindet sich im Feld AFRU-ILE02. Tragen Sie unser korrespondierendes Feld Zlex1644-ILE02 in der Spalte UNIT_IN ein, und im Feld UNIT_OUT tragen Sie in Hochkommata gestellt die Ausgabemengeneinheit ein. Somit haben Sie den Funktionsbaustein bereits ohne Programmierung mit den Dateninhalten versorgt.

IMPORT-Parameter im Funktionsbaustein

Das Ergebnis der Funktionsbausteinbearbeitung wird im IMPORTING-Bereich ans InfoSet zurückgegeben. Tragen Sie daher in der Zeile OUTPUT unser definiertes Zusatzfeld ZISM02 ein. Wichtig ist es, den Stern vor dem Begriff IMPORTING zu entfernen, damit das Coding aktiv ist. Ferner ist die Zeile `Output = ZISM02.` mit einem Punkt abzuschließen. Das Ergebnis des Funktionsbausteins sehen Sie in Abbildung 14.21.

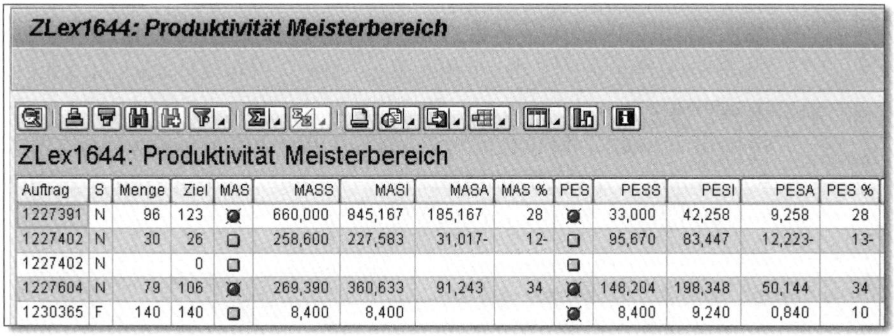

Auftrag	S	Menge	Ziel	MAS	MASS	MASI	MASA	MAS %	PES	PESS	PESI	PESA	PES %
1227391	N	96	123		660,000	845,167	185,167	28		33,000	42,258	9,258	28
1227402	N	30	26		258,600	227,583	31,017-	12-		95,670	83,447	12,223-	13-
1227402	N		0										
1227604	N	79	106		269,390	360,633	91,243	34		148,204	198,348	50,144	34
1230365	F	140	140		8,400	8,400				8,400	9,240	0,840	10

Abbildung 14.21 Bericht Produktivität unter der Verwendung des Funktionsbausteins UNIT_CONVERSION_SIMPLE

In der Praxis wird der Funktionsbaustein UNIT_CONVERSION_SIMPLE für die Darstellung der Produktivität im Fertigungsbereich verwendet. Der Bericht enthält in den jeweiligen Spalten den folgenden Inhalt:

- Auftrag – Auftragsnummer
- S – Kennzeichnung der **S**pätschicht (Früh- und Nachtschicht)
- Menge – Rückmeldemenge
- Ziel – Zielmenge errechnet aufgrund der rückgemeldeten Zeit
- MAS – Ampelstatus zum Vergleich der Soll- und Istzeit
- MASS – durch den Funktionsbaustein umgerechnete Sollzeit
- MASI – durch den Funktionsbaustein umgerechnete Istzeit
- MASA – absolute Abweichung zwischen Soll- und Istzeit
- MAS % – prozentuale Abweichung zwischen Soll- und Istzeit

Bei der Verwendung unterschiedlicher Mengen- und Zeiteinheiten ist für die Darstellung der Produktivität eine Umrechnung der Daten durchzuführen. Die in einer vorgegebenen Einheit umgerechneten Daten werden in Zusatzfeldern abgelegt. Somit ist sowohl ein Mengen- als auch ein Zeitvergleich für jeden Datensatz möglich.

Durch die Verwendung von Funktionsbausteinen können Sie auf einfachem Wege durch Ihr InfoSet wertvolle Informationen bereitstellen. So wird beispielsweise in der Praxis im Rahmen der Auswertung auch die Anzeige von Texten gewünscht.

14.3.2 Funktionsbaustein zur Anzeige von Texten

Anzeige von Langtexten im Data Browser

Die Texte werden im SAP-System in einem speziellen Datentyp abgelegt. Die Ablage der Texte wird in den Tabellen STXH (STXD SAPscript Text-Datei Header) und STXL (STXD SAPscript Text-Datei Lines) durchgeführt, das heißt, dass die Textablage auch in einem Headersatz sowie in einem Positionssatz erfolgt. Nun könnten Sie sich die beiden Tabellen mit einem Tabellen-Join direkt anzeigen lassen. Rufen Sie jedoch den Data Browser mit der Transaktion SE16N auf, und geben Sie die Tabelle STXL ein.

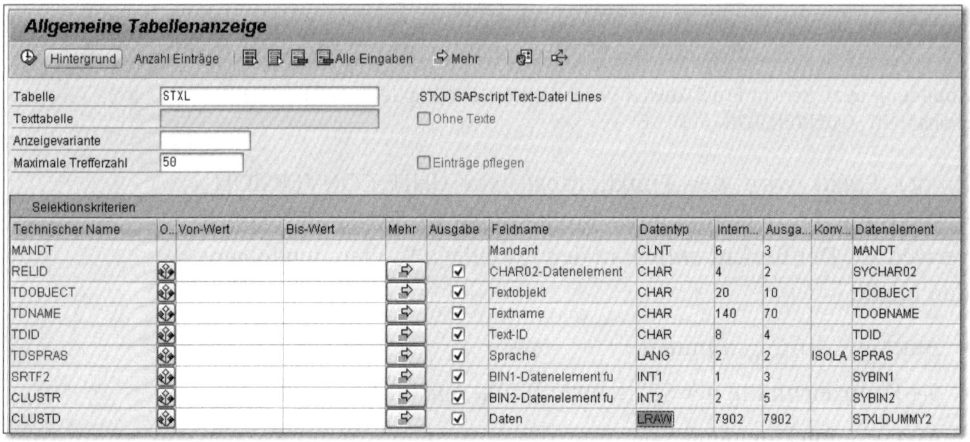

Abbildung 14.22 Einstiegsbild im Data Browser für die Tabelle STXL

Ermittlung Text-ID und Textobjekt

Die Texte sind in einem Cluster-Feld zum jeweiligen Datenobjekt abgelegt. Um sich die Texte zu den Arbeitsvorgängen anzeigen zu lassen, geben Sie im Feld TDOBJECT ROUTING sowie im Feld TEXT-ID PLPO ein. Nach Aufruf der Datenselektion erhalten Sie die in Abbildung 14.23 gezeigte Ausgabe.

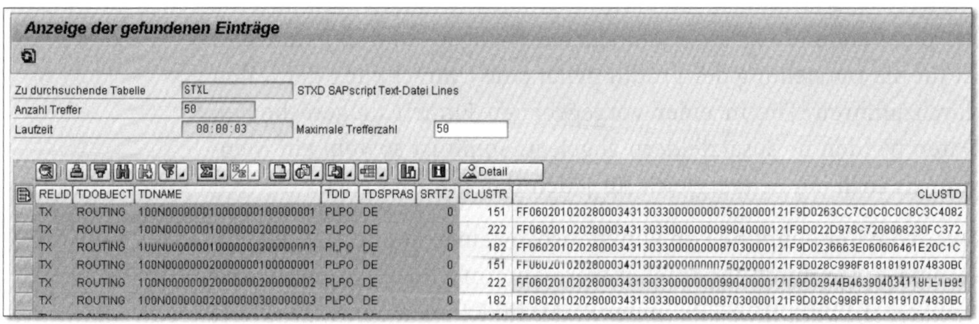

Abbildung 14.23 Anzeige von Texten aus den Arbeitsvorgängen

Die Darstellung der (mehrzeiligen) Texte hilft Ihnen nicht weiter. Sie können die Texte jedoch nun mit einem Funktionsbaustein in einer Auswertung darstellbar machen. Legen Sie ein InfoSet mit den Tabellen CRHD (Arbeitsplatz: Kopf) und PLPO (Plan Vorgang) an. Wir nehmen an, dass Sie alle Arbeitsvorgänge zu einem Arbeitsplatz auswerten möchten; die Tabellenverknüpfung kann über die Arbeitsplatz-ID (ARBID) erfolgen (siehe Abbildung 14.24).

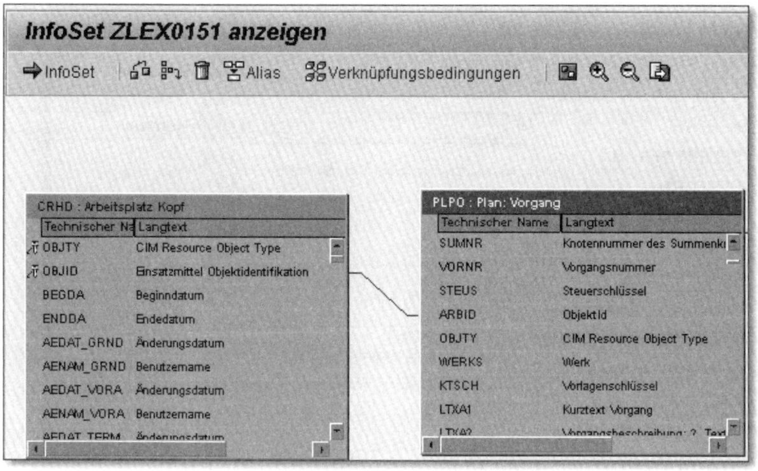

Abbildung 14.24 InfoSet mit den Tabellen CRHD und PLPO

Wechseln Sie von der FELDGRUPPEN-Ansicht in die Sicht ZUSÄTZE. Legen Sie auf der Registerkarte ZUSÄTZE ein Zusatzfeld für die Arbeitsplantexte an (siehe Abbildung 14.25).

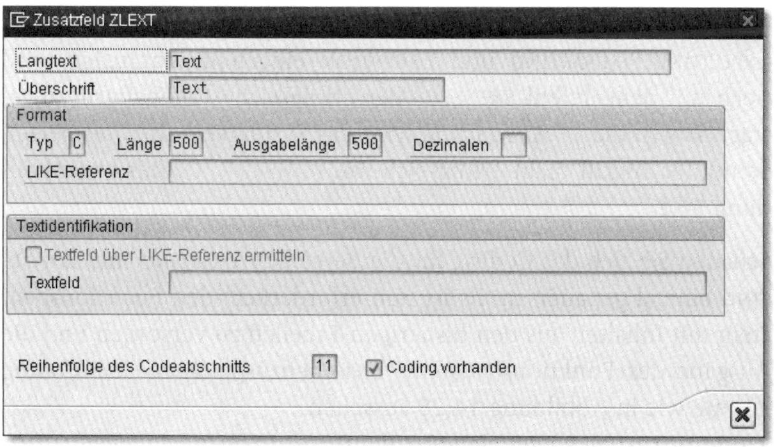

Abbildung 14.25 Zusatzfeld mit der Bezeichnung »Text«

Muster-Coding

Das Zusatzfeld dient dem Speichern mehrzeiliger Texte. Das Feld ist vom Typ Character und mit einer Länge von 500 Zeichen definiert. Bestätigen Sie die Anlage Ihres Zusatzfeldes, und wechseln Sie anschließend in die Coding-Ansicht zum Zusatzfeld. Klicken Sie nun auf den MUSTER-Button, um das Coding für den Funktionsbaustein einzutragen, und tragen Sie im Feld `CALL FUNCTION` den Funktionsbaustein READ_TEXT ein (siehe Abbildung 14.26).

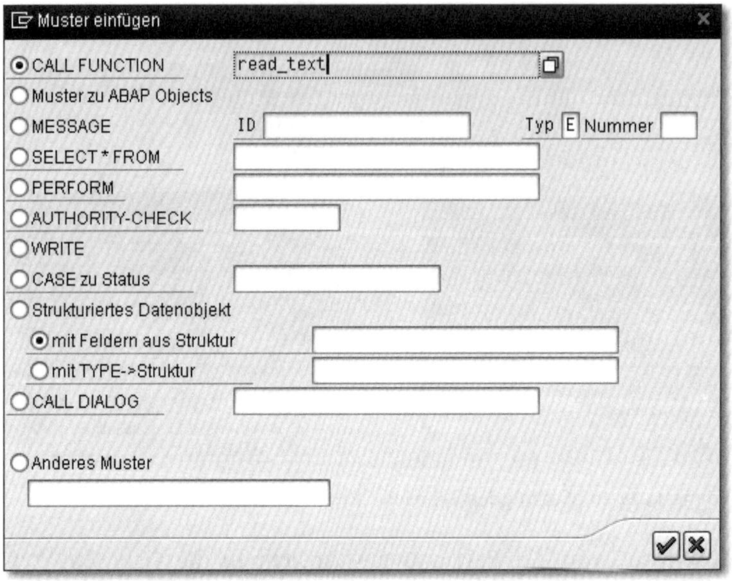

Abbildung 14.26 Funktionsbaustein zur Textbeschaffung im Muster einfügen

Abfrage Datenzugriff über IF-Anweisung

Im Zusatzfeld wird nun das Coding für den Funktionsbaustein READ_TEXT eingefügt. Der Funktionsbaustein ist ebenfalls in die Bereiche EXPORTING, IMPORTING und EXCEPTION eingeteilt. Zusätzlich wird noch mit dem Befehl `SY-SUBRC` der erfolgreiche Datenzugriff abgefragt. Durch die `IF`-Anweisung wird das Systemverhalten festgelegt, wenn der Zugriff nicht erfolgreich war (`SY-SUBRC <> 0`), siehe Abbildung 14.27.

Exporting

Schauen Sie sich das Coding für die Bereiche EXPORTING und IMPORTING einmal genauer an. Es ist nun erforderlich, den Funktionsbaustein mit Inhalten aus den bisherigen Tabellen zu versorgen und die Ausgabe des Funktionsbausteins zwischenzuspeichern. Ihr Coding könnte wie in Abbildung 14.28 aussehen.

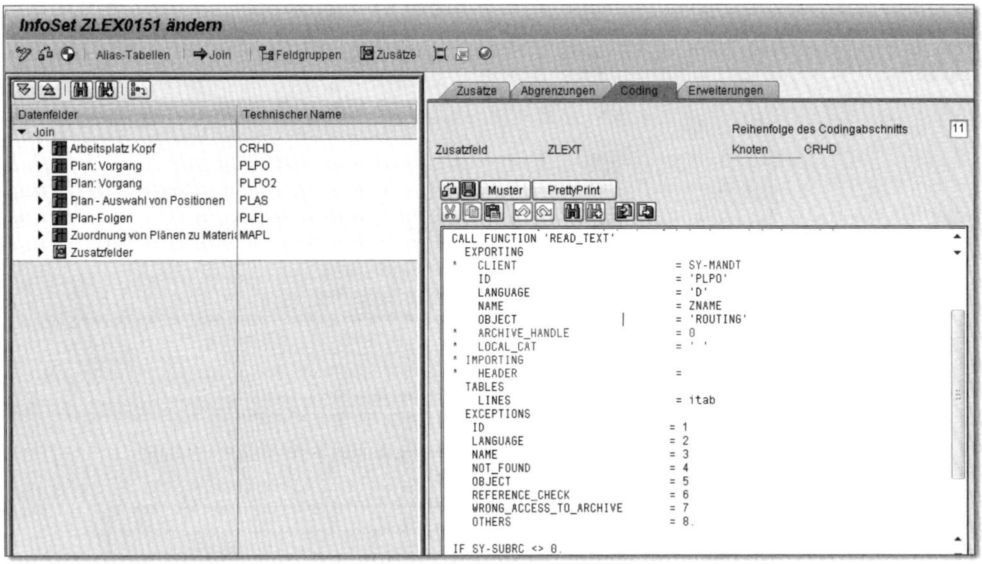

Abbildung 14.27 Coding für den Funktionsbaustein READ_TEXT

```
  EXPORTING
*   CLIENT                    = SY-MANDT
    ID                        = 'PLPO'
    LANGUAGE                  = 'D'
    NAME                      = ZNAME
    OBJECT                    = 'ROUTING'
*   ARCHIVE_HANDLE            = 0
*   LOCAL_CAT                 = ' '
* IMPORTING
*   HEADER                    =
  TABLES
    LINES                     = itab
```

Abbildung 14.28 Coding zum Funktionsbaustein READ_TEXT

Es ist nun erforderlich, das konkrete Objekt anzugeben, zu dem Sie die Texte beschaffen möchten. Rufen Sie mit der Transaktion CA03 (Arbeitsplan anzeigen) einen Arbeitsplan auf, und verzweigen Sie in die Auftragspositionen. Lassen Sie sich nun per Doppelklick auf das Feld TEXT den Erläuterungstext zum Arbeitsvorgang anzeigen (siehe Abbildung 14.29).

Um sich den internen Textnamen sowie die Text-ID und das Textobjekt anzeigen zu lassen, rufen Sie den Menüpfad SPRINGEN • KOPF auf. Sie erhalten die in Abbildung 14.30 gezeigte Darstellung.

Abbildung 14.29 Anzeige des Erläuterungstextes zum Arbeitsvorgang

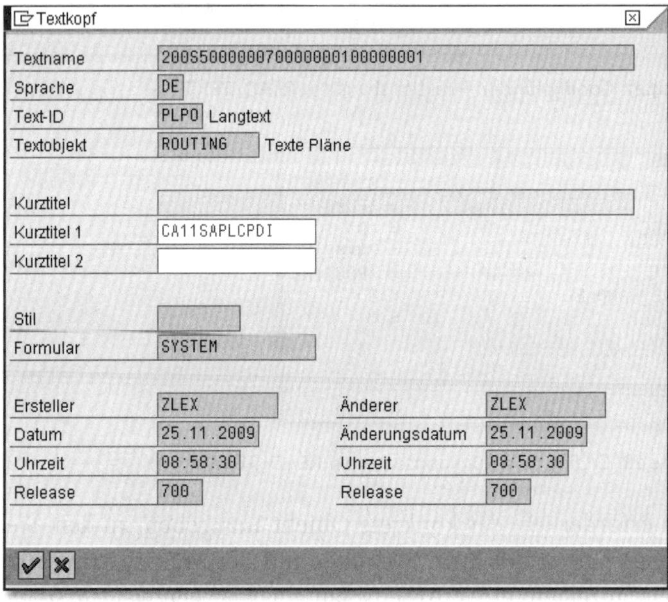

Abbildung 14.30 Anzeige des Textkopfes zum Arbeitsplan

Variabler Key

Es werden Ihnen nun der Textname sowie die Text-ID und das Textobjekt angezeigt. Der Textname setzt sich aus folgenden Informationen zusammen:

- MANDT (Mandant)
- PLTYP (Plantyp)
- PLNNR (Plannummer)

- PLNKN (Plankennnummer)
- ZAEHL (Planzähler)

Kehren Sie mit diesen Informationen zu Ihrem InfoSet zurück. Verzweigen Sie wieder in das Coding zu Ihrem Zusatzfeld. Tragen Sie nun in den Bereichen EXPORTING und IMPORTING die Werte zu folgenden Parametern ein (siehe Abbildung 14.31):

- ID = 'PLPO'
- LANGUAGE = 'D'
- NAME = ZNAME
- OBJECT = 'ROUTING'
- LINES = ITAB

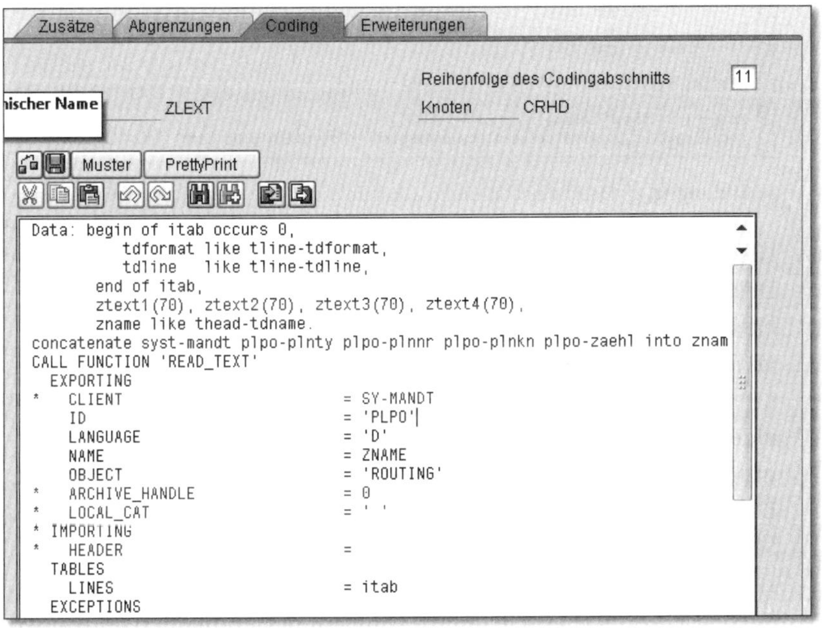

Abbildung 14.31 Coding im Zusatzfeld zur Textbeschaffung

Wichtig ist es, jeweils den Stern vor den Einträgen zu entfernen, sodass die Zeilen nicht mehr als Kommentarzeilen deklariert sind. Die Feldwerte für ID und OBJECT haben Sie zuvor aus der Anwendungstransaktion über den Menüpfad SPRINGEN • KOPF entnommen. Dem Feld LANGUAGE fügen Sie fix ein D für die deutsche Sprachausgabe hinzu. Nun betrachten Sie noch die Objekte NAME und LINES genauer.

Der Exportparameter NAME stellt einen variablen Schlüssel dar, der nach Datenselektion unterschiedlich aufgebaut ist. Wir haben dem Exportparameter NAME die Variable ZNAME zugeordnet. Dem Importparameter LINES haben wir fix den Eintrag itab zugeordnet. Sowohl ZNAME als auch itab sind dem Programm noch nicht bekannt, daher ist noch eine Datendeklaration erforderlich. Die Typisierung der Daten sehen Sie in Abbildung 14.32.

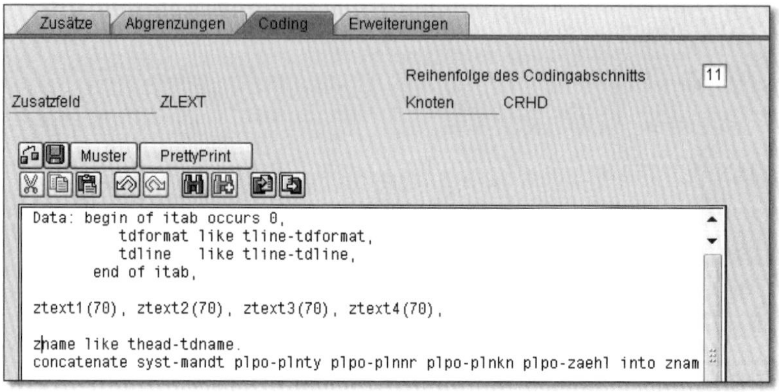

Abbildung 14.32 Datendeklaration im Zusatzfeld

Befehl CONCATENATE

Die Variable ZNAME wird direkt im Zusatzfeld deklariert. Bei der Deklaration beziehen wir uns mit der `LIKE`-Anweisung auf ein vorhandenes Feld THEAD-TDNAME aus dem Data Dictionary. Zusätzlich versorgen wir in der Zeile `CONCATENATE syst-mandt plpo-plnty plpo-plnnr plpo-plnkn plpo-zaehl INTO zname.`das Feld ZNAME mit einem Dateninhalt. Die flexible Datenselektion erzeugen wir aufgrund vorhandener Felder. Um den korrekten Mandanten in das Datenfeld ZNAME zu übertragen, beziehen wir uns auf das Feld SYST-MANDT. Im Feld MANDT (Mandant) der Systemleiste befindet sich immer der aktuelle Mandant. Über den Befehl `CONCATENATE` werden die einzelnen Tabellenfelder miteinander verbunden.

Da die Vorgangstexte im Arbeitsplan mehrzeilig sind, benötigen wir eine Ausgabe mit mehreren Zeilen zum jeweiligen Datenobjekt. Die Ausgabe der Texte führen wir daher in einer internen Tabelle durch. Mit der Data-Anweisung und den Befehlen `BEGIN OF` sowie `END OF` kann der Anfang und das Ende einer internen Tabelle definiert werden. Bei der Typisierung der einzelnen Felder der internen Tabellen TDFORMAT und TDLINE beziehen wir uns ebenfalls auf vorhandene Felder aus dem Data Dictionary. Somit ist die interne Tabelle ebenfalls definiert, und die Datenübertragung kann erfolgen. Um die jeweiligen Zeilen der internen Tabellen anzeigen zu können, haben wir vier weitere Textfelder mit der Bezeichnung `ztext1(70)`, `ztext2(70)`, `ztext3(70)` und `ztext4(70)` definiert. Im letzten Schritt ist es nun noch erforderlich, den Inhalt der internen Tabellen in die vier definierten Textfelder zu übertragen. Schauen Sie sich daher das Coding am Endes des Zusatzfeldes an (siehe Abbildung 14.33).

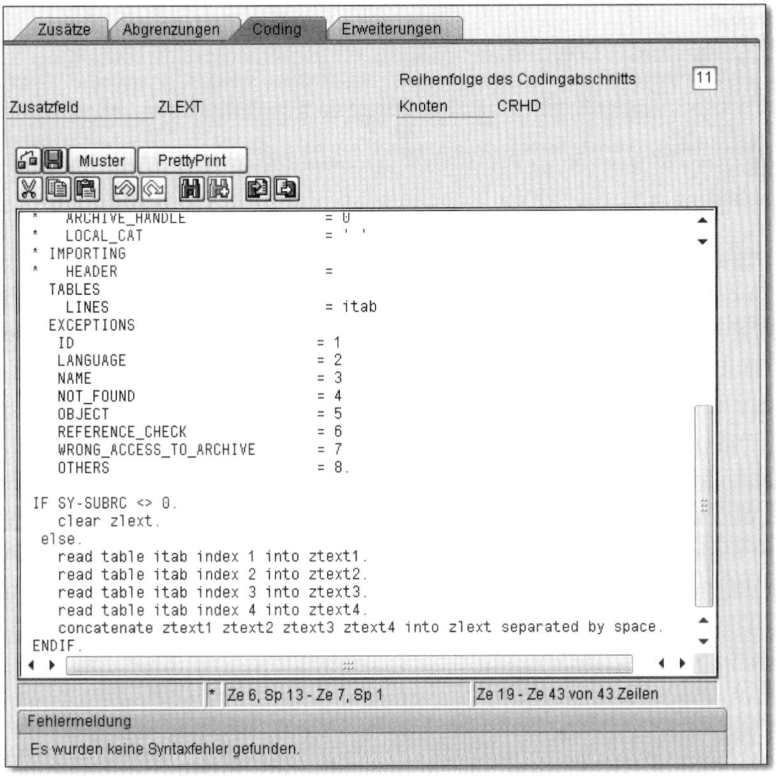

Abbildung 14.33 Coding zum Übertragen des Inhalts einer internen Tabelle in Zusatzfelder

Textfelder befüllen

Mit der `IF`-Anweisung wird nun abgefragt, ob der Datenzugriff erfolgreich war. So kann beispielsweise zum Arbeitsvorgang kein Langtext vorhanden sein. In diesem Fall wird unser Zusatzfeld über den Befehl `CLEAR ztext.` geleert. Bei einem erfolgreichen Datenzugriff wird nun die erste Zeile der internen Tabelle in das Datenfeld ztext1 übertragen. Anschließend werden die Zeilen 2–4 der internen Tabelle in die Datenfelder `ztext2`, `ztext3` und `ztext4` übertragen, und zum Schluss werden die Inhalte der vier Datenfelder `ztext1`, `ztext2`, `ztext3` sowie `ztesxt4` durch ein Leerzeichen getrennt in unser Zusatzfeld ZLTEXT übertragen. Im InfoSet stehen nun in diesem Zusatzfeld die ersten vier Textzeilen des Langtextes zum Arbeitsplan zur Verfügung, und in der Query können die Texte nun lesbar angezeigt werden. Den Text können Sie nun in einem Feld ausgeben. Alternativ definieren Sie mehrere Zusatzfelder und geben jede Textzeile in einem eigenen Zusatzfeld aus (siehe Abbildung 14.34).

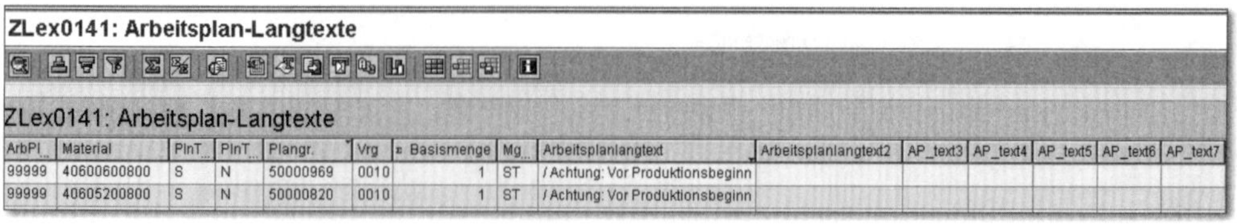

Abbildung 14.34 Ausgabe von Arbeitsplan-Langtexten in der Query

Funktionsbausteine testen

Die Funktionsbausteine sind in der Programmierung sehr wertvoll. Der Einsatz der Funktionsbausteine ermöglicht es meistens, sich ohne umfangreiche Programmierung Dateninhalte zu beschaffen. Die Hauptschwierigkeit bei den Funktionsbausteinen ist häufig, den richtigen Funktionsbaustein zu finden. Zur Suche der Funktionsbausteine können Sie die Transaktion SE37 (Funktionsbausteine verwenden) aufrufen. Hier können Sie über die [F4]-Hilfe nach geeigneten Funktionsbausteinen suchen. Zusätzlich haben Sie die Möglichkeit, die Funktionalität eines Funktionsbausteins zu testen. Geben Sie den Funktionsbaustein READ_TEXT ein, und klicken Sie auf den Button (testen). Sodann erhalten Sie folgenden Bildschirm (siehe Abbildung 14.35).

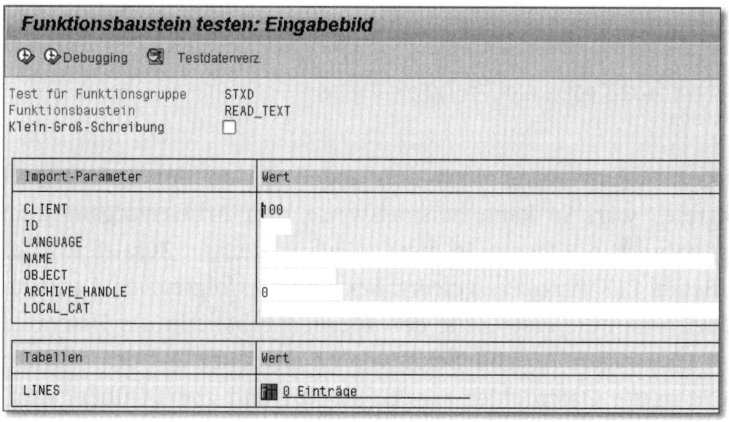

Abbildung 14.35 Testmöglichkeit von Funktionsbausteinen

Sie können hier die Importparameter eintragen und sich die Auswirkungen Ihrer Eingaben anzeigen lassen. Durch diese Testfunktionalität haben Sie die Möglichkeit, das Verhalten des Funktionsbausteins herauszufinden. Zusätzlich können Sie auf einfachem Wege die korrekten Importparameter erkennen.

14.4 Zusammenfassung

Auch im Rahmen des Query-Reportings ist es möglich, die umfangreichen Funktionalitäten des SAP-Systems zu nutzen. Insbesondere im Bereich der Datenbeschaffung können Sie Ihre Query-Reports gezielt tunen. So ist es gegebenenfalls möglich, über einen Sekundärindex die Performance Ihrer Selektion zu verbessern.

Zusätzlich können Sie für immer wiederkehrende Tabellenverknüpfungen im Data Dictionary vordefinierte Tabellenverknüpfungen (Datenbank-Views) anlegen. Die Datenbank-Views können als Grundlage für Ihr InfoSet verwendet werden. Zusätzlich wird die InfoSet-Pflege vereinfacht, da nur die relevanten Tabellenfelder zur Verfügung stehen.

Komplette SAP-Funktionalitäten können durch Funktionsbausteine in einem InfoSet realisiert werden. So ist es z. B. möglich, Einheiten durch einen Funktionsbaustein zu konvertieren oder Sie können sich mithilfe eines Funktionsbausteins Langtexte in Ihrer Query-Auswertung anzeigen lassen.

In diesem Kapitel werden die relevanten Transaktionen im Zusammenhang mit dem Query-Reporting sowie die Berechtigungsobjekte vorgestellt. Sie erfahren, wie sich Benutzergruppen auf die Berechtigungsvergabe auswirken, und Sie werden lernen, wie Sie eigene Transaktionen für den Aufruf von Query-Reports erstellen können.

15 Berechtigungen und Transaktionsanlage

Um die umfangreichen Features im Bereich *Query-Reporting* nutzen zu können, sind weitreichende Berechtigungen erforderlich. Möchten Sie ein InfoSet um weitere Zusatzfelder per ABAP-Coding ergänzen, so benötigen Sie Entwicklerberechtigungen, und für die Anlage von Transaktionen benötigen Sie Administratorrechte. In diesem Kapitel werden die Transaktionen aufgeführt, die im Zusammenhang mit Query-Reports relevant sind. Die Berechtigungsvergabe können Sie bereits in den Query-Bearbeitungstransaktionen einschränken. So gibt es eine eigene Transaktion (SQ03) zur Verwaltung von Benutzergruppen, oder Sie tragen im InfoSet ein eigenes Berechtigungsobjekt ein. Dem Anwender sollte der Berichtsaufruf so einfach wie möglich gemacht werden, daher können Sie für den Aufruf eines Query-Reports eigene Transaktion anlegen.

15.1 Transaktionen im Query-Umfeld

Unternehmensfunktionen in der Query-Bearbeitung

Bei der Query-Bearbeitung verwenden Sie unterschiedliche Funktionen, denn Sie fungieren gleichzeitig als Berichtsersteller, Entwickler und/oder Basisadministrator. Welche Transaktionen im Query-Umfeld relevant sind, zeigt Ihnen Tabelle 15.1.

Bereich	Transaktionscode	Bezeichnung
Berichtsersteller	SQ01	SAP Query: Queries pflegen
Berichtsersteller	SQVI	QuickViewer
Berichtsersteller	SQ02	SAP Query: InfoSet pflegen
Administrator	SQ03	SAP Query: Benutzergruppenpflege
Berichtsersteller	SQ07	SAP Query: Sprachabgleich
Administrator	SQ10	SAP Query: Rollenadministration
Entwickler	SE16N	allgemeine Tabellenanzeige
Entwickler	SE11	ABAP-Dictionary-Pflege
Entwickler	SE36	Logical Database Builder
Entwickler	SE85	ABAP/4-Dictionary-Infosystem
Administrator	ST05	Performance-Analyse
Administrator	PFCG	Pflege von Rollen
Entwickler	SD11	Data Modeler
Administrator	SARA	Archivadministration

Tabelle 15.1 Transaktionen im Zusammenhang mit der Query-Bearbeitung

Ohne Entwicklerrechte können Sie schon sehr gute Auswertungen erstellen. Ihre Berichte werden allerdings erst so richtig wertvoll, wenn Sie unternehmensindividuelle Informationen hinzufügen. Sie können Query-Berichte für alle Anwendungsgebiete erstellen. Hierbei lassen sich Informationen aus mehreren Fachbereichen mit individuellem ABAP-Coding gezielt aufbereiten.

Flexibler Datenzugriff versus Datensensibilität

Der Wunsch nach einer flexiblen Datenaufbereitung verhält sich konträr zum Punkt der Datensensibilität. Daher lassen sich mit entsprechenden Kenntnissen alle Tabelleninformationen sehr einfach aus dem System exportieren. Mit Kenntnis der richtigen Tabellen können z. B. die Daten des Zahllaufs, die Einkaufs- und Verkaufspreise sowie sämtliche Stammdaten innerhalb weniger Minuten aufgerufen werden. Deshalb ist es interessant zu wissen, wie der Datenzugriff im SAP-System eingeschränkt werden kann.

15.2 Benutzergruppen

Durch die Verwendung von Benutzergruppen können Sie die Berechtigungen gezielt einschränken. So ist es möglich, für Query-Objekte einer Benutzergruppe nur Rechte zum Ändern oder nur Rechte zum Anzeigen von Query-Objekten zu vergeben (siehe Abbildung 15.1).

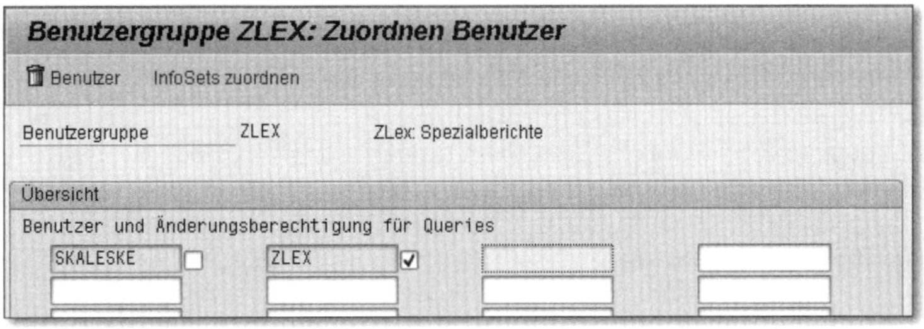

Abbildung 15.1 Benutzergruppe mit Änderungsberechtigung

Die Benutzergruppe stellt eine Gruppierung von Benutzern dar. Die Benutzergruppierung wird in Benutzer ohne Änderungsberechtigung und Benutzer mit Änderungsberechtigung unterschieden. Ordnen Sie einen Benutzer einer Benutzergruppe mit Änderungsberechtigung zu, so kann dieser alle Query-Objekte ausführen und ändern. Ist ein Benutzer einer Benutzergruppe ohne Änderungsberechtigung zugeordnet, so kann dieser nur Queries ausführen.

Zuordnung von InfoSet und Query zu einer Benutzergruppe

Somit lässt sich der Datenzugriff über die Benutzergruppe gezielt einschränken; denn nur, wenn ein InfoSet einer Benutzergruppe zugeordnet ist, kann grundsätzlich auf diese Daten zugegriffen werden. Es lassen sich je Benutzergruppe nur Queries zu InfoSets erstellen, die eine entsprechende Zuordnung zu einer Benutzergruppe haben. Die Berechtigungsvergabe über die Benutzergruppe ist jedoch noch nicht flexibel beziehungsweise einschränkend genug; daher stehen Ihnen spezielle Berechtigungsobjekte zur Verfügung.

15.3 Berechtigungsobjekte

Im Rahmen der Berechtigungsvergabe werden den Benutzern Benutzerrollen zugeordnet. Eine Benutzerrolle umfasst zum einen die notwendigen Transaktionen, und zum anderen sind darin weitere Zugriffsbeschränkungen für Berechtigungsobjekte hinterlegt (siehe Tabelle 15.2).

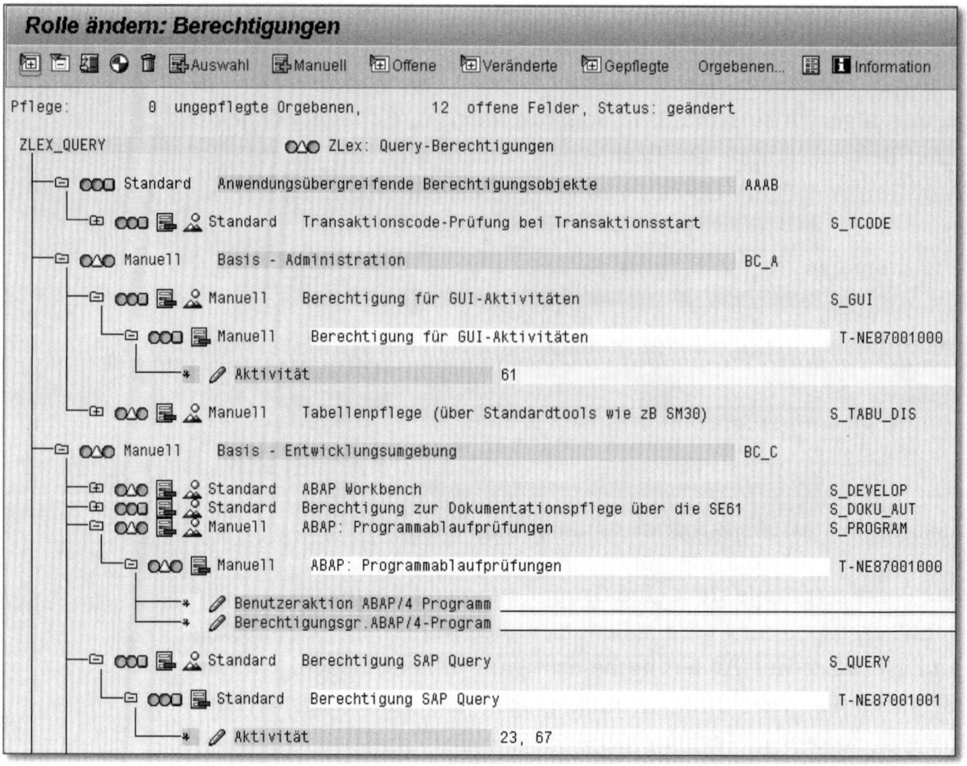

Abbildung 15.2 Berechtigungsobjekte in der Benutzerrolle Berechtigungsobjekt S_TCODE

Das Berechtigungskonzept ist mehrstufig. In einem ersten Schritt wird die Berechtigung zum Aufruf der Transaktion über das Berechtigungsobjekt S_TCODE geprüft. War die Berechtigungsprüfung erfolgreich, so wird der Zugriff auf Tabellen- sowie Programmebene geprüft. Bei einem Programmaufruf werden unter anderem die in Tabelle 15.2 aufgeführten Berechtigungsobjekte geprüft.

Gebiet	Objekt	Bezeichnung
AAAB	S_TCODE	Transaktionscode
BC_A	S_GUI	GUI-Aktivitäten
BC_A	S_TABU_DIS	Tabellenpflege
BC_C	S_DEVELOP	ABAP Workbench
BC_C	S_PROGRAM	ABAP-Programmablaufprüfungen
BC_C	S_QUERY	Berechtigung SAP Query

Tabelle 15.2 Berechtigungsobjekte mit Bezeichnung

Zu den einzelnen Berechtigungsobjekten können sogenannte Aktivitäten freigeschaltet werden. Das Berechtigungsobjekt S_GUI bezieht sich auf die SAP List Viewer-Anzeige. Für dieses Berechtigungsobjekt können vier unterschiedliche Aktivitäten freigeschaltet werden:

Berechtigungsobjekt S_GUI

- 02 ändern
- 04 drucken, Nachrichten bearbeitet
- 60 importieren
- 61 exportieren

Datenexport

Um die Daten aus dem SAP List Viewer zu exportieren, ist für das Berechtigungsobjekt S_GUI die Aktivität 61 (exportieren) freizuschalten. Die Berechtigungsvergabe ist allerdings nur über die Einschränkung der entsprechenden Aktivität noch nicht zielführend. Es kann gewollt sein, dass für einen Benutzer der Datenexport nur für einige Transaktionen erlaubt und für andere Transaktionen ausgeschlossen sein soll. Eine weitere Einschränkung des Datenzugriffs findet daher über sogenannte Berechtigungsgruppen statt.

15.3.1 Berechtigungsgruppen

Berechtigungsobjekt S_TABU_DIS

Die SAP-Tabellen sind circa 550 unterschiedlichen Berechtigungsgruppen zugeordnet. Die Zuordnung der Tabellen zu den Berechtigungsgruppen können Sie sich in der Transaktion SE54 (Generierung Tabellen-Pflegedialog: Einstieg Tabelle/View) anzeigen lassen. Somit lässt sich über die Berechtigungsgruppe und in dieser wiederum über das Berechtigungsobjekt S_TABU_DIS der Zugriff auf Tabellen einschränken.

Berechtigungsobjekte S_DEVELOP und S_PROGRAM

Nicht immer sind die Berechtigungsgruppen im SAP-System fix vorgegeben. So können Sie die Berechtigungsgruppen zu den Berechtigungsobjekten S_DEVELOP und S_PROGRAM frei benennen, und Sie können einem InfoSet bei dessen Anlage eine frei definierte Berechtigungsgruppe mitgeben. Die Berechtigungsgruppe können Sie auch noch nachträglich in das InfoSet eintragen. Rufen Sie hierzu die Transaktion SQ02 (InfoSet pflegen) im Änderungsmodus auf. Über den Menüpfad SPRINGEN • GLOBALE EIGENSCHAFTEN gelangen Sie schließlich auf die in Abbildung 15.3 gezeigte Darstellung.

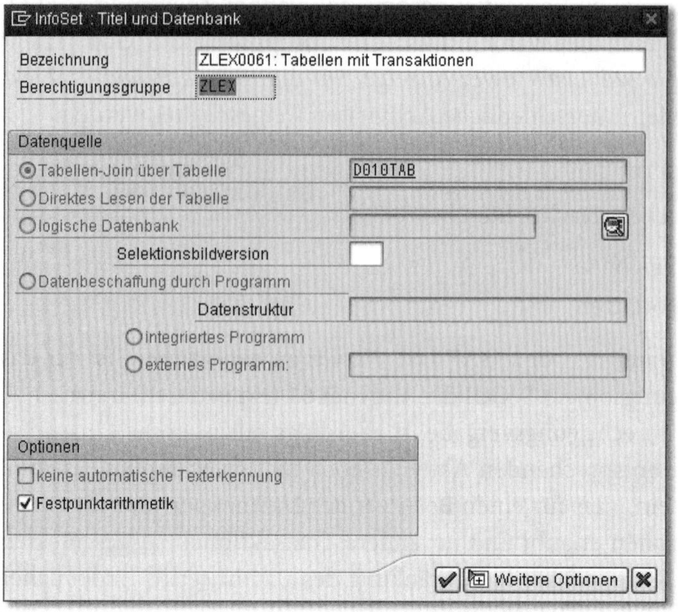

Abbildung 15.3 Vergabe einer Berechtigungsgruppe im InfoSet

Authority-Check der Berechtigungsgruppe

Im Rahmen der Berechtigungsprüfung wird beim Ausführen einer SAP Query geprüft, ob der Anwender in dem seinen Benutzerstamm zugeordneten Benutzerrollen für das Berechtigungsobjekt S_PROGRAM die Berechtigungsgruppe aus dem InfoSet zugeordnet ist. Über das Berechtigungsobjekt S_DEVELOP wird gesteuert, ob in einem InfoSet zusätzliches ABAP-Coding hinterlegt werden kann. Speziell im Query-Umfeld lässt sich der Datenzugriff über das Berechtigungsobjekt S_QUERY weiter einschränken.

15.3.2 Berechtigungsobjekt S_QUERY

Für das Berechtigungsobjekt S_QUERY können folgende Aktivitäten gepflegt werden:

- 02 – ändern
- 23 – pflegen
- 67 – übersetzen

Über die Aktivität des Berechtigungsobjekts S_QUERY sowie über die Benutzergruppe aus der Transaktion SQ03 können die Query-Berechtigungen wie folgt ausgesteuert werden (siehe Tabelle 15.3).

Nr.	S_QUERY-Aktitivität	Benutzer-gruppe	Query-Berechtigung
1	–	–	keine Rechte im Query-Umfeld
2	–	×	Anwender: Ausführen von Queries
3	02	×	Berichtsersteller: Ändern von Queries der Benutzergruppe
4	23	–/×	Administrator: Anlage von InfoSets und Benutzergruppen sowie Durchführung des Transports
5	02, 23	–/×	Super-User: komplette Query-Berechtigung
6	67	–/×	Übersetzer: Durchführung des Sprachabgleichs

Tabelle 15.3 Berechtigungen für die Kombination Berechtigungsobjekt S_QUERY und Benutzergruppe

In der Praxis werden den Anwendern die erstellten Query-Reports über eigene Transaktionen zur Verfügung gestellt.

15.4 Query-Transaktionen in Benutzerrolle einbinden

Im Customizing-Mandanten können Sie Transaktionen zu Ihren Queries anlegen. Der Anwender kann seinen Report durch Eingabe der Transaktion im Kommandofeld oder durch Auswahl in seinem Benutzermenü aufrufen. Die Anlage von Transaktionen erfolgt in der Benutzerrollenpflege. Rufen Sie die Transaktion PFCG (Pflege von Rollen) auf (siehe Abbildung 15.4).

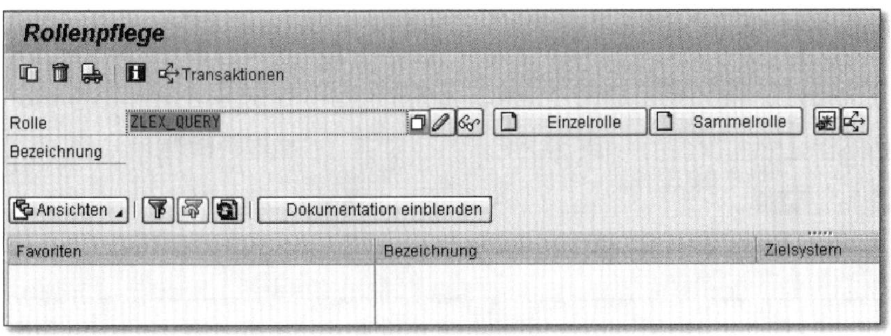

Abbildung 15.4 Benutzerrollen für den Query-Aufruf anlegen

Tragen Sie für Ihre Rolle im Feld ROLLE einen Namen ein, und drücken Sie auf den Button EINZELROLLE. Sie erhalten nun einen Bildschirm mit der Überschrift ANLEGEN VON ROLLEN (siehe Abbildung 15.5).

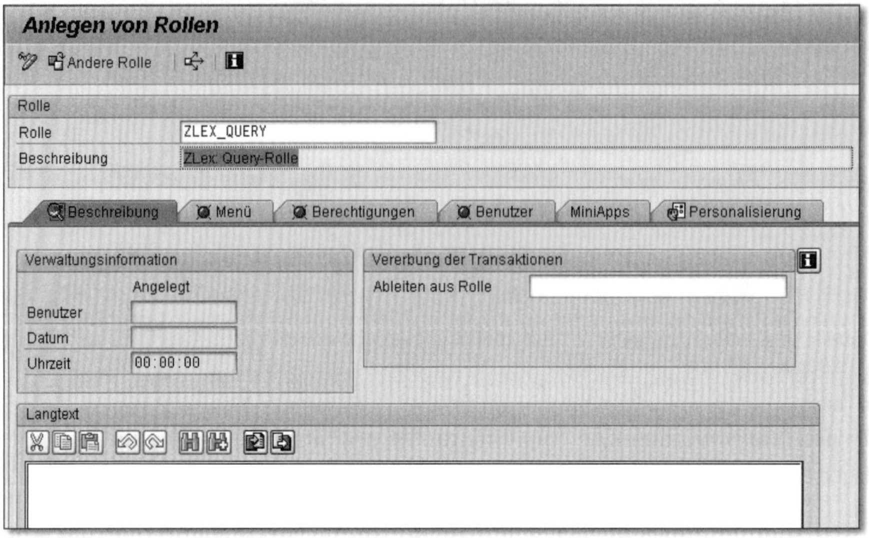

Abbildung 15.5 Benutzerrolle beschreiben

Geben Sie für Ihre Rolle im Feld BESCHREIBUNG eine Beschreibung ein. Sichern Sie Ihre Rolle durch Drücken des Buttons . Anschließend klicken Sie auf die Registerkarte MENÜ, und es erscheint die in Abbildung 15.6 gezeigte Darstellung.

Abbildung 15.6 Menüpflege in der Benutzerrolle

Zum Einfügen des Berichts klicken Sie auf den BERICHT-Button. Sie erhalten nun ein Fenster zur Anlage des Transaktionscodes (siehe Abbildung 15.7).

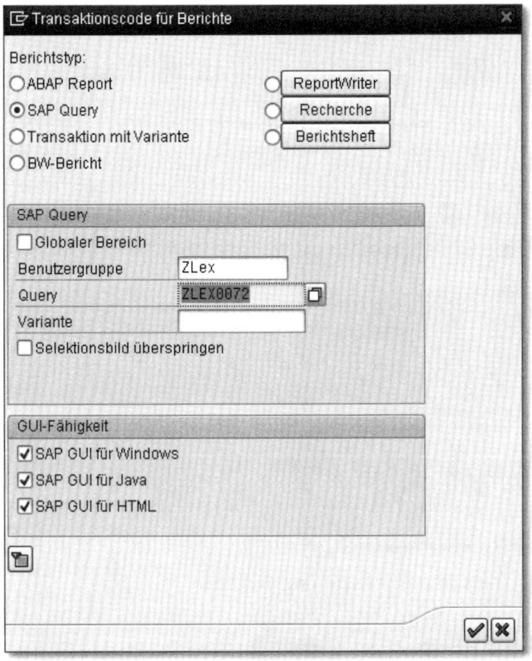

Abbildung 15.7 Transaktionscode zu einem Bericht anlegen

Individuelle Transaktion vergeben

Wählen Sie als Berichtstyp SAP QUERY aus. Geben Sie im Feldrahmen SAP QUERY die BENUTZERGRUPPE und die QUERY ein. Um eine individuelle Transaktion zu vergeben, klicken Sie auf den Button (weitere Optionen anzeigen). Auf dem aktuellen Fenster werden nun zwei zusätzliche Eingabeoptionen angezeigt (siehe Abbildung 15.8).

Demarkieren Sie die Auswahl AUTOMATISCH GENERIEREN. Im Feld TRANSAKTIONSCODE: können Sie nun Ihren Transaktionscode eintragen. Bestätigen Sie Ihre Eingabe mit dem Button, und Sie werden nach einem Entwicklungspaket gefragt (siehe Abbildung 15.9).

Entwicklungspaket

Entwicklungspakete dienen dazu die im System durchgeführten Entwicklungen zu strukturieren. Die Anlage einer Transaktion stellt eine Entwicklung dar und ist eine mandantenübergreifende Einstellung. Einstellungen für das komplette System werden für das Transportwesen in Workbench-Aufträgen abgelegt (siehe Abbildung 15.10).

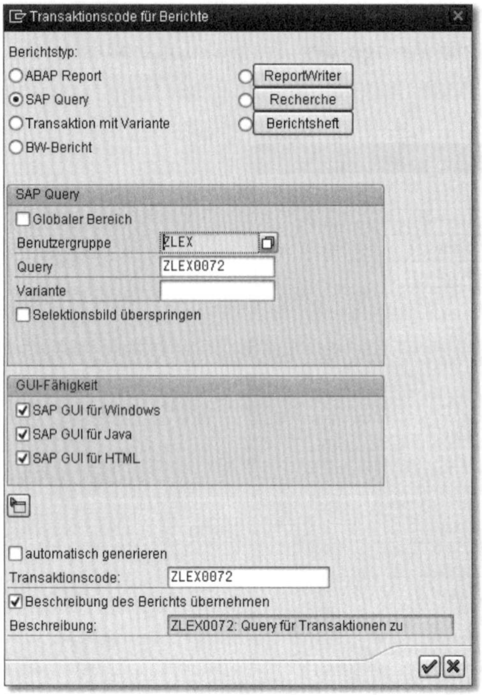

Abbildung 15.8 Individuelle Transaktionsbezeichnung vergeben

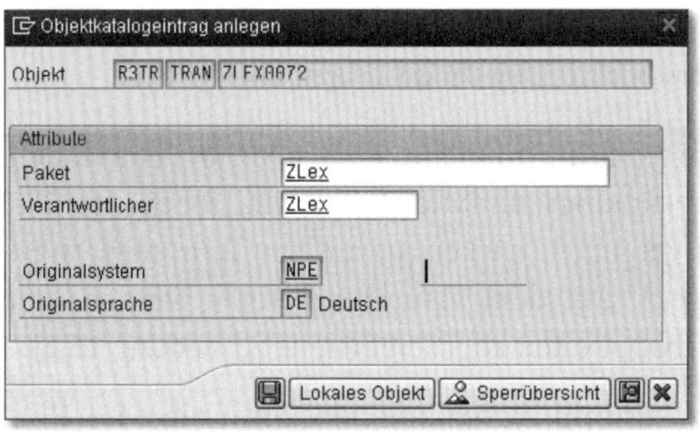

Abbildung 15.9 Entwicklungspaket für die Anlage eines Transaktionscodes eintragen

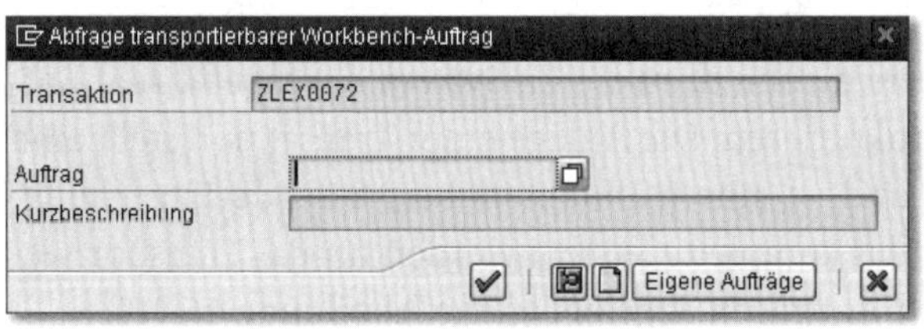

Abbildung 15.10 Workbench-Auftrag anlegen

Wählen Sie einen vorhandenen Workbench-Auftrag aus, oder legen Sie mit dem Button (Auftrag anlegen) einen neuen Workbench-Auftrag an. Anschließend gelangen Sie zur Übersicht der Rollenpflege zurück (siehe Abbildung 15.11).

Workbench-Auftrag

Abbildung 15.11 Rolle mit neuer Transaktion

In diesem Beispiel wurde die Transaktion ZLEX0072 (Transaktionen mit Tabellen) angelegt, die nun direkt mit dem Transaktionscode aufgerufen werden kann.

15.5 Hinweise zur Berechtigungsvergabe

Das SAP-Berechtigungskonzept bietet Ihnen umfangreiche Möglichkeiten, um Berechtigungen gezielt einzuschränken. So lassen sich die wichtigsten Berechtigungsobjekte aus den Bereichen Administration und Entwicklung einschränken oder inaktiv setzen. Zudem wurde die Berechtigungsvergabe von SAP weiter verfeinert, was sich in einer hohen Anzahl von SAP-Hinweisen zum Thema »Query-Berechtigungen« widerspiegelt.

15.5.1 SAP-Hinweise

Weitere Erläuterungen zum Thema »Berechtigungen im Query-Umfeld« sind insbesondere in den folgenden SAP-Hinweisen enthalten (siehe Tabelle 15.4).

Hinweisnummer	Bezeichnung
24578	SAP Query: Berechtigungen
76545	ABAP/4 Query: Berechtigung bei Sachgebieten
89744	ABAP Query: Berechtigung für Tabellenzugriffe
173118	SAP Query: Berechtigungsprüfung zur Laufzeit
185286	SAP Query: Download von Queries sperren
324348	SAP Query: Sonderzeichen in Namen
339230	SAP Query: Meldung AQ 316 beim Konstruieren

Tabelle 15.4 SAP-Hinweise zur Vergabe von Berechtigungen im Query-Umfeld

Im Hinweis 24578 (SAP Query: Berechtigungen) sind die Auswirkungen zwischen der Benutzergruppe und dem Berechtigungsobjekt S_QUERY dargestellt.

15.5.2 Berechtigungsobjekte für Administratoren und Entwickler

Berechtigungsobjekte aus dem Bereich Administration

In der Praxis werden zudem für Query-Ersteller und Entwickler folgende Berechtigungsobjekte aus dem Administrationsbereich inaktiv gesetzt:

- S_CTS_ADMI Administrationsfunktionen im Change & Transport System
- S_ASAPIA Implementation Assistant
- S_USER_AGR Berechtigungswesen: Prüfung von Rollen
- S_USER_AUT Benutzerstammpflege: Berechtigungen
- S_USER_GRP Benutzerstammpflege: Benutzergruppen
- S_USER_PRO Benutzerstammpflege: Berechtigungsprofil
- S_USER_SAS Benutzerstammpflege: systemspezifische Zuordnungen

Eine Einschränkung der Entwicklerrechte kann über die Berechtigungsobjekte S_TABU_DIS, S_PROGRAM und S_DEVELOP erfolgen.

15.6 Zusammenfassung

In der Praxis funktioniert das Zusammenspiel zwischen den Query-Erstellern, Entwicklern sowie Basisadministratoren hervorragend. Häufig werden Berichte von Controlling-Key-Usern oder einem anderen Personenkreis mit umfangreichen Berechtigungen erstellt.

Die Berechtigung ist bereits aufgrund anderer SAP-Aufgaben und somit unabhängig vom Query-Reporting bei den Query-Erstellern bereits sehr weitläufig gefasst. Dem Punkt der Datensensibilität wird insbesondere im Mittelstand durch schriftliche Zusatzvereinbarungen Rechnung getragen. Sehr beliebt bei den Anwendern ist die Nutzung eigener Transaktionen zur gezielten Datenabfrage.

TEIL V
Praxisbeispiele

Erfahren Sie in diesem Kapitel, welche Geschäftsprozesse und Stammdaten Sie auswerten können. Darüber hinaus erläutern wir, welche Vorgehensweisen häufig in der Praxis angewendet werden, welche Tabellen abgefragt und welche Zusatzinformationen bereitgestellt werden.

16 Praxisbeispiele

Mit SAP Query erstellen Sie Auswertungen, die nicht im Standard vorhanden sind. Die Berichtserstellung kann ohne umfangreiche ABAP-Kenntnisse erfolgen, und die Auswertungen können sämtliche Unternehmensbereiche abdecken. Zudem können einzelne Datensätze oder verdichtete Daten in Form von Statistiken oder Ranglisten angezeigt werden.

Wie gehen nun andere Unternehmen bei der Berichtserstellung vor? Welche Tabellen beziehungsweise Tabellenverknüpfungen werden immer wieder abgefragt, und wie werden schließlich die InfoSets durch weitere Informationen angereichert? Lesen Sie in diesem Kapitel, wie Unternehmen Berichte erstellen; erfahren Sie anhand dreier Beispiele, welche drei Query-Berichte aus den Bereichen Vertrieb, Fertigung und Finanzbuchhaltung besonders häufig in der Praxis eingesetzt werden.

16.1 Vorgehensweise bei der Berichtserstellung

In der Praxis gibt es je nach Themenstellung unterschiedliche Vorgehensweisen für die Erstellung von Berichten. Zum einen möchte z. B. ein bestimmter Personenkreis gezielt operative Daten auswerten. Hierbei handelt es sich um Auswertungen, die den täglichen Ablauf unterstützen oder die Stammdatenqualität erhöhen sollen. Zum anderen können Query-Auswertungen den Bereich der Unternehmenssteuerung unterstützen. Im Folgenden zeigen wir Ihnen eine typische Vorgehensweise bei der Berichtserstellung.

16.1.1 Brainstorming-Workshop

Spezifikation der Berichtsanforderung

Die Erstellung eines Query-Reports ist keine technische Angelegenheit. Es gilt hier vielmehr, die Berichtsanforderung gemeinsam mit dem Anwender abzustimmen und sich über die Berichtsinhalte zu verständigen. Ein Report ist zudem erst dann praxistauglich, wenn er die Zustimmung der datenerfassenden Personen sowie der Berichtsempfänger findet. Hinsichtlich der Berichte für die Unternehmenssteuerung ist ein Zusammenspiel zwischen Management und dem für die Berichtsinhalte verantwortlichen Personenkreis besonders wichtig.

Wer wird in die Berichtsdefinition einbezogen?

Für ein gutes Berichtswesen sollten Sie drei Personengruppen in Ihren Workshop einbeziehen:

1. Die *Fachabteilung*, die den Dateninhalt verantwortet und aufgrund der Datenbasis die Prozesse verbessern kann.
2. Das *Management*, das Zielgespräche aufgrund der Dateninhalte durchführt und gegebenenfalls Handlungsentscheidungen aus den Berichten ableitet.
3. Einen externen *Consultant*, der die Berichtsanforderungen sowie die technische Realisierbarkeit und insbesondere die Anforderungen hinsichtlich der Branchengültigkeit beurteilt.

Die vorgeschlagenen Berichte werden durch den Input der Fachabteilung bereichert. So können bestimmte Informationen in anderen Datenfeldern eingegeben werden, oder es kann sinnvoll sein, besonderes Augenmerk auf bestimmte, auf das Unternehmen zugeschnittene Prozesse zu richten.

Daneben ist das Management für ein erfolgreiches Berichtswesen entscheidend, denn das Management bringt häufig sehr viele weitere Ansätze ein, die im gemeinsamen Dialog weiter zu bewerten sind. Ziel sollte es sein, dass das Berichtswesen sowohl vom Management als auch von der Fachabteilung genutzt wird – somit ist ein besseres Verständnis der Datenbasis und -herkunft sehr wichtig.

Nutzung und Anpassung von Branchen-Templates

In den meisten Projekten wird ein unternehmensindividuelles Berichtswesen erarbeitet. Als Ausgangspunkt für dieses Berichtswesen ist oftmals der Input externer Berater sehr wertvoll, denn in verschiedenen Unternehmen der gleichen Branche sind oft ähnliche Fragestellungen anzutreffen. Die Umsetzbarkeit der gewünschten Berichtsanforderung kann ein externer Consultant beurteilen, der aufgrund seines Erfahrungshorizonts ein Berichts-Template in das Unternehmen einbringen kann.

Dokumentation der Berichtsanforderung

Es ist notwendig, die Berichte für alle Personenkreise eindeutig zu benennen. Zur Darstellung des Workshopergebnisses sollte eine Berichtsübersicht erstellt werden. Besonders geeignet ist hier eine Visualisierung der Berichte. Ergebnis eines Brainstorming-Workshops kann beispielsweise die grafische Darstellung eines Berichtshauses sein (siehe Abbildung 16.1).

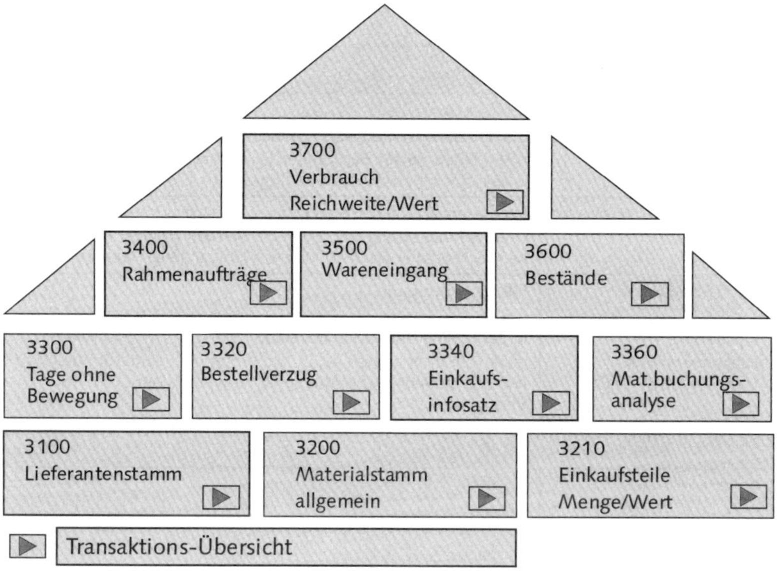

Abbildung 16.1 Berichtshaus für die Materialwirtschaft

Das Berichtshaus dient mehreren Zwecken. Es stellt zum einen die vorhandenen oder zu realisierenden Berichte in übersichtlicher Form dar, und zum anderen kann aufgrund der Nummerierung der Berichte die Transaktionsvergabe erfolgen. Weiterhin wird das Berichtshaus zur Darstellung des Projektstatus verwendet. So werden die unterschiedlichen Berichtskästen abhängig von ihrem Status farbig gekennzeichnet. Erfolgt die grafische Darstellung beispielsweise in Microsoft PowerPoint, so kann interaktiv auf einen Screenshot des jeweiligen Detailberichts verzweigt werden. Im nachfolgenden Schritt sind, wie im folgenden Abschnitt gezeigt, die einzelnen Berichte zu spezifizieren.

16.1.2 Berichtsspezifikation

Erfahrungsberichte als Projektbeschleuniger

In den meisten Projekten ist die Geschwindigkeit der Berichtserstellung von hoher Bedeutung. So wird es meist ausdrücklich gewünscht, sich an Berichten von anderen Kunden der Branche zu orientieren. Somit ist es die Aufgabe des Consultants, Berichte aus bisherigen Projekten vorzustellen und diese aktiv einzubringen. Anschließend wird gemeinsam eine konkrete Berichtsanforderung in einem unternehmensspezifischen Formular definiert (siehe Abbildung 16.2).

ZLex1800: Außenstände	
Berichtsanforderung der Fachabteilung	
Allgemeine Berichtserläuterung	
Betriebswirtschaftliche Beschreibung	Alle offenen Posten der Kunden (Außenstände) werden nach diversen Vertriebsmerkmalen dargestellt.
Hintergrund	Eine Verringerung der Außenstände wirkt sich direkt auf den Unternehmenserfolg aus. Entweder werden weniger Kredite benötigt, oder es können flüssige Mittel angelegt werden.
Standardberichte	FBL5N – Debitoren Einzelpostenliste
Erläuterung, welche Funktionalität im Standardbericht fehlt	In der Standardtransaktion werden diverse Vertriebsauswertungsmerkmale nicht angezeigt. Zudem bietet die Standardtransaktion nicht die umfangreiche Funktionalität wie die Anzeige der Verzugstage.
Aufbau Selektion	
Selektionsvariante	
Layoutvarianten	

Abbildung 16.2 Beispiel für einen Formularauszug zur Berichtsdefinition

Die konkrete Berichtsdefinition vereinfacht die Berichtserstellung. Hier gilt es, ein gesundes Mittelmaß zwischen einer ausreichenden Dokumentation sowie einer schnellen Umsetzung der Berichtsanforderung in der Praxis zu erreichen.

Berichtsoutput und Prozesse sind interdependent

Häufig ergeben sich aufgrund der gewünschten Berichtsinformation sowie der konkreten Berichtsspezifikation weitere Fragestellungen im Hinblick auf die durchgeführten Prozesse. In der Regel erfolgt eine Überprüfung der hinterlegten Daten, oder es wird ein Alternativszenario zur Auswertung überlegt. Doch schauen Sie sich im nächsten Abschnitt die einzelnen Praxisberichte einmal im Detail an.

16.2 Umsatzauswertung

Bei den meisten Kunden besteht der Wunsch nach einer flexiblen Umsatzauswertung. Als Berichtstools kommt hier das SAP-Logistikinformationssystem (LIS) oder SAP NetWeaver BW infrage. LIS ist allerdings in der Praxis häufig zu wenig transparent; so lässt sich eine Abstimmung zwischen den Fachbereichen Vertrieb, Finanzbuchhaltung und Controlling nur sehr schwer durchführen. Auch sind für die Berichtserstellung häufig technische Kenntnisse erforderlich. Ampelsymbole oder eine Vielzahl an Merkmalen begrenzen zusätzlich die Auswertungsmöglichkeiten. Das BW-System ist zwar hochflexibel, allerdings sind weiterführende Kenntnisse erforderlich. Zudem wird das BW-System oft nur in bestimmten Zeitintervallen aktualisiert. SAP Query bietet hingegen eine Abfrage von Onlinedaten sowie einen direkten Drill-down auf den Datensatz. Gerade bei operativen Umsatzauswertungen ist SAP Query insbesondere bei mittelständischen Unternehmen aus vorgenannten Gründen die beste Lösung.

Tabellen für Vertriebsumsatzauswertung

Schauen wir uns im nächsten Schritt die Tabellenbasis für unsere Auswertung an. Datengrundlage für die Umsatzauswertung sind folgende Tabellen:

- VBRK – Faktura: Kopfdaten
- VBRP – Faktura: Positionsdaten
- VBPA – Vertriebsbeleg: Partner
- KNA1 – Kundenstamm (allgemeiner Teil)

Für die Umsatzauswertung wird nachfolgend von Vertriebstabellen ausgegangen. In der Praxis wird eine Umsatzauswertung auch in Beziehung zu Werten der Finanzbuchhaltung (FI) beziehungsweise zu Werten aus der Ergebnisrechnung (CO-PA) gebracht. Eine FI-Umsatzauswertung bietet sich an, wenn ein Umsatz nicht durch eine SD-Faktura, sondern direkt durch einen FI-Beleg generiert wird. Wird eine Umsatzanalyse mit differenzierter Margenbetrachtung gewünscht, so kann CO-PA die geeignete Datengrundlage sein. Abbildung 16.3 zeigt die für die Umsatzauswertung relevanten Tabellenfelder.

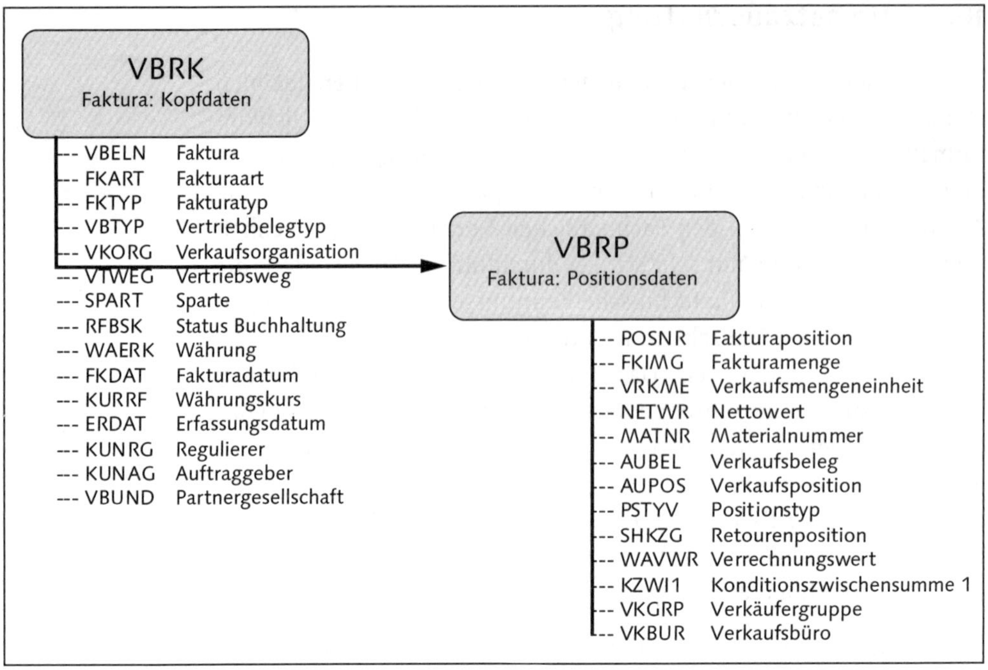

Abbildung 16.3 Tabellenfelder für die Erstellung einer Umsatzauswertung

Kenntnis der Tabellenfelder

Bezogen auf die beiden Tabellen VBRK (Faktura: Kopfdaten) und VBRP (Faktura: Positionsdaten) können die wichtigsten Merkmale ausgewertet werden. Ganz so einfach ist es in der Praxis jedoch nicht; die erste Fragestellung ergibt sich schon bei der Betrachtung des Merkmals FKART (Fakturaart), nämlich ob alle Fakturaarten für die Auswertung relevant sind. Diese Frage ist in Abhängigkeit von der Themenstellung zu beantworten. Im Hinblick auf eine Prozessanalyse können durchaus alle Fakturaarten relevant sein.

Häufig wird beispielsweise die Anzahl an Fakturen analysiert, um z.B. den durchschnittlichen Wert je Faktura über eine Zeitachse betrachten zu können. So führt ein Umsatzrückgang nicht unbedingt zu einer geringeren Belastung in der Auftragsabwicklung, denn die Anzahl der Fakturen kann bei sinkendem Umsatz unverändert bleiben. Eventuell deutet dieser Sachverhalt auf ein Risikodenken beim Kunden hin und kann eine Anregung für ein Bonussystem beim Überschreiten von Staffelwerten sein.

Schauen Sie sich nun eine Praxisauswertung in Bezug auf die Fakturaarten über eine Zeitachse an (siehe Abbildung 16.4).

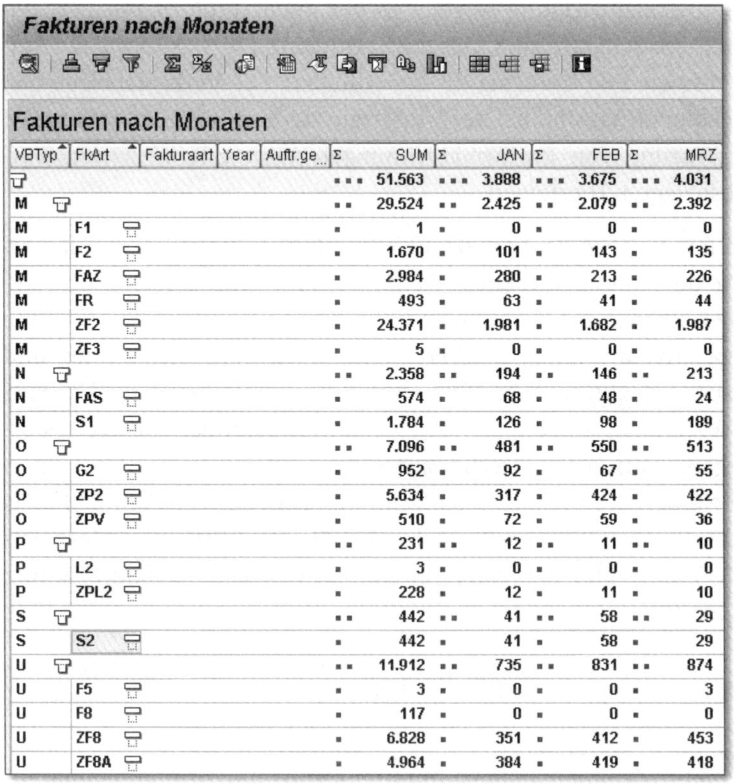

Fakturen nach Monaten

VBTyp	FkArt	Fakturaart	Year	Auftr.ge...	SUM	JAN	FEB	MRZ
					51.563	3.888	3.675	4.031
M					29.524	2.425	2.079	2.392
M	F1				1	0	0	0
M	F2				1.670	101	143	135
M	FAZ				2.984	280	213	226
M	FR				493	63	41	44
M	ZF2				24.371	1.981	1.682	1.987
M	ZF3				5	0	0	0
N					2.358	194	146	213
N	FAS				574	68	48	24
N	S1				1.784	126	98	189
O					7.096	481	550	513
O	G2				952	92	67	55
O	ZP2				5.634	317	424	422
O	ZPV				510	72	59	36
P					231	12	11	10
P	L2				3	0	0	0
P	ZPL2				228	12	11	10
S					442	41	58	29
S	S2				442	41	58	29
U					11.912	735	831	874
U	F5				3	0	0	3
U	F8				117	0	0	0
U	ZF8				6.828	351	412	453
U	ZF8A				4.964	384	419	418

Abbildung 16.4 Anzahl der erstellten Fakturen nach Fakturaarten, nach Jahr, Kunde und Monat

Fakturaarten

Ihre Fakturaarten können Sie sich über die Transaktion VOFA (Fakturaarten) oder in der Tabelle TVFK (Fakturaarten) anzeigen lassen. Für die Umsatzauswertung sind nicht alle Fakturen relevant. Hilfreich ist es daher, sich am weiteren Merkmal Vertriebsbelegtyp (VBTYP) zu orientieren. Der Vertriebsbelegtyp nimmt eine Klassifizierung der Fakturaarten vor. Durch den Vertriebsbelegtyp werden die Fakturaarten wie folgt gruppiert:

- M Rechnung
- N Storno Lastschriften
- O Gutschriften
- P Lastschriften
- S Storno Gutschriften
- U Proformarechnung

Proformarechnung

Für die Zollabwicklung werden in der Praxis Proformarechnungen erstellt. Im Standard sind dies die Fakturaarten F5 (Proforma für Aufträge) sowie F8 (Proforma für Lieferungen). Die Verkaufsbelege dieser Fakturaarten sind bei der Umsatzauswertung auszuschließen. Die Ausgrenzung von Proformarechnungen kann z. B. über den Vertriebsbelegtyp U erfolgen.

Vorzeichengerechte Darstellung

Nun könnten Sie denken, dass Sie durch Aufaddieren aller Fakturawerte den Umsatz erhielten. Dem ist jedoch nicht so, denn im SAP-System werden alle Kennzahlen unabhängig vom jeweiligen Vorgang mit positivem Wert gespeichert. Somit würden Sie auch Storno- und Gutschriftsfakturen zum Umsatzwert hinzuaddieren. Nun könnten die Werte doch anhand der jeweiligen Fakturaart oder des Vertriebsbelegtyps vorzeichengerecht dargestellt werden – dies ist nicht erforderlich, denn es geht noch einfacher: Es wird das Feld VBRP-SHKZG (Retourenposition) bereitgestellt. In Abhängigkeit des Merkmals SHKZG kann nun der korrekte Wert in einem Zusatzfeld ermittelt werden (siehe Abbildung 16.5).

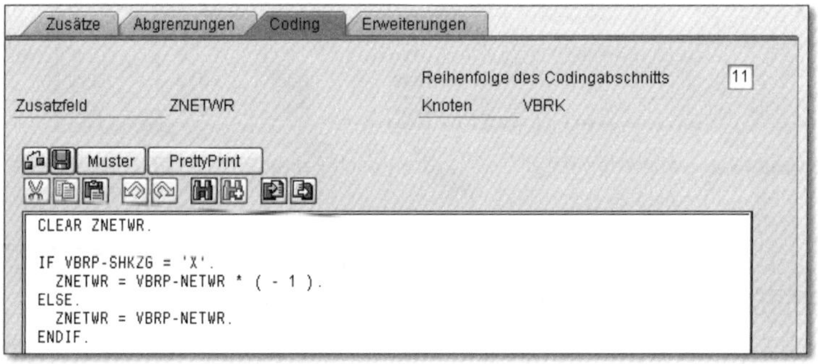

Abbildung 16.5 Zusatzfeld wird in Abhängigkeit des Feldes SHKZG befüllt

Wertgutschriften und Wertlastschriften

Die Logik für das Merkmal SHKZG gilt analog für die anderen Kennzahlen. So ist in einem Zusatzfeld ebenfalls die Fakturamenge vorzeichengerecht darzustellen, wobei die Mengendarstellung etwas diffiziler zu betrachten ist. In der Praxis kann es also sowohl Mengen- als auch Wertgutschriften geben. Nur bei einer Mengengutschrift ist die Menge in der Auswertung zu berücksichtigen. Handelt es sich um eine Wertgutschrift oder -lastschrift, so hat diese Belegart keinen Einfluss auf die Menge. In der Auswertung ist nur der Erlös zu korrigieren, und nicht die Werte. Auch sind nicht die Kosten zu korrigieren. In CO-PA wird von SAP zu diesem Zweck eine Standardfunktionalität zur Verfügung gestellt. Werden Fakturen sofort im CO-PA ausgewiesen (Vorgangsart F), so kann mit der Transaktion KE4W (Wert- und Mengenfelder zurücksetzen) in Abhängigkeit von der Fakturaart die Befüllung der Wertfelder erfolgen.

Zusatzfelder aus dem Debitorenstamm

In der Praxis ist es üblich, noch weitere Informationen aus dem Debitorenstamm hinzuzulesen. Für eine Länderauswertung wird z. B. das Feld LAND1 (Land) aus der Tabelle KNA1 (Debitor: allgemeine Daten) der Auswertung in einem Zusatzfeld hinzugefügt. Bezieht sich die Länderauswertung auf noch nicht in der Auswertung verfügbare Partnerrollen, so sind diese zuerst in einem Zusatzfeld aus der Tabelle VBPA hinzuzulesen. So kann der Warenempfänger z. B. über das Coding aus Abbildung 16.6 in einem Zusatzfeld bereitgestellt werden.

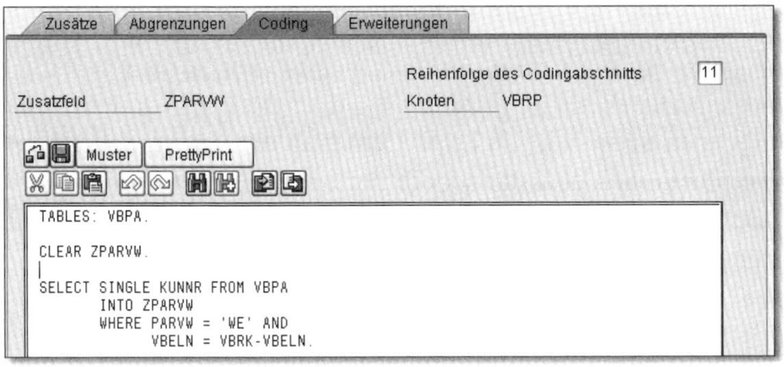

Abbildung 16.6 Warenempfänger in ein Zusatzfeld einlesen

Befehl SELECT SINGLE

Der Befehl `SELECT SINGLE` ist sehr nützlich, um die Auswertung über Zusatzfelder um weitere Informationen aus dem Kunden-, dem Materialstamm oder um Verkaufsbelege anzureichern. So wird in der Praxis neben dem Land z. B. die Branche aus dem Kundenstamm hinzugelesen. Aus dem Verkaufsbeleg wird der Auswertung z. B. die Bestellnummer, der Auftragsgrund oder die Produkthierarchie hinzugefügt (siehe Abbildung 16.7).

Zusatzfelder mit Teilfeldinhalten

Durch die `IF`-Anweisung sowie den `SELECT SINGLE`-Befehl können der Auswertung wertvolle Informationen hinzugefügt werden. In einigen Fällen ist es jedoch besonders hilfreich, einen Teilinhalt aus einem bestimmten Feld in einem weiteren Feld bereitzustellen. So werden beispielsweise häufig aus einem Datumsfeld der Monat und das Jahr in weiteren Auswertungsfeldern zur Verfügung gestellt. Weist z. B. die CO-Kontierung eine bestimmte Systematik auf, so ist es sinnvoll, bestimmte Teilinhalte eines Feldes in einem weiteren Zusatzfeld bereitzustellen.

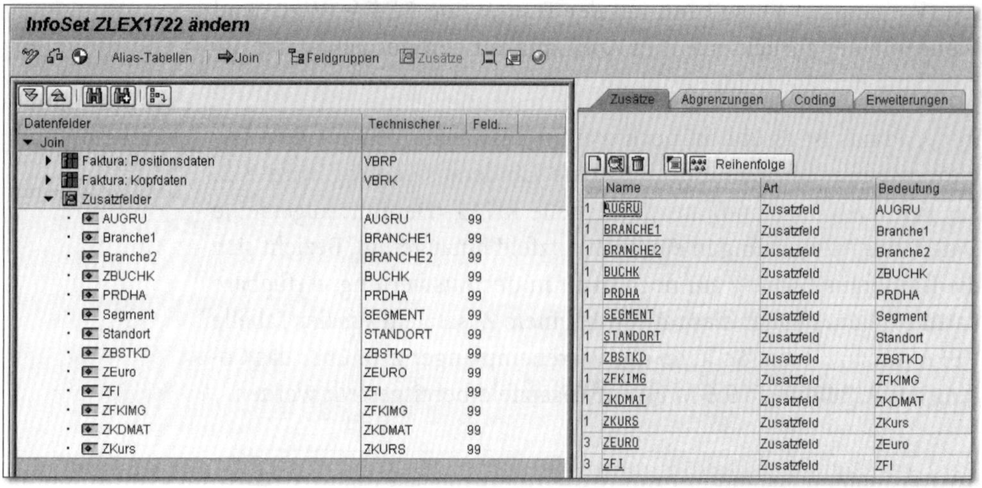

Abbildung 16.7 Umsatzauswertung mit Übersicht über die Zusatzfelder

Im folgenden Beispiel ist im Profit-Center an der dritten und vierten Stelle ein Unternehmensstandort codiert, und es wurde ein zweistelliges Zusatzfeld STANDORT definiert. Im Coding zum Zusatzfeld wird aus dem Feld PROFIT-CENTER aus der Fakturaposition die dritte und vierte Stelle in das Zusatzfeld übertragen (siehe Abbildung 16.8).

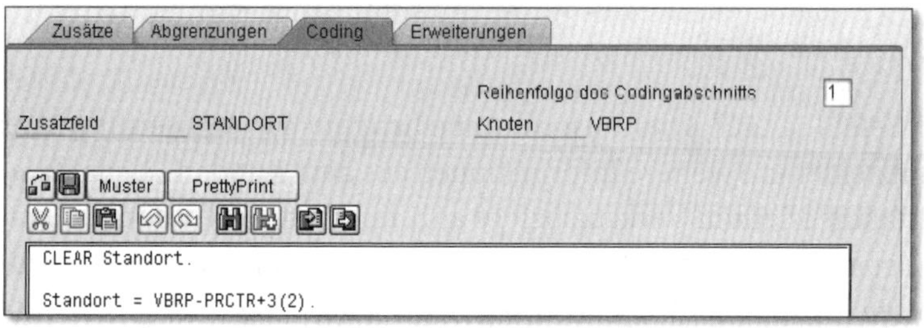

Abbildung 16.8 Zusatzfeld »Standort« wird mit einem Teilinhalt des Feldes »Profit-Center« befüllt

Feldzuweisung

Der Befehl `VBRP-PRCTR+3(2)` bedeutet, dass der Feldinhalt ab der dritten Stelle mit zwei Zeichen in das Feld STANDORT übertragen wird. In der Ansicht erscheint das Feld achtstellig, und der Standort ist in der Ansicht in den ersten beiden Stellen codiert. Auf der Datenbank wird das Feld mit zehn Stellen abgelegt, sodass tatsächlich der Feldinhalt ab der dritten Stelle in das Zusatzfeld zu übertragen ist. Weiterhin werden die gängigen Rechenoperationen in eigenen Zusatzfeldern ausgeführt.

Rechenoperationen in Zusatzfeldern

So wird z. B. in einem Zusatzfeld der Deckungsbeitrag wie folgt ermittelt:

```
Deckungsbeitrag = VBRP-NETWR - VBRP-WAVWR
```

Vom Nettowert der Fakturaposition wird der Warenverrechnungswert abgezogen. Bei dieser Betrachtung sind Wertgutschriften und -lastschriften zu berücksichtigen. Bei unterschiedlichen Verkaufsmengen wird über ein weiteres Zusatzfeld der Preis auf eine Stückzahl von 100 normiert:

```
Preis je 100 = VBRP-KZWI2 / VBRP-FKIMG
```

Konditionszwischensummen

Die Konditionszwischensumme 2 aus der Preisfindung wird durch die fakturierte Menge geteilt. Aus der Vertriebspreisfindung werden die Zwischensummen 1–6 in eigenen Feldern (KZWI1–KZWI6) in der Tabelle VBRP (Fakturapositionen) fortgeschrieben. Häufig wird die Zwischensumme 2 verwendet, da hier der Nettopreis, also der Bruttopreis abzüglich Rabatt, gespeichert ist.

Abhängig vom Deckungsbeitrag kann auch ein Ampelsymbol in den Bericht eingefügt werden. Dieses Ampelsymbol kann in der Selektionsmaske sogar als Abfragekriterium (Marge Ampel) verwendet werden (siehe Abbildung 16.9).

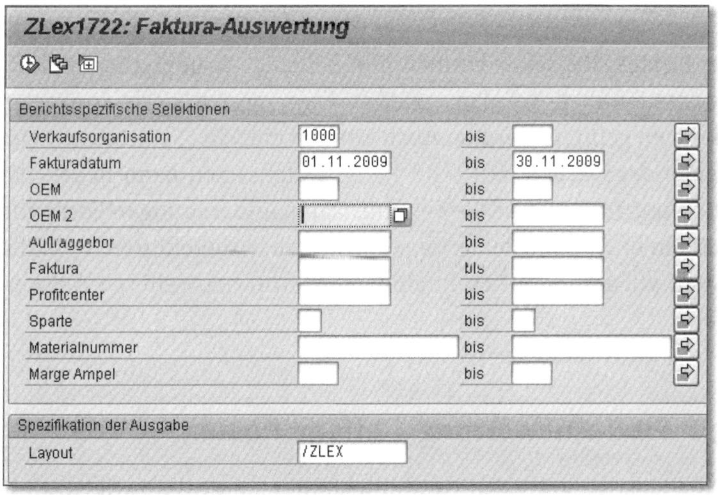

Abbildung 16.9 Selektionsmaske der Umsatzauswertung

Selektionsvariante in der Umsatzauswertung

Die Selektionsvariante mit den dazugehörigen Parametern wird über eine zum Bericht analog angelegte Transaktion aufgerufen. Da der Bericht ZLex1722 heißt, lautet die Transaktion ebenfalls ZLex1722.

In der Selektionsvariante sind bestimmte Felder ausgeblendet, wie z. B. die Selektion der Proformafakturen oder die statistischen Fakturapositionen. Die Selektionsmaske ermöglicht zudem eine Selektion über Debitorengruppierungsmerkmale. So sind in diesem Beispiel die Debitorenstämme über eine zweistufige OEM-Hierarchie gruppiert. Es kann gezielt nach den Merkmale OEM und/oder OEM2 vorselektiert werden, sodass die Listausgabe gezielt aufgebaut werden kann (siehe Abbildung 16.10).

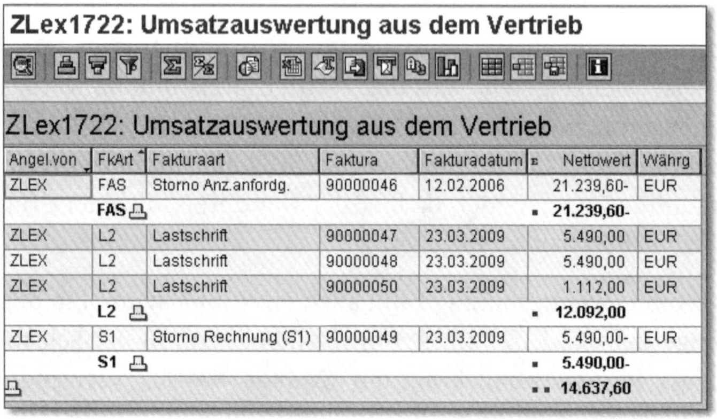
ZLex1722: Umsatzauswertung aus dem Vertrieb

ZLex1722: Umsatzauswertung aus dem Vertrieb

Angel.von	FkArt	Fakturaart	Faktura	Fakturadatum	Σ Nettowert	Währg
ZLEX	FAS	Storno Anz.anfordg.	90000046	12.02.2006	21.239,60-	EUR
	FAS				• **21.239,60-**	
ZLEX	L2	Lastschrift	90000047	23.03.2009	5.490,00	EUR
ZLEX	L2	Lastschrift	90000048	23.03.2009	5.490,00	EUR
ZLEX	L2	Lastschrift	90000050	23.03.2009	1.112,00	EUR
	L2				• **12.092,00**	
ZLEX	S1	Storno Rechnung (S1)	90000049	23.03.2009	5.490,00-	EUR
	S1				• **5.490,00-**	
					•• **14.637,60**	

Abbildung 16.10 Listausgabe einer Umsatzauswertung mit vorzeichengerechter Darstellung

Gruppierung in der Listausgabe

In der Listausgabe selbst können nun beliebige Gruppierungen flexibel vorgenommen werden, und es kann gezielt nach konkreten Merkmalen gefiltert werden. Auch können einzelne Spalten ein- oder ausgeblendet werden. Bei sehr vielen Datensätzen kann neben der Verdichtung im SAP List Viewer eine Datenaufbereitung in Form von Statistiken und Ranglisten erfolgen. Die bisher aufgeführten Funktionalitäten wiederholen sich in ähnlicher Form bei weiteren Auswertungen.

16.3 Fibu-Auswertung – offene Posten

In der Praxis ist die Aufbereitung der offenen Posten (Außenstand) für den Vertrieb sehr sinnvoll. Der Standard bietet hierzu in der Finanzbuchhaltung die Transaktion FBL5N (Debitoren: Einzelposten). Die Transaktion FBL5N wird in der Regel aufgrund ihrer vielen hilfreichen Funktionalitäten von den Mitarbeitern der Finanzbuchhaltung intensiv genutzt (siehe Abbildung 16.11).

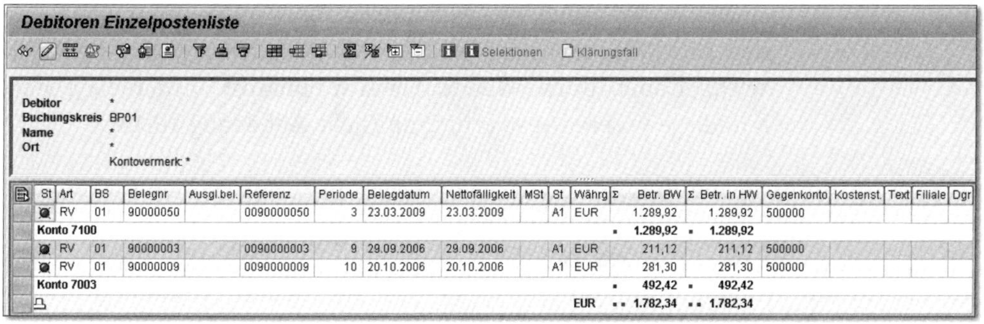

Abbildung 16.11 Anzeige der Debitoreneinzelposten

Außenstand mit Vertriebsmerkmalen

Nun ist die Transaktion für Mitarbeiter der Finanzbuchhaltung erstellt. Für Mitarbeiter aus anderen Fachbereichen (Vertrieb) sind viele Informationen enthalten, die nicht unbedingt benötigt werden oder buchhalterisches Wissen erfordern. Sie können deshalb überflüssige Feldinhalte ausblenden und für Ihre Kollegen diese Ansicht in einer eigenen Variante abspeichern. Allerdings werden häufig weitergehende Informationen benötigt. So wird in der SAP-List-Variante die Anzeige des Debitorennamens sowie weiterer Vertriebsmerkmale gewünscht. Die Selektionsmaske unterscheidet sich daher stark von der Abfrage in der Fibu-OP-Liste (siehe Abbildung 16.12).

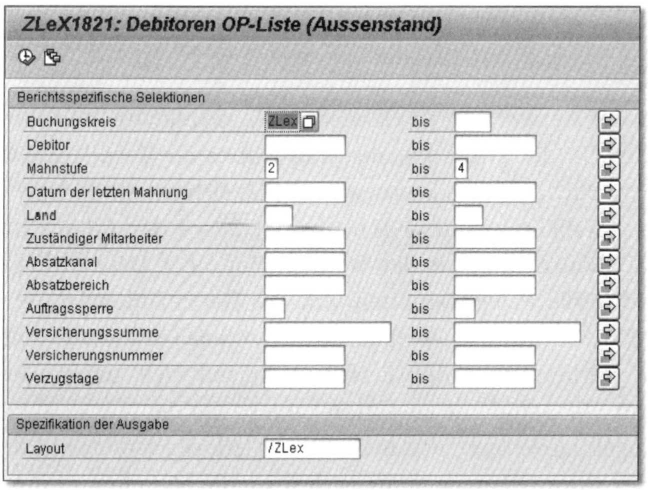

Abbildung 16.12 Selektionsmaske zur Abfrage der OP-Liste

Selektion mit Vertriebsmerkmalen

Der Vertriebsmitarbeiter kann nach bekannten Kriterien aus dem Vertrieb selektieren. So ist eine Selektion nach Debitoren möglich, bei denen er als zuständiger Mitarbeiter eingetragen ist. Ferner kann eine länderbezogene Selektion durchgeführt werden oder eine Selektion nach Debitorenstämmen, die mit einer Auftragssperre gekennzeichnet sind. Doch schauen Sie sich zunächst wieder die Datengrundlage unserer Auswertung an (siehe Abbildung 16.13).

BSID
Buchhaltung: Sekundärindex für Debitoren

--- BUKRS	Buchungskreis
--- KUNNR	Debitor
--- GJAHR	Geschäftsjahr
--- BELNR	Belegnummer
--- BLDAT	Belegdatum
--- WAERS	Währung
--- BLART	Belegart
--- MONAT	Geschäftsmonat
--- SHKZG	Soll-/Haben-Kennzeichen
--- DMBTR	Betrag in Hauswährung
--- WRBTR	Betrag in Belegwährung
--- SGTXT	Positionstext
--- ZFBDT	Basisdatum
--- ZBD1T	Skonto Tage 1
--- ZBD2T	Skonto Tage 2
--- ZBD3T	Nettofrist
--- ZTERM	Zahlungsbedingung
--- MADAT	Letztes Mahndatum
--- MANST	Mahnstufe

Abbildung 16.13 Tabelle BSID als Datenbasis für die OP-Liste

Tabellenbasis für offene Posten

Knackpunkt der Auswertung ist es wieder, die richtige(n) Tabelle(n) zu verwenden. In der Finanzbuchhaltung gibt es die Tabelle BSEG (Belegsegment Buchhaltung). Hierbei handelt es sich um eine Cluster-Tabelle. Diese Tabelle könnte durch direktes Lesen der Tabelle im InfoSet als Datenbasis verwendet werden. Bei einer Datenabfrage würden jedoch alle Belegpositionen von der Datenbank selektiert. Die Tabelle BSID enthält hingegen nur aktuell offene Posten, was eine wesentliche Verbesserung der Performance mit sich bringt. Im Gegensatz zur SAP-Standardtransaktion kann so nur der jeweils aktuelle Stand abgefragt werden, was in der Praxis jedoch ausreichend ist; denn Ziel der Query-Abfrage ist es, sich über die aktuellen Außenstände zu informieren und nicht über die Historie.

Vorzeichengerechte Darstellung von Kennzahlen

Bei der Auswertung der offenen Posten gibt es wieder ähnliche Fragestellungen wie bei der Auswertung des Vertriebsumsatzes. So werden die Beträge nicht vorzeichengerecht auf der Datenbank abgelegt.

Die Information, ob es sich um eine Soll- oder Habenposition handelt und somit um einen positiven oder negativen Betrag, ist im Merkmal BSID-SHKZG (Soll-/Habenkennzeichen) enthalten. Daher ist in einem Zusatzfeld der Betrag in Abhängigkeit des Merkmals SHKZG darzustellen (siehe Abbildung 16.14).

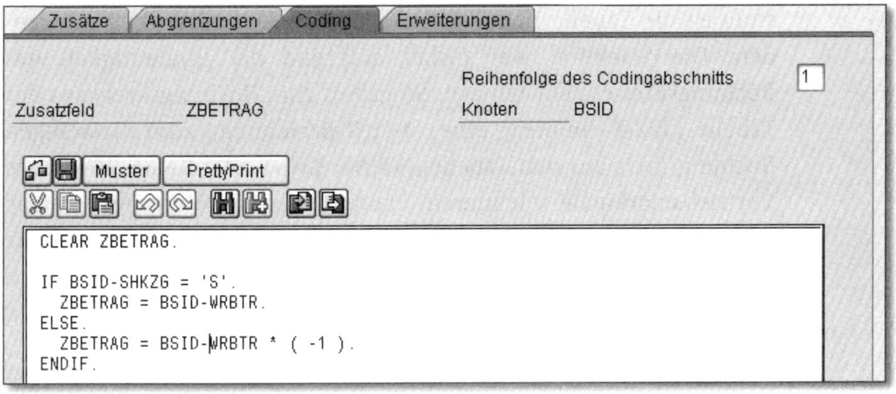

Abbildung 16.14 Zusatzfeld ZBETRAG wird in Abhängigkeit des Merkmals SHKZG befüllt

IF-Abfrage des Soll-/Habenkennzeichens

Mit der `IF`-Anweisung wird nun abgefragt, ob der Inhalt des Merkmals SHKZG ein S ist. In diesem Fall wird der Betrag aus dem Feld BSID-WRBTR in das Zusatzfeld ZBETRAG übernommen. Ist im Merkmal SHKZG kein S, sondern ein H gespeichert, so wird der Betrag im Feld ZBETRAG negativ dargestellt. Als weitere Informationen sind nun Feldinformationen aus dem Debitorenstamm in Zusatzfeldern bereitzustellen. So wird z. B. das Land des Debitors über den Befehl `SELECT SINGLE` in ein Zusatzfeld übertragen (siehe Abbildung 16.15).

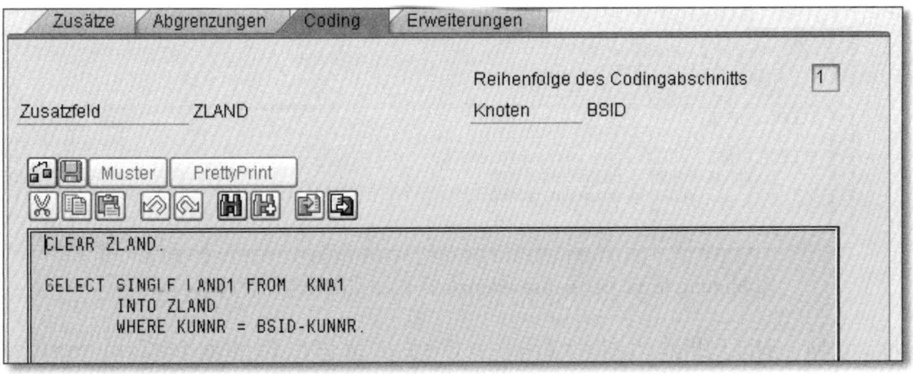

Abbildung 16.15 Selektion des Debitorenlandes in ein Zusatzfeld

Selektion weiterer Kundenmerkmale

Über den Befehl `SELECT SINGLE` können nun relativ einfach weitere Informationen aus der Tabelle KNA1 (Debitoren: allgemeine Daten) hinzugelesen werden. Wenn Sie sich zusätzlich den Namen des Debitors in der Auswertung anzeigen lassen möchten, definieren Sie ebenfalls ein weiteres Zusatzfeld und selektieren statt des Feldes LAND1 das Feld NAME1 in das Zusatzfeld. Für die Selektion der Mahnstufe ist die Tabelle KNB5 (Kundenstamm: Mahndaten) zu verwenden. Die Selektion war bisher aufgrund der Eindeutigkeit des Buchungskreises sehr einfach. So gab es zum Buchungskreis aus der Tabelle BSID immer eine 1-zu-1-Beziehung zum jeweiligen Buchungskreis aus den Tabellen KNA1, KNB1 oder KNB5. Wenn Sie Vertriebsmerkmale selektieren, kann es mehrere Vertriebsbereiche zu einem Buchungskreis geben. Der Vertriebsbereich umfasst die Organisationseinheiten Verkaufsorganisation, Vertriebsweg und Sparte. So befinden sich die Vertriebsdaten zum Debitorenstamm in der Tabelle KNVV (Kundenstamm: Vertriebsdaten).

Es ist nun eine Logik zwischen der Verkaufsorganisation, dem Vertriebsweg und der Sparte aus der Tabelle KNVV in Verbindung mit dem Buchungskreis aus der Tabelle BSID zu finden. Meistens gibt es zwischen der Verkaufsorganisation und dem Buchungskreis eine logische Ableitung. Nun ist noch zu überlegen, welcher Vertriebsweg und welche Sparte für die Datenselektion verwendet werden sollen. Gibt es nur einen Vertriebsweg und eine Sparte, so kann das Coding dem in Abbildung 16.16 gezeigten Coding entsprechen.

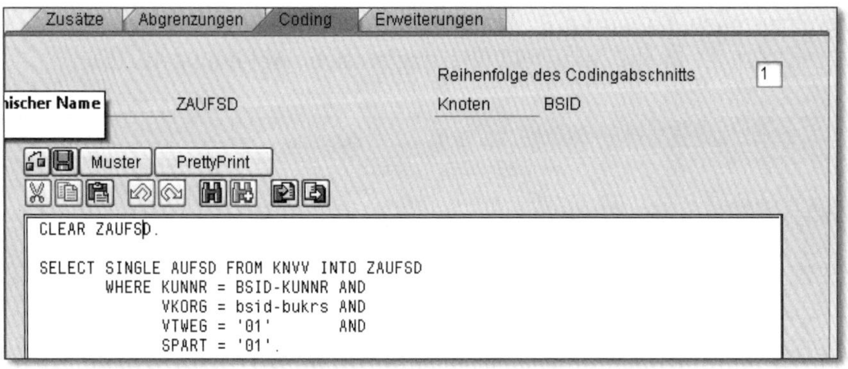

Abbildung 16.16 Vertriebsmerkmale in Zusatzfelder übertragen

Berechnung der Nettofälligkeit

Die Fälligkeit eines offenen Postens ist vom Beginn der Zahlungsfrist und von der Zahlungsbedingung abhängig, das heißt, dass die Nettofälligkeit nicht in der Tabelle BSID (Buchhaltung: Sekundärindex für

Debitoren) enthalten ist. In Abhängigkeit vom Buchungs-, Erfassungs- oder Belegdatum oder einer manuellen Eingabe beginnt die Zahlungsfrist. Die Zahlungsbedingung kann dreistufig sein, z. B. 14 Tage 3,0 %, 30 Tage 2,0 % und schließlich 60 Tage netto. Alternativ kann die Zahlungsbedingung nur 14 Tage netto lauten. Somit befindet sich die gewünschte Information in unterschiedlichen Feldern, denn es können je nach Zahlungsbedingung nur der erste Teil, der erste und der zweite Teil oder alle drei Teile der Zahlungsbedingung gefüllt sein (siehe Abbildung 16.17).

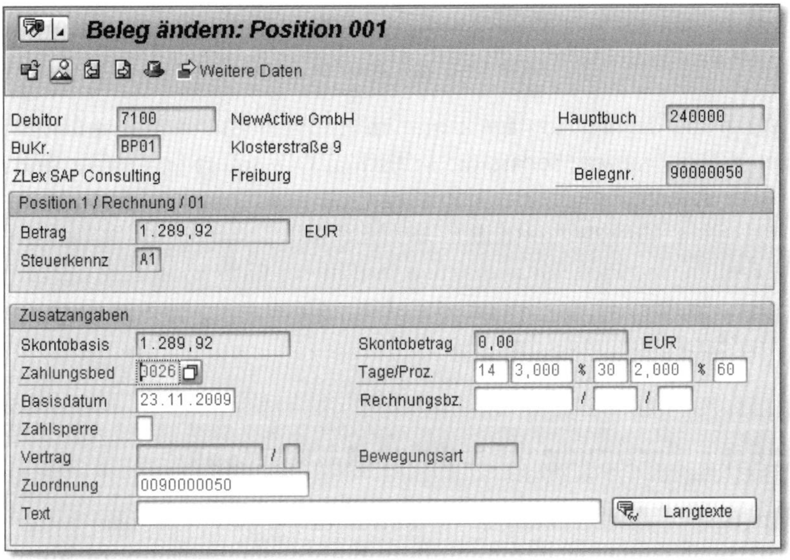

Abbildung 16.17 Zahlungsbedingung im Debitorenbeleg

Ermittlung der Verzugstage

Für Ihre Auswertung ist entscheidend (unabhängig von der Zahlungsbedingung), ein bestimmtes Datum zu ermitteln, z. B. das Datum der Nettofälligkeit. Diese Abfrage kann mit einem `IF`-Befehl durchgeführt werden, indem jeweils das Zahlungsziel 3 mit dem Zahlungsziel 2 verglichen wird. Anschließend erfolgt ein Vergleich des Zahlungsziels 2 mit dem Zahlungsziel 1. Da die Zahlungstage aufsteigend in die Felder Zahlungsziel 1 (ZBD1T), Zahlungsziel 2 (ZBD2T) sowie Nettofrist (ZBD3T) eingetragen werden, ist diese Abfrage erfolgreich. Um nun noch die Verzugstage zu erhalten, ist vom aktuellen Tagesdatum das Datum der Nettofälligkeit abzuziehen. Das aktuelle Tagesdatum steht zur Programmlaufzeit im Systemfeld `SY-DATUM` zur Verfügung. Somit ergibt sich für die Ermittlung der Verzugstage die Programmlogik aus Abbildung 16.18.

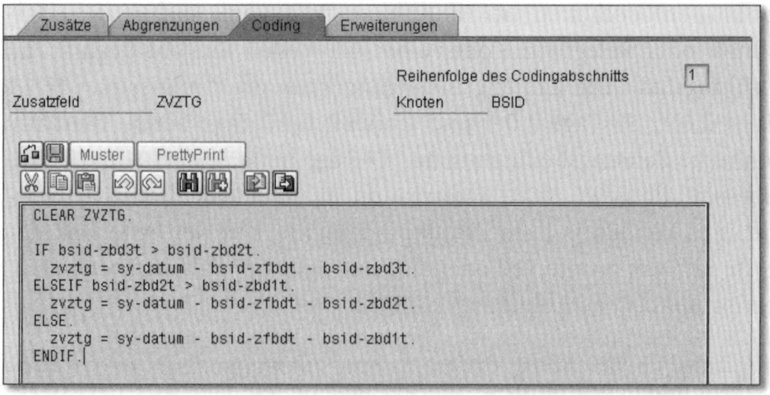

Abbildung 16.18 Ermittlung der Verzugstage eines offenen Postens

Verzugstage als Basis für Ampelstatus und Forderungsraster

Aufgrund der Verzugstage kann nun ein Ampelstatus in den Bericht eingefügt werden, sodass die kritischen OPs sofort erkennbar sind. Über Statistiken lässt sich dann sogar ein Forderungsraster mit individuellen Kriterien erstellen. Wichtig ist es somit, die korrekten Tabellen und Prozesse zu kennen. Auf dieser Basis kann eine hervorragende Auswertung entsprechend den Unternehmenswünschen im Standard erstellt werden.

16.4 Fertigung – Produktivitätsmessung

Im Bereich der Fertigung ist es interessant, die im Arbeitsplan hinterlegten Vorgabezeiten mit den tatsächlich rückgemeldeten Zeiten zu vergleichen. Ausgangspunkt der Auswertung ist hierbei die Tabelle AFRU (Auftragsrückmeldungen). Zusätzlich sind Informationen aus der Tabelle AFVV (DB-Struktur des Arbeitsvorgangs Mengen/Termine/Werte) abzufragen. Die Datenbasis ergibt sich aus Abbildung 16.19.

Tabellen-View als Basis für die Produktivitätsauswertung

Bei den bisherigen beiden Beispielen aus diesem Kapitel wurde das InfoSet durch eine Tabellen-Join (Umsatzauswertung) und durch das direkte Lesen einer einzelnen Tabelle (offene Posten) erstellt. In diesem Beispiel wird als Datengrundlage ein Tabellen-View verwendet. Im Bereich der Fertigung wird eine Abfrage verknüpfter Felder aus den Tabellen AFRU und AFVV sehr oft benötigt. Aus diesem Grund wurde bereits im Data Dictionary ein Datenbank-View erstellt.

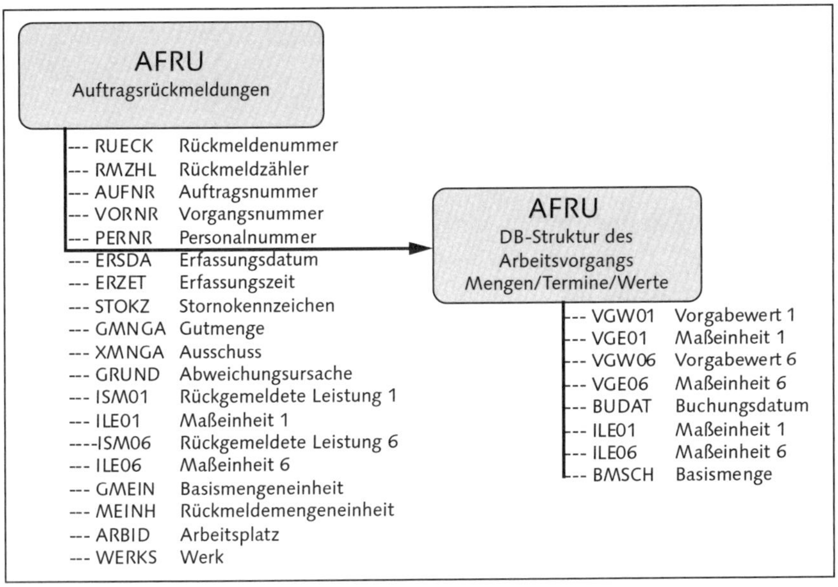

Abbildung 16.19 Tabellen zur Auswertung der Sollproduktivität

Die Verbindung zwischen den beiden Tabellen wurde über die Felder AUFPL (Plannummer zu Vorgängen im Auftrag) und APLZL (allgemeiner Zähler des Auftrags) erstellt (siehe Abbildung 16.20).

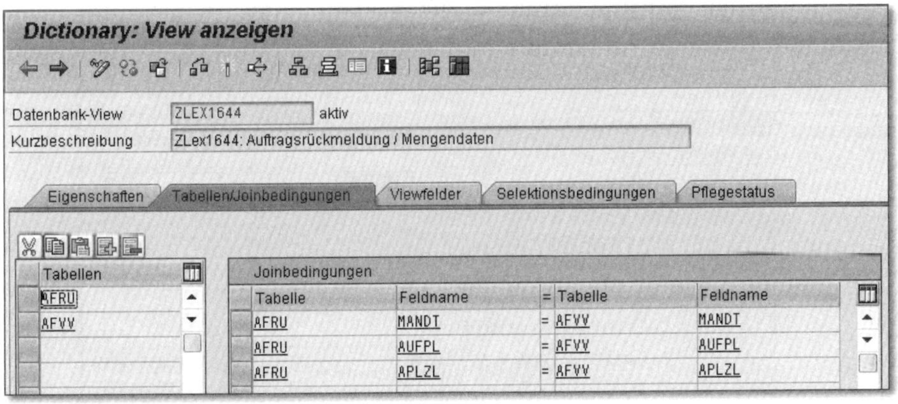

Abbildung 16.20 Datenbank-View auf die Tabellen AFRU und AFVV

Viewfelder

Nachdem die Tabellen miteinander verknüpft sind, wurden die wichtigsten Felder als VIEWFELDER eingefügt. Das Viewfeld kann zwar individuell bezeichnet werden, jedoch bietet es sich an, sich an den Originalbezeichnungen aus den Tabellen AFRU und AFVV zu orientieren (siehe Abbildung 16.21).

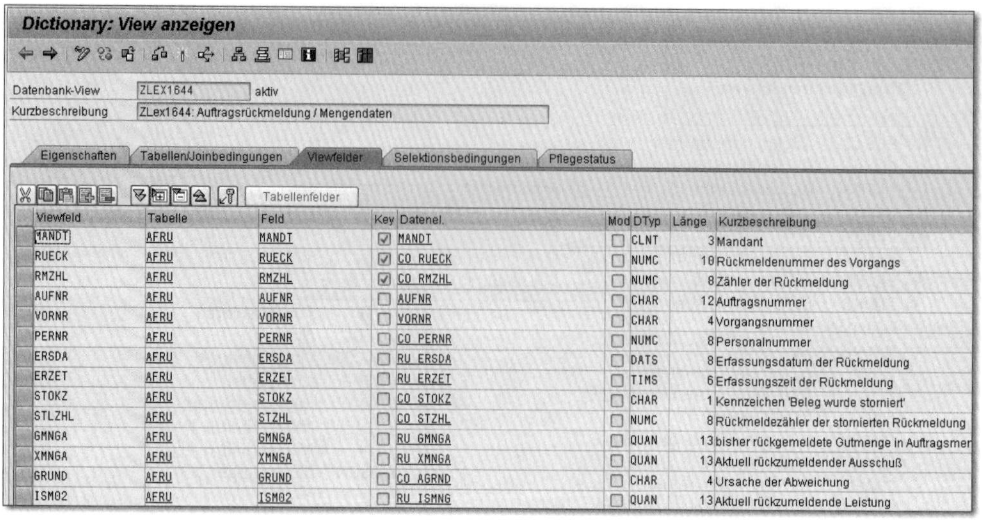

Abbildung 16.21 Viewfelder aus den Tabellen AFRU und AFVV

Tabellen-View im InfoSet

Das InfoSet beruht als Datenbasis vorerst auf dem Datenbank-View der Tabellen AFRU und AFVV. Bei der Anlage des InfoSets wird der Datenbank-View als Datenquelle im Bereich DIREKTES LESEN DER TABELLE eingetragen (siehe Abbildung 16.22).

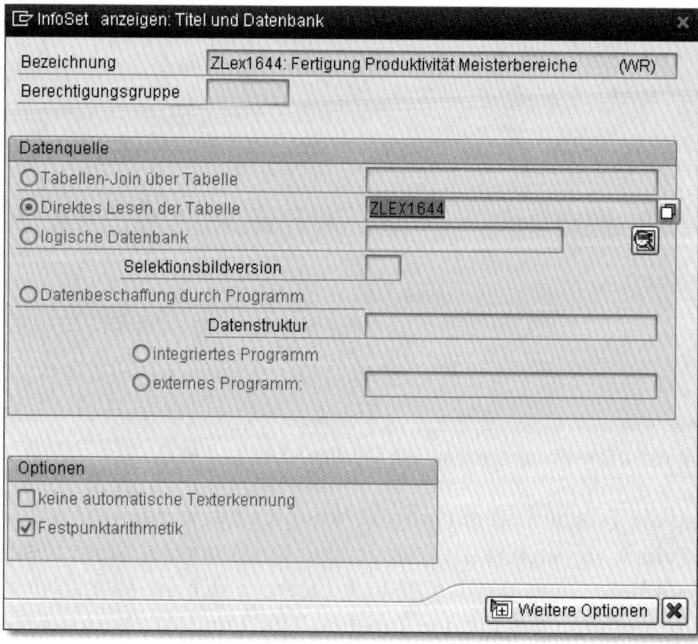

Abbildung 16.22 Datenbasis für die Fertigungsproduktivität

Arbeitsplatzinformationen

In der Praxis sind neben Dateninhalten aus den Tabellen AFRU und AFVV noch Dateninhalte aus weiteren Tabellen erforderlich. So sind insbesondere Informationen zum Rückmeldearbeitsplatz notwendig. Weiterhin wird die Materialnummer des Fertigungsauftrags benötigt, um die Daten gezielt zu verdichten. Über den Arbeitsplatz können zusätzlich die Kostenstelle mit deren Bezeichnung und eine Kostenstellenhierarchie für verdichtete Auswertungen ermittelt werden. Die Anzeige der Registerkarte Zusätze im InfoSet zeigt, dass die Tabelle mit den Informationen zum Arbeitsplatz (CRHD) als Zusatztabelle hinzugefügt wurde. Auch wurden dem InfoSet viele weitere Zusatzfelder hinzugefügt (siehe Abbildung 16.23).

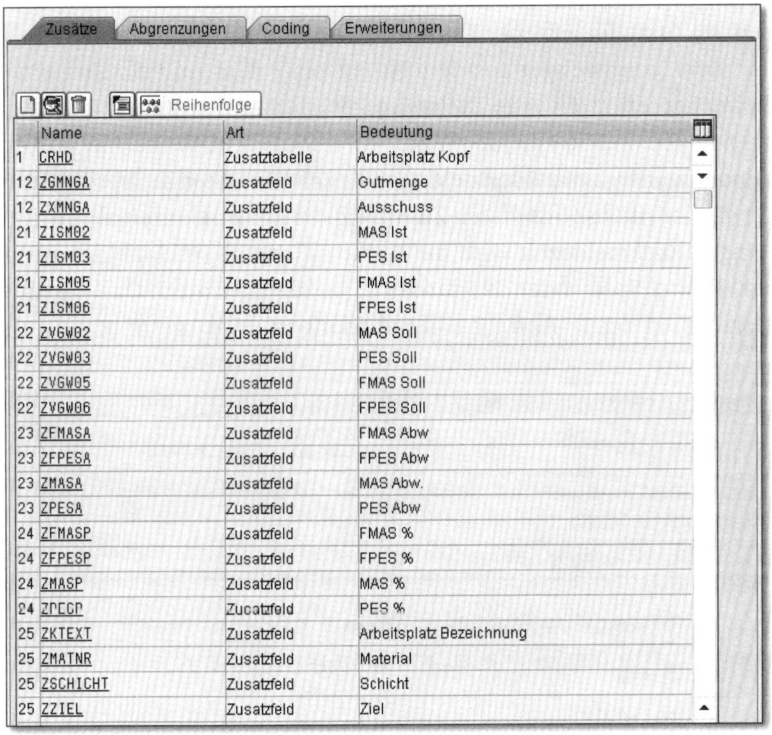

	Name	Art	Bedeutung
1	CRHD	Zusatztabelle	Arbeitsplatz Kopf
12	ZGMNGA	Zusatzfeld	Gutmenge
12	ZXMNGA	Zusatzfeld	Ausschuss
21	ZISM02	Zusatzfeld	MAS Ist
21	ZISM03	Zusatzfeld	PES Ist
21	ZISM05	Zusatzfeld	FMAS Ist
21	ZISM06	Zusatzfeld	FPES Ist
22	ZVGW02	Zusatzfeld	MAS Soll
22	ZVGW03	Zusatzfeld	PES Soll
22	ZVGW05	Zusatzfeld	FMAS Soll
22	ZVGW06	Zusatzfeld	FPES Soll
23	ZFMASA	Zusatzfeld	FMAS Abw
23	ZFPESA	Zusatzfeld	FPES Abw
23	ZMASA	Zusatzfeld	MAS Abw.
23	ZPESA	Zusatzfeld	PES Abw
24	ZFMASP	Zusatzfeld	FMAS %
24	ZFPESP	Zusatzfeld	FPES %
24	ZMASP	Zusatzfeld	MAS %
24	ZPESP	Zusatzfeld	PES %
25	ZKTEXT	Zusatzfeld	Arbeitsplatz Bezeichnung
25	ZMATNR	Zusatzfeld	Material
25	ZSCHICHT	Zusatzfeld	Schicht
25	ZZIEL	Zusatzfeld	Ziel

Abbildung 16.23 Zusätze zum InfoSet aus dem Bereich Fertigung

Materialnummer

Die Materialnummer zum Auftrag befindet sich in der Tabelle AFPO (Auftragsposition). Da aus der Tabelle AFPO nur die Materialnummer benötigt wird, ist es nicht erforderlich, diese Tabelle mit in den Tabellen-Join aufzunehmen. Es reicht hier aus, die Materialnummer in einem Zusatzfeld über den Befehl `SELECT SINGLE` hinzuzulesen (siehe Abbildung 16.24).

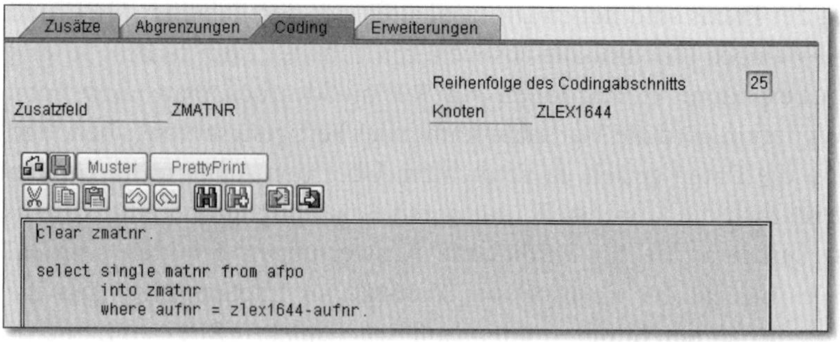

Abbildung 16.24 Materialnummer aus der Tabelle AFPO in ein Zusatzfeld übertragen

Auswertung der Schicht

Zusätzlich war es Kundenwunsch, weitere individuelle Informationen in Zusatzfeldern bereitzustellen. Aufgrund der Rückmeldezeit und dem Vorgabewert aus dem Arbeitsplatz wird im Feld Ziel eine Zielmenge ermittelt. Die Zielmenge entspricht der Vorgabemenge, die mit der zurückgemeldeten Zeit korrespondiert. Weiterhin war es Kundenwunsch, die Rückmeldungen nach Schichten zu verdichten. So wird in einem einstelligen Zusatzfeld die Rückmeldezeit abgefragt. Je nach Rückmeldezeit wird die Rückmeldung als Rückmeldung aus der Früh-, Spät- oder Nachtschicht gekennzeichnet. Das Coding hierzu ist in der `IF`-Abfrage aus Abbildung 16.25 dargestellt.

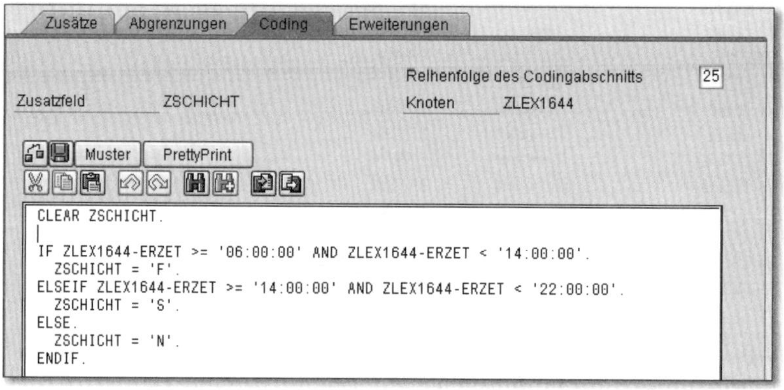

Abbildung 16.25 Zusatzfeld zur Anzeige der Schicht

Vorzeichengerechte Darstellung der Rückmeldungskennzahlen

Wie bei den bisherigen beiden Auswertungen aus diesem Kapitel gibt es auch bei der Auswertung der Rückmeldungen die Anforderung der vorzeichengerechten Darstellung. Eine stornierte Rückmeldung wird auf der Datenbank ebenfalls mit einem positiven Wert gespeichert. So würde eine Addition der rückgemeldeten Mengen zu einem zu hohen Ergebnis führen. Bei den Rückmeldungen sind die Mengen vorzeichengerecht in Verbindung mit dem Feld AFRU-STOKZ (Stornokennzeichen) darzustellen (siehe Abbildung 16.26).

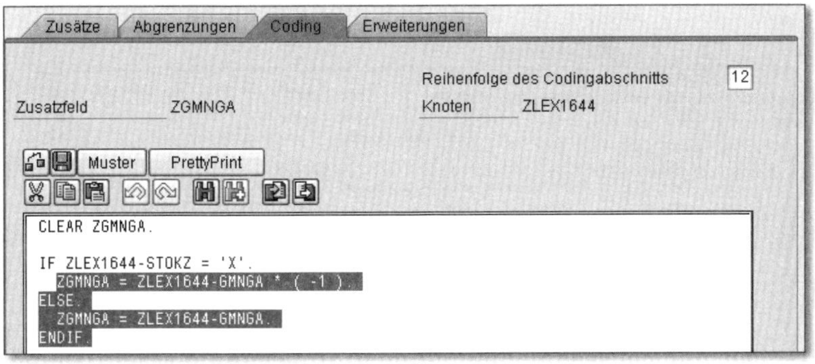

Abbildung 16.26 IF-Abfrage der Rückmeldemenge in Abhängigkeit des Stornokennzeichens

Konvertierung von Mengen- und Zeiteinheiten

Bei den Mengen und Zeiten ergibt sich zusätzlich die Dimensionsfrage. So kann die Menge z. B. in Stück, Kilogramm oder Gramm zurückgemeldet werden. Selbst wenn Sie immer mit der Mengeneinheit ST für Stück zurückmelden, so ist dies für die Rückmeldemenge gelöst. Jedoch gibt es die Themenstellung der Maßeinheit bei der (zurückgemeldeten) Zeit. In der Praxis gibt es Rückmeldungen mit den unterschiedlichsten Zeiteinheiten. Selbst in einfachen Fällen sind Rückmeldungen mit den Zeiteinheiten Sekunden, Minuten und Stunden für einen Soll-Ist-Vergleich mit einer Zeiteinheit darzustellen. Dies bedeutet, dass die Zeiteinheit der Rückmeldung zu konvertieren ist, und so kann die Konvertierung ebenfalls durch eine `IF`-Anweisung erfolgen. Ist die Zeiteinheit Sekunden, so wird die rückgemeldete Zeit durch 60 geteilt; erfolgt die Rückmeldung in Stunden, so ist die Zeit mit 60 zu multiplizieren. Durch diese Methode können sehr einfach die Zeitrückmeldungen in die einheitliche Darstellung Minuten überführt werden.

Allerdings gibt es in der Praxis noch weitere Zeiteinheiten, sodass eine gesicherte Zeitkonvertierung durch einen Funktionsbaustein durchgeführt werden sollte. Der SAP-Standard bietet hierzu den Funktionsbaustein UNIT_CONVERSION_SIMPLE für die Umrechnung von Zeiteinheiten. Der Funktionsbaustein ist mit vorhandenen Feldinformationen zu befüllen und liefert Ihnen das Ergebnis in einem Zusatzfeld zurück (siehe Abbildung 16.27).

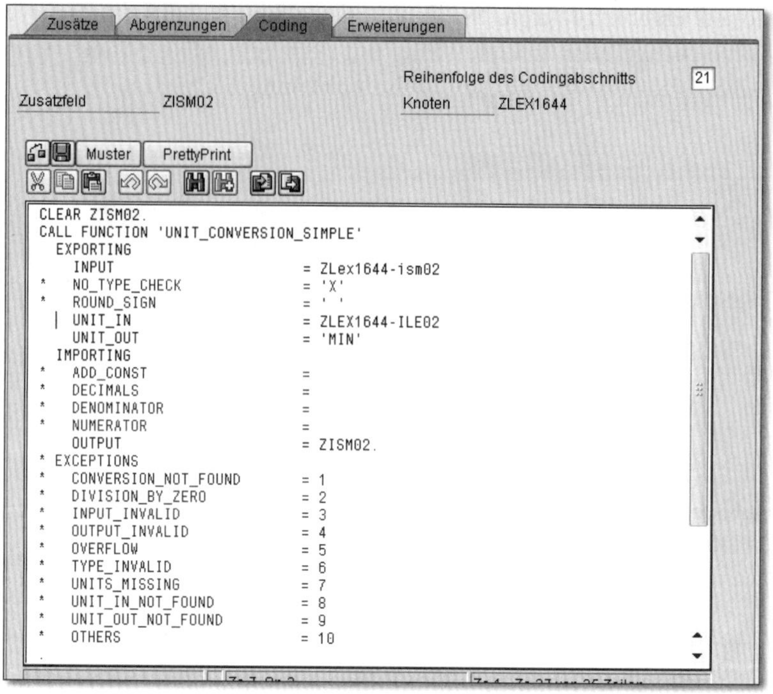

Abbildung 16.27 Funktionsbaustein zur Zeitkonvertierung in einem Zusatzfeld

Funktionsbaustein zur Konvertierung

In unserem Beispiel wird sowohl die Rückmeldezeit (Zlex1644-ISM02) als auch die Rückmeldemengeneinheit (ZLEX1644-ILE02) an den Funktionsbaustein übergeben. Der Funktionsbaustein nimmt die Zeitkonvertierung vor und übergibt das Ergebnis in das Zusatzfeld ZISM02. Somit werden alle Rückmeldungen unabhängig von der erfassten Zeiteinheit im Bericht in Minuten angezeigt.

Abweichung Soll-/Istzeit

Durch eine einfache Rechenoperation wird die Abweichung zwischen der Soll- und Istzeit in einem weiteren Zusatzfeld zur Verfügung gestellt:

```
zmasa = zism02 - zvgw02.
```

Nachdem die Abweichung zwischen Soll- und Istzeit als absoluter Wert ermittelt worden ist, kann in weiteren Zusatzfeldern noch die prozentuale Abweichung errechnet werden. Die prozentuale Abweichung dient als Grundlage für den Ampelstatus. Hierzu werden in der Query lokale Felder angelegt. Damit die prozentuale Abweichung als Datenbasis für den Ampelstatus verwendet werden kann, ist dieser eine Kurzbezeichnung zu geben (siehe Abbildung 16.28).

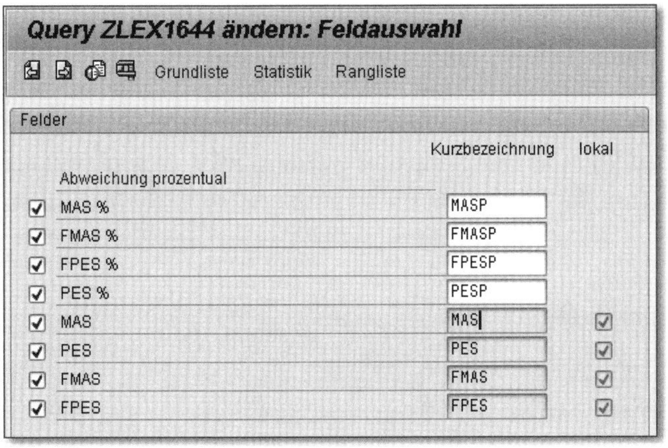

Abbildung 16.28 Lokale Felder in der Query

Ampel-Icon in der Query

Für die Darstellung eines farbigen Ampel-Icons werden weitere lokale Felder angelegt. Das lokale Feld ist zu kennzeichnen und als Icon-Feld zu deklarieren. So kann in der Berechnungsvorschrift eingetragen werden, dass eine grüne Ampel angezeigt werden soll (`ICON_LED_GREEN`), wenn die prozentuale Abweichung kleiner gleich null Prozent ist (`MASP <= 0`), siehe Abbildung 16.29.

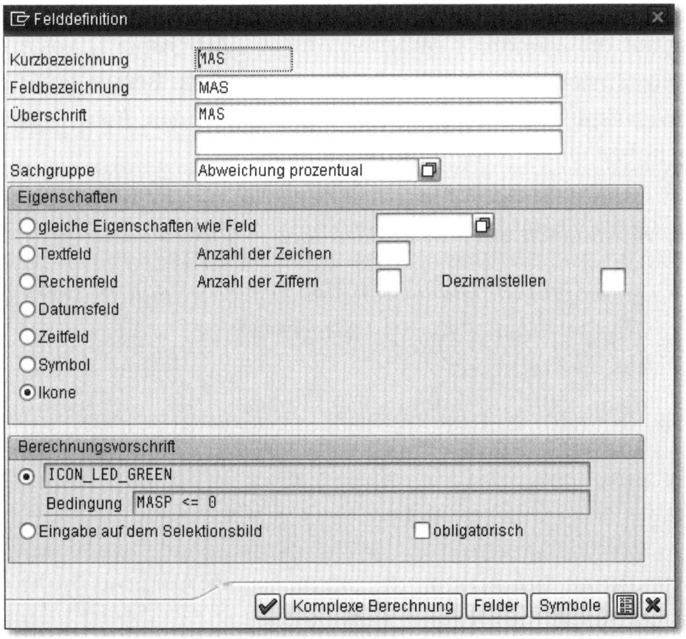

Abbildung 16.29 Definition eines Ampel-Icons in der Query

Selektionsmaske für den Produktivitätsbericht

Durch die Gestaltung der Selektionsmaske sollte noch die Performance erhöht werden. So erfolgt im Hintergrund die Selektion nur für ein vorgegebenes Werk, und es werden nur die Rückmeldenummern der letzten Monate selektiert. Die zusätzlichen Selektionsparameter können komplett ausgeblendet werden, oder sie sind optional über den Button (alle Selektionen) einblendbar (siehe Abbildung 16.30).

Abbildung 16.30 Selektionsmaske zum Produktivitätsbericht

Datenanzeige für den Produktivitätsbericht

Die selektierten Daten lassen sich im bekannten SAP List Viewer darstellen. Zusätzlich werden in der Praxis mehrere Statistiken mit Verdichtung auf die Merkmale Material, Auftrag, Arbeitsplatz, Kostenstellen, Kostenstellenhierarchie oder Werk definiert. Bereits im SAP List Viewer sind die kritischen Datensätze durch den Ampelstatus hervorgehoben (siehe Abbildung 16.31).

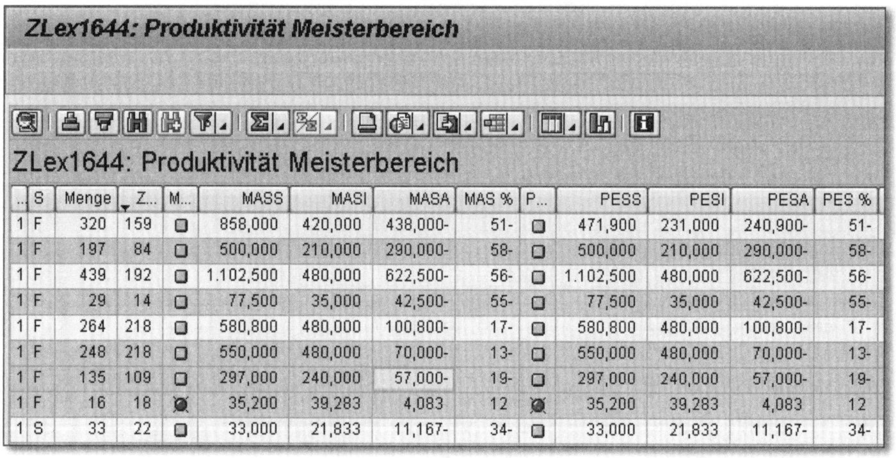

...	S	Menge	Z...	M...	MASS	MASI	MASA	MAS %	P...	PESS	PESI	PESA	PES %
1	F	320	159		858,000	420,000	438,000-	51-		471,900	231,000	240,900-	51-
1	F	197	84		500,000	210,000	290,000-	58-		500,000	210,000	290,000-	58-
1	F	439	192		1.102,500	480,000	622,500-	56-		1.102,500	480,000	622,500-	56-
1	F	29	14		77,500	35,000	42,500-	55-		77,500	35,000	42,500-	55-
1	F	264	218		580,800	480,000	100,800-	17-		580,800	480,000	100,800-	17-
1	F	248	218		550,000	480,000	70,000-	13-		550,000	480,000	70,000-	13-
1	F	135	109		297,000	240,000	57,000-	19-		297,000	240,000	57,000-	19-
1	F	16	18		35,200	39,283	4,083	12		35,200	39,283	4,083	12
1	S	33	22		33,000	21,833	11,167-	34-		33,000	21,833	11,167-	34-

Abbildung 16.31 Datenanzeige mit Ampelstatus

In der Praxis werden unterschiedliche Layoutvarianten angelegt, wobei insbesondere folgende Datenfelder zur Verfügung stehen:

- Auftragsnummer
- Materialnummer
- Arbeitsplatz
- Kostenstellen
- Kostenstellenhierarchie
- Werk
- Schicht
- Zielmenge
- Ampelstatus
- Sollzeit
- Istzeit
- Abweichung absolut Soll-/Istzeit
- Abweichung prozentual Soll-/Istzeit

Durch das Merkmal Schicht können z. B. alle Rückmeldungen eines Zeitintervalls verdichtet angezeigt werden. Die Zielmenge dient als Orientierung bezüglich der in der Vorgabezeit rückzumeldenden Menge. Die Sollzeit errechnet sich aus dem Vorgabewert (REFA-Zeit) multipliziert mit der Rückmeldemenge. Der Ausweis der Soll- und Istzeit sowie deren Abweichung wird je Kunde für die unterschiedlichen Leistungsarten durchgeführt.

16.5 Zusammenfassung

Die drei in diesem Kapitel aufgeführten Praxisbeispiele aus den Bereichen Umsatz, Außenstand und Produktivität zeigen die hohe Flexibilität der Auswertungsmöglichkeiten mit SAP Query. In sehr kurzer Zeit kann somit eine Auswertung für unternehmensindividuelle Belange erstellt werden.

Es ist wichtig, die relevanten Tabellen zu selektieren und die Datenselektion gezielt einzugrenzen. Es sind nicht alle relevanten Tabellen in das InfoSet aufzunehmen, vielmehr sind in Zusatzfeldern weitere Informationen aufzubereiten. Die Datenbeschaffung erfolgt hierbei insbesondere durch die `IF`-Anweisung, den Befehl `SELECT SINGLE`, durch einfache Feldzuweisungen oder aufgrund eines Funktionsbausteins. Durch den Einsatz des Drill-down auf einzelne Datensätze sowie die Verwendung von (Ampel-)Icons bietet das Query-Reporting hervorragende Möglichkeiten der Online-Auswertung.

Anhang

A Wichtige SAP-Tabellen

A.1 Allgemein

Abbildung A.1 Allgemein: Benutzer

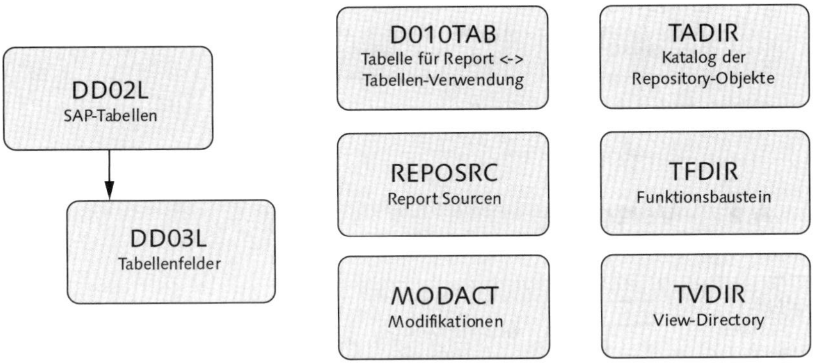

Abbildung A.2 Allgemein: Tabellen

Abbildung A.3 Allgemein: Änderungen/Status

Abbildung A.4 Allgemein: Sonstige

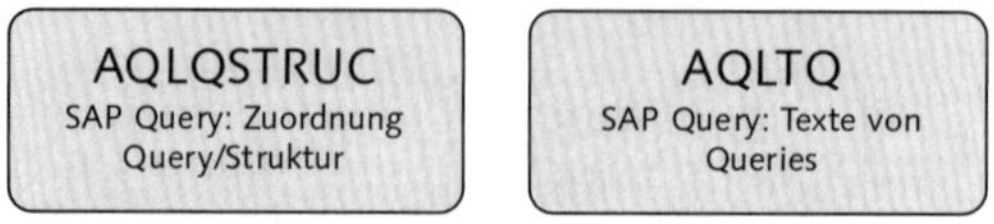

Abbildung A.5 Allgemein: Query

A.2 Vertrieb

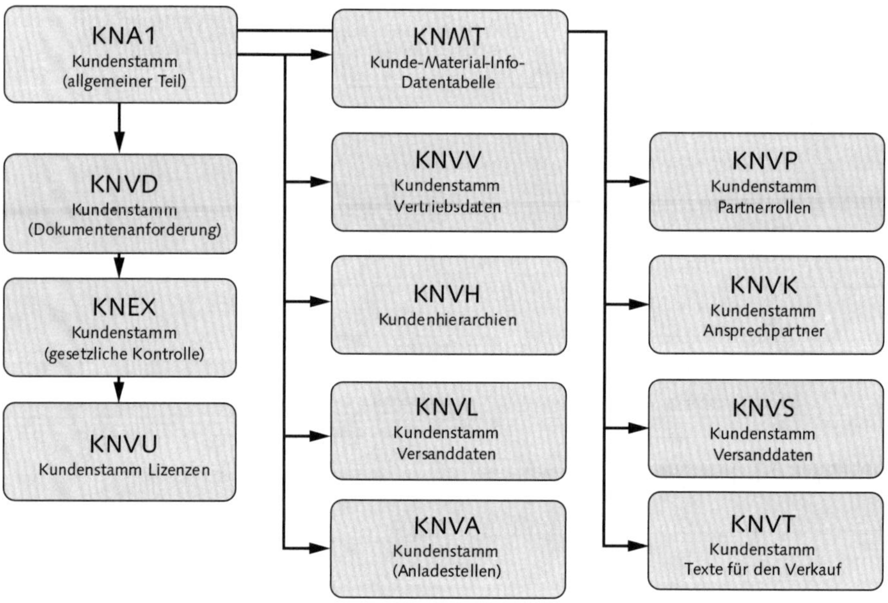

Abbildung A.6 Kunde: Vertrieb

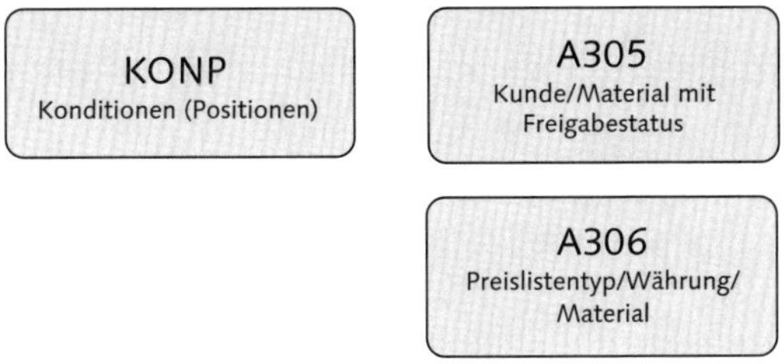

Abbildung A.7 Vertrieb: Konditionen

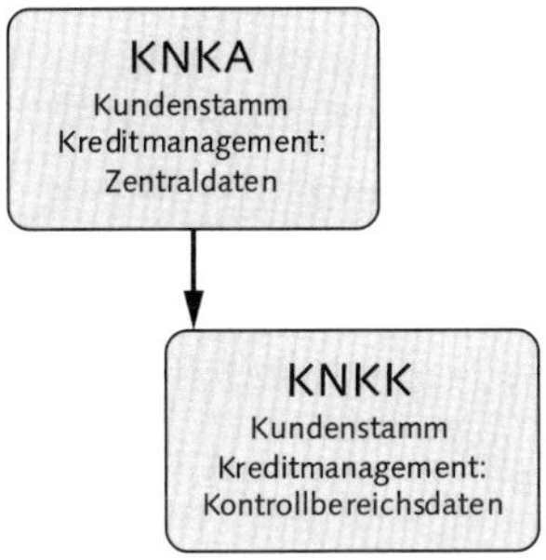

Abbildung A.8 Kreditlimit

Abbildung A.9 Vertrieb: Verkaufsbeleg

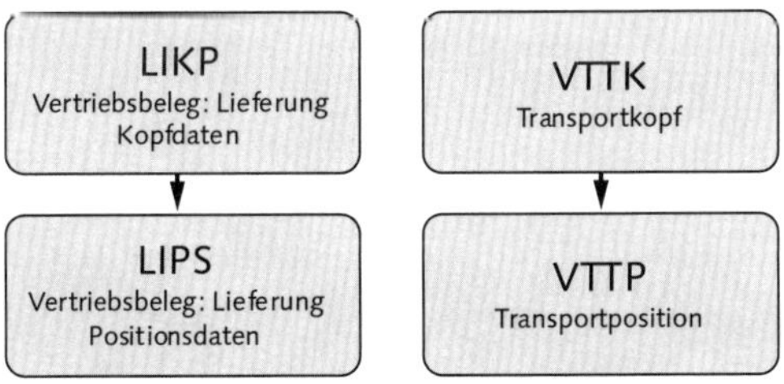

Abbildung A.10 Vertrieb: Lieferung

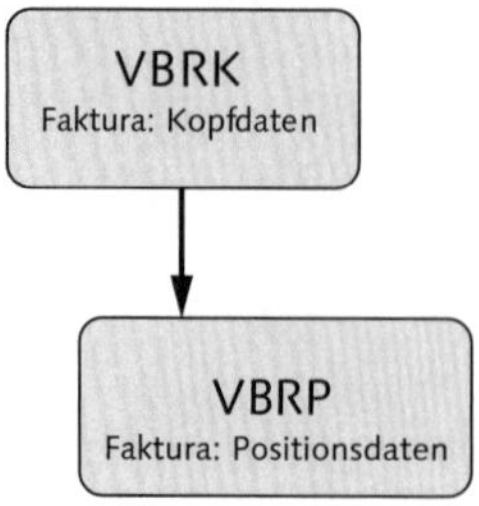

Abbildung A.11 Vertrieb: Faktura

A.3 Produktion

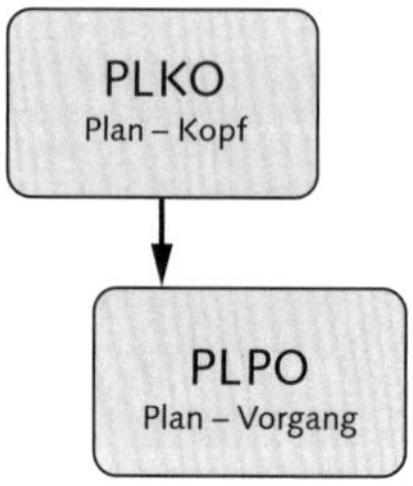

Abbildung A.12 Fertigung: Arbeitsplan

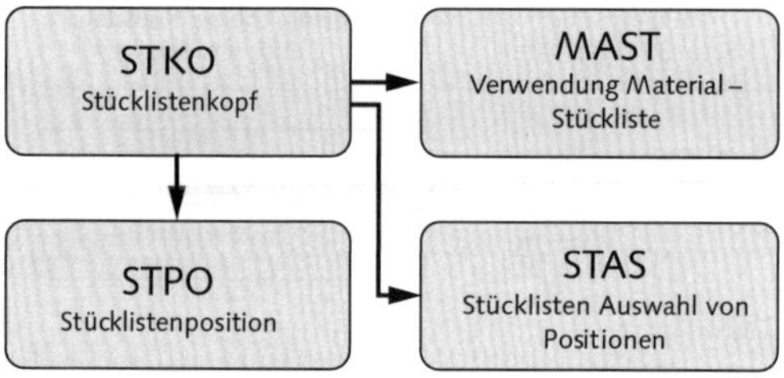

Abbildung A.13 Fertigung: Stückliste

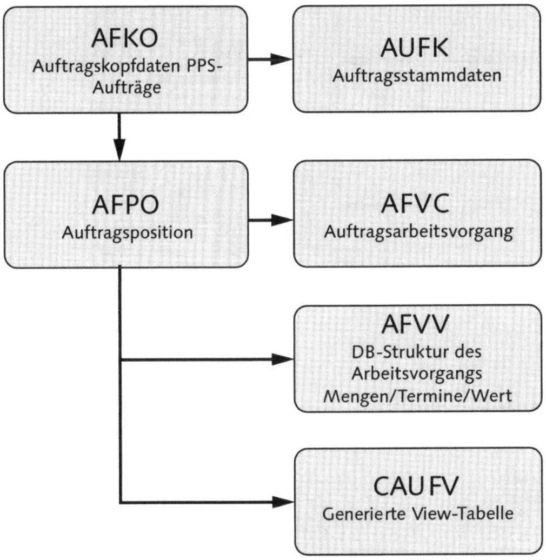

Abbildung A.14 Fertigung: Auftrag

A.4 Materialwirtschaft

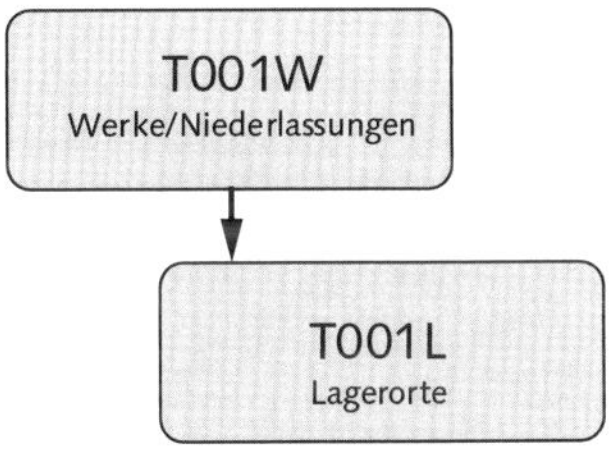

Abbildung A.15 Materialwirtschaft: Organisationsstruktur

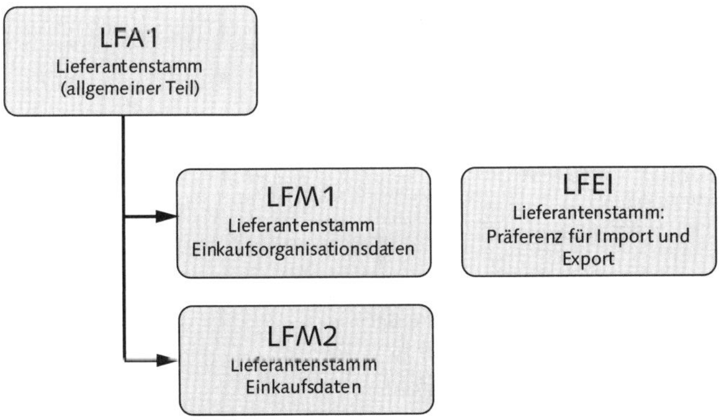

Abbildung A.16 Lieferantenstamm

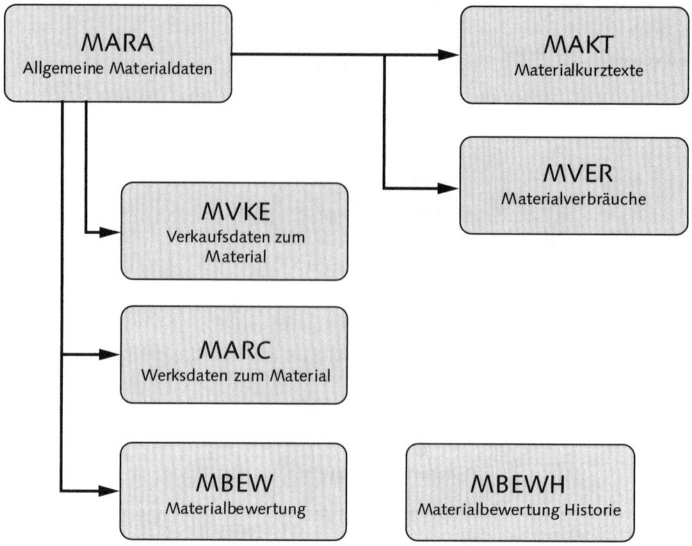

Abbildung A.17 Materialstamm

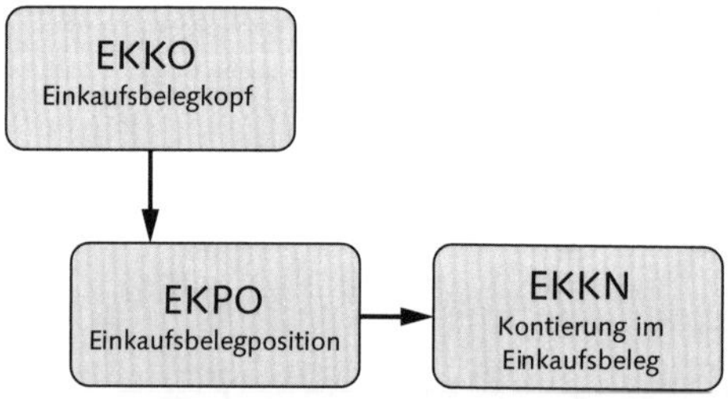

Abbildung A.18 Materialwirtschaft: Einkaufsbelege

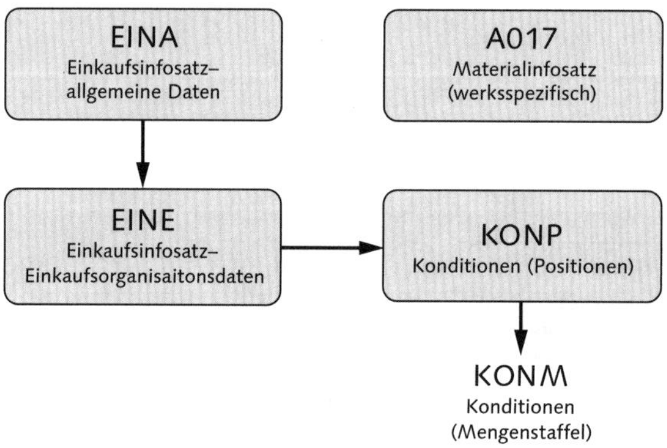

Abbildung A.19 Materialwirtschaft: Einkaufsinfosätze

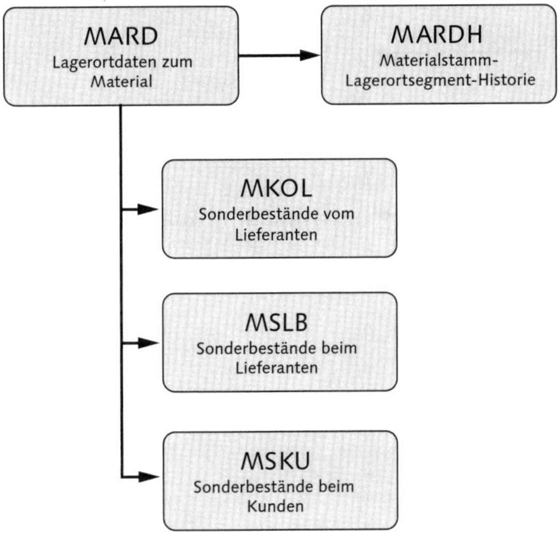

Abbildung A.20 Materialwirtschaft: Bestand

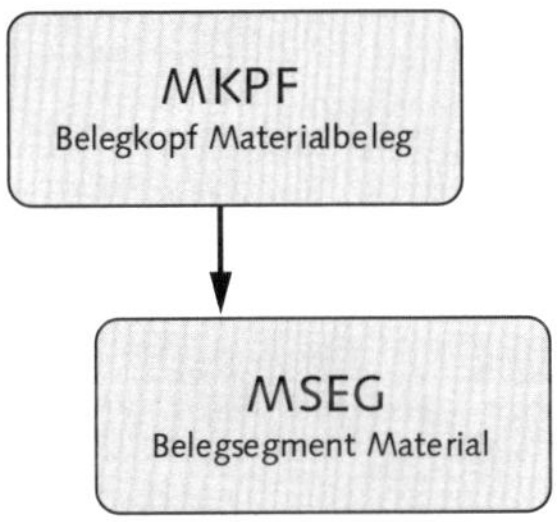

Abbildung A.21 Materialwirtschaft: Materialbelege

A.5 Finanzbuchhaltung und Controlling

Abbildung A.22 Finanzwesen: Organisationsstruktur

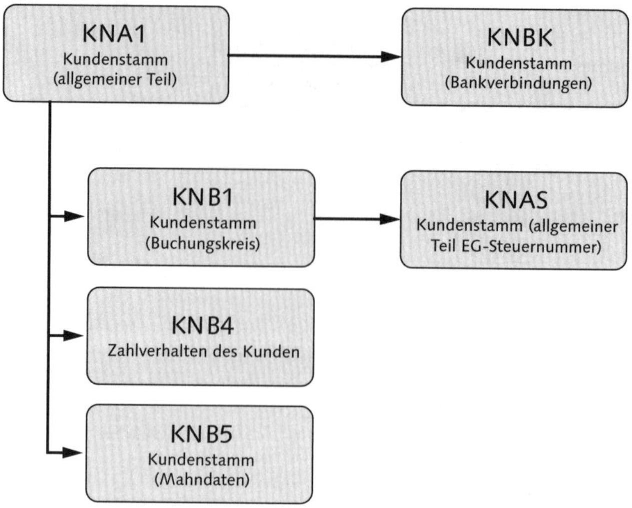

Abbildung A.23 Finanzwesen: Kundenstamm

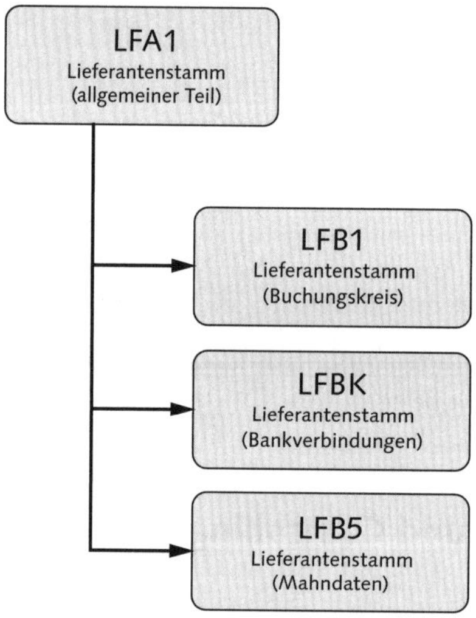

Abbildung A.24 Finanzwesen: Lieferantenstamm

Abbildung A.25 Finanzwesen: Bankenstamm

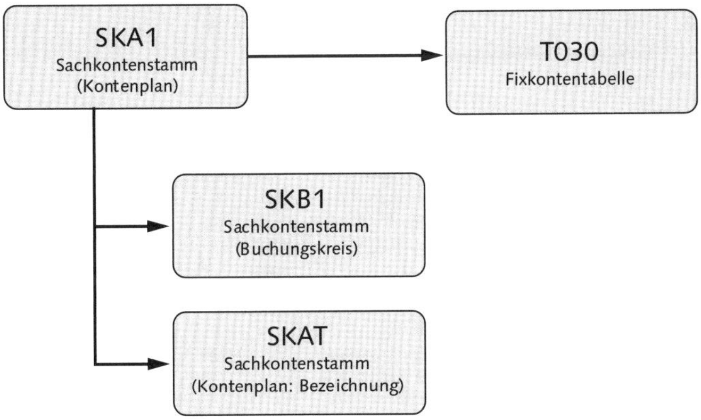

Abbildung A.26 Finanzbuchhaltung: Sachkontenstamm

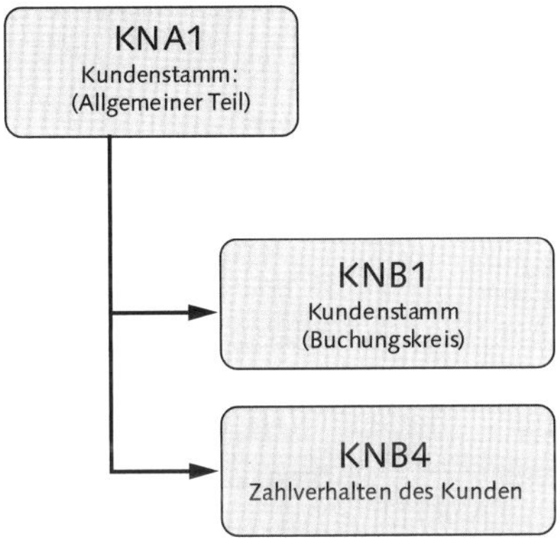

Abbildung A.27 Finanzbuchhaltung: Debitor

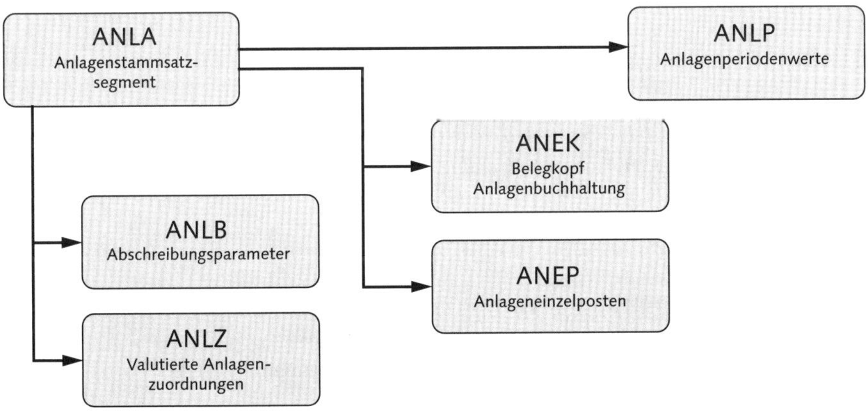

Abbildung A.28 Finanzbuchhaltung: Anlagenstamm

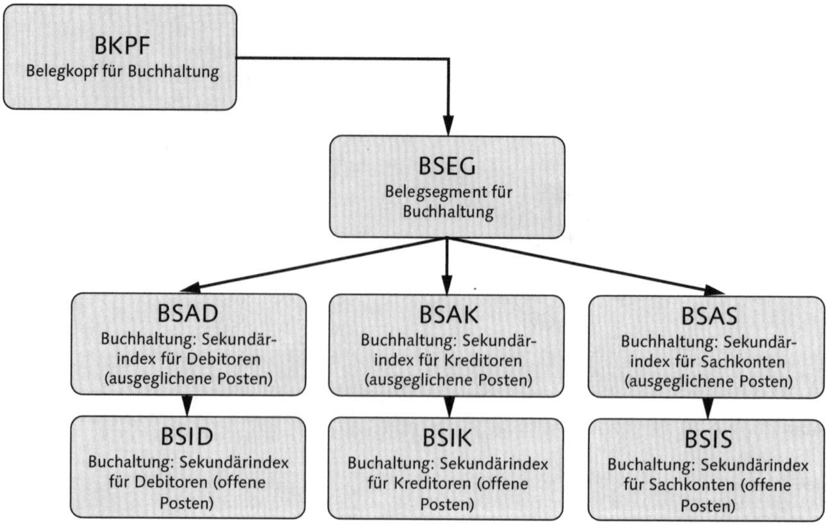

Abbildung A.29 Finanzbuchhaltung: Belege (Einzelposten I)

Abbildung A.30 Finanzbuchhaltung: Belege (Einzelposten II)

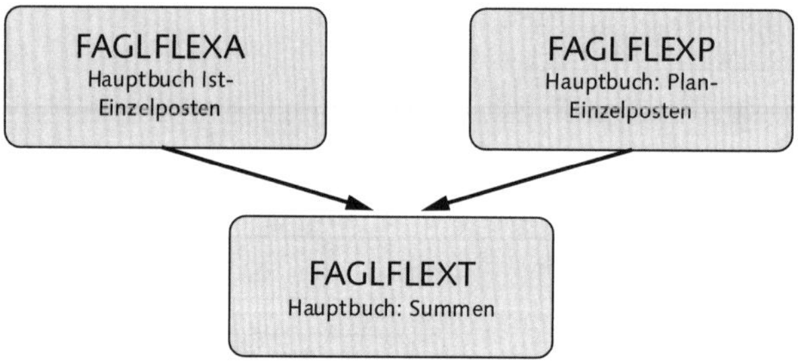

Abbildung A.31 Finanzbuchhaltung: Belege – Neues Hauptbuch (NewGL)

Abbildung A.32 Finanzbuchhaltung: Belege – Summen

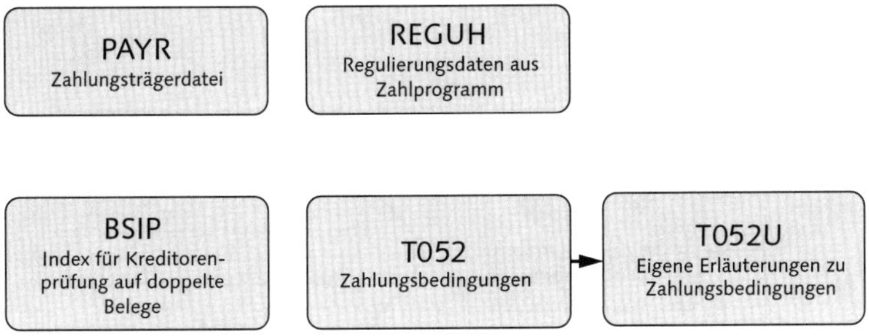

Abbildung A.33 Finanzbuchhaltung: Zahlungsvorgänge

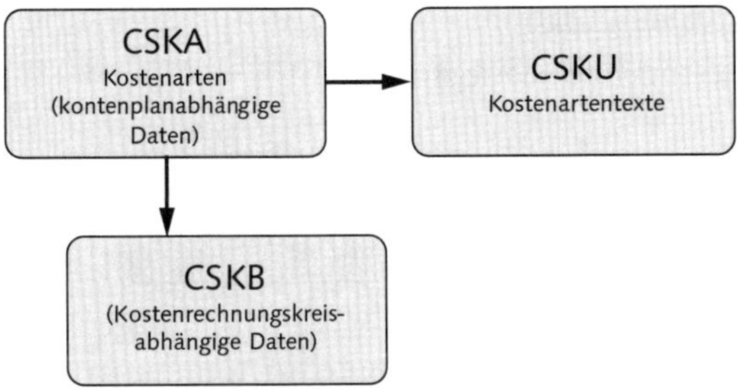

Abbildung A.34 Controlling: Kostenartenstamm

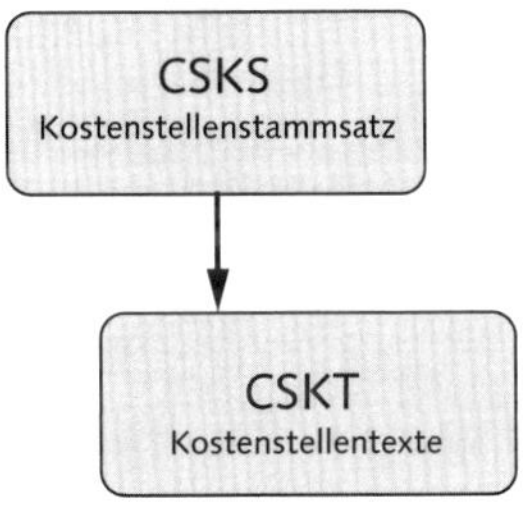

Abbildung A.35 Controlling: Kostenstellenstamm

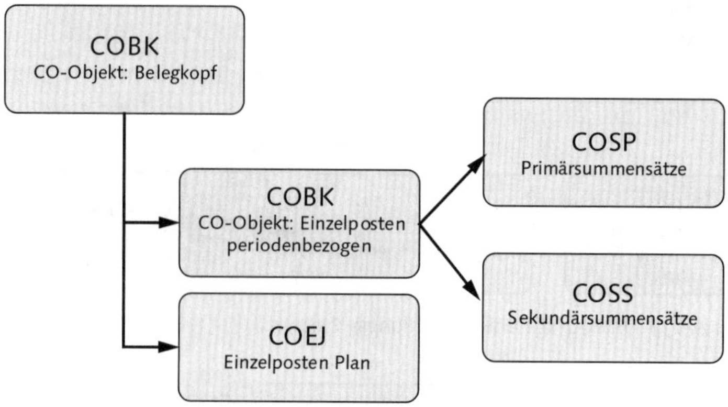

Abbildung A.36 Controlling: Kostenstellenbelege

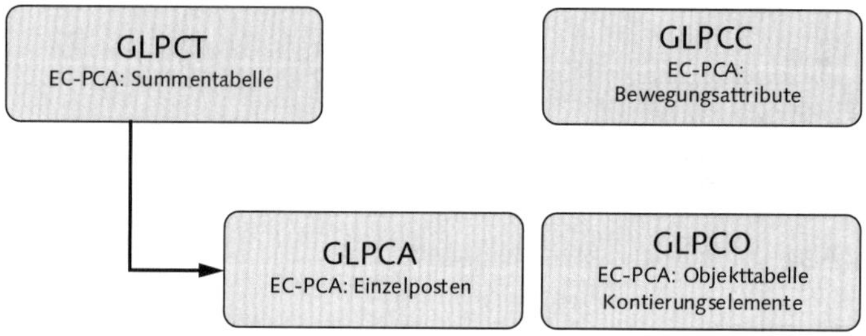

Abbildung A.37 Controlling: Profit-Center-Belege

B Der Autor

Stephan Kaleske ist seit 1994 als Projektleiter und SAP-Experte modulübergreifend für Kunden aus Maschinen- und Anlagenbau, Automotive und aus dem Dienstleistungssektor aktiv. Sein Schwerpunkt liegt dabei auf den Modulen FI, CO, IM, PS, TR, FSCM. In anspruchsvollen Einführungsprojekten erstellt er speziell Ist-Analysen und Soll-Konzepte zur Optimierung und Weiterentwicklung der Geschäftsprozesse und führt SAP-Customizing, Integrationstests und Schulungen erfolgreich durch. Dabei versteht er es nicht nur, die Prozesse im SAP-System abzubilden, sondern auch, die Moderation aller Projektbeteiligten – Key-User, Abteilungsleiter, Geschäftsführer und Vorstand – durchzuführen sowie den Anwendern Kenntnisse der Systembedienung zu vermitteln. Nach seinem BWL-Studium und einer mehrjährigen Tätigkeit im Bereich Steuer- und Wirtschaftsprüfung hat Stephan Kaleske die SAP-Premiumkunden bei einer Unternehmensberatung in über 3.000 Beratungs- und Schulungstagen in SAP ERP Financials aktiv nach vorne gebracht. Sie erreichen Stephan Kaleske unter der E-Mail-Adresse *Info@ZLex.de*.

Index

C

D

S

T

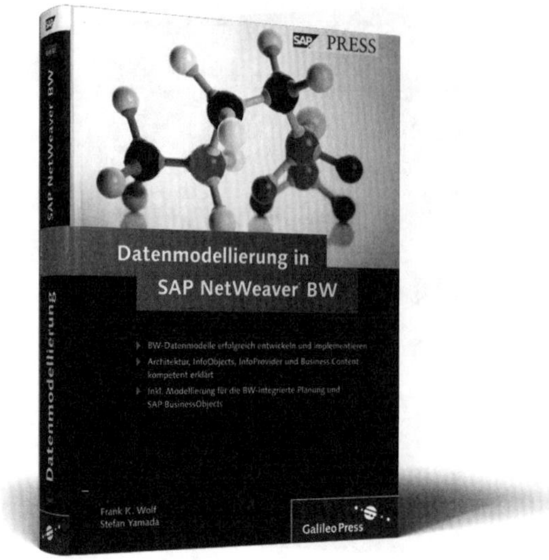

- BW-Datenmodelle erfolgreich entwickeln und implementieren
- Architektur, InfoObjekte, InfoProvider und SAP Business Content kompetent erklärt
- Inkl. Modellierung für die BW-integrierte Planung und SAP BusinessObjects

Frank K. Wolf, Stefan Yamada

Datenmodellierung in SAP NetWeaver BW

In diesem Buch erhalten Sie das konzeptionelle und technische Rüstzeug, um die Datenmodellierung erfolgreich durchzuführen. Sie lernen die Data-Warehouse-Architektur sowie die relevanten Frontendwerkzeuge kennen und erhalten einen Überblick über die Data Warehousing Workbench. Alle Objekte für den Aufbau eines Datenmodells werden Ihnen vorgestellt und die Ladeprozesse beschrieben. Auch der Business Content kommt nicht zu kurz.

572 S., 2010, 69,90 Euro
ISBN 978-3-8362-1447-6
www.sap-press.de/2176

Immer gut informiert: Bestellen Sie unseren Newsletter!

SAP PRESS

MITMACHEN & GEWINNEN!

Sagen Sie uns Ihre Meinung und gewinnen Sie einen von 5 SAP PRESS-Buchgutscheinen, die wir jeden Monat unter allen Einsendern verlosen. Zusätzlich haben Sie mit dieser Karte die Möglichkeit, unseren aktuellen Katalog und/oder Newsletter zu bestellen. Einfach ausfüllen und abschicken. Die Gewinner der Buchgutscheine werden persönlich von uns benachrichtigt. Viel Glück!

▶ **Wie lautet der Titel des Buches, das Sie bewerten möchten?**

▶ **Wegen welcher Inhalte haben Sie das Buch gekauft?**

▶ **Haben Sie in diesem Buch die Informationen gefunden, die Sie gesucht haben? Wenn nein, was haben Sie vermisst?**

- ☐ Ja, ich habe die gewünschten Informationen gefunden.
- ☐ Teilweise, ich habe nicht alle Informationen gefunden.
- ☐ Nein, ich habe die gewünschten Informationen nicht gefunden. Vermisst habe ich:

▶ **Welche Aussagen treffen am ehesten zu?** (Mehrfachantworten möglich)

- ☐ Ich habe das Buch von vorne nach hinten gelesen.
- ☐ Ich habe nur einzelne Abschnitte gelesen.
- ☐ Ich verwende das Buch als Nachschlagewerk.
- ☐ Ich lese immer mal wieder in dem Buch.

▶ **Wie suchen Sie Informationen in diesem Buch?** (Mehrfachantworten möglich)

- ☐ Inhaltsverzeichnis
- ☐ Marginalien (Stichwörter am Seitenrand)
- ☐ Index/Stichwortverzeichnis
- ☐ Buchscanner (Volltextsuche auf der Galileo-Website)
- ☐ Durchblättern

▶ **Wie beurteilen Sie die Qualität der Fachinformationen nach Schulnoten von 1 (sehr gut) bis 6 (ungenügend)?**

☐ 1 ☐ 2 ☐ 3 ☐ 4 ☐ 5 ☐ 6

▶ **Was hat Ihnen an diesem Buch gefallen?**

▶ **Was hat Ihnen nicht gefallen?**

▶ **Würden Sie das Buch weiterempfehlen?**

☐ Ja ☐ Nein

Falls nein, warum nicht?

▶ **Was ist Ihre Haupttätigkeit im Unternehmen?**
(z.B. Management, Berater, Entwickler, Key-User etc.)

▶ **Welche Berufsbezeichnung steht auf Ihrer Visitenkarte?**

▶ **Haben Sie dieses Buch selbst gekauft?**

- ☐ Ich habe das Buch selbst gekauft.
- ☐ Das Unternehmen hat das Buch gekauft.